普通高等院校机电工程类规划教材

机械制造技术基础

主编 于涛 杨俊茹 王素玉

清华大学出版社
北京

内 容 简 介

全书以金属切削加工基本理论为基础,以切削加工过程工艺设计为主线,以刀具、机床、夹具、工艺四个方面知识模块的系统分析为目标,兼顾机械制造学科理论与现代制造技术的前沿知识。本书可作为普通高校机械类和近机械类专业基础课教材,也可供工厂、企业、科研院所从事机械制造、机械设计工作的工程技术人员参考。

版权所有,侵权必究。举报:010-62782989,beiqinquan@tup.tsinghua.edu.cn。

图书在版编目(CIP)数据

机械制造技术基础/于涛等主编. —北京:清华大学出版社,2012.2(2023.8重印)
(普通高等院校机电工程类规划教材)
ISBN 978-7-302-27596-1

Ⅰ.①机… Ⅱ.①于… Ⅲ.①机械制造工艺—高等学校—教材 Ⅳ.TH16

中国版本图书馆 CIP 数据核字(2011)第 271400 号

责任编辑:庄红权
封面设计:傅瑞学
责任校对:赵丽敏
责任印制:宋 林

出版发行:清华大学出版社
    网 址:http://www.tup.com.cn, http://www.wqbook.com
    地 址:北京清华大学学研大厦A座   邮 编:100084
    社 总 机:010-83470000   邮 购:010-62786544
    投稿与读者服务:010-62776969, c-service@tup.tsinghua.edu.cn
    质量反馈:010-62772015, zhiliang@tup.tsinghua.edu.cn
印 装 者:涿州市般润文化传播有限公司
经 销:全国新华书店
开 本:185mm×260mm   印 张:22.75   字 数:547千字
版 次:2012年2月第1版   印 次:2023年8月第11次印刷
定 价:58.00元

产品编号:035947-05

前　言

　　机械制造技术基础是机械类专业的一门主干专业基础课，内容覆盖金属切削原理和刀具、机械加工方法及设备、机床夹具设计、机械制造工艺学等，存在信息量庞杂、知识点之间缺乏有效联系、系统性差等问题。为适应高等教育改革和培养专业理论知识扎实、职业素养好、实践动手能力和创新能力强的复合型人才需要，编者在总结教学经验、参考相关教材的基础上，编写本教材。

　　教材的编写以金属切削基本原理为基础，以制造工艺为主线，以产品质量、加工效率与经济性三者之间的优化为目标，兼顾了解工艺装备知识及现代制造技术发展等内容。全书以刀具、机床、夹具、工艺四个方面知识模块的系统分析为主要内容，在保证基本理论系统完整的基础上，在不同章节适时增加了机械制造加工业的前沿信息，以保证内容的完整性和新颖性。

　　全书的特点为整体性、系统性强，可作为普通高校机械类和近机械类专业机械制造技术基础课教材，也可供工厂、企业、科研院所从事机械制造、机械设计工作的工程技术人员参考。

　　本书由山东科技大学于涛、杨俊茹、王素玉担任主编，王叶青、迟京瑞、王海霞、丁淑辉参加编写。编写分工如下：王素玉编写第 1 章；杨俊茹编写第 2 章；于涛编写第 3 章；王海霞编写第 4 章；王叶青编写第 5 章；于涛、迟京瑞编写第 6 章；王素玉、杨俊茹编写第 7 章；丁淑辉编写第 8 章。于涛、王素玉负责全书的修订。

　　由于编者水平有限，不足之处在所难免，诚恳希望读者批评指正。

编　者
2011 年 12 月

目 录

第1章 绪论 ·· 1
　　思考题 ·· 3

第2章 金属切削过程及其控制 ·· 4
　2.1 金属切削基本知识 ·· 4
　　2.1.1 工件表面的形成方法和成形运动 ·· 4
　　2.1.2 加工表面和切削用量 ·· 9
　　2.1.3 刀具角度 ··· 10
　　2.1.4 切削层参数和切削方式 ··· 19
　　2.1.5 刀具材料 ··· 20
　2.2 金属切削过程中的变形 ·· 27
　　2.2.1 切削变形过程 ··· 28
　　2.2.2 切削过程中的变形区及其变形特点 ··· 29
　　2.2.3 切削过程变形程度衡量参数 ··· 33
　　2.2.4 影响切屑变形的因素 ··· 37
　　2.2.5 切屑的种类及控制 ··· 39
　2.3 切削力 ·· 42
　　2.3.1 切削力的来源 ··· 42
　　2.3.2 切削力分析 ·· 42
　　2.3.3 切削力测量 ·· 43
　　2.3.4 切削力计算 ·· 44
　　2.3.5 影响切削力的因素 ··· 45
　2.4 切削热和切削温度 ··· 48
　　2.4.1 切削热的产生与传出 ··· 49
　　2.4.2 切削温度的测量 ·· 49
　　2.4.3 刀具切削温度分布规律 ·· 49
　　2.4.4 影响切削温度的因素 ··· 51
　2.5 刀具失效和刀具寿命 ·· 54
　　2.5.1 刀具失效形式 ··· 55
　　2.5.2 刀具磨损原因及过程 ··· 57
　　2.5.3 刀具使用寿命及其与切削用量之间的关系 ·· 60
　　2.5.4 刀具合理使用寿命的选择 ··· 62
　2.6 刀具几何参数和切削用量的合理选择 ·· 64
　　2.6.1 刀具几何参数的合理选择 ··· 64

2.6.2 切削用量的合理选择 … 71
2.7 磨削原理 … 74
2.7.1 砂轮的特性和选择 … 74
2.7.2 磨削过程及磨削温度 … 79
本章基本要求 … 81
思考题与习题 … 81
小论文参考题目 … 83

第3章 金属切削加工方法及装备 … 84

3.1 概述 … 84
3.1.1 机床的基本组成和技术性能 … 84
3.1.2 机床的分类和型号编制 … 85
3.1.3 机床的运动分析 … 88
3.2 外圆表面加工 … 91
3.2.1 外圆表面的车削加工 … 91
3.2.2 外圆表面的磨削加工 … 101
3.2.3 外圆表面的光整加工 … 105
3.3 孔加工 … 106
3.3.1 钻孔、扩孔和铰孔 … 107
3.3.2 镗孔 … 116
3.3.3 磨孔 … 120
3.3.4 珩磨孔 … 121
3.3.5 拉孔 … 122
3.4 平面加工 … 124
3.4.1 铣平面 … 125
3.4.2 刨平面 … 130
3.4.3 磨平面 … 131
3.5 齿轮加工 … 132
3.5.1 齿形加工原理 … 133
3.5.2 滚齿 … 133
3.5.3 其他齿轮加工方法 … 136
3.6 数控加工 … 139
3.6.1 数控机床的基本工作原理 … 139
3.6.2 数控机床的分类 … 139
3.6.3 数控机床应用范围及特点 … 143
本章基本要求 … 144
思考题与习题 … 144
小论文参考题目 … 145

第4章 机床夹具设计原理 ········· 146
4.1 概述 ········· 146
- 4.1.1 工件的安装 ········· 146
- 4.1.2 机床夹具的分类 ········· 147
- 4.1.3 机床夹具的组成 ········· 148
- 4.1.4 机床夹具的作用 ········· 148

4.2 工件在夹具中的定位 ········· 148
- 4.2.1 定位和基准的概念 ········· 149
- 4.2.2 工件的定位原理 ········· 150
- 4.2.3 工件的定位方法与定位元件 ········· 152

4.3 定位误差的分析与计算 ········· 161
- 4.3.1 定位误差及其产生原因 ········· 161
- 4.3.2 定位误差的计算实例 ········· 164

4.4 工件在夹具中的夹紧 ········· 169
- 4.4.1 夹紧装置的组成和要求 ········· 169
- 4.4.2 夹紧力的确定 ········· 169
- 4.4.3 典型夹紧机构 ········· 171
- 4.4.4 夹紧动力源 ········· 179

4.5 各类机床夹具 ········· 181
- 4.5.1 钻床夹具 ········· 181
- 4.5.2 铣床夹具 ········· 186
- 4.5.3 车床夹具 ········· 189
- 4.5.4 数控机床夹具 ········· 191

4.6 机床夹具的设计步骤与方法 ········· 196

本章基本要求 ········· 198
思考题与习题 ········· 198
小论文参考题目 ········· 202

第5章 机械加工工艺规程设计 ········· 203
5.1 机械加工工艺过程基本概念 ········· 203
- 5.1.1 工艺规程及其作用 ········· 203
- 5.1.2 机械加工工艺过程的基本组成 ········· 204
- 5.1.3 工艺规程的类型及格式 ········· 205
- 5.1.4 生产纲领、生产类型及其工艺特征 ········· 209

5.2 机械加工工艺规程制订 ········· 211
- 5.2.1 工艺规程设计的原则及步骤 ········· 211
- 5.2.2 产品的零件图与装配图的分析 ········· 211
- 5.2.3 毛坯的确定 ········· 213
- 5.2.4 定位基准选择 ········· 215

5.2.5 工艺路线的拟定 …………………………………………………………… 220
5.2.6 机床及工艺装备的选择 ……………………………………………………… 227
5.2.7 切削用量的确定 …………………………………………………………… 228
5.2.8 时间定额的确定 …………………………………………………………… 228
5.3 工序尺寸和工艺尺寸链计算 …………………………………………………………… 229
5.3.1 加工余量的确定 …………………………………………………………… 229
5.3.2 工序尺寸及其公差的确定 ………………………………………………… 234
5.3.3 工艺尺寸链计算 …………………………………………………………… 235
5.4 工艺规程(方案)的技术经济分析 …………………………………………………… 244
5.4.1 劳动生产率分析 …………………………………………………………… 244
5.4.2 工艺成本分析 ……………………………………………………………… 245
5.5 制订机械加工工艺规程设计实例 ……………………………………………………… 247
5.5.1 轴类零件的加工工艺分析 ………………………………………………… 247
5.5.2 CA6140 车床主轴的工艺过程分析 ……………………………………… 250
5.5.3 圆柱齿轮加工 ……………………………………………………………… 254
本章基本要求 …………………………………………………………………………………… 258
思考题与习题 …………………………………………………………………………………… 258
小论文参考题目 ………………………………………………………………………………… 259

第6章 机械加工质量分析与控制 …………………………………………………………… 260
6.1 机械加工精度概述 ……………………………………………………………………… 260
6.1.1 加工精度与加工误差 ……………………………………………………… 260
6.1.2 获得加工精度的方法 ……………………………………………………… 261
6.1.3 工艺系统的原始误差 ……………………………………………………… 262
6.1.4 研究机械加工精度的方法 ………………………………………………… 262
6.2 工艺系统原始误差对加工精度的影响 ……………………………………………… 263
6.2.1 工艺系统的几何误差对加工精度的影响 ………………………………… 263
6.2.2 工艺系统的受力变形对加工精度的影响 ………………………………… 267
6.2.3 工件内应力对加工精度的影响 …………………………………………… 272
6.2.4 工艺系统受热变形对加工精度的影响 …………………………………… 273
6.3 加工误差统计分析 ……………………………………………………………………… 277
6.3.1 加工误差的分类 …………………………………………………………… 277
6.3.2 分布图分析法 ……………………………………………………………… 278
6.3.3 点图分析法 ………………………………………………………………… 282
6.4 机械加工表面质量 ……………………………………………………………………… 286
6.4.1 机械加工表面质量概述 …………………………………………………… 286
6.4.2 机械加工表面质量对机器使用性能的影响 ……………………………… 287
6.4.3 影响表面粗糙度的因素 …………………………………………………… 289
6.4.4 影响加工表面层物理力学性能的因素 …………………………………… 291

6.4.5 提高机械加工表面质量的方法 ··· 293
　6.5 机械加工过程中的振动 ··· 294
　　　6.5.1 机械振动的基本概念 ··· 295
　　　6.5.2 机械加工过程中的强迫振动 ··· 295
　　　6.5.3 机械加工过程中的自激振动 ··· 297
　本章基本要求 ··· 298
　思考题与习题 ··· 299
　小论文参考题目 ··· 300

第7章 机械装配工艺规程设计 ··· 301

　7.1 机械装配概述 ··· 301
　　　7.1.1 装配的概念 ··· 301
　　　7.1.2 装配的组织形式 ··· 301
　　　7.1.3 装配精度 ·· 302
　　　7.1.4 装配系统图与装配单元 ·· 303
　7.2 产品结构的装配工艺性 ·· 304
　7.3 装配尺寸链 ·· 305
　　　7.3.1 装配尺寸链的概念 ·· 305
　　　7.3.2 装配尺寸链的建立 ·· 305
　　　7.3.3 装配尺寸链的计算方法 ·· 309
　7.4 保证装配精度的装配方法 ··· 311
　　　7.4.1 互换装配法 ··· 311
　　　7.4.2 选择装配法 ··· 314
　　　7.4.3 修配装配法 ··· 315
　　　7.4.4 调整装配法 ··· 320
　7.5 装配工艺规程的制定 ··· 321
　　　7.5.1 制定装配工艺规程应遵循的基本原则和所需的原始资料 ········· 321
　　　7.5.2 制定装配工艺规程的步骤 ·· 322
　本章基本要求 ··· 323
　思考题与习题 ··· 324
　小论文参考题目 ··· 325

第8章 机械制造技术发展 ·· 326

　8.1 先进制造技术概述 ·· 326
　　　8.1.1 先进制造技术的提出 ·· 326
　　　8.1.2 先进制造技术的含义 ·· 328
　　　8.1.3 先进制造技术的内容 ·· 328
　　　8.1.4 先进制造技术的分类 ·· 329
　8.2 先进制造工艺 ··· 330

8.2.1 超高速加工 ·· 330
　　8.2.2 超精密加工 ·· 333
　　8.2.3 微机械与微细加工 ·· 337
　　8.2.4 纳米技术 ··· 340
　　8.2.5 快速原型技术 ··· 341
　　8.2.6 现代表面工程 ··· 344
8.3 柔性制造系统 ·· 346
8.4 计算机集成制造系统 ·· 348
　　8.4.1 计算机集成制造技术的提出 ·· 348
　　8.4.2 计算机集成制造系统的含义及发展过程 ·· 349
　　8.4.3 CIMS 的系统结构 ··· 350
本章基本要求 ·· 351
小论文参考题目 ·· 351

参考文献 ··· 352

第1章 绪 论

1. 机械制造业的地位和作用

机械制造业是现代工业的主体,是国民经济的支柱产业,是国家工业体系的重要基础和国民经济各部门的装备部。在国民经济的各个行业中所使用的各种各样的机械仪器及工具,其性能、质量都受机械制造业生产能力、加工效率的影响。因此,机械制造业对整个工业的发展起到基础和支撑作用,机械制造技术水平的提高对整个国民经济的发展,以及科技、国防实力的提高有着直接和重要的影响,是衡量一个国家科技水平和综合国力的重要标志。

在相当长的时期里,中国经济需要靠制造业牵引。制造业增加值在国内生产总值中所占的比重一直维持在40%以上。没有制造业的提高和发展,其他产业也不可能良性发展,无论科学技术怎样进步,发展先进的制造业是抓住"发展"这个主题的关键。

近年来,微电子技术、计算机技术、网络信息技术与机械制造技术的深度结合,将传统的制造技术带入了一个崭新的境界,计算机辅助技术(CAX)、计算机集成制造系统、数控技术、柔性制造系统等先进的制造系统和制造模式改变了传统制造业的面貌。目前,我国机械工业产品的生产已具有相当大的规模,形成了产品门类齐全、布局合理的机械制造业体系,在制造技术和生产装备方面正在努力赶超世界先进水平。

2. 机械制造技术概述

制造技术是指按照人们所需的目的,运用知识和技能,利用客观物资工具,将原材料物化为人类所需产品的工程技术,即使原材料成为产品而使用的一系列技术的总称。制造技术是制造业赖以生存和发展的技术基础,其基本组成可分为三类:传统制造技术、先进制造技术和高制造技术。传统制造技术即传统的铸造、锻造、热处理、电镀、车铣刨磨等技术;先进制造技术主要是信息技术与传统制造技术相结合的制造技术;高制造技术主要是生物、纳米、新材料、新能源等高技术的发展而引发的制造技术,其最具代表性的是微/纳米制造技术、生物制造技术。

21世纪制造技术的发展趋势如下所述:

(1)高技术化。在高技术的带动下,制造技术的发展也将出现前所未有的新进展,一批研发投入比例高、职工中科技人员比例高、技术含量高等符合高技术特征的制造技术应运而生。

(2)信息化。信息技术与制造技术相融合,将进一步给制造技术带来深刻的、甚至是革命性的变化。

(3)绿色制造。可持续发展战略与规划将对企业在合理开采和利用自然资源、从源头杜绝污染和破坏生态环境、开创更多就业机会三方面提出更高的要求。

(4)极端制造。制造技术正从常规制造、传统制造向非传统制造及极端制造方向发展。

(5)重视基础技术。近几年来,国外在加强技术创新、强化原创性技术研究开发的同时,提出了以制造业救国的口号,并以振兴制造基础技术来提高制造业产业竞争力。

3. 机械制造系统相关概念

(1) 制造是人类所有经济活动的基石，是人类历史发展和文明进步的动力。

① 狭义的制造是机电产品的机械加工工艺过程。

② 广义的制造是按照国际生产工程学会(CIRP)定义的，制造是涉及制造工业中产品设计、物料选择、生产计划、生产过程、质量保证、经营管理、市场销售和服务的一系列相关活动和工作的总称。

(2) 制造过程是指产品从设计、生产、使用、维修到报废、回收等的全过程，也称为产品生命周期。

(3) 制造业是指将制造资源(物料、能源、设备、工具、资金、技术、信息和人力等)利用制造技术，通过制造过程，转化为供人们使用或利用的工业品或生活消费品的行业。

(4) 机械制造系统是制造业的基本组成实体，由完成机械制造过程所涉及的硬件(物料、设备、工具、能源等)、软件(制造理论、工艺、技术、信息和管理等)和人员(技术人员、操作工人、管理人员等)所组成，是通过制造过程将制造资源(原材料、能源等)转变为产品(包括半成品)的有机整体。

4. 机械制造技术基础的性质及研究内容

机械制造是机械工程学科的重要分支，是一门研究各种机械制造过程和方法的科学。

机械制造技术基础是研究机械制造系统和机械制造方法的一门重要的专业技术基础课程，是机械设计制造及其自动化专业的主干专业课程。机械制造技术基础主要介绍机械加工过程及工艺装备、机械产品的生产过程及生产过程的组织，包括金属切削过程及其基本规律，机床、刀具及夹具的基本知识，机械加工和装配工艺规程的设计，机械加工精度及质量的概念，先进制造技术发展的前沿与趋势。

机械制造技术基础的主要内容包括：

(1) 金属切削过程的基本规律；

(2) 金属切削机床、刀具及夹具的基本知识；

(3) 机械制造工艺与装配的基本理论和基本方法；

(4) 先进制造技术与系统的基本原理及实现方法。

5. 机械制造技术基础的任务及要求

机械制造技术基础的任务是通过学习使学生获得机械加工过程所必须具备的基础理论和基本知识。要求学生能对制造活动有一个总体的、全面的了解与把握，能够掌握金属切削过程的基本规律，掌握机械加工的基本知识，初步具备解决现场一般切削加工工艺技术问题的能力，能够初步掌握分析机床运动、刀具结构、夹具设计及加工参数选择等基本方法，具备编制零件工艺规程的能力，掌握机械加工精度和表面质量分析的基本知识，了解当今先进制造技术和先进制造模式的发展概况，初步具备综合分析机械制造过程中质量、生产率和经济性问题的能力。

机械制造技术基础是一门实践性很强的专业技术基础课程，在学习过程中，要注意与教学实践(实习、实验、设计)密切配合,必须在教学实践中获得感性认识的基础上进行理论学习才能获得较好的学习效果。因此,希望学习本书时必须重视实践环节,即通过实验、实习、设计及工厂调研来更好地体会、加深理解。

思 考 题

1. 简述我国机械制造技术的发展历程带来的启示。
2. 浅议对我国机械制造业发展的认识。

第 2 章 金属切削过程及其控制

金属切削加工就是金属切削刀具和工件按一定规律作相对运动,通过刀具上的切削刃切除工件上多余的(或预留的)金属,从而使工件的形状、尺寸精度及表面质量都符合预定要求的机械加工工艺。

为实现金属切削加工,必须具备以下条件:工件与刀具之间要有相对运动,即切削运动,也是成形运动;刀具材料必须具有一定的切削性能;刀具必须具有适当的几何参数,即切削角度;具备良好的切削环境等。切削过程中,会产生切削变形、切削力、切削热和刀具失效等现象。

本章在讲授金属切削基本知识的基础上,对切削过程中的上述各种现象进行阐述,揭示它们的产生机理和相互之间的内在联系。通过对本章的学习,使学生掌握金属切削加工过程中的基本理论和基本规律,培养学生在实际零件加工过程中,对高质、高效、低成本优质加工过程的实践控制能力。

2.1 金属切削基本知识

2.1.1 工件表面的形成方法和成形运动

零件的形状是由各种表面组成的,零件的切削加工实际是表面成形的问题。

1. 工件的加工表面

不论零件的形状如何复杂,其表面都是由若干种基本表面组成的,主要的基本表面如图 2.1 所示。

2. 工件表面的形成方法

任何规则表面都可以看作是一条线(称为母线)沿着另一条线(称为导线)运动的轨迹,如图 2.1 所示。母线和导线统称为形成表面的发生线。

根据母线和导线是否可以互换,规则表面又可以分为以下两种。

(1) 可逆表面:形成表面的两条发生线(母线和导线)可以互换,而不改变形成表面的性质,如图 2.1(a)、(b)、(c)等所示。

(2) 不可逆表面:母线和导线不可以互换。

另外,有些表面的两条发生线完全相同,只因母线的相对位置不同,也可形成不同的表面,如图 2.2 中的圆柱面、圆锥面和双曲面。

3. 形成发生线的方法及所需运动

发生线是由刀具的切削刃与工件间的相对运动得到的。由于使用的刀具切削刃形状和采取的加工方法不同,形成发生线的方法可归纳为 4 种,分别是轨迹法、成形法、相切法和展成法。

(1) 轨迹法:利用刀具作一定规律的轨迹运动对工件进行加工的方法。如图 2.3 所

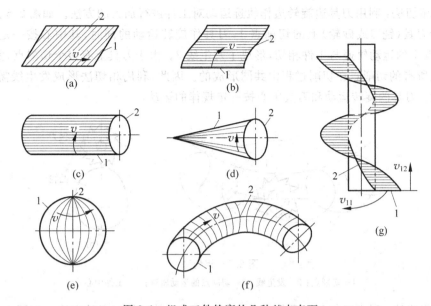

图 2.1 组成工件轮廓的几种基本表面

(a)平面；(b)直线成形表面；(c)圆柱面；(d)圆锥面；(e)球面；(f)圆环面；(g)螺旋面

1—母线；2—导线

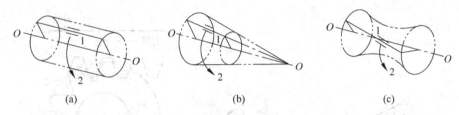

图 2.2 母线原始位置变化时形成的表面

1—母线；2—导线

示,刀刃为切削点 1,它按一定轨迹运动,形成所需的发生线 2,形成发生线需要一个成形运动。

(2) 成形法：利用成形刀具对工件进行加工的方法。如图 2.4 所示,刀刃为切削线 1,它的形状和长短与需要形成的发生线 2 完全重合,刀具无须任何运动就可以得到所需的发生线形状。因此,用成形法来形成发生线不需要专门的成形运动。

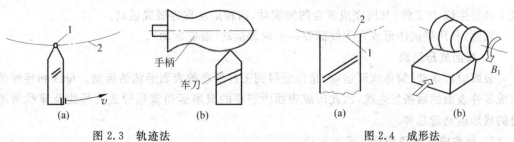

图 2.3 轨迹法

1—切削点；2—发生线

图 2.4 成形法

1—切削线；2—发生线

(3) 相切法：利用刀具边旋转边作轨迹运动对工件进行加工的方法。如图2.5所示，刀刃为旋转刀具（铣刀或砂轮）上的切削点1，刀具作旋转运动的同时，其中心按一定规律运动，切削点1的运动轨迹与工件相切，形成了发生线2。由于刀具上有多个切削点，发生线2是刀具上所有的切削点在切削过程中共同形成的。因此，利用相切法形成发生线需要两个成形运动：刀具的旋转运动和刀具中心按一定规律的运动。

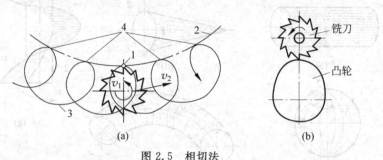

图2.5　相切法
1—切削点；2—发生线；3—切削点的运动轨迹；4—工件中心

(4) 展成法：利用工件和刀具作展成切削运动对工件进行加工的方法。如图2.6所示，刀刃为切削线1，它的形状和长短与需要形成的发生线2的形状不吻合，切削线1与发生线2彼此作无滑动的纯滚动，发生线2就是切削线1在切削过程中连续位置的包络线。

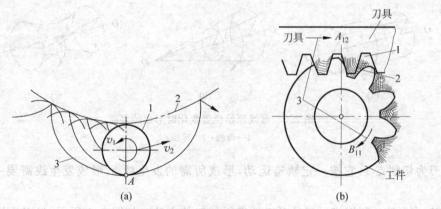

图2.6　展成法
1—切削线；2—发生线；3—复合运动轨迹

在形成发生线2的过程中，或者仅由切削线1沿着由它生成的发生线2滚动；或者切削线1和发生线2（工件）共同完成复合的纯滚动，这种运动称为展成运动。

因此，利用展成法形成发生线需要一个成形运动（展成运动）。

4. 表面成形运动

表面成形运动（简称成形运动）是保证得到工件要求的表面形状的运动。母线和导线是形成零件表面的两条发生线，因此形成表面所需要的成形运动就是形成其母线及导线所需要的成形运动的总和。

1) 简单成形运动和复合成形运动

表面成形运动分为简单成形运动和复合成形运动。

(1) 简单成形运动：形成发生线所需要的各运动单元之间不需要保持准确的速比关系。如图 2.7 所示，车削外圆柱面时，工件的旋转运动 B_1 产生母线（圆），刀具的纵向直线运动 A_2 产生导线（直线）。运动 B_1 和 A_2 就是两个简单成形运动，下标 1、2 表示简单成形运动次序。

简单成形运动可以是旋转运动，也可以是直线运动，一般以主轴的旋转、刀架或工作台的直线运动的形式出现。其中，旋转运动用 B_x 表示；直线运动用 A_x 表示；下标 x 表示独立运动的数目。

(2) 复合成形运动：形成发生线所需要的各运动单元之间需要保持严格的相对运动关系，相互依存，而不是独立的。一个复合成形运动可以分解为两个甚至更多的简单运动。复合成形运动是一个运动，而不是两个或两个以上的简单运动。

例如，车螺纹、加工齿轮时都存在复合成形运动。

复合成形运动中的旋转运动单元用 B_{xy} 表示，直线运动单元用 A_{xz} 表示，其中，x 表示独立运动的数目，y、z 表示组成第 x 个运动的第 y、z 个运动。

2) 零件表面成形运动分析实例

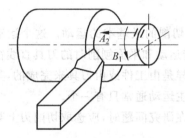 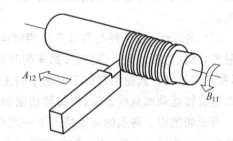

图 2.7　简单成形运动　　　　　图 2.8　用螺纹车刀车削螺纹

【例 2.1】　用成形车刀车削成形回转表面（见图 2.4(b)）。

母线：曲线，由成形法形成，不需要成形运动。

导线：圆，由轨迹法形成，需要一个成形运动 B_1。

表面成形运动的总数为 1 个——B_1，是简单的成形运动。

【例 2.2】　用螺纹车刀车削螺纹（见图 2.8）。

母线：车刀的刀刃形状与螺纹轴向剖面轮廓的形状一致，故母线由成形法形成，不需要成形运动。

导线：螺旋线，由轨迹法形成，需要一个复合成形运动。工件旋转 B_{11} 和刀具直线移动 A_{12}。

表面成形运动的总数为一个——$B_{11}A_{12}$，是复合成形运动。

【例 2.3】　用齿轮滚刀加工直齿圆柱齿轮（见图 2.9）。

母线：渐开线，展成法形成，复合成形运动，滚刀旋转 B_{11} 和工件旋转 B_{12}。

导线：直线，相切法形成，两个简单的成形运动，滚刀旋转 B_{11} 和滚刀沿工件的轴向移动 A_2。

表面成形运动的总数为两个：复合成形运动 $B_{11}B_{12}$ 和简单成形运动 A_2。

【例 2.4】　用螺纹车刀加工锥螺纹（见图 2.10）。

母线：成形法。

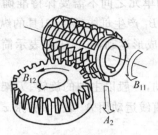
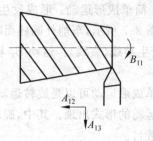

图 2.9　用齿轮滚刀加工直齿圆柱齿轮　　　　图 2.10　用螺纹车刀加工锥螺纹

导线：刀具相对于工件作圆锥螺线运动，包括工件的旋转运动 B_{11}、刀具纵向直线运动 A_{12} 以及刀具横向直线运动 A_{13}。

表面成形运动总数：一个复合运动，包含 B_{11}、A_{12}、A_{13} 三个运动单元。

3）主运动、进给运动及合成切削运动

成形运动按其在切削加工中所起的作用，又可分为主运动和进给运动，它们可能是简单的成形运动，也可能是复合的成形运动。所有切削运动的速度及方向都是相对于工件定义的。

（1）主运动：使工件与刀具产生相对运动以进行切削的最基本的运动。这个运动的速度最高，消耗功率最大。例如，外圆车削时的工件旋转运动和平面刨削时的刀具直线往复运动，都是主运动。其他切削加工方法中的主运动也同样是由工件或由刀具来完成的，其形式可以是旋转运动或直线运动，但每种切削加工方法的主运动通常只有一个。

由于切削刃上各点的运动情况不一定相同，所以在研究问题时，应选取切削刃上某一个合适的点作为研究对象，该点称为切削刃上选定点。

主运动方向（见图 2.11）：切削刃上选定点相对于工件的瞬时主运动方向。

切削速度 v_c（见图 2.11）：切削刃上选定点相对于工件的主运动的瞬时速度。

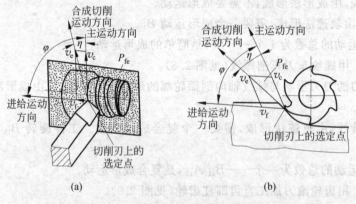

图 2.11　车削（铣削）运动与切削速度

（2）进给运动：使主运动能够持续切除工件上多余的金属，以便形成工件表面所需的运动。例如外圆车削时车刀的纵向连续直线进给运动和平面刨削时工件的间歇直线进给运动。其他切削加工方法中也是由工件或刀具来完成进给运动的，但进给运动可能不只一个。它的运动形式可以是直线运动、旋转运动或两者的组合，但无论哪种形式的进给运动，它消耗的功率都比主运动要小。

进给运动方向(见图2.11):切削刃上选定点相对于工件的瞬时进给运动的方向。

进给运动方向与主运动方向之间的夹角为φ,如图2.11所示。

进给速度v_f(见图2.11):切削刃上选定点相对于工件的进给运动的瞬时速度。

(3) 合成切削运动:由同时进行的主运动和进给运动合成的运动。

合成切削运动方向(见图2.11):切削刃上选定点相对于工件的瞬时合成切削运动的方向。

合成切削速度v_e(见图2.11):切削刃上选定点相对于工件的合成切削运动的瞬时速度。

合成切削速度角η(见图2.11):主运动方向和合成切削运动方向之间的夹角。它在工作进给剖面P_{fe}内度量。

显然,在车削中,$v_e = v_c / \cos\eta$,如图2.11所示。在大多数实际加工中η值很小,所以可认为$v_e = v_c$。

此外,除表面成形运动外,还需要辅助运动以实现机床的各种辅助动作。辅助动作的种类很多,主要包括各种空行程运动、切入运动、分度运动和操纵及控制运动等。

2.1.2 加工表面和切削用量

1. 切削时工件上的表面

切削时,在主运动和进给运动的共同作用下,工件表面的一层金属连续地被刀具切削下来并转变为切屑,从而加工出所需要的工件新表面。在新表面的形成过程中,工件上有三个不断变化着的表面:待加工表面、过渡表面(切削表面)和已加工表面,如图2.12、图2.13所示。

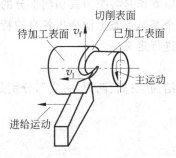

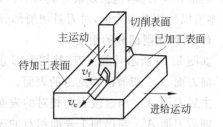

图2.12 外圆车削的切削运动与加工表面　　图2.13 平面刨削的切削运动与加工表面

(1) 待加工表面:工件上多余金属即将被切除的表面。该表面随着切削的进行逐渐减小,直至多余金属被切完。

(2) 已加工表面:工件上多余金属被切除后形成的新表面。

(3) 过渡表面(切削表面):工件上多余金属被切除过程中,待加工表面与已加工表面之间相连接表面,或刀刃正在切削着的表面。

2. 切削用量三要素

切削用量三要素是:切削速度v_c、进给量f和切削深度a_p。

1) 切削速度 v_c (m/s)

切削速度是指切削刃选定点相对工件的主运动线速度。

车削时,有

$$v_c = \frac{\pi d_w n}{1000 \times 60} \tag{2.1}$$

其中,d_w 为工件最大直径,mm;n 为工件转速,r/min。

2) 进给量 f、进给速度 v_f 和每齿进给量 f_z

进给量 f：主运动每一转时工件与刀具沿进给方向的位移量,mm/r。

进给速度 v_f：单位时间内的进给量,$v_f = f \cdot n$ (mm/s 或 mm/min)。

对于多齿刀具,每齿进给量为

$$f_z = f/z \,(\text{mm/齿})$$

其中,z 为刀具齿数。

因此,有如下关系式：

$$v_f = f \cdot n = f_z \cdot z \cdot n \quad (\text{mm/s 或 mm/min}) \tag{2.2}$$

3) 切削深度 a_p

对外圆车削而言,切削深度是待加工表面与已加工表面间的垂直距离,即

$$a_p = (d_w - d_m)/2 \tag{2.3}$$

其中,d_w 为待加工表面直径;d_m 为已加工表面直径。

图 2.14 所示为各种切削加工的切削运动和加工表面。

2.1.3 刀具角度

虽然用于不同切削加工方法的刀具种类很多,如图 2.15 所示,但各类刀具参与切削的部分在几何特征上具有共性。外圆车刀的切削部分可以看作是各类刀具切削部分的基本形态。其他各类刀具,包括复杂刀具,都可以认为是在这个基本形态上演变出各自的特点。因此,本节以外圆车刀为例,对刀具切削部分的几何参数进行定义。

1. 刀具切削部分的组成

如图 2.16 所示外圆车刀,其切削部分的组成可总结为"三面、两刃、一尖",分别是：

前刀面 A_γ：切屑沿其流出的表面。

主后刀面 A_α：与过渡表面相对的表面。

副后刀面 A_α'：与已加工表面相对的表面。

主切削刃 S：前刀面与主后刀面相交而得到的边锋,承担主要的切削作用,形成工件过渡表面。

副切削刃 S'：前刀面与副后刀面相交得到的边锋,协助主刀刃切除多余金属,形成已加工表面。

刀尖(过渡刃)：主切削刃与副切削刃相交的部位。常用刀尖有三种形式：交点刀尖、圆弧刀尖(圆弧形过渡刃)和倒角刀尖(直线形过渡刃),如图 2.17 所示。

为了确定刀具切削部分各表面和切削刃在空间的位置,需要引入刀具角度的概念,同时,刀具具有一定的切削角度也是其进行切削加工的必备条件之一。

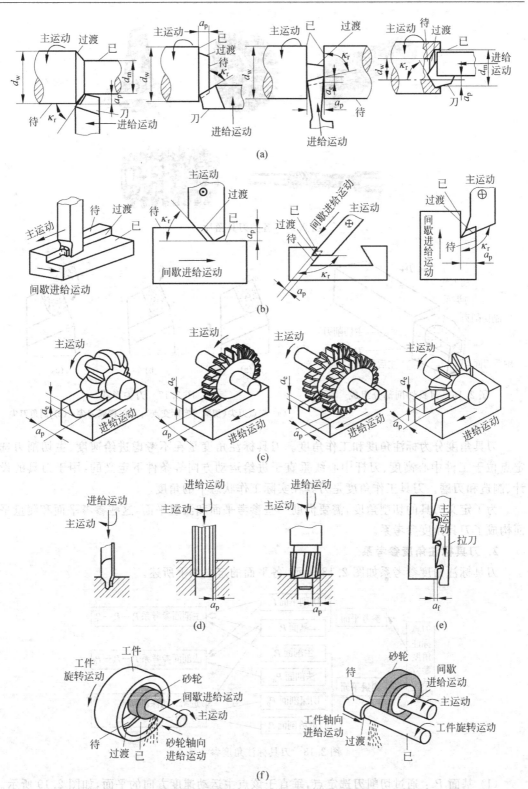

图 2.14 各种切削加工的切削运动和加工表面
待—待加工表面;已—已加工表面;过渡—过渡表面

图 2.15 各类刀具图片

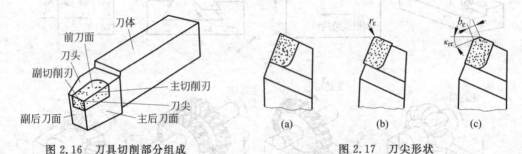

图 2.16 刀具切削部分组成

图 2.17 刀尖形状
(a) 交点刀尖(切削刃实际交点);(b) 圆弧刀尖;(c) 倒角刀尖

刀具角度分为标注角度和工作角度。刀具标注角度是在不考虑进给速度、主切削刃选定点位于工件中心高度、刀杆中心线垂直于进给运动方向等条件下定义的,用于刀具的设计、制造和刃磨。刀具工作角度是刀具在实际工作状态下的角度。

为了定义刀具的切削角度,需要借助一些参考平面和测量平面,这些参考平面和测量平面构成了刀具角度参考系。

2. 刀具标注角度参考系

刀具标注角度参考系如图 2.18 所示,各平面的定义如下所述。

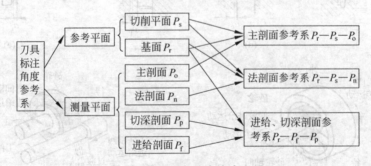

图 2.18 刀具标注角度参考系

(1) 基面 P_r:通过切削刃选定点,垂直于该点主运动速度方向的平面,如图 2.19 所示。

例如,普通车刀、刨刀的基面 P_r 平行于刀杆底面。钻头和铣刀等旋转类刀具,其切削刃上各点的主运动(即回转运动)方向都垂直于通过该点并包含刀具旋转轴线的平面,故其基

面 P_r 就是刀具的轴向平面。

(2) 切削平面 P_s：通过切削刃选定点，与切削刃相切，与该点基面垂直的平面，如图 2.19 所示。切削平面 P_s 内反映了切削刃的实形。

基面和切削平面加上以下所述的任一剖面，便构成不同的刀具标注角度参考系。

(3) 主剖面 P_o（正交平面）：通过切削刃选定点，垂直于 P_r 和 P_s 的平面。P_o 垂直于切削刃在基面内的投影，如图 2.19 所示。

P_o、P_r、P_s 三个平面构成一个空间正交主剖面参考系，如图 2.19 所示。

(4) 法剖面 P_n：通过切削刃选定点，垂直于切削刃或其切线的平面，如图 2.20 所示。

P_n、P_r、P_s 构成一个法剖面参考系，如图 2.20 所示。

(5) 切深剖面 P_p：通过切削刃选定点，平行于刀杆轴线，垂直于进给速度方向，垂直于基面 P_r 的平面，如图 2.21 所示。

(6) 进给剖面 P_f：通过切削刃选定点，垂直于刀杆轴线，平行于进给速度方向，垂直于基面 P_r，如图 2.21 所示。

P_p、P_f、P_r 构成一个进给、切深剖面参考系，如图 2.21 所示。

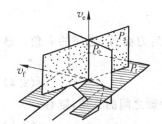
图 2.19 主剖面参考系

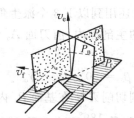
图 2.20 法剖面参考系

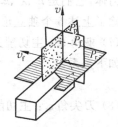
图 2.21 切深、进给剖面参考系

3. 刀具的标注角度

采用不同的参考系得到的刀具的标注角度不同。进行刀具角度的标注，一方面是确定刀刃的位置，另一方面是确定刀面的位置。下面以主剖面参考系 P_r—P_s—P_o 为例，说明刀具各标注角度，参考图 2.22。

为了确定主切削刃的空间位置，需要主偏角和刃倾角两个角度。

(1) 主偏角 κ_r：基面 P_r 内主刀刃在基面上的投影与进给方向之间的夹角。

(2) 刃倾角 λ_s：切削平面 P_s 内主刀刃与基面之间的夹角。λ_s 有正、负之分，刀尖是刀刃最高点时，λ_s 为正；反之为负，如图 2.23 所示。

主偏角和刃倾角确定后，为了确定前刀面的位置，需要一个前角。

(3) 前角 γ_o：主剖面 P_o 内前刀面 A_γ 与基面 P_r 之间的夹角。

前面 3 个角度确定后，为了确定主后刀面的位置，需要一个主后角。

(4) 主后角 α_o：主剖面 P_o 内主后刀面 A_α 与切削平面 P_s 之间的夹角。

上述 4 个角度确定后，为了确定副切削刃的位置，需要一个副偏角。

(5) 副偏角 κ_r'：基面 P_r 内副切削刃 S' 在基面 P_r 上的投影与进给速度 v_f 反方向的夹角。

最后，为了确定副后刀面的位置，还需要一个副后角。

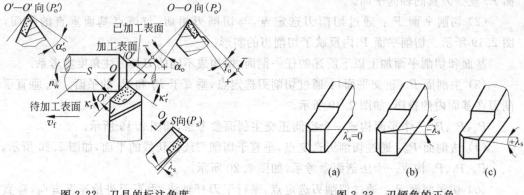

图 2.22 刀具的标注角度　　　　图 2.23 刃倾角的正负

(6) 副后角 α_o'：在副刀刃选定点的副正交剖面 P_o' 内，副后刀面 A_α' 与副切削平面 P_s' 之间的夹角。

刀具标注角度在正交主剖面参考系中，只需要 6 个独立角度就可以确定刀具切削部分的几何体，它们是 κ_r、λ_s、κ_r'、γ_o、α_o 和 α_o'。

除了上述 6 个独立角度外，有时还用到以下 3 个派生角度。

(7) 楔角 β_o：主切削刃选定点的主剖面内，前刀面 A_γ 与主后刀面 A_α 之间的夹角。显然有如下关系：

$$\beta_o = 90° - \alpha_o - \gamma_o \tag{2.4}$$

(8) 刀尖角 ε_r：主切削刃 S 与副切削刃 S' 在基面 P_r 内的投影之间的夹角，则有，

$$\varepsilon_r = 180° - \kappa_r - \kappa_r' \tag{2.5}$$

(9) 余偏角 ψ_r：主切削刃 S 在 P_r 内的投影与进给速度 v_f 垂线之间的夹角，则有，

$$\psi_r = 90° - \kappa_r \tag{2.6}$$

说明几点如下：

(1) 副切削刃对应的参考系平面、各个角度的定义与主切削刃的相同，其符号在相应主切削刃的符号之后加撇（′）。

(2) 注意刀具有些角度的正负规定。

(3) 定义参考系和角度时，注意选定点，切削刃上选择不同的点，情况不同。

(4) 其他参考系刀具角度的标注，按主剖面参考系标注原理进行标注，相应的脚标符号由 o 换成 n 或者 p、f。

法平面参考系刀具标注角度如图 2.24 所示。

其中，基面（P_r）内的角度：主偏角 κ_r、副偏角 κ_r'、刀尖角 ε_r、余偏角 ψ_r；切削平面（S 向）内的角度：刃倾角 λ_s；法剖面（P_n）内的角度：法前角 γ_n、法后角 α_n、法楔角 β_n。

进给、切深剖面参考系刀具标注角度如图 2.25 所示。

4. 刀具标注角度的换算

有时，由于设计和制造的需要，刀具在不同参考系中的标注角度之间须进行换算。

1) 主剖面与法剖面内的角度换算

在刀具设计、制造、刃磨和检验时，常常需要知道法剖面内的标注角度。许多斜角切削刀具，特别是大刃倾角刀具，如大螺旋角圆柱铣刀，必须标注法剖面角度。法剖面内的角度

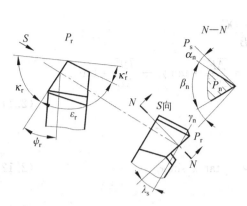
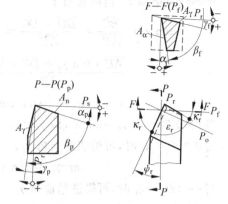

图 2.24 法平面参考系刀具标注角度　　图 2.25 进给、切深剖面参考系刀具标注角度

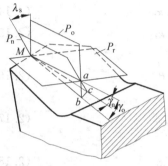

图 2.26 主剖面与法剖面内
的角度换算

可以从主剖面内的角度换算得到。以前角为例，如图 2.26 所示，推导换算公式如下：

$$\tan \gamma_n = \frac{\overline{ac}}{\overline{Ma}} \tag{2.7}$$

$$\tan \gamma_o = \frac{\overline{ab}}{\overline{Ma}} \tag{2.8}$$

$$\frac{\tan \gamma_n}{\tan \gamma_o} = \frac{\overline{ac}}{\overline{Ma}} \cdot \frac{\overline{Ma}}{\overline{ab}} = \frac{\overline{ac}}{\overline{ab}} = \cos \lambda_s$$

即：

$$\tan \gamma_n = \tan \gamma_o \cdot \cos \lambda_s \tag{2.9}$$

同理可以推出：

$$\cot \alpha_n = \cot \alpha_o \cdot \cos \lambda_s \tag{2.10}$$

2) 主剖面与其他剖面内的角度换算

如图 2.27 所示，$AGBE$ 为通过主切削刃上 A 点的基面，$P_o(AEF)$ 为主剖面；P_p 和 P_f 分别为切深剖面和进给剖面，$P_\theta(ABC)$ 为垂直于基面的任意剖面，它与主切削刃 AH 在基面上投影 AG 间的夹角为 θ，$AHCF$ 在前刀面上。

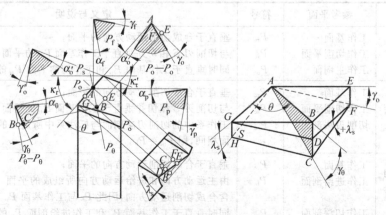

图 2.27 任意剖面内的角度变换

求解任意剖面 P_θ 内的前角 γ_θ

$$\tan \gamma_\theta = \frac{\overline{BC}}{\overline{AB}} = \frac{\overline{BD} + \overline{DC}}{\overline{AB}} = \frac{\overline{EF} + \overline{DC}}{\overline{AB}}$$

$$= \frac{\overline{AE} \cdot \tan \gamma_o + \overline{DF} \cdot \tan \lambda_s}{\overline{AB}} = \frac{\overline{AE}}{\overline{AB}} \cdot \tan \gamma_o + \frac{\overline{DF}}{\overline{AB}} \cdot \tan \lambda_s$$

$$= \tan \gamma_o \sin \theta + \tan \lambda_s \cos \theta \tag{2.11}$$

当 $\theta = 0°$ 时,$\tan \gamma_\theta = \tan \lambda_s$,即 $\gamma_\theta = \lambda_s$。

当 $\theta = 90° - \kappa_r$ 时,可得切深前角 γ_p:

$$\tan \gamma_p = \tan \gamma_o \cos \kappa_r + \tan \lambda_s \sin \kappa_r \tag{2.12}$$

当 $\theta = 180° - \kappa_r$ 时,可得进给前角 γ_f:

$$\tan \gamma_f = \tan \gamma_o \sin \kappa_r - \tan \lambda_s \cos \kappa_r \tag{2.13}$$

变换公式形式可得 γ_o,λ_s 的计算公式:

$$\tan \gamma_o = \tan \gamma_p \cos \kappa_r + \tan \gamma_f \sin \kappa_r \tag{2.14}$$

$$\tan \lambda_s = \tan \gamma_p \sin \kappa_r - \tan \gamma_f \cos \kappa_r \tag{2.15}$$

同理,可求出任意剖面内的后角 α_θ:

$$\cot \alpha_\theta = \cot \alpha_o \sin \theta + \tan \lambda_s \cos \theta \tag{2.16}$$

当 $\theta = 90° - \kappa_r$ 时,

$$\cot \alpha_p = \cot \alpha_o \cos \kappa_r + \tan \lambda_s \sin \kappa_r \tag{2.17}$$

当 $\theta = 180° - \kappa_r$ 时,

$$\cot \alpha_f = \cot \alpha_o \sin \kappa_r - \tan \lambda_s \cos \kappa_r \tag{2.18}$$

5. 刀具工作角度

刀具标注角度是在假定运动条件和假定安装条件下得到的,如果考虑合成切削运动和实际安装条件,则刀具角度的参考系将发生变化,因而刀具角度也将产生变化,即刀具的实际工作角度不等于标注角度。按照切削加工的实际情况,在刀具工作角度参考系中所确定的角度,称为刀具工作角度。刀具工作角度参考系平面和角度符号在相应标注角度情况下加脚标 e。表 2.1 是刀具工作角度参考系定义。

表 2.1 刀具工作角度参考系

参考系	参考平面	符号	定义与说明
工作主剖面参考系	工作基面 工作切削平面 工作主剖面	P_{re} P_{se} P_{oe}	垂直于合成切削运动方向的平面; 与切削刃 S 相切并垂直于工作基面 P_{re} 的平面; 同时垂直于工作基面 P_{re} 和工作切削平面 P_{se} 的平面
工作法剖面参考系	工作基面 工作切削平面 切削刃法剖面	P_{re} P_{se} P_{ne}	垂直于合成切削运动方向的平面; 与切削刃 S 相切并垂直于工作基面 P_{re} 的平面; 工作系中的切削刃法剖面与标注系中所定义的切削刃法剖面相同,即 $P_{ne} = P_n$
工作进给、切深剖面参考系	工作基面 工作进给剖面 工作切深剖面	P_{re} P_{fe} P_{pe}	垂直于合成切削运动方向的平面; 由主运动方向和进给运动方向所组成的平面。显见,P_{fe} 包含合成切削运动方向,因此 P_{fe} 与工作基面 P_{re} 互相垂直; 同时垂直于工作基面 P_{re} 和工作进给剖面 P_{fe} 的平面

当进给速度远小于主运动速度时,一般安装条件下刀具的工作角度近似等于标注角度,但是,当进给运动引起刀具角度值变化较大时需要计算工作角度。

1) 进给运动对刀具工作角度的影响

(1) 横向进给运动对刀具工作角度的影响

分析思路:进给运动的变化→合成切削运动的变化→工作角度参考平面的变化→刀具工作角度的变化。

以切断横车为例(见图 2.28),当不考虑进给运动时,车刀主切削刃上选定点相对于工件的运动轨迹为一圆周,切削平面 P_s 为通过切削刃上该点并切于圆周的平面,基面 P_r 为平行于刀杆底面且垂直于 P_s 的平面,工作前角和后角就是标注前角 γ_o 和标注后角 α_o。当考虑进给运动后,切削刃选定点相对于工件的运动轨迹为一平面阿基米德螺旋线,切削平面变为通过切削刃切于螺旋面的平面 P_{se},基面也相应倾斜为 P_{re},角度变化值为 η。工作主剖面 P_{oe} 仍为 P_o 平面。此时在刀具工作角度参考系 $P_{re}-P_{se}-P_{oe}$ 内,刀具工作角度 γ_{oe} 和 α_{oe} 为

$$\gamma_{oe} = \gamma_o + \eta; \quad \alpha_{oe} = \alpha_o - \eta; \quad \tan \eta = f/\pi d \tag{2.19}$$

从上式可知,进给量 f 越大,η 也越大,即对于大进给量的切削,不能忽略进给运动对刀具角度的影响。另外,d 随着刀具横向进给不断减小,η 值随着切削刃趋近工件中心而增大,因此,靠近中心时,η 值急剧增大,工作后角 α_{oe} 将变为负值。

(2) 纵向进给运动对刀具工作角度的影响

车螺纹,尤其是车多头螺纹时,纵向进给的影响一般不能忽略。图 2.29 所示车螺纹时的情况,假定车刀的 $\lambda_s=0$,当不考虑纵向进给时,切削平面 P_s 垂直于刀杆底面,而刀杆底面与基面 P_r 平行,在进给剖面内标注角度 γ_f 和 α_f,在主剖面内标注角度 γ_o 和 α_o。当考虑进给运动后,切削平面 P_{se} 改为切于圆柱螺旋面的平面,基面 P_{re} 垂直于切削平面 P_{se},故与刀杆底面不再平行,它们分别相对于 P_s 或 P_r 倾斜了同样的角度,这个角度在进给剖面 P_f 中为 η_f,在主剖面 P_o 中为 η。因此,刀具在上述进给剖面内的工作角度将为

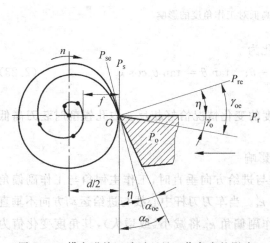

图 2.28 横向进给运动对刀具工作角度的影响

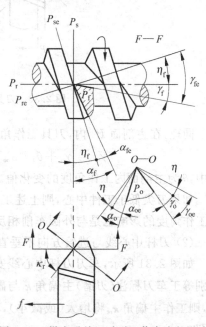

图 2.29 纵向进给运动对工作角度的影响

$$\gamma_{fe} = \gamma_f + \eta_f; \quad \alpha_{fe} = \alpha_f - \eta_f; \quad \tan\eta_f = f/\pi d_w \qquad (2.20)$$

其中, f 为纵向进给量或螺纹导程; d_w 为工件直径或螺纹外径。

在主剖面内刀具的工作角度为

$$\gamma_{oe} = \gamma_o + \eta; \quad \alpha_{oe} = \alpha_o - \eta; \quad \tan\eta = \tan\eta_f \cdot \sin\kappa_r = f\sin\kappa_r/\pi d_w \qquad (2.21)$$

2) 刀具安装位置对工作角度的影响

(1) 刀具安装高低的影响

如图 2.30 所示,假定车刀 $\lambda_s = 0$,则当刀尖安装得高于工件中心时,主刀刃上选定点的切削平面将变为 P_{se},它切于工件切削表面,基面 P_{re} 保持与 P_{se} 垂直,因而在切深剖面 P_p 内,刀具工作前角 γ_p 增大,工作后角 α_p 减小。两者角度的变化值均为 θ_p,即

$$\gamma_{pe} = \gamma_p + \theta_p; \quad \alpha_{pe} = \alpha_p - \theta_p \qquad (2.22)$$

其中,

$$\tan\theta_p = \frac{h}{\sqrt{\left(\dfrac{d_w}{2}\right)^2 - h^2}}$$

式中, h 为刀尖高于工件中心线的数值; d_w 为工件直径。

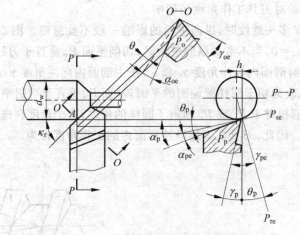

图 2.30 刀具安装高低对工作角度的影响

同理,在主剖面 P_o 内,刀具工作角度变化为

$$\gamma_{oe} = \gamma_o + \theta; \quad \alpha_{oe} = \alpha_o - \theta; \quad \tan\theta = \tan\theta_p \cos\kappa_r \qquad (2.23)$$

式中, θ 为主剖面内工作角度的变化值。

如果刀尖低于工件中心,则上述工作角度的变化情况恰好相反。内孔镗削时装刀高低对工作角度的影响也是与外圆车削相反的。

(2) 刀杆中心线与进给方向不垂直时的影响

如图 2.31 所示,车刀刀杆中心线安装得与进给方向垂直时,工作主偏角与工作副偏角分别等于车刀标注(刃磨)主偏角 κ_r 与副偏角 κ_r'。当车刀刀杆中心线与进给运动方向不垂直时,则工作主偏角 κ_{re} 将增大(或减小),而工作副偏角 κ_{re}' 将减小(或增大),其角度变化值为 G,即

$$\kappa_{re} = \kappa_r \pm G$$
$$\kappa'_{re} = \kappa'_r \mp G \quad (2.24)$$

式中"+"或"-"由刀杆偏斜方向决定,刀杆右偏时,取上面符号,左偏时取下面符号。G 为刀杆中心线的垂线与进给方向的夹角。

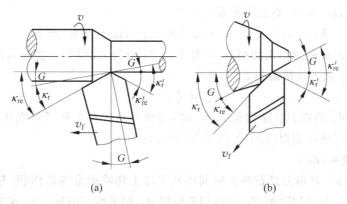

图 2.31 刀杆中心线不垂直于进给方向
(a) 刀头右偏;(b) 刀头左偏

2.1.4 切削层参数和切削方式

1. 切削层参数

在切削过程中,刀具的刀刃在一次走刀中从工件待加工表面切下的金属层,称为切削层。切削层参数就是指的这个切削层的截面尺寸,它决定了刀具切削部分所承受的负荷和切屑的尺寸大小。现以外圆车削为例来说明切削层参数的定义。如图 2.32 所示,车外圆时,车刀主刀刃上任意一点相对于工件的运动轨迹是一条螺旋线,整个主刀刃切出一个螺旋面。工件每转一周,车刀沿工件轴线移动一个进给量 f 的距离,主刀刃及其对应的工件切削表面也在连续移动中由位置Ⅰ移至相邻位置Ⅱ,因而Ⅰ、Ⅱ之间的一层金属被切下。这一切削层的参数,通常都在过刀刃上选定点并与该点主运动方向垂直的平面内,即在不考虑进给运动影响的基面内观察和度量。

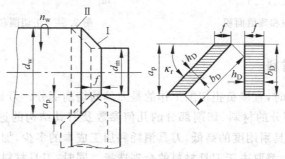

图 2.32 外圆纵车时切削层的参数

当 $\kappa'_r = 0$,$\lambda_s = 0$ 时,切削层的剖面形状为一平行四边形,当 $\kappa_r = 90°$ 时为矩形。不论切削层的形状如何,其底边尺寸总是 f,高总是 a_p,因此,切削用量的两个要素 f 和 a_p 又称为切削层的工艺尺寸。但是,不论何种切削加工,真正能够说明切削机理的是切削层的真实厚度和宽度。切削层及其参数包括切削层厚度 h_D、切削层宽度 b_D 及切削层横截面积 A_D。

切削层厚度 h_D：垂直于过渡表面度量的切削层尺寸。

切削层宽度 b_D：平行于过渡表面度量的切削层尺寸。

切削层横截面积 A_D：切削层在基面内的面积。

在外圆纵车，$\lambda_s = 0$ 时，有如下关系式：

$$h_D = f\sin\kappa_r; \quad b_D = a_p/\sin\kappa_r; \quad A_D = h_D b_D = f a_p \tag{2.25}$$

上面计算出的面积为名义切削面积（见图 2.33 中的 $ACDB$）。实际切削面积 A_{DE} 等于名义切削面积 A_D 减去残留面积 ΔA_D，即

$$A_{DE} = A_D - \Delta A_D \tag{2.26}$$

残留面积 ΔA_D 是指刀具副偏角 $\kappa_r' \neq 0$ 时，切削刃从位置 Ⅰ 移至位置 Ⅱ 后，残留在已加工表面上的不平部分的剖面面积（见图 2.33 中的 ABE）。

2. 金属切除率（Z_W）

金属切除率 Z_W 是指刀具在单位时间内从工件上切除的金属的体积，是衡量金属切削加工效率的指标。金属切除率 Z_W 可由切削面积 A_D 和平均切削速度 v_{av} 求出，即

$$Z_W = 1000 A_D v_{av} \tag{2.27}$$

3. 切削方式

切削刃垂直于合成切削运动方向的切削方式称为正切削或直角切削。如切削刃不垂直于切削运动方向则称为斜切削或斜角切削。图 2.34 所示为刨削的正切削和斜切削。

只有直线形主切削刃参加切削工作的，称为自由切削，而曲线形主切削刃或主副切削刃均参加切削的，称为非自由切削。

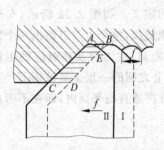

图 2.33 切削面积和残留面积

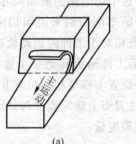 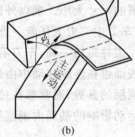

图 2.34 正切削和斜切削

2.1.5 刀具材料

用刀具切削金属时，直接负担切削工作的是刀具的切削部分。刀具切削性能的好坏，取决于构成刀具切削部分的材料、切削部分的几何参数及刀具结构的选择和设计是否合理。切削加工生产率和刀具耐用度的高低，刀具消耗和加工成本的多少，加工精度和表面质量的优劣等，在很大程度上都取决于刀具材料的合理选择。同时，刀具材料的发展受工件材料发展的促进和影响。

1. 刀具材料应该具备的性能

刀具在工作时，要承受很大的压力。同时，由于切削时产生的金属塑性变形以及在刀具、切屑、工件相互接触表面间产生的强烈摩擦，使刀具切削刃上产生很高的温度和受到很

大的应力,在这样的条件下,刀具将迅速磨损或破损。因此刀具材料应能满足下面一些要求。

(1) 硬度。一般而言,刀具材料的硬度应高于工件材料的硬度,常温硬度应在 62HRC 以上。

(2) 耐磨性。耐磨性表示刀具抵抗磨损的能力,通常硬度高耐磨性也高。此外,耐磨性还与基体中硬质点的大小、数量、分布的均匀程度以及化学稳定性有关。

(3) 耐热性。刀具材料应在高温下保持较高的硬度、耐磨性、强度和韧性,即刀具材料的耐热性。

(4) 强度和韧性。为了承受切削力、冲击和振动,刀具材料应具备足够的强度和韧性。强度用抗弯强度表示,韧性用冲击值表示。刀具材料的强度和韧性越高,硬度和耐磨性也就越差,这两个方面的性能常常是互相矛盾的。

(5) 减摩性。刀具材料的减摩性越好,则刀面上的摩擦系数就越小,既可以减小切削力和降低切削温度,还能抑制刀-屑界面处冷焊的形成。

(6) 导热性和热膨胀系数。刀具材料的导热系数越大,散热就越好,有利于降低切削区温度,从而提高刀具使用寿命。线膨胀系数小,可减小刀具的热变形和对尺寸精度的影响。

(7) 工艺性和经济性。为了便于制造,刀具材料应具有良好的可加工性(锻、轧、焊接、切削加工、可磨削性和热处理等)。其次,刀具材料的价格应低廉,便于推广使用。

2. 刀具材料的发展历史

刀具材料的发展是切削技术研究中最活跃的方向,它带来的通常是切削技术的飞跃性发展。刀具材料的发展经历了以下过程:早在公元前 28 至 20 世纪,中国就已出现黄铜锥和紫铜的锥、钻、刀等铜质刀具。1783 年,法国的勒内首先制出铣刀。1792 年,英国的莫兹利制出丝锥和板牙。1822 年出现了麻花钻。1868 年,英国的穆舍特制成含钨的合金工具钢,切削速度约 8 m/min。1898 年,美国的泰勒和怀特发明高速钢,切削速度为 16～20 m/min。1923 年,德国的施勒特尔发明硬质合金,切削速度约 35 m/min。1938 年,德国德古萨公司取得关于陶瓷刀具的专利。1949—1950 年间,美国开始在车刀上采用可转位刀片。1969 年,瑞典山特维克钢厂取得用化学气相沉积法,生产碳化钛涂层硬质合金刀片的专利。1972 年,美国的邦沙和拉古兰发展了物理气相沉积法,在硬质合金或高速钢刀具表面涂覆碳化钛或氮化钛硬质层,同年,美国通用电气公司生产了聚晶人造金刚石和聚晶立方氮化硼刀片。现在,刀具技术仍在不断进步,已经研制出了超硬刀具材料,进一步提高了刀具的切削性能。

目前所用的刀具材料有:碳素工具钢和合金工具钢、高速钢、硬质合金、陶瓷、金刚石、立方氮化硼等。

3. 高速钢

高速钢是在高碳钢中加入了大量的钨(W)、钼(Mo)、铬(Cr)、钒(V)等合金元素,这些元素是强烈的碳化物形成元素,与碳形成高硬度的碳化物,提高了钢的耐磨性和淬透性。高速钢的化学成分含量见表 2.2。高速钢经淬火并三次回火后,由于弥散硬化效果,其硬度和耐磨性进一步提高。

高速钢具有很好的淬透性,且硬度高、强度高、韧性好,当然最主要的是其可加工性好,可广泛用于制造复杂形状的刀具,如钻头、铣刀、滚刀等。

表 2.2 高速钢的化学成分

钢种		C	W	Mo	Cr	V	Co	Mn	Si	Al	其他
普通高速钢	W18Cr4V (W18)	0.7~0.8	17.5~19.0	≤0.3	3.80~4.40	1.00~1.40	—	—	—	—	—
	W6Mo5Cr4V2 (M2)	0.80~0.90	5.50~6.75	4.50~5.50	3.80~4.40	1.75~2.20	—	—	—	—	—
	W14Cr4VMnRE	0.85~0.95	13.50~15.00	—	3.50~4.00	1.40~1.70	—	0.35~0.55	≤0.50	—	RE0.07
高性能高速钢	110W1.5Mo9.5Cr4VCo8(M42)	1.10	1.50	9.50	3.75	1.15	8.00	≤0.40	—	—	—
	W6Mo5Cr4V2Al(501)	1.05~1.20	5.50~6.75	4.50~5.50	3.80~4.40	1.75~2.20	—	≤0.40	≤0.60	0.80~1.20	—
	W10Mo4Cr4V3Al(5F6)	1.30~1.45	9.00~10.50	3.50~4.50	3.80~4.50	2.70~3.20	—	≤0.50	≤0.50	0.70~1.20	—
	W12Mo3Cr4V3Co5Si(Co5Si)	1.20~1.35	11.5~13.0	2.80~3.40	3.80~4.40	2.80~3.40	4.70~5.10	≤0.40	0.80~1.20	—	—
	W6Mo5Cr4V5SiNbAl(B201)	1.55~1.65	5.00~6.00	5.00~6.00	3.80~4.20	4.20~5.20	—	≤0.40	1.00~1.40	0.30~0.70	Nb0.20~0.50

注：M42、M2 为 AIS(American Iron and Steel Institute)牌号。

按化学成分不同，高速钢可分为钨系、钼系和钼钨系；按切削性能及用途不同，高速钢分为普通高速钢和高性能高速钢；按照制造工艺不同，高速钢分为熔炼高速钢、粉末冶金高速钢、涂层高速钢等。

1) 普通高速钢

普通高速钢中碳的质量分数为 0.7%～0.9%，硬度为 63～66 HRC，具有中等热稳定性，615～620℃时硬度为 60 HRC，具有较高的强度、韧性、耐磨性、塑性，可以制成各种复杂刀具，适于加工硬度低于 250～280 HBS 的结构钢、铸铁，切削速度一般小于 40～60 m/min。常用的典型牌号有：W18Cr4V(W18)、W14Cr4VMnRE、W6Mo5Cr4V2(M2)、W9Mo3Cr4V(M9)等。W18Cr4V(W18)具有一定的硬度和强度，可磨性好，主要制造复杂刀具；W14Cr4VMnRE 具有较大的塑性，可作热轧刀具材料；W6Mo5Cr4V2(M2)和 W9Mo3Cr4V(M9)的韧性、强度、高温塑性均较前者好，可磨性稍差，主要用于热轧刀具。

2) 高性能高速钢

调整普通高速钢的基本化学成分(增加碳和钒的质量分数)或添加合金元素(钴、铝等)，以提高其机械性能和切削性能，即为高性能高速钢。高性能高速钢的硬度为 67～70 HRC，具有高的热稳定性，630～650℃时硬度为 60 HRC，刀具耐用度是普通高速钢的 1.5～3 倍，适于加工奥氏体不锈钢、高温合金、钛合金、超高强度钢等难加工材料。由于含有钴元素，高性能高速钢价格较贵，我国独创的无钴高速钢加铝形成不含钴铝高速钢，其成本低，但可磨削性略低，且热处理温度较难控制。典型牌号有：高碳高速钢 9W18Cr4V、高钒高速钢 W6Mo5Cr4V3、高钴高速钢 W6Mo5Cr4V2Co8、超硬高速钢 W6Mo5Cr4V2Al(501)等。

3) 熔炼高速钢

熔炼高速钢是采用一般电炉炼钢法得到的高速钢，高速钢中碳化物偏析比较严重，晶粒为 8～20 μm，碳化物分布的均匀性及其粒度的粗细会影响高速钢的切削性能。

4) 粉末冶金高速钢

粉末冶金高速钢是用高压氩气或氮气雾化熔融的高速钢水，急冷得到细小的高速钢粉末，高温高压下制成致密的钢坯，而后锻压成材或刀具形状。粉末冶金高速钢完全消除偏析，晶粒 2～3 μm，抗弯强度、韧性提高；(高温)硬度提高；可磨削性能好；热处理变形小，磨削效率是熔炼高速钢的 2～3 倍。适合于制造切削难加工材料的刀具、大尺寸刀具(如滚刀、插齿刀)、精密刀具、复杂刀具、高动载荷下使用的薄刃刀具、成形刀具等。

5) 涂层高速钢

在真空条件下，将 TiC 和 TiN 等耐磨、耐高温、抗黏结的材料薄膜涂覆在高速钢刀具表面上，称为 PVD 法(物理气相沉积法)。经过涂层后的刀具，称为涂层高速钢，其耐磨性和使用寿命大大提高(提高 3～7 倍)，切削效率提高 30%，可用于制造形状复杂的刀具，如钻头、丝锥、铣刀和齿轮刀具等。

典型高速钢的性能见表 2.3。

表 2.3 几种高速钢性能的比较

钢 种	常温硬度 HRC	高温硬度 HV (600℃)	抗弯强度 /GPa	冲击韧性 /(MJ/m^2)
W18Cr4V	62～65	～520	～3.50	0.30
110W1.5Mo9.5Cr4VCo8(M42)	67～69	～602	2.70～3.80	0.23～0.30
W6Mo5Cr4V2Al(501)	68～69	～602	3.50～3.80	0.20
W10Mo4Cr4V3Al(5F6)	68～69	～583	～3.07	0.20
W12Mo3Cr4V3Co5Si	69～70	～608	2.40～2.70	0.11
W6Mo5Cr4V5SiNbAl(B201)	66～68	～526	～3.60	0.27

注：除 W18Cr4V 和 M42 外，均系引用冶金工业部钢铁研究总院的试验数据。

4. 硬质合金

硬质合金是由高硬、难熔的金属碳化物(如：WC、TiC、TaC、NbC)等与金属黏结剂(如：Co、Ni 等)经粉末冶金法制成的。其特点是：硬度高(89～93 HRA)、耐磨性好(与高速钢相比，刀具耐用度可提高几倍到几十倍，在耐用度相同时切削速度可提高 4～10 倍)、耐热性高(在 800～1000℃时仍可切削)；但是，抗弯强度低(0.9～1.5 GPa)、断裂韧性低。因此承受切削振动和冲击负荷能力差。

当硬质合金中碳化物含量高时，其硬度、耐热性和耐磨性增加，但强度、韧性降低；当其中的黏结剂含量增加时，其性能呈相反变化。另外，碳化物(也叫硬质相)颗粒越小、分布越均匀，硬质合金的耐磨性越好、硬度增加，但强度减小。

硬质合金是目前最主要的刀具材料之一。由于硬质合金工艺性差，所以主要用于制造简单刀具，而制造复杂刀具受到一定限制。

目前大部分硬质合金是以 WC 为基体，并分为 WC+Co(YG 类，对应 ISO 标准的 K 类)、WC+TiC+Co(YT 类，对应 ISO 标准的 P 类)、WC+TaC(NbC)+Co(YA 类)以及 WC+TiC+TaC(NbC)+Co(YW 类，对应 ISO 标准的 M 类)4 类，小部分硬质合金以 TiC 为基体。

表 2.4 硬质合金成分和性能

	合金牌号	化学成分				物理机械性能						相近ISO牌号
		WC	TiC	TaC(NbC)	Co	硬度 HRA	硬度 HRC	抗弯强度 σ_{bb}/GPa	冲击韧性 a_c/(kJ/m^2)	导热系数 k/(W·m^{-1}·℃$^{-1}$)	线膨胀系数 $\alpha/10^{-6}$	密度/(g/cm^3)	
WC+Co				WC 基合金									
WC+Co	YG3	97	—	—	3	91	78	1.10	—	87.9	—	14.9~15.3	K01
WC+Co	YG6	94	—	—	6	89.5	75	1.40	26.0	79.6	4.5	14.6~15.0	K05 K15 K20
WC+Co	YG8	92	—	—	8	89	74	1.50	—	75.4	4.5	14.4~14.8	K30
WC+Co	YG3X	97	—	—	3	92	80	1.00	—	—	4.1	15.0~15.3	K01
WC+Co	YG6X	94	—	—	6	91	78	1.35	—	79.6	4.4	14.6~15.0	K10
WC+TaC(NbC)+Co	YG6A(YA6)	91~93	—	1~3	6	92	80	1.35	—	—	—	14.4~15.0	K10
WC+TiC+Co	YT30	66	30	—	4	92.5	80.5	0.90	3.00	20.9	7.00	9.35~9.7	P01
WC+TiC+Co	YT15	79	15	—	6	91	78	1.15	—	33.5	6.51	11.0~11.7	P10
WC+TiC+Co	YT14	78	14	—	8	90.5	77	1.20	7.00	33.5	6.21	11.2~12.7	P20
WC+TiC+Co	YT5	85	5	—	10	89.5	75	1.30	—	62.8	6.06	12.5~13.2	P30
WC+TiC+TaC(NbC)+Co	YW1	84	6	1	6	92	80	1.25	—	—	—	13.0~13.5	M10
WC+TiC+TaC(NbC)+Co	YW2	82	6	4	8	91	78	1.50	—	—	—	12.7~13.3	M20
				TiC 基合金									
TiC+WC+Ni-Mo	YN10	15	62	1	Ni12Mo10	92.5	80.5	1.10	—	—	—	6.3	P05
TiC+WC+Ni-Mo	YN05	8	71	—	Ni7Mo14	93	82	0.90	—	—	—	5.9	P01

注：Y—硬质合金；G—钴，其后数字表示钴的质量分数；X—细晶粒合金；T—TiC，其后数字表示TiC的质量分数；A—含 TaC(NbC)的钨钴类合金；W—通用合金；N—以镍、钼作黏结剂的 TiC 基合金。

表 2.4 列出了国内常用各类合金的牌号、成分和性能。

1) YG 类(WC+Co)硬质合金(K 类)

YG 类硬质合金常用的牌号有：中颗粒，YG3(3%)、YG6(6%)、YG8(8%)；细颗粒，YG3X、YG6X。YG 类适于加工短切屑黑色金属、有色金属以及非金属材料，低速时也可加工钛合金等耐热钢。

2) YT 类(WC+TiC+Co)硬质合金(P 类)

YT 类硬质合金常用牌号有 YT30(TiC：30%)、YT15(15%)、YT14(14%)、YT5(5%)，与 WC 相比，其硬度、耐热性好，但韧性与导热系数较差。因此 YT 类硬质合金随着 TiC 含量增加，Co 含量的减少，其硬度、耐热性及耐磨性增加，而强度、冲击韧性及导热性降低。YT 类适于加工长切屑黑色金属。含 TiC 越多，耐热性好，强度低，用于精加工；含 TiC 少的用于粗加工。

3) YW 类(WC+TiC+TaC(NbC)+Co)硬质合金(M 类)

YW 类硬质合金是在 YT 类中加入 TaC(NbC)硬质相，其抗弯强度、冲击韧性和疲劳强度增加，提高了高温性能和抗氧化能力，既可加工长切屑也能加工短切屑黑色金属和有色金属，有通用合金之称。

以上三类统称为 WC 基硬质合金。

4) YN 类硬质合金

YN 类硬质合金常用合金牌号有 YN05、YN10 等。这类硬质合金是 TiC 为主要硬质相，以 Ni 或 Mo 为黏结相制成的合金。其比 WC 基合金有高的耐磨性、耐热性和高的硬度(近似陶瓷)，但抗弯强度和冲击韧性较差，一般用于精加工、半精加工钢和铸铁。

5) 涂层硬质合金(CVD 工艺)

涂层硬质合金是在 YG 类合金基体上涂覆一层高硬、耐磨、难熔的金属化合物(如 TiC、TiN、TiCN、Al_2O_3)，使其表层硬度高、耐磨性好和化学稳定性强，基体抗弯强度高、韧性好和导热系数大。涂层硬质合金可用于半精加工、精加工、粗加工(小负荷)钢料和铸铁，但涂层 TiC、TiN 合金不易加工钛合金和奥氏体不锈钢，且成本较高，影响使用范围。

表 2.5 是各种硬质合金的应用范围。

表 2.5 各种硬质合金的应用范围

牌号			应用范围
YG3X	硬度、耐磨性、切削速度 ↑	抗弯强度、韧性、进给量 ↓	铸铁、有色金属及其合金的精加工、半精加工、不能承受冲击载荷
YG3			铸铁、有色金属及其合金的精加工、半精加工、不能承受冲击载荷
YG6X			普通铸铁、冷硬铸铁、高温合金的精加工、半精加工
YG6			铸铁、有色金属及其合金的半精加工和粗加工
YG8			铸铁、有色金属及其合金、非金属材料的粗加工，也可用于断续切削
YG6A			冷硬铸铁、有色金属及其合金的半精加工，亦可用于高锰钢、淬硬钢的半精加工和精加工

续表

牌号			应用范围
YT30	硬度、耐磨性、切削速度 ↓	抗弯强度、韧性、进给量 ↑	碳素钢、合金钢的精加工
YT15			碳素钢、合金钢在连续切削时的粗加工、半精加工,亦可用于断续切削时精加工
YT14			同 YT15
YT5			碳素钢、合金钢的粗加工,可用于断续切削
YW1	硬度、耐磨性、切削速度 ↓	抗弯强度、韧性、进给量 ↑	高温合金、高锰钢、不锈钢等难加工材料及普通钢料、铸铁、有色金属及其合金的半精加工和精加工
YW2			高温合金、不锈钢、高锰钢等难加工材料及普通钢料、铸铁、有色金属及其合金的粗加工和半精加工

5. 超硬刀具材料

1) 陶瓷

陶瓷刀具材料主要有 Al_2O_3 基和 Si_3N_4 基陶瓷两种,硬度为 92~95 HRA,耐热性好,Al_2O_3 刀具在 1200℃以上可切削,Si_3N_4 在 1300~1400℃还可切削,化学稳定性好,摩擦系数低,切削速度是硬质合金的 2~5 倍。Al_2O_3 基刀具适于淬硬钢、硬铸铁等高硬材料的半精和精加工。Si_3N_4 基刀具适于加工铸铁和镍基合金等材料,代表牌号是 Sialon(Si_3N_4-Al_2O_3-Y_2O_3)。但是陶瓷刀具材料抗弯强度小、韧性差。

(1) 纯氧化铝陶瓷:主要用 Al_2O_3 加微量添加剂(如 MgO),经冷压烧结而成,是一种廉价的非金属刀具材料。其抗弯强度为 400~500 N/mm^2,硬度为 91~92 HRA。由于抗弯强度太低,难以推广应用。

(2) 复合氧化铝陶瓷:在 Al_2O_3 基体中添加高硬度、难熔碳化物(如 TiC),并加入一些其他金属(如镍、钼)进行热压而成的一种陶瓷。其抗弯强度为 800 N/mm^2 以上,硬度达到 93~94 HRA。

陶瓷具有很高的高温硬度,在 1200℃时硬度尚能达到 80 HRA;化学稳定性好,与被加工金属亲和作用小。但陶瓷的抗弯强度和冲击韧性较差,对冲击十分敏感。目前多用于各种金属材料的半精加工和精加工,特别适合于淬硬钢、冷硬铸铁的加工。

在 Al_2O_3 基体中加入 SiC 和 ZrO_2 晶须而形成晶须陶瓷,大大提高了韧性。

(3) 复合氮化硅陶瓷:在 Si_3N_4 基体中添加 TiC 等化合物和金属 Co 等进行热压,可以制成复合氮化硅陶瓷。它的机械性能与复合氧化铝陶瓷相近,特别适合于切削冷硬铸铁和淬硬钢。

由于陶瓷的原料在自然界中容易得到,且价格低廉,因而是一种极有发展前途的刀具材料。

2) 金刚石

金刚石分天然和人造两种,其硬度高达 10 000 HV,是自然界中最硬的材料。天然金刚石质量好,但价格昂贵。人造金刚石是在高温高压条件下,借助于某些合金的触媒作用,由石墨转化而成。金刚石能切削陶瓷、高硅铝合金、硬质合金等难加工材料,还可以切削有色金属及其合金,但不能切削铁族材料,因为碳元素和铁元素有很强的亲和性,碳元素向工件扩散,加快刀具磨损。当温度大于 700℃时,金刚石转化为石墨结构而丧失了强度。金刚石刀具的刃口可以磨得很锋利,用于精车、精镗、磨削等加工。

3) 立方氮化硼

氮化硼的性质和形状同石墨很相似。六方氮化硼经高温高压处理转化为立方氮化硼(CBN),包括整体聚晶 CBN 和复合聚晶 PCBN 两种。立方氮化硼的显微硬度为 8000~9000 HV,仅次于金刚石。但是,立方氮化硼的热稳定性和化学惰性优于金刚石,可耐 1300~1500℃的高温,1200℃还可以进行切削加工。立方氮化硼可用于切削淬硬钢、冷硬铸铁、高温合金等,切削速度比硬质合金高 5 倍。

4) 涂层刀具

涂层刀具是在硬质合金(或陶瓷)表面涂覆一层 5~30 μm 厚的高硬度、高耐磨的物质,如 TiC、TiN 等而形成的刀具。涂层刀具表面耐磨、基体强韧。目前已经发展了复合涂层刀具、金刚石涂层刀具、CBN 涂层刀具等。

2.2 金属切削过程中的变形

金属切削变形过程的研究,是金属切削基础理论研究的一个根本问题,对于切削加工技术的发展和进步,保证加工质量,降低生产成本,提高生产率,有着十分重要的意义。因为金属切削加工中各种物理现象,如切削力、切削热、刀具磨损以及已加工表面质量等,都是以切屑形成过程为基础的,而生产实践中出现的许多问题,如鳞刺、积屑瘤、振动、卷屑与断屑等,都同切削变形过程有关。因此,开展金属切削变形过程的研究,正是抓住了问题的根本,深入到本质,重视了基础。

对金属切削变形过程的研究,是在实验研究的基础上展开的,常用的实验方法有:侧面方格变形观察法、高频摄影法、快速落刀法、扫描电镜和透视电镜显微观察法、光弹性和光塑性实验法以及其他方法。

(1) 侧面方格变形观察法:为了直观看清金属切削层各点的变形,在工件侧面作出细小的方格,查看切削过程中这些方格如何被扭曲,借以判断和认识切削层的塑性变形、切削层变为切屑的实际情形,如图 2.35 所示。方格的复印方法是先将工件侧面抛光,镀上一层薄铜,然后用照相法将铜腐蚀掉。

(2) 高频摄影法:利用带有显微镜头的高频摄影机,拍摄切削试件的侧面,可以得到一个完整的从切削变形开始至形成切屑的真实过程。常用的高频摄影机每秒可拍摄几百幅到一万幅以上。高频摄影机为研究高速切削时切削变形过程提供了可能性。

(3) 快速落刀法:利用一种叫作快速落刀装置的特殊刀架,在切削过程的某一瞬间使刀具以极快的速度突然脱离工件,把在某一切削条件下切削层的变形情况"冻结"下来。落刀后从工件上锯下切屑根部,制成金相标本,用显微镜观察,如图 2.36 所示。快速落刀装置主要有手锤敲击式和爆炸型（见图 2.37）两种。

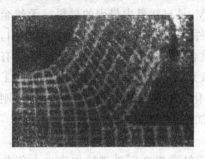

图 2.35 切削层与切屑侧面格子的变形
工件材料：4-6 黄铜；刀具：高速钢，$\gamma_o=25°$；切削条件：$h_D=0.8$ mm，$v_c=0.217$ m/s(13 m/min)；干切削

图 2.36 用快速落刀法取得的切屑根部的金相显微照片
工件材料：45 钢；刀具材料：W18Cr4V；$\gamma_o=-15°$，$a_o=8°$，$v_c=0.733$ m/s(44 m/min)，$h_D=0.063$ mm，$b_D=1$ mm；自由干切削

（4）扫描电镜和透视电镜显微观察法：借助于扫描电镜，可以观察到金属晶粒内部的微观滑移情况，使我们能够用金属物理的观点来理解金属切削变形过程及其现象。

（5）光弹性和光塑性实验法：在实验观察金属切削变形过程的基础上，为了分析金属变形区的应力状况，应对切削刃前方的金属进行弹性力学和塑性力学的研究与实验，如图 2.38 所示。

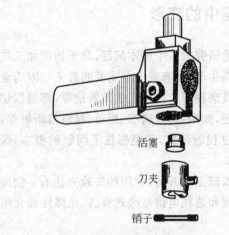

图 2.37 爆炸型落刀装置

图 2.38 模拟切削过程的光弹实验照片
工件材料：聚碳酯类的双折射塑料；刀具材料：高速钢；刀具前角：$\gamma_o=40°$；切削用量：$h_D=0.76$ mm(0.030 in)，$v_c=0.013$ m/s(0.76 m/min)

2.2.1 切削变形过程

金属切削过程是指在刀具和切削力的作用下形成切屑的过程，在这一过程中，始终存在着刀具切削工件和工件材料抵抗切削的矛盾，产生许多物理现象，如切削力、切削热、积屑瘤、刀具磨损和加工硬化等。

金属材料受压时其内部产生应力应变，大约与受力方向成 45°的斜平面内，剪应力随载荷增大而逐渐增大,并且有剪应变产生。开始是弹性变形,此时若去掉载荷,则材料将恢复原状;若载荷增大到一定程度,剪切变形进入塑性流动阶段,金属材料内部沿着剪切面发生相对滑移,于是金属材料被压扁(对于塑性材料)或剪断(对于脆性材料)。

切削时金属层受前刀面挤压的情况与上述金属材料变形过程相似,只是受压金属层只能沿剪切面向上滑移。如果是脆件材料(如铸铁),则沿此剪切面被剪断。如果刀具不断向前移动,则此种滑移将持续下去,如图 2.39、图 2.40 所示,于是被切金属层就转变为切屑。

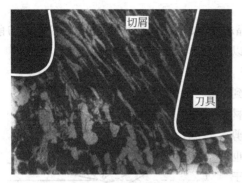
图 2.39 金属切屑根部金相图片

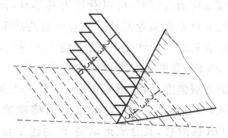
图 2.40 金属切削变形过程示意图

从该切削模型可以看出,金属切削过程就是工件的被切金属层在刀具前刀面的推挤下,沿着剪切面(滑移面)产生剪切变形并转变为切屑的过程。因而可以说,金属切削过程就是金属内部不断滑移变形的过程。

2.2.2 切削过程中的变形区及其变形特点

下面以直角自由切削方式切削塑性材料为基本模型对金属切削变形过程进行详细阐述。

1. 变形区的划分

根据如图 2.39 所示的金属切屑根部金相图片,可绘制如图 2.41 所示的金属切削过程中的滑移线和流线示意图。流线表示被切削金属的某一点在切削过程中流动的轨迹。图中可见,金属切削可大致划分为三个变形区,如图 2.42 所示。

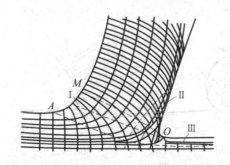
图 2.41 金属切削过程中的滑移线和流线示意图

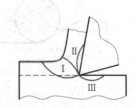
图 2.42 变形区的划分

(1) 第一变形区:从 OA 线开始发生塑性变形,到 OM 线金属晶粒的剪切滑移基本完成。这一区域(Ⅰ)称为第一变形区,即剪切变形区。

(2) 第二变形区:切屑沿前刀面排出时进一步受到前刀面的挤压和摩擦,使靠近前刀面处的金属纤维化,其方向基本上和前刀面相平行。这部分叫第二变形区(Ⅱ),即刀-屑接触区。

(3) 第三变形区:已加工表面受到切削刃钝圆部分和后刀面的挤压、摩擦,产生变形与回弹,造成纤维化与加工硬化。这部分称为第三变形区(Ⅲ),即刀-工接触区。

2. 第一变形区的变形特点

如图2.43所示,选定被切金属层中的一个晶粒P来观察其变形过程。当刀具以切削速度v向前推进时,可以看作刀具不动,晶粒P以速度v反方向逼近刀具。在前刀面的挤压作用下,晶粒首先发生弹性变形,随着切削的进行,当P到达OA线(等剪应力线)时,其所受的剪应力达到材料的屈服强度,剪切滑移开始,故称OA为起始剪切线(始滑移线)。在P继续向前移动的同时,也沿OA线滑移,其合成运动使P到达2点,即处于OB滑移线(等剪应力线)上,$2'$-2就是其滑移量,此处晶粒P开始纤维化。同理,当P继续移动到

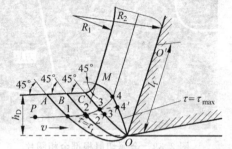

图2.43 第一变形区金属的滑移

达位置3(OC滑移线)时呈现更严重的纤维化,当P到达位置4(OM滑移线,称OM为终剪切线或终滑移线)时其所受的剪应力达到最大,流动方向已基本平行于前刀面,并沿前刀面流出,因而纤维化达到最严重程度后不再增加,此时被切金属层完全转变为切屑,同时由于逐步冷硬的效果,切屑的硬度比被切金属的硬度高,而且变脆,易折断。OA与OM所形成的塑性变形区称为发生在切屑上的第一变形区。其主要特征是:沿滑移线(等剪应力线)的剪切变形和随之产生的"加工硬化"现象。沿滑移线的剪切变形,从金属晶体结构的角度来看,就是晶粒中的原子沿着滑移面所进行的滑移,我们可以用图2.44的模型来说明。工件材料的晶粒可以看成是圆的颗粒(见图2.44(a)),当它受到剪应力时,晶粒内部原子沿滑移面发生滑移,从而使晶粒呈椭圆形。这样,圆的直径AB就变成椭圆的长轴$A'B'$(见图2.44(b))。$A''B''$就是晶粒纤维化的方向(见图2.44(c))。由图2.45可见,晶粒伸长的方向与剪切面并不重合。

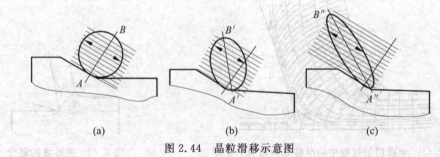

图2.44 晶粒滑移示意图

在一般切削速度下,OA与OM非常接近(0.02~0.2 mm),所以通常用一个平面来表示这个变形区,该平面称为剪切面。剪切面与切削速度方向的夹角叫做剪切角,用ϕ表示。

3. 第二变形区的变形特点与积屑瘤

1) 第二变形区及其变形特点

在第二变形区，切屑沿前刀面流出时受到挤压和摩擦，使靠近前刀面的晶粒进一步剪切滑移。晶粒剪切滑移剧烈呈纤维化，纤维化方向平行于前刀面，有时有滞流层。

在第二变形区，切削层金属经过终滑移线 OM，形成切屑沿前刀面流出时，切屑底层仍受到刀具的挤压和接触面间强烈的摩擦，继续以剪切滑移为主的方式在变形，切屑底层的晶粒弯曲拉长，并趋向于与前刀面平行而形成纤维层，从而使接近前刀面部分的切屑流动速度降低。这种与前刀面平行的纤维层称为滞流层，其变形程度要比切屑上层剧烈几倍到几十倍。

在金属切削过程中，由于在刀-屑接触界面间存在着很大的压力，可达 $2\sim 3$ GPa，切削液不易流入接触界面，再加上几百摄氏度的高温，切屑底层又总是以新生表面与前刀面接触，从而使刀-屑接触面间产生黏结，使该处的摩擦情况与一般的滑动摩擦不同。

采用光弹试验方法测出切削塑性金属时前刀面下的应力分布情况，如图 2.46 所示。在刀-屑接触面上正应力 σ_γ 的分布是不均匀的，切削刃处的 σ_γ 最大，随着切屑沿前刀面的流出 σ_γ 逐渐减小，在刀-屑分离处 σ_γ 为零。切应力 τ_γ 在 l_{f1} 内保持为一定值，等于工件材料的剪切屈服强度 τ_s，在 l_{f2} 内逐渐减小，至刀-屑分离时为零。在正应力较大的一段长度 l_{f1} 上，切屑底部与前刀面发生黏结现象，在黏结情况下，切屑与前刀面之间已不是一般的外摩擦，而是切屑和刀具黏结层与其上层金属之间的内摩擦。这种内摩擦实际就是金属内部的剪切滑移，它与材料的剪切屈服强度和接触面的大小有关。当切屑沿前刀面继续流出时，离切削刃越远，正应力越小，切削温度也随之降低，使切削层金属的塑性变形减小，刀-屑间实际接触面积减小，进入滑移区 l_{f2} 后，该区内的摩擦性质为滑动摩擦。

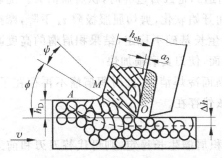 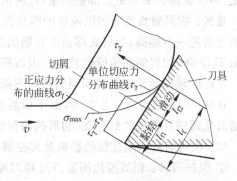

图 2.45　滑移与晶粒的伸长　　图 2.46　切屑和前刀面摩擦情况示意图

因此，在第二变形区存在两个摩擦区。

（1）黏结区：高温高压使切屑底层软化，黏嵌在前刀面高低不平的凹坑中，形成长度为 l_{f1} 的黏结区。切屑的黏结层与上层金属之间产生相对滑移，其间的摩擦属于内摩擦。

（2）滑动区：切屑在脱离前刀面之前，与前刀面只在一些突出点接触，在 l_{f2} 接触区内，切屑与前刀面之间的摩擦属于外摩擦。

2) 积屑瘤

在切削速度不高而又能形成连续性切屑的情况下，加工一般钢料或其他塑性材料时，常在前刀面切削处黏着一块剖面呈三角状的硬块。它的硬度很高，通常是工件材料的 $2\sim 3$ 倍，在处于比较稳定的状态时，能够代替切削刃进行切削。这块冷焊在前刀面上的金属称为积屑瘤,如图 2.47 所示。

(1) 积屑瘤的成因及其与切削速度的关系

切削速度不同,积屑瘤生长所能达到的最大高度也不同,如图 2.48 所示。根据积屑瘤有无及生长高度,可以把切削速度分为 4 个区域。

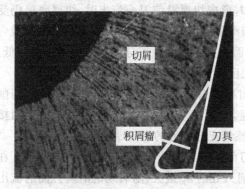

图 2.47 积屑瘤

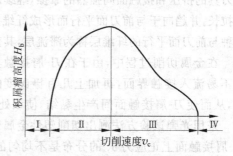

图 2.48 切削速度与积屑瘤高度的关系

Ⅰ区:切削速度很低,形成粒状或节状切屑,没有积屑瘤生成。

Ⅱ区:形成带状切屑,冷焊条件逐渐形成,随着切削速度的提高积屑瘤高度也增加。由于摩擦阻力 F_f 的存在,使得切屑滞留在前刀面上,积屑瘤高度增加;但与此同时,切屑流动时所形成的推力 T 欲将积屑瘤推倒。若 $T<F_f$,则积屑瘤高度继续增大;当 $T>F_f$ 时,积屑瘤被推走;当 $T=F_f$ 时的积屑瘤高度为临界高度。在这个区域内,积屑瘤生长的基础比较稳定,即使脱落也多半是顶部被挤断,这种情况下能代替刀具进行切削、并保护刀具。

Ⅲ区:积屑瘤高度随切削速度的提高而减小,当达到Ⅲ区右边界时,积屑瘤消失。随着切削速度进一步提高,切屑底部由于切削温度升高而开始软化,剪切屈服极限 τ_s 下降,摩擦阻力 F_f 下降,切屑的滞留倾向减弱。因而积屑瘤的生长基础不稳定,结果积屑瘤的高度减小。在此区域内经常脱落的积屑瘤硬块不断滑擦刀面,使刀具磨损加快。

Ⅳ区:切削速度进一步提高,由于切削温度较高而冷焊消失,此时积屑瘤不再存在了。但切屑底部的纤维化依然存在,切屑的滞留倾向也依然存在。

(2) 积屑瘤对切削过程的影响及其控制

① 保护刀具:积屑瘤包围着刀刃和刀面,如果积屑瘤生长稳定,则可代替刀刃和前刀面进行切削,因而保护了刀刃和刀面,延长了刀具使用寿命。

② 增大前角:积屑瘤具有 30° 左右的前角,因而减小了切屑变形,降低了切削力,从而使切削过程容易进行。

③ 增大切削厚度:积屑瘤的前端伸出切削刃之外,伸出量为 Δh_D(见图 2.49),有积屑瘤时的切削厚度比没有积屑瘤时增大了 Δh_D,从而影响了工件的加工精度。

④ 增大已加工表面的粗糙度:积屑瘤的外形极不规则,因此增大了已加工表面的粗糙度。

⑤ 加速刀具磨损:如果积屑瘤频繁脱落,则积屑瘤碎片反复挤压前刀面和后刀面,加速了刀具磨损。

显然,积屑瘤有利有弊。粗加工时,对精度和表面粗

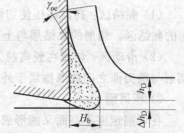

图 2.49 积屑瘤前角 γ_b 和伸出量 Δh_D

糙度要求不高,如果积屑瘤能稳定生长,则可以代替刀具进行切削,保护了刀具,同时减小了切削变形。精加工时,绝对不希望积屑瘤出现。

控制积屑瘤的形成,实质上就是要控制刀-屑界面处的摩擦系数。改变切削速度是控制积屑瘤生长的最有效措施;其次,加注切削液和增大前角都可以抑制积屑瘤的形成。

4. 第三变形区的变形特点

刀-工接触区的变形与应力对加工表面质量影响很大。前面在分析第一、第二两个变形区的情况时,假设刀具的切削刃是绝对锋利的,但实际上无论怎样仔细刃磨刀具,切削刃总会有一个钝圆半径 r_n。首先,刀具磨损时,钝圆半径 r_n 还将增大;其次,刀具开始切削不久,后面就会产生磨损,从而形成一段 $\alpha_{oe}=0°$ 的棱带。因此,研究已加工表面的形成过程时,必须考虑切削刃钝圆半径 r_n 及后刀面磨损棱带 VB 的作用。

已加工表面的形成过程如图 2.50 所示。当切削层金属以速度 v 逐渐接近切削刃时便发生压缩与剪切变形,最终沿剪切面 OM 方向剪切滑移成为切屑。但由于切削刃钝圆半径 r_n 的关系,整个切削厚度 H_D 中,Δh 一层金属无法沿 OM 方向滑移,而是从切削刃钝圆部分 O 点下面挤压过去,即切削层金属在 O 点处分离为两部分,O 点以上的部分成为切屑并沿前刀面流出;O 点以下的部分受到后刀面 VB 段棱带的挤压并与之发生相互摩擦,这种剧烈的摩擦又使工件表层金属受到剪切应力的作用,随后开始弹性恢复,假设弹性恢复的高度为 $\Delta h'$,则已加工表面在 CD 长度上继续与后刀面摩擦。切削刃上钝圆部分 OB、VB 及 CD 三部分构成后刀面上的接触长度,它的接触情况对已加工表面质量有很大影响,使得已加工表面产生粗糙度、加工硬化、残余应力等。

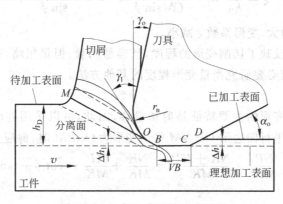

图 2.50 已加工表面的形成过程

2.2.3 切削过程变形程度衡量参数

为了深入研究金属切削变形过程的规律,需要对变形的程度进行定量研究,衡量金属切削过程变形程度的参数主要有 3 个,分别是变形系数、剪应变和剪切角。

1. 变形系数 ξ

在金属切削加工中,被切金属层在刀具的推挤下被压缩,因此切屑厚度 h_{ch} 通常要大于切削层的厚度 h_D,而切屑长度 l_{ch} 却小于切削层长度 l_D,如图 2.51 所示。

根据这一事实来衡量切削变形程度,定义切削变形系数如下:

长度变形系数

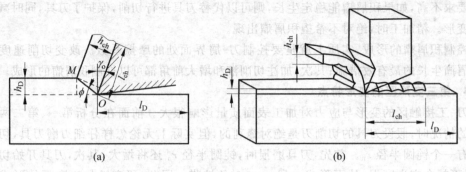

图 2.51 变形系数 ξ 的计算参数

$$\xi_l = \frac{l_D}{l_{ch}} \tag{2.28}$$

厚度变形系数

$$\xi_h = \frac{h_{ch}}{h_D} \tag{2.29}$$

由于切削层变为切屑后,宽度变化很小,根据体积不变原理($b_D h_D l_D = b_D h_{ch} l_{ch}$),有

$$\xi_h = \xi_l = \xi > 1 \tag{2.30}$$

根据图 2.51,可以计算出变形系数 ξ 为

$$\xi = \frac{h_{ch}}{h_D} = \frac{OM\cos(\phi - \gamma_o)}{OM\sin\phi} = \frac{\cos(\phi - \gamma_o)}{\sin\phi} \tag{2.31}$$

显然,剪切角 ϕ 增大,变形系数 ξ 减小。

变形系数直观地反映了切削变形的程度,且容易测量,但很粗略,有时不能反映剪切变形的真实情况,所以有必要研究衡量变形程度的其他方法。

2. 剪应变 ε

切削过程中金属变形的主要特征是剪切滑移,因此,可以采用剪应变 ε 来衡量变形程度。如图 2.52 所示,平行四边形 $OHNM$ 剪切变形为 $OGPM$ 时,剪应变为

$$\varepsilon = \frac{\Delta s}{\Delta y} = \frac{NP}{MK} = \frac{NK + KP}{MK} = \frac{NK}{MK} + \frac{KP}{MK} = \cot\phi + \tan(\phi - \gamma_o) \tag{2.32}$$

或

$$\varepsilon = \frac{\cos\gamma_o}{\sin\phi\cos(\phi - \gamma_o)} \tag{2.33}$$

将式(2.31)变换后可写成

$$\tan\phi = \frac{\cos\gamma_o}{\xi - \sin\gamma_o} \tag{2.34}$$

将此式代入式(2.33),可得

$$\varepsilon = \frac{\xi^2 - 2\xi\sin\gamma_o + 1}{\xi\cos\gamma_o} \tag{2.35}$$

式(2.35)表达了剪应变与变形系数之间的关系。

将 ε 和 ξ 的函数关系用曲线表示,如图 2.53 所示,由图可知:

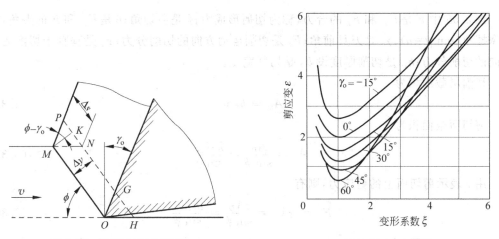

图 2.52 剪切变形示意图   图 2.53 ε-ξ 关系

(1) 变形系数 ξ 并不等于剪应变 ε。
(2) 当 $\xi \geqslant 1.5$ 时,对于某一固定的前角,剪应变 ε 与变形系数 ξ 呈线性关系。因此,一般情况下,变形系数 ξ 可以在一定程度上反映剪应变 ε 的大小。
(3) 当 $\xi = 1$ 时,$h_D = h_{ch}$,似乎切屑没有变形,但此时剪应变 ε 并不等于零,因此,切屑还是有变形的。
(4) 当 $\gamma_o = -15° \sim 30°$ 时,变形系数 ξ 即使具有同样的数值,倘若前角不同,ε 仍然不相等,前角愈小,ε 就愈大。
(5) 当 $\xi < 1.2$ 时,不能用 ξ 表示变形程度。原因是:当 ξ 在 $1 \sim 1.2$ 之间,ξ 虽减小,而 ε 却变化不大;当 $\xi < 1$ 时,ξ 稍有减小,而 ε 反而大大增加。

3. 剪切角 ϕ

从图 2.51 和式(2.31)可知,切屑变形与剪切角 ϕ 密切相关。ϕ 减小,切屑变厚、变短,变形系数 ξ 便增大,因此研究剪切角 ϕ 很有必要。

1) 作用在切屑上的力

在直角自由切削的情况下,作用在切屑上的力有:前刀面上的法向力 $F_{\gamma N}$ 和摩擦力 F_γ;在剪切面上也有一个法向力 F_{shN} 和剪切力 F_{sh},如图 2.54 所示。这两对力的合力应该平衡。把所有的力都画在切削刃的前方,各力的关系如图 2.55 所示。

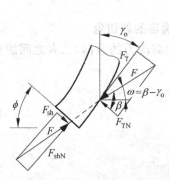

图 2.54 作用在切屑上的力

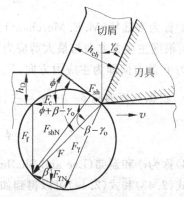

图 2.55 直角自由切削时力与角度的关系

图 2.55 中 F 是 $F_{\gamma N}$ 和 F_γ 的合力,称为切屑形成力;ϕ 是剪切角;β 是 $F_{\gamma N}$ 和 F 的夹角,又叫摩擦角($\tan\beta=\mu$);γ_o 是刀具前角;F_c 是切削运动方向的切削分力;F_f 是垂直于切削运动方向的切削分力;h_D 是切削厚度设 b_D 是切削宽度。

切削层截面积为

$$A_D = h_D b_D \tag{2.36}$$

剪切面截面积为

$$A_s = \frac{A_D}{\sin\phi} = \frac{h_D b_D}{\sin\phi} \tag{2.37}$$

用 τ 表示剪切面上的剪应力,则有

$$F_{sh} = \tau A_s = \frac{\tau A_D}{\sin\phi} = \frac{\tau h_D b_D}{\sin\phi} \tag{2.38}$$

又

$$F_{sh} = F\cos(\phi+\beta-\gamma_o)$$

$$F = \frac{F_{sh}}{\cos(\phi+\beta-\gamma_o)} = \frac{\tau h_D b_D}{\sin\phi\cos(\phi+\beta-\gamma_o)} \tag{2.39}$$

$$F_c = F\cos(\beta-\gamma_o) = \frac{\tau h_D b_D \cos(\beta-\gamma_o)}{\sin\phi\cos(\phi+\beta-\gamma_o)} \tag{2.40}$$

$$F_f = F\sin(\beta-\gamma_o) = \frac{\tau h_D b_D \sin(\beta-\gamma_o)}{\sin\phi\cos(\phi+\beta-\gamma_o)} \tag{2.41}$$

式(2.40)与式(2.41)说明摩擦角 β 对切削分力 F_c 和 F_f 有影响。如能测出 F_c 和 F_f,则可用下式求出摩擦角 β:

$$\frac{F_f}{F_c} = \tan(\beta-\gamma_o) \tag{2.42}$$

2) 剪切角的计算

(1) 根据合力最小原理确定的剪切角

从图 2.55 及式(2.39)可看出,若剪切角 ϕ 不同,则切削合力 F 亦不同。存在一个 ϕ,使得 F 最小。

对式(2.39)求导,并令 $\dfrac{dF}{d\phi}=0$,求得 F 为最小时的 ϕ 值,即

$$\phi = \frac{\pi}{4} - \frac{\beta}{2} + \frac{\gamma_o}{2} \tag{2.43}$$

式(2.43)称为麦钱特(M. E. Merchant)公式。

(2) 根据主应力方向与最大剪应力方向成 45°原理确定的剪切角

合力 F 的方向即为主应力方向,F_{sh} 的方向就是最大剪应力的方向,二者之间的夹角为 $\phi+\beta-\gamma_o$,根据此原理有 $\phi+\beta-\gamma_o=\dfrac{\pi}{4}$,即

$$\phi = \frac{\pi}{4} - \beta + \gamma_o \tag{2.44}$$

式(2.44)称为李和谢弗(Lee and Shaffer)公式。

从式(2.43)和式(2.44)可以得到如下结论:

(1) 剪切角 ϕ 与摩擦角 β 有关。当 β 增大时,ϕ 随之减小,变形增大。因此,在低速切削

时,加切削液以减小前刀面上的摩擦系数是很重要的。这一结论也说明第一变形区的变形与第二变形区的变形密切相关。

(2) 当前角 γ_o 增大时,剪切角 ϕ 随之增大,变形减小。可见在保证切削刃强度的前提下,增大前角对改善切削过程是有利的。

上述两个公式的计算结果和实验结果在定性上是一致的,但在定量上有出入,其原因是切削模型的简化所致。

2.2.4 影响切屑变形的因素

在分析了切削过程中的第一和第二变形区及其变形特点之后,可以看出,要获得比较理想的切削过程,关键在于减小摩擦和变形。下面归纳一下影响切屑变形的主要因素,以便利用这些规律指导实践生产。以直角自由切削的实验研究为基础,分别从工件材料、刀具前角、切削速度和切削厚度 4 个方面进行分析。

1. 工件材料

实验结果表明:

(1) 工件材料强度和硬度越大,变形系数 ξ 越小(见图 2.56);

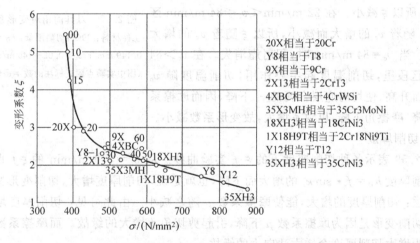

图 2.56 工件材料强度对变形系数的影响

(2) 材料强度和硬度越大,摩擦系数 μ 越小;

(3) 材料强度和硬度越大,刀-屑接触长度越小。

把这些实验结果联系起来,便可以知道:工件材料强度和硬度增大,切削变形减小的原因,主要是由于刀-屑接触长度的减小,引起刀-屑名义接触面积的减小,从而使摩擦系数减小。

2. 刀具前角

实验结果表明:

(1) 前角 γ_o 越大,变形系数 ξ 越小(见图 2.57);

(2) 前角 γ_o 越大,摩擦系数也越大(见图 2.57)。

例如高速钢刀具切 40 钢,$h_D = 0.01$ mm,当 $\gamma_o = 10°$时,$\mu = 0.61$;当 $\gamma_o = 30°$时,$\mu = 0.79$。前角 γ_o 的增大能直接增大 ϕ 角(见式(2.44)),同时也能通过摩擦系数的增大,间接

减小 ϕ。可是直接的影响超过间接的影响,最终剪切角增大了,所以前角的增大能减小切屑的变形。本例中,当 γ_o 从 10°增大到 30°时,ϕ 角由于 γ_o 的直接影响而增大了 20°;可是由于摩擦角 β 的增大,ϕ 只减小 7°(arctan 0.79 − arctan 0.61 = 38.3° − 31.3°),故 ϕ 仍然净增大 13°。

至于前角的增大而使摩擦系数增大的主要原因是前刀面上平均法应力随着 γ_o 的增大而减小。

3. 切削速度

图 2.58 表示 ξ-v_c 实验曲线。曲线表明:当 $v_c < 22$ m/min 时,ξ 随着 v_c 的增大而减小。当 22 m/min $< v_c < 84$ m/min 时,ξ 随着 v_c 的增大而增大;当 $v_c > 84$ m/min 时,ξ 随着 v_c 的增大而减小。各阶段 ξ 的变化是不相同的,各阶段 ξ 变化的原因也是不相同的。当 $v_c = 22$ m/min 时,积屑瘤的前角 γ_b 最大,所以 ξ 最小。在 8 m/min $< v_c < 22$ m/min 区段里,γ_b 随着 v_c 的增大而增大,所以 ξ 减小。在 22 m/min $< v_c < 84$ m/min 区段里,γ_b 随着 v_c 的增大而减小,所以 ξ 随着 v_c 的增大而增大。当 $v_c = 84$ m/min 时,积屑瘤消失。在 $v_c > 84$ m/min 区段里,切削温度起主要作用,切削温度随 v_c 的增大而升高,使切屑底层金属的 τ_s 下降,因而摩擦系数 μ 下降,摩擦角下降,以致 ϕ 增大,故变形系数减小。

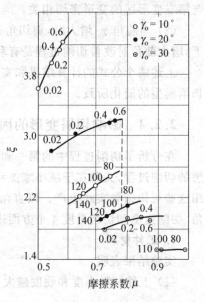

图 2.57 刀具前角对变形系数的影响
工件材料:30Cr;切削用量:$b_D = 5$ mm;$f = 0.149$ mm/r;$v_c = 0.02 \sim 140$ m/min
(图中实验点附近标注的数字是切削速度)

4. 切削厚度

图 2.59 表示各种切削速度下的 ξ-f 实验曲线。从 $v_c = 200$ m/min 的 ξ-f 曲线看出,ξ 随着切削厚度 $h_D = f \cdot \sin \kappa_r$ 的增大而下降,也就是说,切削厚度增大,切削变形减小。又从实验知道:切削厚度的增大,能使摩擦系数 μ 随之减小。由此可见:切削厚度增大之所以能减小切削变形是因为摩擦系数 μ 下降,引起剪切角 ϕ 增大的缘故。而摩擦系数 μ 的减小则是因为增大切削厚度会增大法向力的缘故。

如图 2.59 所示,当 v_c 比较低时,曲线有驼峰。这是因为积屑瘤的消长及切削温度起作用的缘故。

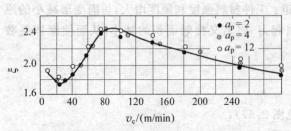

图 2.58 切削速度对变形系数的影响
工件材料:40钢;切削深度:$a_p = 2, 4, 12$ mm

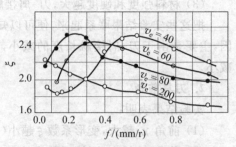

图 2.59 进给量对变形系数的影响
工件材料:40钢;切削深度:$a_p = 4$ mm

2.2.5 切屑的种类及控制

1. 切屑的分类

工件材料不同,切削过程中的变形情况不同,所产生的切屑种类也多种多样。通过观察切屑的形状可以得到各种有用的信息。为了系统地研究切屑的形状,一般可以按照以下两个方面对切屑进行分类。

(1) 形态:按照局部观察切屑时的形状来分,如切屑是连续的还是分离的。

(2) 形状:按照整体观察切屑时的形状来分,如切屑是笔直的还是向哪个方向有多大程度的卷曲。

2. 切屑的形态

按照切屑形成机理的差异,切屑形态一般分为4种基本类型(见图2.60),即带状切屑、节状切屑、粒状切屑和崩碎切屑。

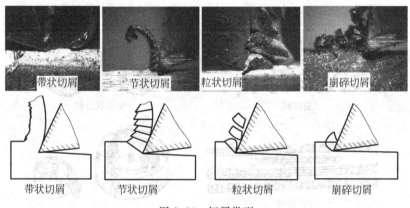

图 2.60 切屑类型

1) 带状切屑

带状切屑是最常见的一种切屑。它的形状像一条连绵不断的带子,底部光滑,背部呈毛茸状。一般加工塑性材料,当切削厚度较小,切削速度较高,刀具前角较大时,得到的切屑往往是带状切屑。出现带状切屑时,切削过程平稳,切削力波动较小,已加工表面粗糙度较小。

2) 节状切屑

节状切屑又称挤裂切屑。切屑上各滑移面大部分被剪断,但尚有小部分连在一起,犹如节骨状。它的外弧面呈锯齿形,内弧面有时有裂纹。这种切屑在切削速度较低,切削厚度较大的情况下产生。出现节状切屑时,切削过程不平稳,切削力有波动,已加工表面粗糙度较大。

3) 粒状切屑(单元切屑)

粒状切屑沿剪切面完全断开,因而切屑呈粒状(单元状)。当切削塑性材料,切削速度极低时产生这种切屑。出现粒状切屑时切削力波动大,已加工表面粗糙度大。

4) 崩碎切屑

切削脆性材料时,被切金属层在前刀面的推挤下未经塑性变形就在张应力状态下脆断,形成不规则的碎块状切屑。形成崩碎切屑时,切削力幅度小,但波动大,加工表面凹凸不平。

切屑的形态是随切削条件的改变而改变的。在形成节状切屑的情况下,若减小前角或加大切削厚度,就可以得到单元切屑;反之,若加大前角,提高切削速度,减小切削厚度,则可得到带状切屑。

3. 切屑的形状

按照切屑形成机理的差异,把切屑分成带状、节状、粒状和崩碎4种形态。为了满足切屑的处理及运输要求,还需按照切屑的形状进行分类。切屑的形状大体有带状屑、C形屑、崩碎屑、宝塔状卷屑、长紧卷屑、发条状卷屑、螺卷屑等,如图2.61所示。

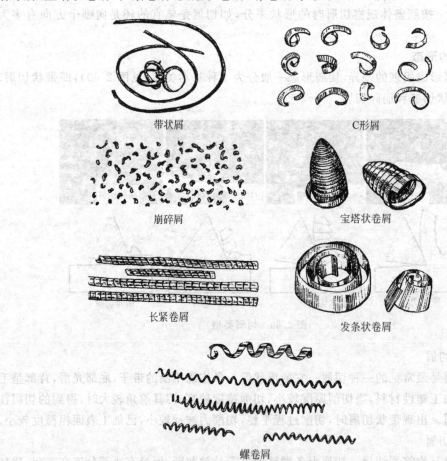

图2.61 切屑的各种形态

由于切削加工的具体条件不同,要求切屑的形状也有所不同。在一般情况下,不希望得到带状屑,只有在立式镗床上镗盲孔时,为了使切屑顺利排出孔外,才要求形成带状屑或长螺卷屑。C形屑不缠绕工件,也不易伤人,是一种比较好的屑形。但C形屑高频率的碰撞和折断会影响切削过程的平稳性,对已加工表面粗糙度有影响,所以精车时希望形成长螺卷屑。在重型机床上用大切深、大进给量车削钢件时,C形屑易损坏切削刃和飞崩伤人,所以通常希望形成发条状卷屑。在自动机床或自动线上,宝塔状卷屑是一种比较好的屑形。车削铸铁、黄铜等脆性材料时,为避免切屑飞溅伤人或损坏滑动表面,应设法使切屑连成卷状。

4. 卷屑机理

为了得到要求的切屑形状,均需要使切屑卷曲。卷屑的基本原理是:设法使切屑沿前刀面流出时,受到一个额外的作用力,在该力作用下,使切屑产生一个附加的变形而弯曲。卷屑的具体方法有以下几种。

(1) 自然卷屑机理:利用前刀面上形成的积屑瘤使切屑自然卷曲,如图 2.62 所示。

(2) 卷屑槽与卷屑台的卷屑机理:在生产上常用强迫卷屑法,即在前刀面上磨出适当的卷屑槽或安装附加的卷屑台,当切屑流经前刀面时,与卷屑槽或卷屑台相碰而卷曲,如图 2.63、图 2.64 所示。

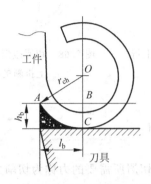
图 2.62 自然卷屑机理

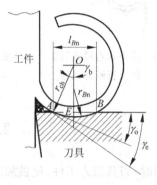
图 2.63 卷屑槽卷屑机理

图 2.65 所示为卷屑槽的几种基本形式。

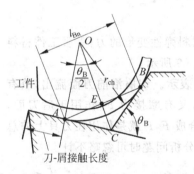
图 2.64 卷屑台的卷屑机理

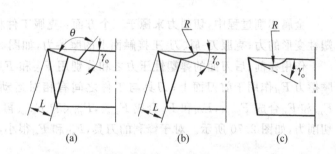
图 2.65 卷屑槽的形式
L:切屑在前刀面上的接触长度;R:卷屑槽半径
(a) 直线型;(b) 直线圆弧型;(c) 全圆弧型

5. 断屑机理

为了避免过长的切屑,对卷曲了的切屑需进一步施加力(变形)使之折断。常用的方法有:

(1) 使卷曲后的切屑与工件相碰,使切屑根部的拉应力越来越大,最终导致切屑完全折断。这种断屑方法一般得到 C 形屑、发条状卷屑或宝塔状卷屑,如图 2.66、图 2.67 所示。

(2) 使卷曲后的切屑与后刀面相碰,使切屑根部的拉应力越来越大,最终导致切屑完全断裂,形成 C 形屑,如图 2.68 所示。

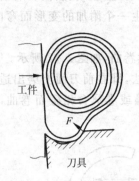 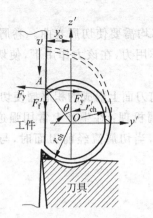 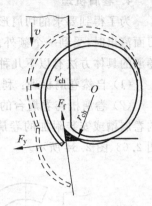

图 2.66 发条状卷屑碰到工件上折断的机理　　图 2.67 C形屑撞在工件上折断的机理　　图 2.68 切屑碰到后刀面上折断的机理

2.3 切削力

切削时,刀具切入工件,使被加工材料发生变形成为切屑所需要的力称为切削力。切削力产生于被加工材料的弹性、塑性变形抗力和切屑、工件表面对刀具表面的摩擦力。研究切削力对刀具、机床、夹具的设计和使用具有重要意义。

2.3.1 切削力的来源

金属切削过程中,切削力来源于三个方面:克服工件材料弹性变形的力;克服工件材料塑性变形的力;克服刀-屑、刀-工接触面上的摩擦力,如图 2.69 所示。

作用在前、后刀面的弹塑性压力之和分别用 $F_{\gamma N}$ 和 $F_{\alpha N}$ 表示。切屑沿前刀面流出,故有摩擦力 $F_{\gamma f}$ 作用于前刀面上;刀具与工件之间有相对运动,又有摩擦力 $F_{\alpha f}$ 作用于后刀面。$F_{\gamma N}$ 和 $F_{\gamma f}$ 合成 $F_{\gamma f,\gamma N}$,$F_{\alpha N}$ 和 $F_{\alpha f}$ 合成 $F_{\alpha f,\alpha N}$,$F_{\gamma f,\gamma N}$ 和 $F_{\alpha f,\alpha N}$ 再合成 F,F 就是作用在刀具上的总切削力,如图 2.70 所示。对于锋利的刀具,$F_{\alpha N}$ 和 $F_{\alpha f}$ 很小,分析问题时可忽略不计。

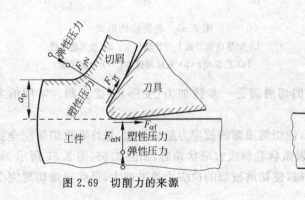 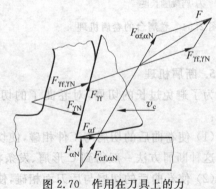

图 2.69 切削力的来源　　图 2.70 作用在刀具上的力

2.3.2 切削力分析

以外圆车削为例(见图 2.71),忽略副切削刃的切削作用及其他影响因素,合力 F 在刀具的主剖面内。为了便于测量和应用,可以将合力分解为3个相互垂直的分力。

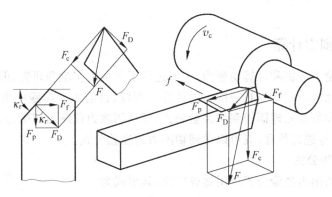

图 2.71 切削合力和分力

(1) 主切削力 F_c:垂直于基面,与切削速度 v_c 的方向一致,又称为切向力。它的方向与过渡表面相切并与基面垂直。F_c 是计算车刀强度、设计机床零件、确定机床功率所必需的。

(2) 切深抗力 F_p:在基面内,并与进给方向垂直,也称背向力、径向力、吃刀力。它是处于基面内并与工件轴线垂直的力。F_p 用来确定与工件加工精度有关的工件挠度,计算机床零件和车刀强度。工件在切削过程中产生的振动往往与 F_p 有关。

(3) 进给抗力 F_f:在基面内,并与进给方向平行,也称进给力、轴向力或走刀力。它是处于基面内并与工件轴线平行与走刀方向相反的力。F_f 是设计走刀机构、计算车刀进给功率所必需的。

由图 2.71 可知,

$$F = \sqrt{F_c^2 + F_D^2} = \sqrt{F_c^2 + F_p^2 + F_f^2} \tag{2.45}$$

F_p, F_f 与 F_D 有如下关系:

$$F_p = F_D \cos \kappa_r; \quad F_f = F_D \sin \kappa_r \tag{2.46}$$

一般情况下,F_c 最大,F_p 和 F_f 小一些。F_p, F_f 与 F_c 的大致关系为

$$F_p = (0.15 \sim 0.7) F_c \tag{2.47}$$

$$F_f = (0.1 \sim 0.6) F_c \tag{2.48}$$

2.3.3 切削力测量

由于实际的金属切削过程非常复杂,影响因素很多,因而现有的一些理论公式都是在一些假说的基础上得出的,还存在着较大的缺点,计算结果与实验结果不能很好的吻合。所以在生产实际中,切削力的大小一般采用由实验结果建立起来的经验公式计算。在需要较为准确地知道某种切削条件下的切削力时,还需进行实际测量。

通常用测力仪测量切削力,如图 2.72 所示。测力仪的测量原理是利用切削力作用在测力仪的弹性元件上所产生的变形,或作用在压电晶体上产生的电荷经过转换处理后,读出 F_c、F_p 和 F_f 的值。先进的测力仪常与微机配套使用,直接进行数据处理,自动显示被测力

图 2.72 测力仪

值和建立切削力的经验公式。在自动化生产中,还可利用测力传感装置产生的信号优化和监控切削过程。

2.3.4 切削力计算

为了能从理论上分析和计算切削力,人们进行了大量的实验和研究,但是所得到的一些理论公式还不能比较精确地进行切削力的计算。所以,目前生产实践中采用的计算公式都是通过大量实验和数据处理而得到的经验公式,即利用测力仪测出切削力,再将实验数据用图解法、线性回归等进行处理,就可以得到切削力的经验公式。

1. 切削力经验公式

指数形式的切削力经验公式应用比较广泛,其形式为

$$\begin{cases} F_c = C_{F_c} a_p^{X_{F_c}} f^{Y_{F_c}} v_c^{Z_{F_c}} K_{F_c} \\ F_f = C_{F_f} a_p^{X_{F_f}} f^{Y_{F_f}} v_c^{Z_{F_f}} K_{F_f} \\ F_p = C_{F_p} a_p^{X_{F_p}} f^{Y_{F_p}} v_c^{Z_{F_p}} K_{F_p} \end{cases} \tag{2.49}$$

式中,C_{F_c},C_{F_f},C_{F_p} 为与工件、刀具材料有关系数;X_{F_c},X_{F_f},X_{F_p} 为切削深度 a_p 对切削力的影响指数;Y_{F_c},Y_{F_f},Y_{F_p} 为进给量 f 对切削力的影响指数;Z_{F_c},Z_{F_f},Z_{F_p} 为切削速度 v_c 对切削力的影响指数;K_{F_c},K_{F_f},K_{F_p} 为考虑切削速度、刀具几何参数、刀具磨损等因素影响的修正系数。

式中各个系数和指数可以在切削用量手册中查到。

2. 单位切削力 p

用指数公式表示的切削力经验公式还可以用一种更简便的形式,即单位切削力来表示,单位切削力是指单位切削面积上主切削力的大小。

根据上述定义,单位切削力可用下式表示:

$$p = \frac{F_c}{A_D} = \frac{F_c}{a_p f} = \frac{F_c}{h_D b_D} \quad (\text{N/mm}^2) \tag{2.50}$$

各种工件材料的切削层单位面积切削力可在有关手册中查到。根据式(2.50),并加上切削条件修正系数,可得到主切削力的计算公式为

$$F_c = p \cdot A_D \cdot K_{F_c} \tag{2.51}$$

式中,K_{F_c} 为切削条件修正系数,可在有关手册中查到。

3. 切削功率

消耗在切削加工过程中的功率 P_e(W)称为工作功率。P_e 可以分为两部分,一部分是主运动消耗的功率 P_c(W),称为切削功率;另一部分是进给运动消耗的功率 P_f(W),称为进给功率。所以,工作功率可以按下式计算:

$$P_e = P_c + P_f = F_c v_c + F_f n_w f \times 10^{-3} \tag{2.52}$$

式中,P_c 为切削功率,W;F_c 为切削力,N;v_c 为切削速度,m/s;F_f 为进给力,N;n_w 为工件转速,r/s;f 为进给量,mm/r。

由于进给功率 P_f 相对于 P_c 一般都很小(1%~2%),可以忽略不计。所以,工作功率 P_e 可以用切削功率 P_c 近似代替。

在计算机床电动机功率 P_m 时,还应考虑机床的传动效率 η,应按下式计算

$$P_m \geq \frac{P_c}{\eta_m} \tag{2.53}$$

式中，η_m 为机床传动效率，一般取 0.75～0.85。

2.3.5 影响切削力的因素

1. 工件材料的影响

工件材料的物理力学性能、加工硬化程度、化学成分、热处理状态以及切削前的加工状态等，都对切削力有影响。

工件材料的强度、硬度、冲击韧性和塑性愈大，则切削力愈大。加工硬化程度大，切削力也会增大。工件材料的化学成分、热处理状态等都直接影响其物理力学性能，因而也影响切削力。

2. 切削用量的影响

切削深度 a_p 或进给量 f 加大均使切削力增大，但两者的影响程度不同。a_p 加大时，变形系数 ξ 不变，切削力成正比例增大；而加大 f 时，ξ 有所下降，故切削力不成正比增大。在切削力经验公式中，加工各种材料，a_p 的指数 $X_{F_c} \approx 1$，而 f 的指数 $Y_{F_c} = 0.75 \sim 0.9$。因此，在切削加工中，如果从切削力和切削功率来考虑，加大进给量比加大切削深度有利。

切削速度 v_c 对切削力的影响分为有积屑瘤阶段和无积屑瘤阶段两种。在积屑瘤增长阶段，随着 v_c 增大积屑瘤的高度增加，切削变形程度减小，切削层单位面积切削力减小，切削力减小；反之，在积屑瘤减小阶段，切削力则逐渐增大。在无积屑瘤阶段随着切削速度 v_c 的提高，切削温度增高，前刀面摩擦系数减小，剪切角增大，变形程度减小，使切削力减小，如图 2.73 所示。

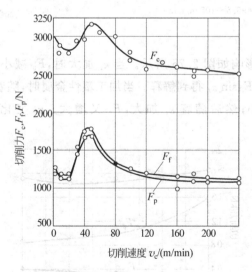

图 2.73 当用 YT15 硬质合金车刀加工 45 钢时，切削速度 v_c 对 F_c，F_f，F_p 的影响

$a_p = 4$ mm，$f = 0.3$ mm/r

3. 刀具几何参数的影响

1）前角的影响

前角 γ_o 加大，变形系数 ξ 减小，切削力减小。材料塑性越大，前角 γ_o 对切削力的影响也越大。图 2.74 表示前角对切削力的影响。

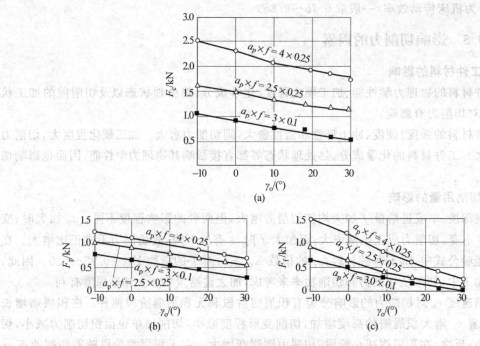

图 2.74 前角对切削力的影响

工件材料：45 钢（正火）；HB=187；刀具结构：焊接式平前刀面硬质合金外圆车刀；刀片材料：YT15；刀具几何参数：$\kappa_r=75°$，$\kappa_r'=10°\sim12°$，$a_v=6°\sim8°$，$a_v'=4°\sim6°$，$\lambda_s=0°$，$b_\gamma=0$，$\gamma_\varepsilon=0.2$ mm；切削速度：$v_c=96.5\sim105$ m/min

2) 主偏角的影响

主偏角对切削力的影响如图 2.75 所示。当 κ_r 加大时，F_p 减小，F_f 增大。这可以从公式 $F_p=F_D\cos\kappa_r$ 和 $F_f=F_D\sin\kappa_r$ 得到解释。当加工塑性金属时，随着 κ_r 的增大，F_c 减小；在 $\kappa_r=60°\sim75°$ 时，F_c 最小；然后随着 κ_r 加大，F_c 又增大。κ_r 变化对 F_c 影响不大，不超过 10%。

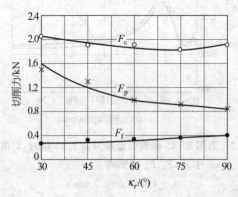

图 2.75 主偏角对切削力的影响

工件材料：45 钢（正火）；HB=187；刀具结构：焊接式平前刀面外圆车刀；刀片材料：YT15；刀具几何参数：$\gamma_o=18°$，$a_o=6°\sim8°$，$\kappa_r'=10°\sim12°$，$\lambda_s=0°$，$b_\gamma=0$，$r_\varepsilon=0.2$ mm；切削用量：$a_p=3$ mm，$f=0.3$ mm/r，$v_c=95.5\sim103.5$ m/min

3) 刀尖圆弧半径的影响

在一般的切削加工中,刀尖圆弧半径 r_ε 对 F_p 和 F_f 的影响较大,对 F_c 的影响较小。图 2.76 表示刀尖圆弧半径对切削力的影响,从图中可以看出,随着 r_ε 的增大,F_p 增大,F_f 减小,F_c 略有增大。

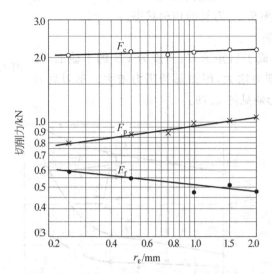

图 2.76 刀尖圆弧半径对切削力的影响

工件材料:45 钢(正火);HB=187;刀具结构:焊接式平前刀面外圆车刀;刀片材料:YT15;刀具几何参数:$\gamma_o=18°$,$\alpha_o=6°\sim 7°$,$\kappa_r=75°$,$\kappa_r'=10°\sim 12°$,$\lambda_s=0°$,$b_\gamma=0$;切削用量:$a_p=3$ mm,$f=0.35$ mm/r,$v_c=93$ m/min

4) 刃倾角的影响

如图 2.77 所示,刃倾角 λ_s 对 F_c 的影响很小;刃倾角 λ_s 减小,F_p 增大,F_f 减小。

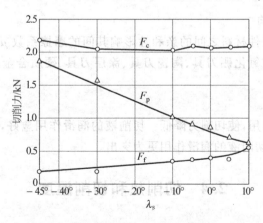

图 2.77 刃倾角对切削力的影响

工件材料:45 钢(正火);HB=187;刀具结构:焊接式平前刀面外圆车刀;刀片材料:YT15;刀具几何参数:$\gamma_o=18°$,$\alpha_o=6°$,$\alpha_o'=4°\sim 6°$,$\kappa_r=75°$,$\kappa_r'=10°\sim 12°$,$b_\gamma=0$,$r_\varepsilon=0.2$ mm;切削用量:$a_p=3$ mm,$f=0.35$ mm/r,$v_c=100$ m/min

5) 负倒棱的影响

在前刀面上磨出的负倒棱(见图 2.78)对切削力有一定的影响。负倒棱宽度 $b_{\gamma1}$ 与进给量 f 之比($b_{\gamma1}/f$)增大,切削力随之增大,但当切削钢 $b_{\gamma1}/f \geqslant 5$,或切削灰铸铁 $b_{\gamma1}/f \geqslant 3$ 时,切削力趋于稳定,接近于负前角 γ_{o1} 刀具的切削状态。

4. 刀具磨损的影响

后刀面磨损后,形成了后角为零、高度为 VB 的小棱面,结果造成后刀面上的切削力增大,因而总切削力增大。车刀后刀面磨损量对切削力的影响见图 2.79。

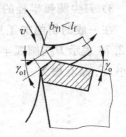

图 2.78 正前角负倒棱车刀的切屑流出情况

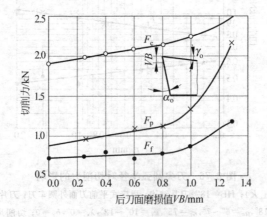

图 2.79 车刀后刀面磨损量对切削力的影响

工件材料:45 钢(正火);HB＝187;刀具结构:机夹可转位式外圆车刀;刀片材料:YT15 (SNMM150402);刀具几何参数:$\gamma_o=18°$,$\alpha_o=6°\sim 8°$,$\alpha_o'=4°\sim 6°$,$\kappa_r=75°$,$\kappa_r'=10°\sim 12°$,$\lambda_s=0°$,$b_\gamma=0$,$r_\varepsilon=0.2$ mm;切削用量:$a_p=3$ mm,$f=0.3$ mm/r,$v_c=95.5\sim 105$ m/min

5. 刀具材料的影响

因为刀具材料与工件材料之间的亲和性影响其间的摩擦系数 μ,所以直接影响到切削力的大小。一般按立方氮化硼刀具、陶瓷刀具、涂层刀具、硬质合金刀具、高速钢刀具的顺序,切削力依次增大。

6. 切削液的影响

切削液具有润滑作用,使切削力降低。切削液的润滑作用愈好,切削力的降低愈显著。在较低的切削速度下,切削液的润滑作用更为突出。

2.4 切削热和切削温度

切削热是切削过程的重要物理现象之一。切削温度影响工件材料的性能、前刀面上的摩擦系数和切削力的大小,影响刀具磨损和刀具耐用度,影响积屑瘤的产生和已加工表面质量,也影响工艺系统的热变形和加工精度。因此,研究切削热和切削温度具有重要的实际意义。

2.4.1 切削热的产生与传出

在刀具的切削作用下,切削层金属发生弹性变形和塑性变形,这是切削热的一个来源。另外,切屑与前刀面、工件与后刀面间消耗的摩擦功也将转化为热能,这是切削热的另一个来源(见图2.80)。

由于切削时所消耗的机械功率的大部分(99%)转化为热能,所以单位时间内产生的切削热为

$$Q \approx Pc \approx F_c v_c \tag{2.54}$$

式中,Q 为单位时间内产生的切削热,J/s;F_c 为主切削力,N;v_c 为切削速度,m/s。

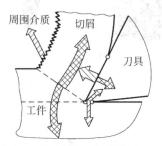

图2.80 切削热的来源与传出

切削热由以下4个途径传导出去:
(1) 通过工件传走,使工件温度升高。
(2) 通过切屑传走,使切屑温度升高。
(3) 通过刀具传走,使刀具温度升高。
(4) 通过周围介质传走。

据有关资料介绍,由切屑、刀具、工件和周围介质传出的热量的比例大致如下。

车削时:50%~86%由切屑带走,10%~40%传入刀具,3%~9%传入工件,1%左右传入空气。

钻削时:28%由切屑带走,14.5%传入刀具,52.5%传入工件,5%传入周围介质。

切削温度 θ 是指前刀面与切屑接触区内的平均温度。它是由切削热的产生与传出的平衡条件所决定的。产生的切削热愈多,传出得愈慢,切削温度愈高。反之,切削温度就愈低。

凡是增大切削力和切削功率的因素都会使切削温度 θ 上升,而有利于切削热传出的因素都会降低切削温度。例如,提高工件材料和刀具材料的热传导率或充分浇注切削液,都会使切削温度下降。

2.4.2 切削温度的测量

测量切削温度的方法主要有:自然热电偶法、人工热电偶法、红外测温法等。

(1) 自然热电偶法:工件和刀具材料不同,组成热电偶两极,切削时刀具与工件接触处的高温产生温差电势,通过电位差计测得切削区的平均温度。

(2) 人工热电偶法:用不同材料、相互绝缘金属丝作热电偶两极(见图2.81),可测量刀具或工件指定点温度,可测最高温度及温度分布场。

(3) 红外测温法:利用红外辐射原理,借助热敏感元件,测量切削区温度,可测量切削区侧面温度场。

图2.82是几种切削温度测量仪器。

2.4.3 刀具切削温度分布规律

在切削变形区内,工件、切屑和刀具上的切削温度分布,即切削温度场,对研究刀具的磨损规律、工件材料的性能变化和

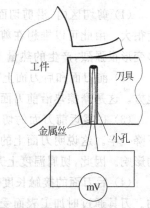

图2.81 人工热电偶

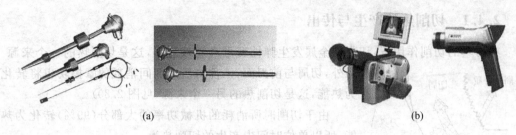

图 2.82 切削温度测量仪器
(a) 热电偶；(b) 红外热像仪

已加工表面质量都很有意义。

图 2.83 是在切削钢料时，用红外胶片法测得的切削钢料中正交平面内的温度场。由此可分析归纳出一些切削温度分布的规律。

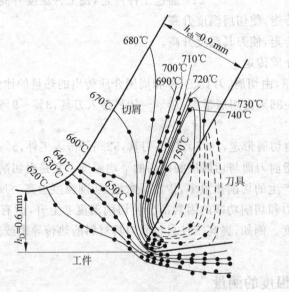

图 2.83 二维切削中的温度分布

工件材料：低碳易切钢；刀具：$\gamma_o=30°, \alpha_o=7°$；切削用量：$h_D=0.6$ mm，$v_c=22.86$ m/min；干切削，预热 611℃

(1) 剪切区内，沿剪切面方向上各点温度几乎相同，而在垂直于剪切面方向上的温度梯度很大。由此可以推想在剪切面上各点的应力和应变的变化不大，而且剪切区内的剪切滑移变形很强烈，产生的热量十分集中。

(2) 前刀面和后刀面上的最高温度点都不在切削刃上，而是在离切削刃有一定距离的地方。这是摩擦热沿前刀面不断增加的缘故。

(3) 在靠近前刀面的切屑底层上，温度梯度很大，离前刀面 $0.1\sim0.2$ mm，温度就可能下降一半。这说明刀面上的摩擦热集中在切屑底层，对切屑底层金属的剪切强度会有很大的影响。因此，切屑温度上升会使前刀面上的摩擦系数下降。

(4) 后刀面的接触长度较小，因此工件加工表面上温度的升降是在极短的时间内完成的。刀具通过时加工表面受到一次热冲击。

2.4.4 影响切削温度的因素

影响切削温度的因素主要有以下 5 个方面：切削用量、刀具几何参数、刀具磨损、工件材料以及冷却液。

1. 切削用量的影响

实验得出的切削温度经验公式如下：

$$\theta = C_\theta v_c^{z_\theta} f^{y_\theta} a_p^{x_\theta} \tag{2.55}$$

式中，θ 为用自然热电偶法测出的前刀面接触区的平均温度，℃；C_θ 为与工件、刀具材料和其他切削参数有关的切削温度系数；z_θ、y_θ、x_θ 分别为 v_c、f、a_p 对切削温度的系数及指数，如表 2.6 所示。

表 2.6 切削温度的系数及指数

刀具材料	加工方法	C_θ	z_θ		y_θ	x_θ
高速钢	车削	140~170	0.35~0.45		0.2~0.3	0.08~0.10
	铣削	80				
	钻削	150				
硬质合金	车削	320	f/(mm/r)		0.15	0.05
			0.1	0.41		
			0.2	0.31		
			0.3	0.26		

从表 2.6 中的数据可以看出：在切削用量三要素中，切削速度 v_c 对切削温度 θ 的影响最大，其指数在 0.25~0.5 之间。随着进给量 f 的增大，切削速度 v_c 对切削温度的影响程度减小。进给量 f 对切削温度 θ 的影响比切削速度小，其指数在 0.15~0.3 之间。而切削深度 a_p 变化时，使产生的切削热和散热面积按相同的比率变化，故切削深度对切削温度的影响很小。图 2.84～图 2.86 分别表示了切削温度 θ 与切削速度 v_c、进给量 f、切削深度 a_p 的关系。

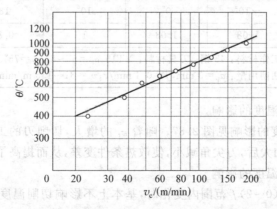

图 2.84 切削速度与切削温度的关系

工件材料：45 钢；刀具材料：YT15；切削用量：$a_p=3$ mm，$f=0.1$ mm/r

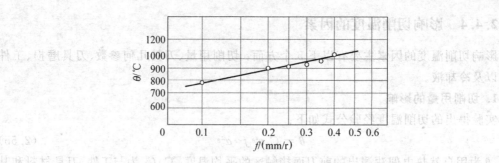

图 2.85 进给量与切削温度的关系

工件材料：45 钢；刀具材料：YT15；切削用量：$a_p = 3$ mm，$v_c = 94$ m/min

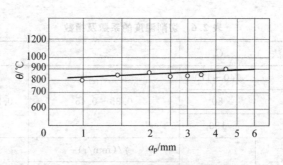

图 2.86 切削深度与切削温度的关系

工件材料：45 钢；刀具材料：YT15；切削用量：$f = 0.1$ mm/r，$v_c = 107$ m/min

2. 刀具几何参数的影响

1) 前角 γ_o 对切削温度的影响

前角 γ_o 的大小直接影响切削过程中的变形和摩擦，所以它对切削温度有明显影响。在一定范围内，前角大，切削温度低，前角小，切削温度高。如进一步加大前角，则因刀具散热体积减小，切削温度不会进一步降低，反而升高。表 2.7 表示不同前角时的切削温度对比值。

表 2.7 不同前角时的切削温度对比值

前角	$-10°$	$0°$	$10°$	$18°$	$25°$
切削温度对比值	1.08	1.03	1	0.85	0.8
附注	工作材料：45 钢；刀具材料：YT15，$a_p = 6° \sim 8°$，$\kappa_r = 75°$，$\lambda_s = 0°$，$r_\varepsilon = 0.2$ mm；切削用量：$a_p = 3$ mm，$f = 0.1$ mm/r；$v_c = 81 \sim 135$ m/min				

2) 主偏角对切削温度的影响

主偏角对切削温度的影响见图 2.87。随着 κ_r 的增大，切削刃的工作长度将缩短，使切削热相对集中，且 κ_r 加大后，刀尖角减小，使散热条件变差，从而提高了切削温度。

3) 负倒棱对切削温度的影响

负倒棱宽度 b_{r1} 在 $(0 \sim 2) f$ 范围内变化时，基本上不影响切削温度。原因是：一方面负倒棱的存在使切削区的塑性变形增大，切削热也随之增多；另一方面，负倒棱的存在却又使刀尖的散热条件得到改善。二者共同影响的结果，使切削温度基本不变。

4) 刀尖圆弧半径对切削温度的影响

刀尖圆弧半径 r_ε 在 0~0.5 mm 范围内变化时,基本上不影响切削温度。因为随着刀尖圆弧半径加大,切削区的塑性变形增大,切削热也随之增多,但加大刀尖圆弧半径又改善了散热条件,两者相互抵消的结果,使平均切削温度基本不变。

3. 刀具磨损的影响

刀具磨损后切削刃变钝,刃区前方的挤压作用增大,使切削区金属的变形增加;同时,磨损后的刀具与工件的摩擦增大,两者均使切削热增多。所以刀具的磨损是影响切削温度的主要因素。图 2.88 是切削 45 钢时,车刀后刀面磨损值与切削温度的关系。

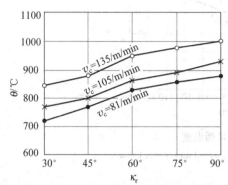

图 2.87 主偏角与切削温度的关系

工件材料:45 钢;刀具材料:YT15;切削用量:$f=0.1$ mm/r,$a_p=3$ mm

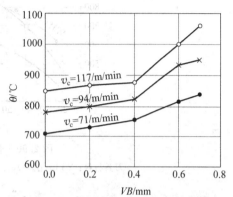

图 2.88 车刀后刀面磨损值与切削温度的关系

工件材料:45 钢;刀具材料:YT15;$\gamma_o=15°$;切削用量:$a_p=3$ mm,$f=0.1$ mm/r

4. 工件材料的影响

(1) 工件材料的强度和硬度越高,切削时所消耗的功越多,产生的切削热也越多,切削温度就越高。图 2.89 表示 45 钢的不同热处理状态对切削温度的影响。

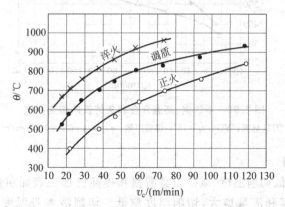

图 2.89 45 钢的不同热处理状态对切削温度的影响

刀具材料:YT15;$\gamma_o=15°$;切削用量:$a_p=3$ mm,$f=0.1$ mm/r

(2) 合金钢的强度普遍高于 45 钢,而导热系数又低于 45 钢。所以切削合金钢时的切削温度高于切削 45 钢时的切削温度(见图 2.90)。

(3) 不锈钢和高温合金不但导热系数低,而且有较高的高温强度和硬度。所以切削这类材料时,切削温度比其他材料要高得多,如图 2.91 所示。必须采用导热性和耐热性较好的刀具材料,并充分加注切削液。

(4) 脆性金属在切削时塑性变形很小,切屑呈崩碎状,与前刀面的摩擦较小,所以切削温度比切削钢料时要小。图 2.91 也表示了切削灰铸铁时的切削温度,比切削 45 钢的切削温度低 20%～30%。

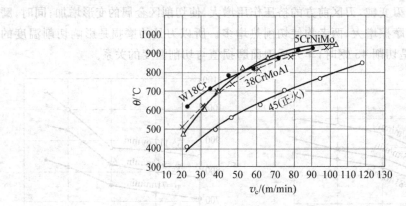

图 2.90　合金钢的切削温度

刀具材料：YT15；$\gamma_o=15°$；切削用量：$a_p=3$ mm,$f=0.1$ mm/r

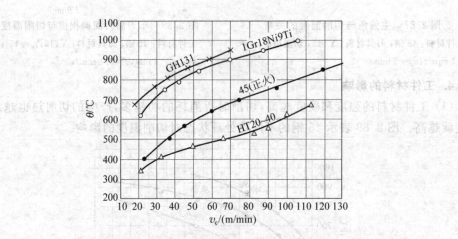

图 2.91　不锈钢、高温合金和灰铸铁的切削温度

刀具材料：YG8；$\gamma_o=15°$；切削用量：$a_p=3$ mm,$f=0.1$ mm/r

5. 切削液的影响

浇注切削液对降低切削温度、减少刀具磨损和提高已加工表面质量有明显的效果。切削液的热导率、比热容和流量愈大,切削温度愈低。切削液本身温度越低,其冷却效果愈显著。

2.5　刀具失效和刀具寿命

切削金属时,刀具一方面切下切屑,另一方面刀具本身也会发生损坏失效。刀具失效的形式主要有磨损和破损两类。前者是连续的逐渐磨损;后者是在切削过程中突然损坏失效而造成的脆性破损和塑性破损。刀具在切削过程中逐渐磨损后,当磨损量达到一定程度时,切削力加大,切削温度上升,切屑颜色改变,甚至产生振动。同时,工件尺寸可能超差,已加工表面质量也明显恶化,此时必须刃磨刀具或更换新刀。刀具的磨损、破损及其使用寿命对加工质量、生产效率和成本影响极大,因此,刀具失效是切削加工过程中极为重要的问题之一。

2.5.1 刀具失效形式

1. 刀具的磨损形态

刀具磨损是指刀具在正常的切削过程中,由于物理的或化学的作用,使刀具原有的几何角度逐渐丧失。切削过程中,前后刀面不断与切屑、工件接触,在接触区里存在着强烈的摩擦,同时在接触区里又有很高的温度和压力。因此,随着切削的进行,前后刀面都将逐渐磨损。刀具磨损呈现为三种形态。

1) 前刀面磨损(月牙洼磨损)

在切削速度较高、切削厚度较大的情况下加工塑性金属,当刀具的耐热性和耐磨性稍有不足时,在前刀面上经常磨出一个月牙洼(见图 2.92)。在产生月牙洼的地方切削温度最高,因此磨损也最大,从而形成一个凹窝(月牙洼)。月牙洼和切削刃之间有一条棱边。在磨损过程中,月牙洼宽度逐渐扩展。当月牙洼扩展到使棱边很小时,切削刃的强度将大大减弱,结果导致崩刃。月牙洼磨损量以其深度 KT 表示。

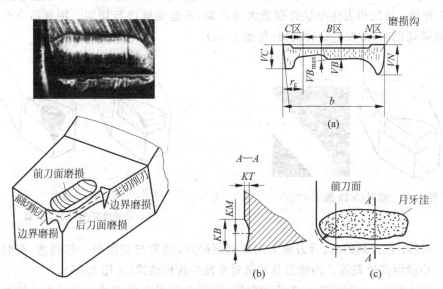

图 2.92 刀具典型磨损形式

2) 后刀面磨损

由于加工表面和后刀面间存在着强烈的摩擦,在后刀面上毗邻切削刃的地方很快就磨出一个后角为零的小棱面,这种磨损形式叫做后刀面磨损(见图 2.92)。在切削速度较低、切削厚度较小的情况下,切削塑性金属以及脆性金属时,一般不产生月牙洼磨损,但都存在着后刀面磨损。

在切削刃参加切削工作的各点上,后刀面磨损是不均匀的。从图 2.92(a)可见,在刀尖部分(C区)由于强度和散热条件差,因此磨损剧烈,其最大值为VC。在切削刃靠近工件外表面处(N区),由于加工硬化层或毛坯表面硬层等影响,往往在该区产生较大的磨损沟而形成缺口。该区域的磨损量用VN表示。N区的磨损又称为边界磨损。在参与切削的切削刃中部(B区),其磨损较均匀,以VB表示平均磨损值,以VB_{max}表示最大磨损值。

3) 前刀面和后刀面同时磨损

这是一种兼有上述两种情况的磨损形式。在切削塑性金属时,经常会发生这种磨损。

2. 刀具的破损

在切削加工中,刀具有时没有经过正常磨损阶段,而在很短时间内突然损坏,这种情况称为刀具破损。破损也是刀具损坏的主要形式之一。

破损是相对于磨损而言的。从某种意义上讲,破损可认为是一种非正常的磨损,因为破损和磨损都是在切削力和切削热的作用下发生的。磨损是逐渐发展的过程,而破损是突发的。破损的突然性很容易在生产过程中造成较大的危害和经济损失。

刀具的破损形式分为脆性破损和塑性破损。

1) 脆性破损

硬质合金刀具和陶瓷刀具切削时,在机械应力和热应力冲击作用下形成的破损,称为脆性破损。

(1) 崩刃:切削刃产生小的缺口。在继续切削中,缺口会不断扩大,用陶瓷刀具切削及用硬质合金刀具作断续切削时,常发生这种破损(见图 2.93)。

(2) 碎断:切削刃发生小块碎裂或大块碎裂,不能继续进行切削。用硬质合金和陶瓷刀具作断续切削时,常发生这种破损(见图 2.94)。

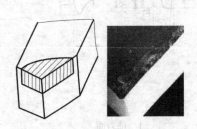

图 2.93 崩刃(YT5 加工 40Gr)

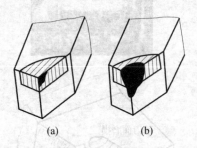

图 2.94 碎裂
(a) 小块碎裂;(b) 大块碎裂

(3) 剥落:在刀具的前、后刀面上出现剥落碎片,经常与切削刃一起剥落,有时也在离切削刃一小段距离处剥落。陶瓷刀具端铣时常发生这种破损(见图 2.95)。

(4) 裂纹破损:长时间进行断续切削后,因疲劳而引起裂纹的一种破损。热冲击和机械冲击均会引发裂纹,裂纹不断扩展合并就会引起切削刃的碎裂或断裂(见图 2.96)。

2) 塑性破损

在刀具前刀面与切屑、后刀面与工件接触面上,由于过高的温度和压力的作用,刀具表层材料将因发生塑性流动而丧失切削能力,这就是刀具的塑性破损。抗塑性破损能力取决于刀具材料的硬度和耐热性。硬质合金和陶瓷的耐热性好,一般不易发生这种破损。相比之下,高速钢耐热性较差,较易发生塑性破损(见图 2.97)。

图 2.95 剥落

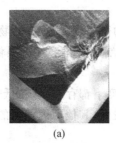 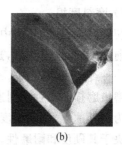

(a)　　　　　　　　　(b)

图 2.96 裂纹破损

(a) 机械疲劳裂纹；(b) 热疲劳裂纹

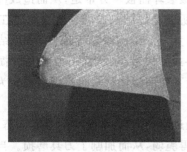 

图 2.97 塑性破损

刀具脆性破损是热应力与机械应力联合作用的结果。机械载荷尤其是循环的机械冲击（断切时）使刀具内产生很高的（交变的）应力，使刀片薄弱处产生裂纹，疲劳载荷使裂纹扩展，达到失稳状态发生崩刃或碎裂而破损。断续切削条件下，特别是切削液使用不充分时，切入温升、切出温降，在一次循环中刀具表面受冷热的交替作用，使刀具受热疲劳而产生裂纹，其扩展造成破损。

刀具塑性破损的原因是由于刀具耐热性差，而又处在较高温度作用下，使刀具表面产生塑性流动而丧失切削性能。

可采取以下相应措施防止刀具破损。

(1) 合理选择刀具材料：用作断续切削的刀具，刀具材料应具有一定的韧性。

(2) 合理选择刀具几何参数：通过选择合适的几何参数，使切削刃和刀尖有较好的强度。在切削刃上磨出负倒棱是防止崩刃的有效措施。

(3) 保证刀具的刃磨质量：切削刃应平直光滑，不得有缺口，刃口与刀尖部位不允许烧伤。

(4) 合理选择切削用量：防止出现切削力过大和切削温度过高的情况。

(5) 工艺系统应有较好的刚性：防止因为振动而损坏刀具。

2.5.2 刀具磨损原因及过程

1. 刀具磨损机理

刀具经常工作在高温、高压下，在这样的条件下工作，刀具磨损经常是机械、热、化学三种作用的综合结果，实际情况很复杂，尚待进一步研究。到目前为止，认为刀具磨损的机理主要有以下几个方面。

1) 磨料磨损

切削时，工件或切屑中的微小硬质点（碳化物、氮化物、氧化物等）以及积屑瘤碎片，不断滑擦前后刀面，划出沟纹，这就是磨料磨损。很像砂轮磨削工件一样，刀具被一层层磨掉。这是一种纯机械作用。

磨料磨损在各种切削速度下都存在，但在低速下磨料磨损是刀具磨损的主要原因。这是因为在低速下，切削温度较低，其他原因产生的磨损不明显。刀具抵抗磨料磨损的能力主要取决于其硬度和耐磨性。

2) 冷焊磨损

工件表面、切屑底面与前后刀面之间存在着很大的压力和强烈的摩擦，因而它们之间会发生冷焊。由于摩擦副的相对运动，冷焊结将被破坏而被一方带走，从而造成冷焊磨损。

由于工件或切屑的硬度比刀具的硬度低，所以冷焊结的破坏往往发生在工件或切屑一方。但由于交变应力、接触疲劳、热应力以及刀具表层结构缺陷等原因，冷焊结的破坏也会发生在刀具一方。这时刀具材料的颗粒被工件或切屑带走，从而造成刀具磨损。这是一种物理作用（分子吸附作用）。在中等偏低的速度下切削塑性材料时冷焊磨损较为严重。

3) 扩散磨损

切削金属材料时，切屑、工件与刀具在接触过程中，双方的化学元素在固态下相互扩散，改变了材料原来的成分与结构，使刀具表层变得脆弱，从而加剧了刀具磨损。当接触面温度较高时，例如硬质合金刀片切削钢材，当温度达到 800℃时，硬质合金中的钴迅速地扩散到切屑、工件中，WC 分解为钨和碳扩散到钢中（见图 2.98）。随着切削过程的进行，切屑和工件都在高速运动，它们和刀具表面在接触区内始终保持着扩散元素的浓度梯度，从而使扩散现象持续进行。于是硬质合金发生贫碳、贫钨现象。而钴的减少，又使硬质相的黏结强度降低。切屑、工件中的铁和碳则扩散到硬质合金中去，形成低硬度、高脆性的复合碳化物，扩散的结果加剧了刀具磨损。

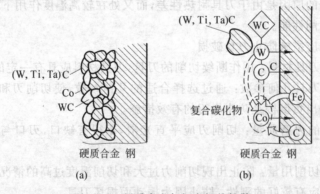

图 2.98 硬质合金与钢之间的扩散

扩散磨损常与冷焊磨损、磨料磨损同时产生。前刀面上温度最高处扩散作用最强烈，于是该处形成月牙洼。抗扩散磨损能力取决于刀具的耐热性，氧化铝陶瓷和立方氮化硼刀具抗扩散磨损能力较强。

用金刚石刀具切削钢、铁材料，当切削温度高于 700℃时，金刚石中的碳原子将以很大的扩散强度转移到工件表面层形成新的铁碳合金，而使刀具表面石墨化，从而形成严重的扩散磨损。但金刚石刀与钛合金之间的扩散作用较小。

用氧化铝陶瓷和立方氮化硼刀具切削钢材,当切削温度高达 1000~1300℃时,扩散磨损尚不显著。

4) 氧化磨损

当切削温度达到 700~800℃时,空气中的氧在切屑形成的高温区中与刀具材料中的某些成分(Co,WC,TiC)发生氧化反应,产生较软的氧化物,从而使刀具表面层硬度下降,较软的氧化物被切屑或工件擦掉而形成氧化磨损。这是一种化学反应过程,最容易在主副切削刃工作的边界处(此处易与空气接触)发生这种氧化反应,这也就是造成刀具边界磨损的主要原因之一(见图 2.99)。

5) 热电磨损

工件、切屑与刀具由于材料不同,切削时在接触区将产生热电势,这种热电势有促进扩散的作用而加剧刀具磨损。这种在热电势的作用下产生的扩散磨损,称为热电磨损。

总之,在不同的工件材料、刀具材料和切削条件下,磨损的原因和强度是不同的。图 2.100 所示为硬质合金切钢料时,在不同切削速度(切削温度)下各种磨损所占的比例。由图可得到结论:对于一定的刀具和工件材料,切削温度对刀具磨损具有决定性的影响。高温时扩散磨损和氧化磨损强度较高;在中低温时,冷焊磨损占主导地位;磨料磨损则在不同切削温度下都存在。

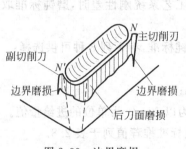

图 2.99 边界磨损

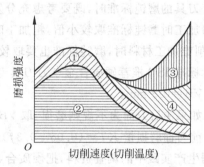

图 2.100 切削速度对刀具磨损强度的影响
①—磨料磨损;②—冷焊磨损;③—扩散磨损;④—氧化磨损

2. 刀具磨损过程

刀具磨损实验结果表明,刀具磨损过程可以分为如图 2.101 所示的 3 个阶段。

(1) 初期磨损阶段。新刃磨的刀具刚投入使用,后刀面与工件的实际接触面积很小,单位面积上承受的正压力较大,再加上刚刃磨后的后刀面微观凸凹不平,刀具磨损速度很快,此阶段称为刀具的初期磨损阶段。刀具刃磨以后如能用细粒度磨粒的油石对刃磨面进行研磨,可以显著降低刀具的初期磨损量。

(2) 正常磨损阶段。经过初期磨损后,刀具后刀面与工件的接触面积增大,单位面积上承受的压力逐渐减小,刀具后刀面的微观粗糙表面已经磨平,因此磨损速度变慢,此阶段称为刀具的正常磨损阶段。它是刀具的有效工作阶段。

(3) 急剧磨损阶段。当刀具磨损量增加到一定限度时,切削力、切削温度将急剧增高,刀具磨损速度加快,直至丧失切削能力,此阶段称为急剧磨损阶段。在急剧磨损阶段让刀具继续工作是一件得不偿失的事情,既保证不了加工,又加速消耗刀具材料,如出现刀刃崩裂的情况,损失就更大。刀具在进入急剧磨损阶段之前必须更换。

3. 刀具磨钝标准

刀具磨损到一定限度就不能继续使用了,这个磨损限度称为刀具的磨钝标准。

因为一般刀具的后刀面都会发生磨损,而且测量也较方便,因此国际标准 ISO 统一规定以 1/2 切削深度后刀面上测量的磨损带宽度 VB 作为刀具的磨钝标准。

自动化生产中使用的精加工刀具,从保证工件尺寸精度考虑,常以刀具的径向尺寸磨损量 NB(见图 2.102)作为刀具的磨钝标准。

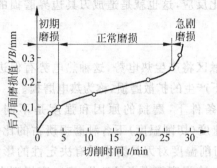

图 2.101 磨损典型曲线

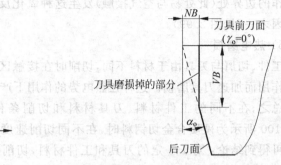

图 2.102 刀具的磨损量 VB 与 NB

制订刀具的磨钝标准时,既要考虑充分发挥刀具的切削能力,又要考虑保证工件的加工质量。精加工时磨钝标准取较小值,粗加工时取较大值;工艺系统刚性差时,磨钝标准取较小值;切削难加工材料时,磨钝标准也要取较小值。

国际标准 ISO 推荐硬质合金车刀刀具寿命试验的磨钝标准,有下列 3 种可供选择:

(1) $VB = 0.3$ mm;

(2) 如果主后刀面为不规则磨损,取 $VB_{max} = 0.6$ mm;

(3) 前刀面磨损量 $KT = (0.06 + 0.3f)$ mm,式中 f 为以 mm/r 为单位的进给量值。

根据生产实践中的调查资料,把硬质合金车刀的磨钝标准推荐值列于表 2.8。

表 2.8 硬质合金车刀的磨钝标准

加工条件	后刀面的磨钝标准 VB/mm
精车	0.1~0.3
合金钢粗车,粗车刚性较差的工件	0.4~0.5
碳素钢粗车	0.6~0.8
铸铁件粗车	0.8~1.2
钢及铸铁大件低速粗车	1.0~1.5

2.5.3 刀具使用寿命及其与切削用量之间的关系

1. 刀具使用寿命

在生产实践中,直接用 VB 值来控制换刀的时间比较困难,通常采用与磨钝标准相应的切削时间来控制换刀的时间。

刃磨好的刀具自开始切削直到磨损量达到磨钝标准为止的净切削时间,称为刀具使用寿命,简称刀具寿命,也叫刀具耐用度,以 T 表示。也可以用相应的切削路程 l_m 或加工的零件数来定义刀具使用寿命,显然,$l_m = v_c T$。

刀具总的使用寿命是指一把新刀从投入切削开始至报废为止的总切削时间,其间包括多次重磨。

刀具使用寿命是很重要的参数。在同一条件下切削同一材料的工件可以用刀具使用寿命来比较不同刀具材料的切削性能;同一刀具材料切削不同材料的工件,又可以用刀具使用寿命来比较工件材料的切削加工性;也可以用刀具使用寿命来判断刀具几何参数是否合理。工件材料和刀具材料的性能对刀具使用寿命的影响最大。切削速度、进给量、切削深度以及刀具几何参数对刀具使用寿命都有影响。下面用单因素法来建立切削用量与刀具使用寿命 T 之间的关系。

2. 刀具使用寿命与切削用量的关系

1) 刀具使用寿命与切削速度的关系

首先选定刀具磨钝标准。为了节约材料,同时又要反映刀具在正常工作情况下的磨损强度,按照 ISO 的规定:当切削刃参加切削部分的中部磨损均匀时,磨钝标准取 $VB = 0.3$ mm;磨损不均匀时,取 $VB_{max} = 0.6$ mm。选定磨钝标准后,固定其他因素不变,只改变切削速度(如取 $v = v_{c1}, v_{c2}, v_{c3}, \cdots$)做磨损实验,得出各种切削速度下的刀具磨损曲线(见图 2.103),再根据选定的磨钝标准 VB 求出各切削速度下对应的刀具使用寿命 $T_1, T_2, T_3, \cdots$。在双对数坐标纸上定出 $(T_1, v_{c1}), (T_2, v_{c2}), (T_3, v_{c3}), \cdots$ 点(见图 2.104)。

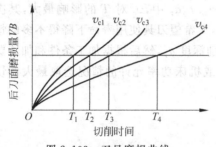
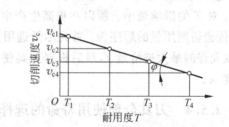

图 2.103 刀具磨损曲线　　　　图 2.104 在双对数坐标纸上的 T_1, v_c 曲线
$v_{c1} > v_{c2} > v_{c3} > v_{c4}$

在一定的切削速度范围内,这些点基本上分布在一条直线上。这条在双对数坐标图上的直线可以表示为

$$\lg v_c = -m \lg T + \lg A \tag{2.56}$$

式中,$m = \tan \varphi$,即该直线的斜率;A 为当 $T = 1\,s$(或 $1\,min$)时直线在纵坐标上的截距。m 和 A 可从图中实测。因此,v_c-T(或 T-v_c)关系可写成:

$$v_c T^m = A \tag{2.57}$$

这个关系是 20 世纪初由美国著名工程师泰勒(F. W. Taylor)建立的,常称为泰勒公式。它揭示了切削速度与刀具使用寿命之间的关系,是选择切削速度的重要依据。此公式说明:随着切削速度 v_c 的变化,为保证 VB 不变,刀具使用寿命 T 必须作相应的变化;指数 m 的大小反映了刀具使用寿命对切削速度变化的敏感性。m 越小,直线越平坦,表明 T 对 v_c 的变化极为敏感,也就是说刀具的切削性能较差。对于高速钢刀具 $m = 0.1 \sim 0.125$;硬质合金

刀具 $m=0.2\sim0.3$；陶瓷刀具 $m=0.4$。

2) 刀具使用寿命与进给量、切削深度的关系

同理，可得到 f-T、a_p-T 之间的关系：

$$f = B/T^n \tag{2.58}$$

$$a_p = C/T^p \tag{2.59}$$

式中，B,C 为系数；n,p 为指数。

3) 刀具使用寿命与切削用量的综合关系

综合上面几个公式，可得到刀具使用寿命与切削用量三要因素的综合关系式：

$$T = \frac{C_T}{v_c^{1/m} f^{1/n} a_p^{1/p}} \tag{2.60}$$

或

$$v_c = \frac{C_v}{T^m f^{y_v} a_p^{x_v}} \tag{2.61}$$

式中，C_T、C_v 为与工件材料、刀具材料和其他切削条件有关的系数；指数 $x_v = m/p$，$y_v = m/n$。系数 C_T、C_v 和指数 x_v、y_v 可在有关工程手册中查得。

式(2.60)称为广义泰勒公式。

例如用 YT5 硬质合金车刀切削 $\sigma_b = 0.637$ GPa 的碳钢时($f > 0.7$ mm/r)，切削用量与刀具寿命的关系为

$$T = \frac{C_T}{v_c^5 f^{2.25} a_p^{0.75}} \tag{2.62}$$

上式说明在影响刀具使用寿命 T 的三项因素 v_c、f、a_p 中，v_c 对 T 的影响最大，其次为 f，a_p 对 T 的影响最小。所以在提高生产率的同时，又希望刀具使用寿命下降得不多的情况下，优选切削用量的顺序为：首先尽量选用大的切削深度 a_p，然后根据加工条件和加工要求选取允许的最大进给量 f，最后根据刀具使用寿命或机床功率允许的情况选取最大的切削速度 v_c。

2.5.4 刀具合理使用寿命的选择

由于刀具使用寿命与生产率、生产成本及利润率密切相关，所以一般选择刀具使用寿命时应从这三个方面来考虑，即以生产率最高、生产成本最低、利润率最大为目标来优选刀具使用寿命。

1. 最大生产率耐用度(T_p)

最大生产率是指完成一道工序所用切削时间最短。其工序工时 t_w 为

$$t_w = t_m + t_c + t_{ot} \tag{2.63}$$

式中，t_m 为一道工序切削时间(机动时间)；t_c 为工序换刀时间；t_{ot} 为除换刀以外的其他辅助时间。

外圆车削时，t_m 可按下式计算

$$t_m = \frac{l_w \Delta}{n_w f a_p} \tag{2.64}$$

式中，l_w 为切削长度，mm；f 为进给量，mm/r；n_w 为工件转速，r/min；Δ 为加工余量，mm；a_p 为切削深度，mm。

而
$$n_w = \frac{1000v_c}{\pi d_w}$$

式中，v_c 为切削速度，m/min；d_w 为工件直径，mm。

将此式代入式(2.64)，得到
$$t_m = \frac{l_w \Delta \pi d_w}{1000 v_c f a_p} \tag{2.65}$$

将泰勒公式 $v_c = A/T^m$ 代入上式，进一步得到
$$t_m = \frac{l_w \Delta \pi d_w}{1000 A f a_p} T^m \tag{2.66}$$

除 T^m 项外，其余各项均为常数，所以有
$$t_m = kT^m \tag{2.67}$$

令换刀一次所需时间为 t_{ct}，则有
$$t_c = t_{ct} \frac{t_m}{T} = t_{ct} \frac{kT^m}{T} = kt_{ct} T^{m-1} \tag{2.68}$$

将 t_m，t_c 代入式(2.63)可得
$$t_w = kT^m + kt_{ct} T^{m-1} + t_{ot} \tag{2.69}$$

将此式画成图 2.105，可以看出 t_w-T 有最小值，说明此处工时最短，即生产率最高。

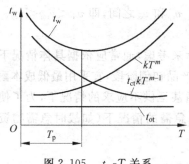

图 2.105　t_w-T 关系

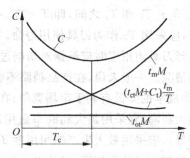

图 2.106　C-T 关系

将式(2.69)求微分，并取 $\dfrac{dt_w}{dT}=0$，则
$$\frac{dt_w}{dT} = mkT^{m-1} + (m-1)kt_{ct} T^{m-2} = 0$$
$$T = \frac{1-m}{m} t_{ct} = T_p \tag{2.70}$$

T_p 即为刀具最大生产率使用寿命。与 T_p 相对应的最大生产率切削速度 v_{cp} 可由下式求得
$$v_{cp} = A/T_p^m \tag{2.71}$$

2. 最低成本耐用度（T_c）

每个零件（或工序）加工费用最低为原则确定的刀具耐用度为最低成本耐用度。设零件的一道工序成本 C 为
$$C = t_m M + t_{ct} \frac{t_m}{T} M + \frac{t_m}{T} C_t + t_{ot} M \tag{2.72}$$

式中，M 为该工序单位时间内的机床折旧费及所分担的全厂开支；C_t 为刃磨一次刀具消耗的费用。

将上式画成图 2.106，则可看出 C 有最小值，说明此处生产成本最低。令 $\dfrac{\mathrm{d}C}{\mathrm{d}T}=0$，得

$$T=\frac{1-m}{m}\left(t_{\mathrm{ct}}+\frac{C_{\mathrm{t}}}{M}\right)=T_{\mathrm{c}} \tag{2.73}$$

T_{c} 即为最低生产成本刀具使用寿命。与 T_{c} 相对应的最低生产成本切削速度 v_{cc} 可由下式求得：

$$v_{\mathrm{cc}}=A/T_{\mathrm{c}}^{m} \tag{2.74}$$

3. 最大利润率耐用度(T_{pr})

如按最低生产成本原则制订刀具使用寿命，则加工工时长于最短的工序工时；如按最大生产率原则制订刀具使用寿命，则工序成本将高于最低的成本。为了兼顾两方面的要求，应按最大利润率原则制订刀具使用寿命。

单件工序的利润率可以表示为

$$P_{\mathrm{r}}=(S-C)/t_{\mathrm{w}} \tag{2.75}$$

式中，S 为单件工序的加工费用；C 为单件工序的生产成本；t_{w} 为单件工序工时。

利用式(2.69)和式(2.72)，并令 $\mathrm{d}P_{\mathrm{r}}/\mathrm{d}T=0$，则可求得最大利润率耐用度 T_{pr}，与 T_{pr} 对应的切削速度称为最大利润率切削速度 v_{cpr}。

T_{pr} 介于 T_{p} 和 T_{c} 之间，即 $T_{\mathrm{p}}<T_{\mathrm{pr}}<T_{\mathrm{c}}$。$v_{\mathrm{cpr}}$ 介于 v_{cp} 和 v_{cc} 之间，即 $v_{\mathrm{cc}}<v_{\mathrm{cpr}}<v_{\mathrm{cp}}$。一般情况下，应采用 T_{pr} 作为刀具使用寿命。

选择刀具耐用度时应根据对切削过程优化的指标来考虑，通常应依据具体情况下的产品销路情况。一般来说，在产品销路不畅的情况下或产品初创阶段，宜采用最低成本耐用度 T_{c}，因为成本的降低有利于市场竞争；在产品销路畅通甚至供不应求的情况下，为了使企业获得最大利润，宜采用最大利润率耐用度 T_{pr}；在产品急需的情况下（如战时急需物资或救灾物资等），应采用最大生产率耐用度 T_{p}。

具体制定刀具耐用度，可从以下几方面来考虑：

(1) 对于制造和刃磨都比较简单、成本不高的刀具，耐用度可定得低一些；反之应定得高一些。如在通用机床上，硬质合金车刀的耐用度大致为 60～90 min，钻头的耐用度大致为 80～120 min，硬质合金端铣刀的耐用度大致为 90～180 min，而齿轮刀具的耐用度则为 200～300 min。

(2) 对于装卡、调整比较复杂的刀具，刀具耐用度应定得高一些，如仿形车床和组合钻床上刀具耐用度为通用机床上同类刀具的 200%～400%，多头钻床上为 500%～900%。

(3) 切削大型工件时，为避免在切削过程中中途换刀，刀具耐用度应定得高一些，一般为中小件加工时的 200%～300%。

2.6 刀具几何参数和切削用量的合理选择

2.6.1 刀具几何参数的合理选择

刀具的合理几何参数是指在保证加工质量的前提下，能够满足刀具使用寿命长、生产效率高、加工成本低的刀具几何参数。刀具合理几何参数的选择是切削理论与实践的重要课

题之一。合理选择刀具几何参数的目的,是要使刀具潜在的切削能力得到充分发挥,从而提高刀具寿命,或在保持寿命不变的情况下提高切削用量,从而提高生产率。另外,刀具几何参数对切削力的大小和各分力的比值分配、切削热的高低和分布状态、切屑的卷曲形状和流屑方向、加工系统的振动和加工质量等都有很大的影响。

1. 优选刀具几何参数的一般性原则

(1) 要考虑工件的实际情况。选择刀具合理几何参数,要考虑工件的实际情况,主要是工件材料的化学成分、制造方法、热处理状态、物理和机械性能(包括硬度、抗拉强度、延伸率、冲击韧性、导热系数等),还有毛坯表层情况、工件的形状、尺寸、精度和表面质量要求等。

(2) 要考虑刀具材料和刀具结构。选择刀具合理几何参数,要考虑刀具材料的化学成分、物理和机械性能(包括硬度、抗弯强度、冲击值、耐磨性、热硬性和导热系数),还要考虑刀具的结构形式,是整体式,还是焊接式或机夹式。

(3) 要考虑各个几何参数之间的联系。刀具几何参数之间是相互联系的,应综合起来考虑它们之间的相互作用与影响,分别确定其合理值。从本质上看,这是一个多变量函数的优化问题,若用单因素法则有很大的局限性。

(4) 要考虑具体的加工条件。选择刀具合理几何参数,也要考虑机床、夹具的情况,工艺系统刚性及功率大小,切削用量和切削液性能等。一般地说,粗加工时,着重考虑保证刀具使用寿命最长;精加工时,主要考虑保证加工精度和已加工表面质量要求;对于自动线生产用的刀具,主要考虑刀具工作的稳定性,有时要考虑断屑问题;机床刚性和动力不足时,刀具应力求锋利,以减小切削力和振动。

2. 刀具角度的合理选择

1) 前角的功用及其合理值的选择

前角 γ_o 影响切削变形、切削力、切削温度和切削功率,也影响刀头强度、容热体积和导热面积,从而影响刀具使用寿命和切削效率。

前角的作用规律有两方面:①增大前角,刀具锋利可减小切屑变形,并减轻刀-屑间的摩擦,从而可以降低切削力、切削温度和功率消耗,减轻刀具磨损,提高刀具耐用度;还可以抑制积屑瘤与鳞刺的产生,减轻切削振动,改善加工质量;②增大前角,会使切削刃与刀头强度降低,易造成崩刃而使刀具早期失效;还会使刀头的散热面积和容热体积减小,导致热应力集中,切削区局部温度升高,因而也容易造成刀具的破损和磨损;由于减小了切屑变形,也不利于断屑。

由此可见,增大或减小前角各有利弊,在一定条件下应存在一个合理值。由图 2.107 可知,对于不同的刀具材料,刀具寿命随刀具前角变化的趋势为驼峰形。对应最大寿命的前角称为合理前角 γ_{opt},高速钢的合理前角比硬质合金的大。由图 2.108 可知,工件材料不同时,同种刀具材料的合理前角也不相同,加工塑性材料的 γ_{opt} 大于加工脆性材料的 γ_{opt}。

合理前角的选择原则为:

(1) 工件材料的强度、硬度低,可以取较大的前角;反之,取较小的前角。加工特别硬的材料,前角甚至取负值。

(2) 加工塑性材料,尤其是冷硬严重的材料时,应取大前角。加工脆性材料,可取较小的前角。

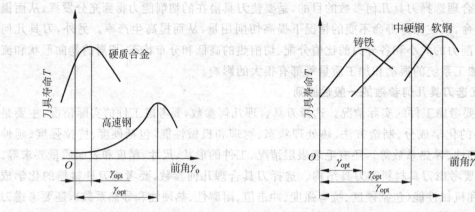

图 2.107　前角的合理数值　　　　图 2.108　材料不同时刀具的合理前角

(3) 粗加工、断续切削或工件有硬皮时,为了保证刀具有足够强度,应取较小的前角。

(4) 对于成形刀具和前角影响切削刃形状的其他刀具,为防止其刃形畸变,常取较小的前角。

(5) 刀具材料抗弯强度大、韧性较好时,应取较大的前角。

(6) 工艺系统刚性差或机床功率不足时,应取较大的前角。

(7) 对于数控机床和自动机、自动线用刀具,为保障刀具尺寸公差范围内的使用寿命及工作稳定性,应选用较小的前角。

(8) 一般加工条件下,可通过试验对比或查表法选取合理的前角。硬质合金车刀合理前角的参考值见表 2.9。高速钢车刀的前角一般比表 2.9 中数值增大 5°～10°。

表 2.9　硬质合金车刀合理前角参考值

工件材料种类	合理前角参考范围/(°)		工件材料种类	合理前角参考范围/(°)	
	粗车	精车		粗车	精车
低碳钢	20～25	25～30	不锈钢(奥氏体)	15～20	20～25
中碳钢	10～15	15～20	灰铸铁	10～15	5～10
合金钢	10～15	15～20	铜及铜合金(脆)	10～15	5～10
			铝及铝合金	30～35	35～40
淬火钢	−15～−5		钛合金 $\sigma_b \leqslant 1.77$ GPa	5～10	

2) 后角的功用及其合理值的选择

后角的作用表现为以下几方面:增大后角,可增加切削刃的锋利性,减轻后刀面与已加工表面的摩擦,从而降低切削力和切削温度,改善已加工表面质量。但也会使切削刃和刀头的强度降低,减小了散热面积和容热体积,加速刀具磨损。如图 2.109 所示,在同样的磨钝标准 VB 条件下,增大后角($\alpha_2 > \alpha_1$),刀具材料的磨损体积也增大,这有利于提高刀具耐用度。但径向磨损量 NB 也随之增大($NB_2 > NB_1$),这对零件的尺寸精度很不利。

如图 2.110 所示,对于重磨刀具,由于大部分都是重磨后刀面,所以在同样的条件下,增大后角就会使重磨时的磨削量增大,于是大大增加了刀具材料的费用和刃磨费用。

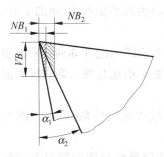
图 2.109 后角对刀具磨损的影响

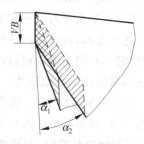
图 2.110 后角对刀具重磨体积的影响

在一定的切削条件下,刀具的后角有一个合理数值。图 2.111 所示为不同材料的刀具后角对刀具使用寿命影响的示意曲线,可见后角太大或太小都不好。在一定的切削条件下,总有某一对应刀具使用寿命最长的后角,称为合理后角 α_{opt}。

合理后角值的选择原则如下:

(1) 粗加工、强力切削及承受冲击载荷的刀具,要求切削刃有足够强度,应取较小的后角;精加工时,应以减小后刀面上的摩擦为主,宜取较大的后角,可延长刀具使用寿命和提高已加工表面质量。

(2) 工件材料强度、硬度较高时,为保证切削刃强度,宜取较小的后角;工件材料较软、塑性较大时,后刀面摩擦对已加工表面质量及刀具磨损影响极大,应适当加大后角;加工脆性材料,切削力集中在刃区,宜取较小的后角。

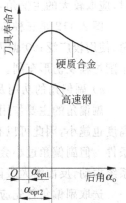
图 2.111 刀具的合理后角

(3) 工艺系统刚性差,容易出现振动时,应适当减小后角,有增加阻尼的作用。

(4) 各种有尺寸精度要求的刀具,为了限制重磨后刀具尺寸的变化,宜取小的后角。

表 2.10 列出了硬质合金车刀常用后角的合理数值,可供参考。

表 2.10 硬质合金车刀合理后角参考值

工件材料种类	合理后角参考范围/(°)		工件材料种类	合理后角参考范围/(°)	
	粗 车	精 车		粗 车	精 车
低碳钢	8~10	10~12	不锈钢(奥氏体)	6~8	8~10
中碳钢	5~7	6~8	灰铸铁	4~6	6~8
合金钢	5~7	6~8	铜及铜合金(脆)	6~8	6~8
			铝及铝合金	8~10	10~12
淬火钢	8~10		钛合金 $\sigma_b \leqslant 1.77$ GPa	10~15	

3) 主偏角的功用及其合理值的选择

一般来说,减小主偏角可使刀具耐用度提高,当切削深度和进给量不变时,减小主偏角会使切削厚度减小、切削宽度增加,从而使单位长度切削刃所承受的载荷减轻,同时刀尖圆弧半径增大,提高了刀尖强度。而切削宽度和刀尖圆弧半径的增大又有利于散热。

但是,减小主偏角会导致切削力的径向分力(切深抗力)增大,工件的变形挠度加大,因而降低了加工精度。同时刀尖与工件的摩擦也加剧,容易引起系统振动,使加工表面的粗糙度值加大,同时也会引起刀具耐用度下降。

综合上述两方面,合理选择主偏角的原则主要看工艺系统的刚性如何:系统刚性好,不易产生变形和振动,则主偏角可取小值;若系统刚性差(如车削细长轴),则宜取大值。

合理主偏角值的选择原则为:

(1) 粗加工和半精加工时,硬质合金车刀一般选用较大的主偏角,以利于减小振动,延长刀具使用寿命,容易断屑以及可以采用大的切削深度。

(2) 加工很硬的材料时,如淬硬钢和冷硬铸铁,为减轻单位长度切削刃上的负荷,同时为改善刀头导热和容热条件,延长刀具使用寿命,宜取较小的主偏角。

(3) 工艺系统刚性较好时,较小主偏角可延长刀具使用寿命;刚性不足(如车细长轴)时,应取较大的主偏角,甚至 $\kappa_r \geqslant 90°$,以减小切深抗力 F_p。

图 2.112 是三种常用的车刀主偏角的形式。45°弯头刀既可车外圆,也可车端面和倒角,使用较广泛;90°偏刀主要用于车削台阶轴和细长轴;而尖头刀一般用于需从中间切入的车削过程及仿形车削。

4) 副偏角的功用及其合理值的选择

副偏角的主要作用是最终形成已加工表面。副偏角越小,切削刀痕的理论残留面积的高度也越小,因此可以有效地减小加工表面的粗糙度;同时,还加强了刀尖强度,改善了散热条件。但副偏角过小会增加副切削刃的工作长度,增大后刀面与已加工表面的摩擦,易引起系统振动,反而增大表面粗糙度值。若使刀具耐用度值不变,也存在着最佳副偏角问题。

选取副偏角首先应满足已加工表面质量要求,然后再考虑刀尖强度、导热和容热要求。其选择原则为:

(1) 一般刀尖的副偏角,在不引起振动的情况下可选取较小的数值,即 $\kappa_r' = 5° \sim 10°$。

(2) 精加工刀具的副偏角应取小值,必要时可磨出一段 $\kappa_r' = 0°$ 的修光刃(见图 2.113)。修光刃的长度应略大于进给量,即 $b_\varepsilon' = (1.2 \sim 1.5)f$。

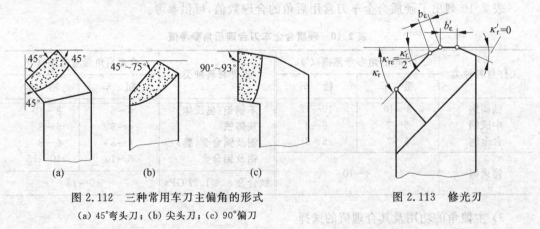

图 2.112 三种常用车刀主偏角的形式
(a) 45°弯头刀;(b) 尖头刀;(c) 90°偏刀

图 2.113 修光刃

(3) 加工高强度、高硬度材料或断续切削时,应取小的副偏角 $\kappa_r' = 4° \sim 6°$,以提高刀尖强度。

(4) 切断刀、锯片铣刀和槽铣刀等,为了保证刀头强度和重磨后刀头宽度变化较小,只能取很小的副偏角,即 $\kappa_r'=1°\sim2°$。

主偏角、副偏角的选择可参考表 2.11。

表 2.11 车刀合理偏角参考值

加工情况		偏角数值/(°)	
		主偏角 κ_r	副偏角 κ_s'
粗车,无中间切入	工艺系统刚性好	45,60,75	5~10
	工艺系统刚性差	65,75,90	10~15
车削细长轴、薄壁件		90,93	6~10
精车,无中间切入	工艺系统刚性好	45	0~5
	工艺系统刚性差	60,75	0~5
车削冷硬铸铁、淬火钢		10~30	4~10
从工件中间切入		45~60	30~45
切断刀、切槽刀		60~90	1~2

5) 刃倾角的功用及其合理值的选择

刃倾角主要有以下几方面的功用。

(1) 影响刀尖强度和散热条件。如图 2.114 所示,当 $\lambda_s<0°$ 时,使远离刀尖的切削刃先切入工件,避免刀尖受到冲击,同时,使刀头强固,刀尖处导热和散热条件较好,有利于延长刀具使用寿命;$\lambda_s=0°$ 时次之;$\lambda_s>0°$ 时最差。

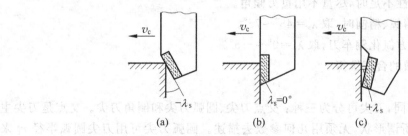

图 2.114 刃倾角对刀尖强度的影响(以 $\kappa_r=90°$ 刨刀刨削工件为例)

(2) 控制切屑流出方向。如图 2.115 所示,当 $\lambda_s=0°$ 时,切屑流出的方向垂直于主切削刃;当 $\lambda_s>0°$ 时,切屑流向待加工表面;当 $\lambda_s<0°$ 时,切屑流向已加工表面,会缠绕或划伤已加工表面。

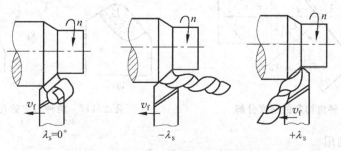

图 2.115 刃倾角对排屑方向的影响

(3) 影响切削刃的锋利性。$\lambda_s\neq0°$ 时,实际前角加大,实际钝圆半径 r_{ne}($r_{ne}=r_n\cos\lambda_s$)

变小,因而刃口变锋利。大刃倾角切削时,可以切下很薄的一层金属,这对于微量精车、精镗和精刨是十分有利的。

(4) 影响切入切出的平稳性。当 $\lambda_s=0°$ 时,切削刃同时切入切出,冲击力大;当 $\lambda_s\neq 0°$ 时,切削刃逐渐切入工件,冲击小。刃倾角越大,切削刃越长,切削过程越平稳。对于大螺旋角($\lambda_s=60°\sim 70°$)圆柱铣刀,由于工作平稳,排屑顺利,切削刃锋利,故刀具使用寿命较长,加工表面质量好。

(5) 刃口具有"割"的作用。当 $\lambda_s\neq 0°$ 时,沿着主切削刃方向有一个切削速度分量 v_T(见图 2.116),v_T 起着"割"的作用,有利于切削。

(6) 影响切削刃的工作长度。当 $\lambda_s\neq 0°$ 时,切削刃实际工作长度加大。切削刃实际工作长度为 $l_{se}=a_p/(\sin\kappa_r\cos\lambda_s)$。显然,$\lambda_s$ 绝对值越大,l_{se} 值也越大,而切削刃单位长度上的切削负荷却减小,有利于延长刀具使用寿命。

(7) 影响三向切削分力之间的比值。以车外圆为例,当 λ_s 从 $+10°$ 变化到 $-45°$ 时,F_f 下降为 $1/3$,F_p 增大到 2 倍,F_c 基本不变。负的刃倾角使 F_p 增大,造成工件弯曲变形和导致振动。

综合以上方面,合理刃倾角的选择原则为:

(1) 粗车钢料和灰铸铁,取 $\lambda_s=0°\sim -5°$;精车时取 $\lambda_s=0°\sim +5°$;有冲击载荷时,取 $\lambda_s=-5°\sim -15°$;冲击特别大时,取 $\lambda_s=-30°\sim -45°$。

(2) 强力刨削时,$\lambda_s=-10°\sim -20°$。

(3) 车削淬硬钢时,$\lambda_s=-5°\sim -12°$。

(4) 工艺系统刚性不足时,尽量不用负刃倾角。

(5) 微量精车、精镗、精刨时,取 $\lambda_s=45°\sim 75°$。

(6) 金刚石和立方氮化硼车刀,取 $\lambda_s=0°\sim -5°$。

3. 刀尖几何参数的合理选择

1) 刀尖的形式

按形成方法的不同,刀尖可分为三种:交点刀尖、圆弧刀尖和倒角刀尖。交点是刀尖主副切削刃的交点,无所谓形状,无须用几何参数去描述。圆弧刀尖可用刀尖圆弧半径 r_ε 来确定刀尖的形状(见图 2.117(a))。而倒角刀尖可用两个几何参数来确定,即:在基面上度量的刀尖投影的长度 b_ε 以及刀尖偏角 $\kappa_{r\varepsilon}$(见图 2.117(b))。

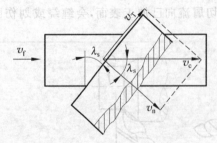

图 2.116 斜角切削的速度分解

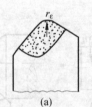 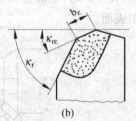

图 2.117 两种刀尖的几何参数

2) 刀尖的功用

(1) 刀尖是刀具上切削条件最恶劣的部位。刀具本身强度较差,散热情况不好,再加上刀尖处的切削力和切削热又比较集中时,刀尖很容易磨损。所以,刀具的使用寿命很大程度上取决于刀尖处的磨损情况。

(2) 主副切削刃连接处的刀尖,直接影响已加工表面的形成过程,影响残留面积的高度。精加工特别是微量切削时,刀尖对已加工表面质量影响很大。

(3) 选择刀尖几何参数时,一般从刀具使用寿命和已加工表面质量两方面考虑。粗加工时,着重考虑强化刀尖以延长刀具使用寿命,精加工时侧重考虑已加工表面质量。

3) 刀尖圆弧半径和倒角刀尖参数的选择

(1) 圆弧刀尖(见图 2.117(a))

高速钢车刀:$r_\varepsilon = 1 \sim 3$ mm;

硬质合金和陶瓷车刀:$r_\varepsilon = 0.5 \sim 1.5$ mm;

金刚石车刀:$r_\varepsilon = 1.0$ mm;

立方氮化硼车刀:$r_\varepsilon = 0.4$ mm。

(2) 倒角刀尖(见图 2.117(b))

刀尖偏角:$\kappa_{r\varepsilon} \approx 0.5 \kappa_r$;

刀尖长度:$b_\varepsilon = 0.5 \sim 2$ mm 或 $b_\varepsilon = (1/4 \sim 1/5)a_p$,$b_\varepsilon$ 也称过渡刃长度;

切断刀倒角刀尖:$\kappa_{r\varepsilon} \approx 45°$,$b_\varepsilon = 1/5 b_D$,$b_D$ 为切断刀宽度。

加大过渡刃有利于提高刀尖强度和改善散热条件,提高刀具使用寿命,并降低表面粗糙度。但过分加大过渡刃会增大切削力,并容易引起振动,反而缩短刀具使用寿命,增大已加工表面粗糙度。

2.6.2 切削用量的合理选择

1. 切削用量的选择顺序

前面我们已经知道,在影响刀具使用寿命 T 的三项因素 v_c、f、a_p 中,v_c 对 T 的影响最大,其次为 f,a_p 对 T 的影响最小。所以在提高生产率又使刀具使用寿命下降得不多的情况下,优选切削用量的顺序为:首先尽量选用大的切削深度 a_p,然后根据加工条件和加工要求选取允许的最大进给量 f,最后根据刀具使用寿命或机床功率允许的情况选取最大的切削速度 v_c。

2. 切削深度的选择

选择合理的切削用量必须考虑加工的性质,即要考虑粗加工、半精加工和精加工三种情况。

(1) 在粗加工时,尽可能一次切除粗加工全部加工余量,即选择切削深度值等于粗加工余量值。

(2) 对于粗大毛坯,如切除余量大时,由于受工艺系统刚性和机床功率的限制,应分几次走刀切除全部余量,但应尽量减少走刀次数。在中等功率的普通机床(如 C620)上加工时,切削深度最大可取 $8 \sim 10$ mm。

(3) 切削表层有硬皮的铸锻件或切削不锈钢等冷硬较严重的材料时,应尽可能使切削深度超过硬皮层或冷硬层,以预防刀刃过早磨损或破损。

(4) 在半精加工时,如单面余量 $h > 2$ mm 时,则应分两次走刀切除。第一次取 $a_p = (2/3 \sim 3/4)h$,第二次取 $a_p = (1/3 \sim 1/4)h$。如 $h \leq 2$ mm,亦可一次切除。

(5) 在精加工时,应一次切除精加工余量,即 $a_p = h$。h 值可按工艺手册选定。

3. 进给量的选择

由于切削面积 $A_D = a_p f$，所以，当 a_p 选定后，A_D 决定于 f，而 A_D 决定了切削力的大小。所以选择进给量 f 时要考虑切削力，其次，f 的大小还影响已加工表面粗糙度。因此，允许选用的最大进给量受下列因素限制：

(1) 机床的有效功率和转矩；
(2) 机床进给机构传动链的强度；
(3) 工件刚度；
(4) 刀柄刚性；
(5) 图纸规定的加工表面粗糙度。

4. 切削速度的选择

当 a_p 和 f 选定后，v_c 可按公式或查表法（表 2.12）选定。计算公式为

$$v_c = \frac{C_v}{T^m a_p^{\frac{m}{p}} f^{\frac{m}{n}}} k_v \tag{2.76}$$

式中：k_v 为切削速度修正系数，$k_v = k_{Mv} k_{Sv} k_{Tv} k_{Kv} k_{\kappa_r v} k_{\kappa_r' v} k_{r_\varepsilon v} k_{Bv}$，其值见表 2.13。$C_v$，$m/p$，$m/n$，$m$ 可从表 2.14 得到。T，a_p，f，v_c 的单位分别是 min，mm，mm/r，m/min。

表 2.12 硬质合金外圆车刀切削速度的参考数值

工件材料	热处理状态	$a_p = 0.3 \sim 2$ mm $f = 0.08 \sim 0.3$ mm/r v_c/m/s(m/min)	$a_p = 2 \sim 6$ mm $f = 0.3 \sim 0.6$ mm/r v_c/m/s(m/min)	$a_p = 6 \sim 10$ mm $f = 0.6 \sim 1$ mm/r v_c/m/s(m/min)
低碳钢易切钢	热轧	2.33~3.0(140~180)	1.667~2.0(100~120)	1.167~1.5(70~90)
中碳钢	热轧	2.17~2.667(130~160)	1.5~1.83(90~110)	1~1.333(60~80)
中碳钢	调质	1.667~2.17(100~130)	1.167~1.5(70~90)	0.833~1.167(50~70)
合金结构钢	热轧	1.667~2.17(100~130)	1.167~1.5(70~90)	0.833~1.167(50~70)
合金结构钢	调质	1.333~1.83(80~110)	0.833~1.167(50~70)	0.667~1(40~60)
工具钢	退火	1.5~2.0(90~120)	1~1.333(60~80)	0.833~1.167(50~70)
不锈钢		1.167~1.333(70~80)	1~1.167(60~70)	0.833~1(50~60)
灰铸铁	<HB190	1.5~2.0(90~120)	1~1.333(60~80)	0.833~1.167(50~70)
灰铸铁	HB190~225	1.333~1.83(80~110)	0.833~1.167(50~70)	0.67~1(40~60)
高锰钢(13%Mn)			0.167~0.333(10~20)	
铜及铜合金		3.33~4.167(200~250)	2.0~3.0(120~180)	1.5~2(90~120)
铝及铝合金		5.0~10.0(300~600)	3.33~6.67(200~400)	2.5~5(150~300)
铸铝合金(7%~13%Si)		1.667~3.0(100~180)	1.333~2.5(80~150)	1~1.67(60~100)

注：切削钢及灰铸铁时刀具使用寿命约为 3600~5400 s(60~90 min)。
本表是根据生产实践的调查，并参考国内外有关资料编制的硬质合金外圆车刀切削速度参考值。在该表中，$a_p = 2 \sim 6$ mm，$f = 0.3 \sim 0.6$ mm/r 为一般粗加工的范围；$a_p = 0.3 \sim 2$ mm，$f = 0.08 \sim 0.3$ mm/r 为一般半精加工和精加工的范围；$a_p > 6$ mm，$f > 0.6$ mm/r 为大件粗加工。

表 2.13 车削速度计算的修正系数

工件材料 k_{Mv}	加工钢：硬质合金 $k_{Mv}=\dfrac{0.637}{\sigma_b}$ 高速钢 $k_{Mv}=C_M\left(\dfrac{0.637}{\sigma_b}\right)^{n_v}$ $C_M=1.0, n_v=1.75$，当 $\sigma_b<0.441$ GPa 时，$n_v=-1.0$ 加工灰铸铁：硬质合金 $k_{Mv}=\left(\dfrac{190}{HB}\right)^{1.25}$ 高速钢 $k_{Mv}=\left(\dfrac{190}{HB}\right)^{1.7}$					
毛坯状况 k_{Sv}	无外皮	棒料	锻件	铸钢、铸铁 一般	铸钢、铸铁 带砂皮	Cu-Al 合金
	1.0	0.9	0.8	0.8~0.85	0.5~0.6	0.9
刀具材料 k_{Tv}	钢	YT5 0.65	YT14 0.8	YT15 1	YT30 1.4	YG8 0.4
	灰铸铁	YG8 0.83		YG6 1.0		YG3 1.15
主偏角 $k_{\kappa_r v}$	κ_r	30°	45°	60°	75°	90°
	钢	1.13	1	0.92	0.86	0.81
	灰铸铁	1.2	1	0.88	0.83	0.73
副偏角 $k_{\kappa'_r v}$	κ'_r	10°	15°	20°	30°	45°
	$k_{\kappa'_r v}$	1	0.97	0.94	0.91	0.87
刀尖半径 $k_{r_\varepsilon v}$	r_ε/mm	1	2		3	4
	$k_{r_\varepsilon v}$	0.94	1.0		1.03	1.13
刀柄尺寸 k_{Bv}	B/mm× H/mm	12×20 16×16	16×25 20×20	20×30 25×25	25×40 30×30	30×45 40×40	40×60
	k_{Bv}	0.93	0.97	1	1.04	1.08	1.12
车削方式 k_{Kv}	外圆纵车	横车 $d:D$ 0~0.4	横车 $d:D$ 0.5~0.7	横车 $d:D$ 0.8~1.0	切断	切槽 $d:D$ 0.5~0.7	切槽 $d:D$ 0.8~0.95
	1.0	1.24	1.18	1.04	1.0	0.96	0.84

注：$k_{\kappa_r v}, k_{r_\varepsilon v}, k_{Bv}$ 仅用于高速钢车刀。

表 2.14 车削速度计算公式中的系数和指数值

加工材料	刀具材料	进给量 f/(mm/r)	系数和指数值 C_v	m/p	m/n	m
外圆纵车碳素结构钢	YT15（干切）	$f \leq 0.3$	291	0.15	0.2	0.2
		$f \leq 0.7$	242	0.15	0.35	0.2
		$f > 0.7$	235	0.25	0.45	0.2
	W18Cr4V （加切削液）	$f \leq 0.25$	67.2	0.25	0.33	0.125
		$f > 0.25$	43	0.25	0.66	0.125
外圆纵车灰铸铁 HB190	YG6（干切）	$f \leq 0.4$	189.8	0.15	0.2	0.2
		$f > 0.4$	158	0.15	0.4	0.2
	W18Cr4V （干切）	$f \leq 0.25$	24	0.15	0.3	0.1
		$f > 0.25$	22.7	0.15	0.4	0.1

注：镗孔用外圆纵车速度乘以 0.9；用高速钢加工结构钢，干切，乘以 0.8；切断、成形刀加工、车螺纹及车削不锈钢、可锻铸铁、铜合金、铝合金的数据，可参阅相应参考文献号。

2.7 磨削原理

2.7.1 砂轮的特性和选择

砂轮是一种用结合剂把磨粒黏结起来,经压坯、干燥、焙烧及车整而成,具有很多气孔,用磨粒进行切削的刀具。制造砂轮时,用不同的配方和投料密度来控制砂轮的硬度和组织。

砂轮的特性由5个因素决定,分别是磨料、粒度、结合剂、硬度和组织。

1. 磨料

常用的磨料有氧化物系、碳化物系、高硬磨料系三类。氧化物系磨料的主要成分是Al_2O_3,由于它的纯度不同和加入金属元素不同而分为不同的品种。碳化物系磨料主要以碳化硅、碳化硼等为基体,也是因材料的纯度不同而分为不同品种。高硬磨料系中主要有人造金刚石和立方氮化硼。

各种磨料的特性及适用范围见表2.15。其中立方氮化硼是近年发展起来的新型磨料,虽然它的硬度比金刚石略低,但其耐热性(1400℃)比金刚石(800℃)高出许多,而且对铁元素的化学惰性高,所以特别适合于磨削既硬又韧的钢材。在加工高速钢、模具钢、耐热钢时,立方氮化硼的工作能力超过金刚石5~10倍。同时,立方氮化硼的磨粒切削刃锋利,在磨削时可减小加工表面材料的塑性变形。因此,磨出的表面粗糙度比用一般砂轮小。

表2.15 常用磨料的特性和适用范围

系列	磨料名称	代号	显微硬度HV	特性	适用范围
氧化物系	棕刚玉	A*(GZ)	2200~2280	棕褐色。硬度高,韧性大,价格便宜	磨削碳钢、合金钢、可锻铸铁、硬青铜
	白刚玉	WA(GB)	2200~2300	白色。硬度比棕刚玉高,韧性较棕刚玉低	磨削淬火钢、高速钢、高碳钢及薄壁零件
	铬刚玉	PA(GG)	2000~2200	玫瑰红或紫红色。韧性比白刚玉高,磨削粗糙度小	磨削淬火钢、高速钢、高碳钢及薄壁零件
	锆刚玉	(GA)	~1965	黑褐色。强度和耐磨性都高	磨削耐热合金钢、钛合金和奥氏体不锈钢等
	单晶刚玉	SA(GD)	2200~2400	浅黄色或白色。硬度和韧性比白刚玉高	磨削不锈钢、高钒高速钢等强度高、韧性大的材料
	微晶刚玉	(GW)	2000~2200	颜色与棕刚玉相似。强度高、韧性和自锐性能良好	磨削不锈钢、轴承钢和特种球墨铸铁,也可用于高速和小粗糙度磨削
	镨钕刚玉	(GP)	2300~2450	淡白色。硬度和韧性比白刚玉高,自锐性能好	磨削球墨铸铁、高磷和铜锰铸铁,也可磨削不锈钢及超硬高速钢等
	单晶白刚玉			性能接近单晶刚玉或白刚玉	主要用于磨削工具钢等

续表

系列	磨料名称	代号	显微硬度 HV	特 性	适用范围
碳化物系	黑碳化硅	C (TH)	2840~3320	黑色,有光泽。硬度比白刚玉高,性脆而锋利,导热性和导电性良好	磨削铸铁、黄铜、铝、耐火材料及非金属材料
	绿碳化硅	GC (TL)	3280~3400	绿色。硬度和脆性比黑碳化硅高,具有良好的导热性和导电性	磨削硬质合金、宝石、陶瓷、玉石、玻璃等材料
	碳化硼	BC (TP)	4400~5400	灰黑色。硬度比黑、绿碳化硅高,耐磨性好	主要研磨或抛光硬质合金、拉丝模、宝石和玉石等
	碳硅硼	(TCP)	5700~6200	灰黑色。硬度比黑、绿碳化硅高	磨削或研磨硬质合金、半导体、人造宝石、玉石和陶瓷等
	立方碳化硅	(TLP)		浅绿色。立方晶体结构,强度比黑碳化硅高,磨削力较强	磨削韧而粘的材料,如不锈钢等;磨削轴承沟道或对轴承进行超精加工等
高硬磨料系	人造金刚石	(JR)	10000	无色透明或淡黄色、黄绿色、黑色。硬度高,比天然金刚石脆	磨硬脆材料、硬质合金、宝石、光学玻璃、半导体、切割石材等以及制造各种钻头(地质和石油钻头等)
	立方氮化硼	(JLD)	8000~9000	黑色或淡白色。立方晶体,硬度仅次于金刚石,耐磨性高,发热量小	磨削各种高温合金,高钼、高钒、高钴钢、不锈钢等。还可以做氮化硼车刀用

注:代号栏括号内的是旧标准代号,无括号的是新标准代号。

2. 粒度

粒度表示磨粒的大小程度。以磨粒刚能通过的那一号筛网的网号来表示磨粒的粒度。例如 60 粒度是指磨粒刚可通过每英寸长度上有 60 个孔眼的筛网。

直径小于 40 μm 的磨粒称为微粉,微粉的粒度以其尺寸大小来表示。如尺寸为 28 μm 的微粉,其粒度号标为 W28。

磨粒粒度及其尺寸范围见表 2.16。

磨粒粒度对磨削生产率和加工表面粗糙度有很大影响。一般来说,粗磨用颗粒较粗的磨粒,精磨用颗粒较细的磨粒。当工件材料软、塑性大和磨削面积大时,为避免堵塞砂轮,也可以采用较粗的磨粒。常用的砂轮粒度及其应用范围见表 2.17。

3. 结合剂

结合剂的作用是将磨粒粘合在一起,使砂轮具有需要的形状和强度。常用的砂轮结合剂有以下几种。

(1) 陶瓷结合剂(vitrified,代号 V):由黏土、长石、滑石、硼玻璃和硅石等陶瓷材料配制而成。其特点是化学性质稳定,耐水、耐酸、耐热和成本低,但较脆。除切断砂轮外,大多数砂轮都是采用陶瓷结合剂。它所制成的砂轮线速度一般为 35 m/s。

(2) 树脂结合剂(bakelite,代号 B):其成分主要为酚醛树脂,但也有采用环氧树脂的。

树脂结合剂的强度高,弹性好,故多用于高速磨削、切断和开槽等工序,也用于制作荒磨砂轮、砂瓦等。但是,树脂结合剂的耐热性差,当磨削温度达 200~300℃时,它的结合能力

表 2.16 磨料的粒度号数及颗粒尺寸

组 别	粒度号数	颗粒尺寸/μm	组 别	粒度号数	颗粒尺寸/μm
磨粒	8	3150~2500	微粉	W40	40~28
	10	2500~2000		W28	28~20
	12	2000~1600		W20	20~14
	14	1600~1250		W14	14~10
	16	1250~1000		W10	10~7
	20	1000~800		W7	7~5
	24	800~630		W5	5~3.5
	30	630~500	超细微粉	W3.5	3.5~2.5
	36	500~400		W2.5	2.5~1.5
	46	400~315		W1.5	1.5~1.0
	60	315~250		W1.0	1.0~0.5
	70	250~200		W0.5	≤0.5
	80	200~160			
磨粉	100	160~125			
	120	125~100			
	150	100~80			
	180	80~63			
	240	63~50			
	280	50~40			

表 2.17 常用的砂轮粒度及其应用范围

粒度号数	应用范围
12~16	粗磨、荒磨、打磨毛刺
20~36	磨钢锭,打磨铸件毛刺,切断钢坯,磨电瓷和耐火材料等
40~60	内圆、外圆、平面、无心磨、工具磨等
60~80	内圆、外圆、平面、无心磨、工具磨等半精磨或精磨
100~240	半精磨、精磨、珩磨、成形磨、工具刃磨等
240~W20	精磨、超精磨、珩磨、螺纹磨等
W20~更细	精磨、精细磨、超精磨、镜面磨等
W14~W10	精磨、精细磨、超精磨、镜面磨等
W7~更细	精磨、超精磨、镜面磨、制作研磨膏用于研磨和抛光等

便大大降低。利用它强度降低时磨粒易于脱落而露出锋利的新磨粒(自砺)的特点,一些对磨削烧伤和磨削裂纹特别敏感的工序(如磨薄壁件、超精磨或刃磨硬质合金等)都可采用树脂结合剂。

人造树脂与碱性物质会起化学作用。在采用树脂砂轮时,切削液的含碱量不宜超过1.5%。另外,树脂结合剂砂轮也不宜长期存放,存放太久可能会变质而使结合强度降低。

(3) 橡胶结合剂(rubber,代号 R):多数采用人造橡胶。橡胶结合剂比树脂结合剂更富有弹性,可使砂轮具有良好的抛光作用。橡胶结合剂多用于制作无心磨床的导轮和切断、开槽及抛光砂轮,但不宜于用作粗加工砂轮。

(4) 金属结合剂(metal,代号 M):常见的是青铜结合剂,主要用于制作金刚石砂轮。青铜结合剂金刚石砂轮的特点是型面的成形性好,强度高,有一定韧性,但自砺性较差。其主要用于粗磨、半精磨硬质合金以及切断光学玻璃、陶瓷、半导体等。

4. 硬度

砂轮的硬度是反映磨粒在磨削力作用下,从砂轮表面上脱落的难易程度。砂轮硬,即表示磨粒难以脱落;砂轮软,即表示磨粒容易脱落。

砂轮的软硬和磨粒的软硬是两个不同的概念,必须区分清楚。砂轮的硬度等级名称及代号见表 2.18。

表 2.18 砂轮的硬度等级名称及代号

名 称	超软	软1	软2	软3	中软1	中软2	中1
代 号	D、E、F (CR)	G (R_1)	H (R_2)	J (R_3)	K (ZR_1)	L (ZR_2)	M (Z_1)
名 称	中2	中硬1	中硬2	中硬3	硬1	硬2	超硬
代 号	N (Z_2)	P (ZY_1)	Q (ZY_2)	R (ZY_3)	S (Y_1)	T (Y_2)	Y (CY)

注:括号内为旧标准代号。

选用砂轮时,应注意硬度选得适当。若砂轮选得太硬,会使磨钝了的磨粒不能及时脱落,因而产生大量磨削热,造成工件烧伤;若选得太软,会使磨粒脱落得太快而不能充分发挥其切削作用。

选择砂轮硬度时,可参照以下几条原则:

(1) 工件硬度。工件材料越硬,砂轮硬度应选得软些,使磨钝了的磨粒快点脱落,以便砂轮经常保持有锐利的磨粒在工作,避免工件因磨削温度过高而烧伤。工件材料越软,砂轮的硬度应选得硬些,使磨粒脱落得慢些,以便充分发挥磨粒的切削作用。

(2) 加工接触面。砂轮与工件的接触面大时,应选用软砂轮,使磨粒脱落快些,以免工件因磨屑堵塞砂轮表面而引起表面烧伤。内圆磨削和端面平磨时,砂轮硬度应比外圆磨削的砂轮硬度低。磨削薄壁零件及导热性差的工件时,砂轮硬度也应选得低些。

(3) 精磨和成形磨削。精磨和成形磨削时,应选用硬一些的砂轮,以保持砂轮必要的形状精度。

(4) 砂轮粒度大小。砂轮的粒度号越大时,其硬度应选低一些,以避免砂轮表面组织被磨屑堵塞。

(5) 工件材料。磨削有色金属、橡胶、树脂等软材料,应选用较软的砂轮,以免砂轮表面被磨屑堵塞。

在机械加工中,常用的砂轮硬度是软2(H)至中2(N)。荒磨钢锭及铸件时可用中硬2(Q)的砂轮。

5. 组织

砂轮的组织反映了磨粒、结合剂、气孔三者之间的比例关系。磨粒在砂轮总体积中所占的比例越大,则砂轮的组织越紧密,气孔越小;反之,磨粒的比例越小,则组织越疏松,气孔越大。

砂轮组织的级别可分为紧密、中等、疏松三大类别(见图2.118),砂轮的组织号和适用范围参见表2.19。

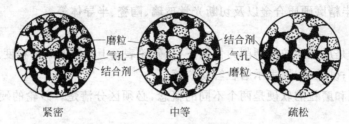

图 2.118　砂轮的组织

表 2.19　砂轮的组织号和适用范围

组织号	0	1	2	3	4	5	6	7	8	9	10	11	12	13	14
磨料率/%	62	60	58	56	54	52	50	48	46	44	42	40	38	36	34
疏密程度	紧密				中等				疏松					大气孔	
适用范围	重负荷、成形、精密磨削、间断及自由磨削,或加工硬脆材料				外圆、内圆、无心磨及工具磨,淬火钢工件及刀具刃磨等				粗磨及磨削韧性大、硬度低的工件,适合磨削薄壁、细长工件,或砂轮与工件接触面大以及平面磨削等					有色金属及塑料橡胶等非金属以及热敏性大的合金	

紧密组织的砂轮适用于重压力下的磨削。在成形磨削和精密磨削时,紧密组织的砂轮能保持砂轮的成形性,并可获得较小的粗糙度。

中等组织的砂轮适用于一般的磨削工作,如淬火钢的磨削及刀具刃磨等。

疏松组织的砂轮不易堵塞,适用于平面磨、内圆磨等磨削接触面积较大的工序以及磨削热敏性强的材料或薄工件。磨削软质材料最好采用组织号为10号以上的疏松组织,以免磨屑堵塞砂轮。大气孔砂轮的组织大约相当于10～14号的组织。这种砂轮的气孔尺寸可能要比磨粒尺寸大好几倍,适用于磨削热敏性材料(如磁钢、钨银合金等)、薄壁零件、软金属(如铝)等,也可用于磨削非金属软质材料。

一般砂轮若未标明组织号,即为中等组织。

6. 砂轮形状

常用砂轮的形状、代号及其用途见表2.20。

表 2.20　常用砂轮的形状、代号及其用途

砂轮名称	代号	断面简图	基 本 用 途
平形砂轮	P		根据不同尺寸,分别用于外圆磨、内圆磨、平面磨、无心磨、工具磨、螺纹磨和砂轮机上
双斜边一号砂轮	PSX_1		主要用于磨齿轮齿面和磨单线螺纹
双面凹砂轮	PSA		主要用于外圆磨削和刃磨刀具,还用作无心磨的磨轮和导轮

砂轮名称	代号	断面简图	基本用途
薄片砂轮	PB		主要用于切断和开槽等
筒形砂轮	N		用于立式平面磨床上
杯形砂轮	B		主要用其端面刃磨刀具,也可用其圆周磨平面和内孔
碗形砂轮	BW		通常用于刃磨刀具,也可用于导轨磨上磨机床导轨
碟形一号砂轮	D_1		适于磨铣刀、铰刀、拉刀等,大尺寸的一般用于磨齿轮的齿

在砂轮的端面上一般都印有标志,例如 A60SV6P300×30×75 即代表该砂轮的磨料是棕刚玉,60 号粒度,硬度为硬 1,陶瓷结合剂,6 号组织,平形砂轮,外径为 300 mm,厚度为 30 mm,内径为 75 mm。

2.7.2 磨削过程及磨削温度

1. 磨削过程

磨削时砂轮表面上有许多磨粒参与磨削工作,每个磨粒都可以看做是一把微小的刀具。磨粒的形状很不规则,其尖点的顶锥角大多为 90°～120°。磨粒上刃尖的钝圆半径 r_n 在几微米至几十微米之间,磨粒磨损后 r_n 值还将增大。由于磨粒以较大的负前角和钝圆半径对工件进行切削,如图 2.119 所示,磨粒接触工件的初期不会切下切屑,只有在磨粒的切削厚度增大到某一临界值后才开始切下切屑。磨削过程中磨粒对工件的作用包括滑擦、耕犁和形成切屑 3 个阶段,参见图 2.120。

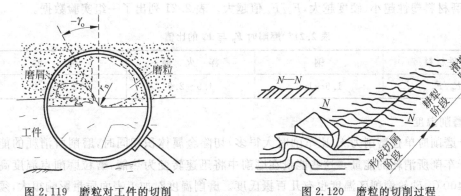

图 2.119 磨粒对工件的切削　　图 2.120 磨粒的切削过程

(1) 滑擦阶段:磨粒刚开始与工件接触时,由于切削厚度非常小,磨粒只是在工件上滑擦,砂轮和工件接触面上只有弹性变形和由摩擦产生的热量。

(2) 耕犁阶段:随着切削厚度逐渐加大,被磨工件表面开始产生塑性变形。磨粒逐渐切入工件表层材料中。表层材料被挤向磨粒的前方和两侧,工件表面出现沟痕,沟痕两侧产生隆起,如图 2.120 中 N—N 截形图所示。此阶段磨粒对工件的挤压摩擦剧烈,产生的热量大大增加。

(3) 形成切屑阶段:当磨粒的切削厚度增加到某一临界值时,磨粒前面的金属产生明显的剪切滑移形成切屑。

磨削时,磨削力可以分解为三个分力:主磨削力(切向磨削力)F_c,切深力(径向磨削力)F_p,进给力(轴向磨削力)F_f,如图 2.121 所示。

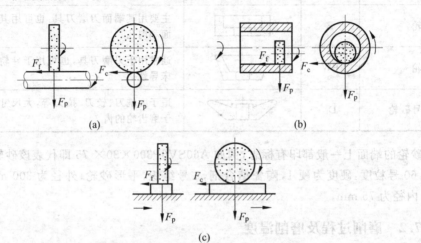

图 2.121　磨削时的三向磨削分力
(a) 外圆磨削;(b) 内孔磨削;(c) 平面磨削

与切削力相比,磨削力有如下主要特征:

(1) 单位磨削力 k_c 值大,原因是磨粒大多以较大的负前角进行切削。单位磨削力 k_c 在 70 kN/mm² 以上,而其他切削加工的 k_c 值均在 7 kN/mm² 以下。

(2) 三向磨削分力中切深力 F_p 值最大。在正常磨削条件下,F_p 与 F_c 的比值为 2.0~2.5。被磨材料塑性越小、硬度越大,F_p/F_c 值越大。表 2.21 列出了一组实验数据。

表 2.21　磨削时 F_p 与 F_c 的比值

工件材料	钢	淬火钢	铸铁
F_p/F_c	1.6~1.8	1.9~2.6	2.7~3.2

2. 磨削温度

由于磨削时单位磨削力 k_c 比车削时大得多,切除金属体积相同时,磨削所消耗的能量远远大于车削所消耗的能量。这些能量在磨削中将迅速转变为热能,磨粒磨削点温度高达 1000~1400 ℃,砂轮磨削区温度也有几百摄氏度。磨削温度对加工表面质量影响很大,须设法控制。

影响磨削温度的因素主要有以下几个方面。

(1) 砂轮速度 v_c。提高砂轮速度 v_c,单位时间通过工件表面的磨粒数增多,单颗磨粒切削厚度减小,挤压和摩擦作用加剧,单位时间内产生的热量增加,使磨削温度升高。

(2) 工件速度 v_w。增大工件速度 v_w,单位时间内进入磨削区的工件材料增加,单颗磨粒的切削厚度加大,磨削力及能耗增加,磨削温度上升;但从热量传递的观点分析,提高工件速度 v_w,工件表面被磨削点与砂轮的接触时间缩短,工件上受热影响区的深度较浅,可以有效防止工件表面层产生磨削烧伤和磨削裂纹,在生产实践中常采用提高 v_w 的方法来减少工件表面烧伤和裂纹。

(3) 径向进给量 f_r。径向进给量 f_r 增大,单颗磨粒的切削厚度增大,产生的热量增多,使磨削温度升高。

(4) 工件材料。磨削韧性大、强度高、导热性差的材料,因为消耗于金属变形和摩擦的能量大,发热多,散热性能又差,故磨削温度较高。磨削脆性大、强度低、导热性好的材料,磨削温度相对较低。

(5) 砂轮特性。选用低硬度砂轮磨削时,砂轮自锐性好,磨粒切削刃锋利,磨削力和磨削温度都比较低。选用粗粒度砂轮磨削时,容屑空间大,磨屑不易堵塞砂轮,磨削温度就比选用细粒度砂轮磨削低。

本章基本要求

1. 掌握金属切削加工过程、成形运动、切削层参数、切削用量等基本概念。
2. 掌握刀具切削部分的构造组成、刀具角度(标注角度、工作角度)参考系及角度的定义。
3. 了解常用刀具材料的种类及特点,掌握选择常用刀具材料的基本原则和方法。
4. 掌握切削变形过程、变形区划分及各变形区的变形特点。
5. 熟悉积屑瘤的形成原因,了解对加工质量的影响及其控制。
6. 熟悉金属切屑的种类,了解切屑形态及卷屑、断屑方法。
7. 熟悉切削力、切削热、刀具磨损等物理现象,了解它们的内在联系,学习切削力、切削温度、刀具寿命的影响因素和影响规律。
8. 掌握刀具的失效形式及原因;了解刀具磨损过程,深入理解刀具磨钝标准及刀具寿命的概念。
9. 掌握刀具主要几何要素的功能,熟悉刀具几何参数合理选择的原则。
10. 熟悉掌握合理选择切削用量的原则和方法。
11. 掌握砂轮的组成要素,熟悉磨削过程。

思考题与习题

1. 切削用量三要素是什么?
2. 切削加工时,机械零件是如何形成的?在机床上通过刀具的刀刃和毛坯的相对运动再现母线或导线,可以有哪几种方法?
3. 举例说明什么叫表面成形运动,什么叫简单运动、复合运动。用相切法形成发生线时所需要的两个成形运动是否是复合运动?为什么?
4. 试用简图分析下列方法加工所需表面时的成形方法,并标明所需的机床运动。
(1) 用成形车刀车外圆;

(2) 用普通外圆车刀车外圆锥体；

(3) 用圆柱铣刀铣平面；

(4) 用滚刀滚切斜齿圆柱齿轮；

(5) 用钻头钻孔；

(6) 用(窄)砂轮磨(长)圆柱体。

5. 刀具切削部分的组成要素有哪些？

6. 确定刀具切削角度的参考平面有哪些？其特征及作用是什么？

7. 试绘图表示外圆车刀主剖面标注角度参考系的各参考平面移置平面图，并在适当位置标出 6 个基本角度和 3 个派生角度。

8. 画图表示切断刀的 $\kappa_r, \kappa_r', \gamma_o, \alpha_o, \lambda_s$。

9. 刀具标注角度与工作角度的主要区别是什么？

10. 刀具材料应具备的性能是什么？其硬度、耐磨性、强度之间的联系是什么？

11. 普通高速钢常用的牌号有几种？

12. 常用的硬质合金有几种？

13. 涂层硬质合金刀片常用什么材料进行涂层？其特点是什么？

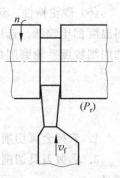

题 8 图

14. 简述金属切削变形的本质以及切削变形区的划分方法。

15. 为什么剪切面实际上是一个区域？什么是剪切角？

16. 简述刀-屑区的摩擦特点。

17. 简述已加工表面的变形过程。

18. 简述积屑瘤的形成原因、影响因素及控制措施。

19. 切屑的种类有哪些？其变形规律如何？

20. 切削力是怎样产生的？为什么要研究切削力？

21. 各切削分力分别对加工过程有何影响？

22. 实际生产中常用哪几种方法计算切削力？有何特点？

23. 影响切削力的因素有哪些？

24. 切削热是怎样传出的？

25. 影响切削热传出的主要因素有哪些？

26. 分析切削热对切削过程的影响。

27. 为什么切削钢件时，刀具前刀面的温度要比后刀面高，而切削灰铸铁等脆性材料时则相反？

28. 试分析刀具磨损的主要原因。

29. 刀具磨损与一般机器零件磨损相比，有何特点？

30. 什么是刀具寿命？切削用量与刀具寿命有什么关系？

31. 前角的功用是什么？选择依据是什么？

32. 后角的功用是什么？选择依据是什么？

33. 刃倾角的作用有哪些？主要是依据什么选择？

34. 分析主、副偏角的大小对切削过程的影响。

35. 何谓最大生产率寿命、最低成本寿命和最大利润寿命？说明三者的应用场合。
36. 如何合理选择切削用量？
37. 常用的砂轮有几种类型？它们由哪些要素组成？各应用在什么场合？
38. 简述磨削过程。

小论文参考题目

1. 金属切削刀具材料的发展过程及发展趋势。
2. 掌握金属切削基本规律，优化实际切削过程。

第3章 金属切削加工方法及装备

3.1 概　述

金属切削机床，简称机床，是执行金属切削加工的机器，能将金属毛坯加工成机械零件，是制造机器的机器，又称为"工作母机"。机床的主要任务是加工零件，机床的形式取决于零件的加工要求和切削方法。所有的零件都可以看成是多个几何特征的集合，这些几何特征既可以是一些简单几何要素，如外圆、内孔、平面、螺纹，也可能包含一些特殊几何要素，如渐开线曲面或各种模具型腔中常有的三维复杂曲面。零件上的这些几何要素都需要通过机床的切削成形运动来驱动刀具切除工件上的切削层材料实现，因此，提供切削成形运动就是机床的主要功能。

3.1.1 机床的基本组成和技术性能

1. 机床的基本组成

各类机床通常都是由下列基本部分组成。

（1）动力源：为机床提供动力（功率）和运动的驱动部分，如各种交流电动机、直流电动机和液压传动系统的液压缸、液压马达等。

（2）运动执行机构：机床执行运动的部件，包括①与最终实现切削加工的主运动和进给运动有关的执行部件，如主轴及主轴箱、工作台及其溜板箱或滑座、刀架及其溜板和滑枕等；②与工件和刀具安装及调整有关的部件和装置，如自动上下料装置、自动换刀装置、砂轮修整器等；③与上述部件或装置有关的分度、转位、定位机构和操作机构。

（3）传动系统：包括主传动系统、进给传动系统和其他运动的传动系统，如变速箱、进给箱等部件，将机床动力源的运动和动力传递给运动执行机构，或将运动由一个执行机构传递到另一个执行机构，以保持两个运动之间的准确关系。

（4）控制系统：用于控制各工作部件的正常工作，主要是电气控制系统，有些机床局部采用液压或气动控制系统，数控机床则是数控系统。

（5）支撑系统：是机床的基础构件，用于安装和支撑其他固定的或运动的部件，承受其重力和切削力，如床身、底座、立柱等。

（6）冷却系统和润滑系统：冷却系统用于对加工工件、刀具及机床的某些发热部件进行冷却；润滑系统用于对机床的运动副（如轴承、导轨等）进行润滑，以减少摩擦、磨损和发热。

2. 机床的技术性能

机床的技术性能是根据使用要求提出和设计的。了解机床技术性能对于选用机床及安排零件的加工是很重要的，一般机床的技术性能包括下列内容。

1) 机床的工艺范围

机床的工艺范围是指在机床上能够加工的工序种类、被加工工件的类型和尺寸、使用刀具的种类及材料等。根据工艺范围的宽窄,有通用机床、专门化机床和专用机床三大类。

2) 机床的技术参数

机床的技术参数主要包括尺寸参数、运动参数和动力参数,在机床使用说明书中都给出了该机床的主要技术参数(也称技术规格),据此可进行机床的合理选用。

(1) 尺寸参数:具体反映机床的加工范围和工作能力的参数,包括主参数、第二主参数和与加工零件有关的其他尺寸参数。

(2) 运动参数:机床执行件的运动速度、变速级数等,如机床主轴的最高转速、最低转速及变速级数等。

(3) 动力参数:机床电动机的功率,有些机床还给出主轴允许承受的最大扭矩和工作台允许的最大拉力等。

3) 加工精度和表面粗糙度

工件的精度和表面粗糙度是由机床、刀具、夹具、切削条件和操作者的水平等因素决定的。机床的加工精度和表面粗糙度是指在正常工艺条件下所能达到的经济精度,主要由机床本身的精度保证。机床本身的精度包括几何精度、传动精度和动态精度。

(1) 几何精度:机床在低速空载时部件间相互位置精度和部件的运动精度,例如机床主轴的径向跳动和端面跳动、工作台面的平面度等。

(2) 传动精度:机床执行件和传动元件运动的均匀性和协调性,例如普通车床的车螺纹传动链所存在的传动误差将直接影响加工螺纹的精度。

(3) 动态精度:机床工作时在切削力、夹紧力、振动和温升的作用下部件间相互位置精度和部件的运动精度,影响动态精度的主要因素有机床的刚度、抗振性和热变形等。

4) 生产率和自动化程度

机床的生产率是指机床在单位时间内所加工的工件数量,机床的自动化程度影响机床的生产率的高低,自动化程度高的机床还可以减少因工人的技术水平对加工质量所产生的影响,从而有利于产品质量的稳定。

5) 人机关系

人机关系主要指机床应操作方便、省力、安全可靠、易于维护和修理等,同时还应具有美观的外表(艺术造型和色彩),在工作时不产生或少产生噪声。

6) 成本

选用机床时应根据加工零件的类型、形状、尺寸、技术要求和生产批量等,选择技术性能与零件加工要求相适应的机床,以充分发挥机床的性能,取得较好的经济效果。

3.1.2 机床的分类和型号编制

机床的品种和规格很多,为便于区别、使用和管理,需对机床加以分类和编制型号。

1. 机床的分类

机床的分类方法很多,最基本的是按机床的主要加工方法、所用刀具及其用途进行分类。根据 GB/T 15375—2008,机床共分为 11 类:车床、钻床、镗床、磨床、齿轮加工机床、螺纹加工机床、铣床、刨插床、拉床、锯床和其他机床。在每一类机床中,又按工艺范围、布局型式和结构性能等,分为10个组,每一组又分为若干系(系列)。

按照机床的通用性程度,也就是前边所述的工艺范围的宽窄,机床可分为通用机床、专门化机床和专用机床。普通机床的加工范围较广,通用性较大,可用于加工各种零件的不同工序,但结构比较复杂,如卧式车床、万能升降台铣床等;专门化机床加工范围较窄,专门用于加工某一类或某几类零件的某一道或某几道特定工序,如凸轮轴车床、丝杠车床等;专用机床的加工范围最窄,只能用于加工某一种零件的某一道特定工序,它的生产率较高,自动化程度也较高,适用于大批量生产,如加工车床床身导轨的专用龙门磨床,加工机床主轴箱体孔的专用镗床。

按照机床的工作精度,又可分为普通精度机床、精密机床和高精度机床。

2. 机床型号的编制方法

机床型号是机床产品的代号,用于简明地表示机床的类型、性能和结构特点、主要技术参数等。我国的机床型号是按2008年颁布的GB/T 15375—2008《金属切削机床型号编制方法》编制的。

1) 通用机床型号的编制方法

通用机床型号由基本部分和辅助部分组成,中间用"/"隔开,读作"之"。前者需统一管理,后者纳入型号与否由企业自定。型号构成如下所示。

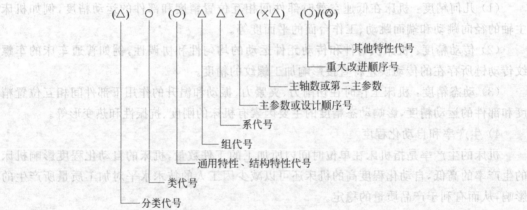

注:① 有"( )"的代号或数字,无内容时不表示,有内容时不带括号;
② 有"○"符号者,为大写的汉语拼音字母;
③ 有"△"符号者,为阿拉伯数字;
④ 有"⊚"符号者,为大写的汉语拼音字母或阿拉伯数字,或两者兼有之。

机床的分类和代号见表3.1。类代号用大写的汉语拼音字母表示,必要时,每类可分为若干分类,分类代号在类代号之前,作为型号的首位,并用阿拉伯数字表示,第一分类代号前的"1"省略。

表3.1 机床的分类和代号

类别	车床	钻床	镗床	磨床			齿轮加工机床	螺纹加工机床	铣床	刨插床	拉床	锯床	其他机床
代号	C	Z	T	M	2M	3M	Y	S	X	B	L	G	Q
中文	车	钻	镗	磨	二磨	三磨	牙	丝	铣	刨	拉	割	其

机床的特性代号表示机床的特定性能,包括通用特性和结构特性。通用特性代号见表 3.2;为了区分主参数相同而结构不同的机床,用结构特性代号予以区分,如 CA6140 型卧式车床型号中的"A",可理解为这种型号车床在结构上区别于 C6140 型车床。

表 3.2 机床的通用特性代号

通用特性	高精度	精密	自动	半自动	数控	加工中心（自动换刀）	仿形	轻型	加重型	柔性加工单元	数显	高速
代号	G	M	Z	B	K	H	F	Q	C	R	X	S
读音	高	密	自	半	控	换	仿	轻	重	柔	显	速

每类机床按其结构性能及使用范围划分为 10 个组,用数字 0~9 表示。每组机床又划分为 10 个系。组的划分原则是:在同一类机床,主要布局或使用范围基本相同的机床,即为同一组。系的划分原则是:在同一组机床中,其主参数相同、主要结构及布局形式相同的机床,即为同一系。机床的组、系代号分别用一位阿拉伯数字表示,位于类代号或特性代号之后,具体见 GB/T 15375—2008。

机床主参数代表机床规格的大小,用折算值(主参数乘以折算系数,如 1/10 等)表示。某些通用机床,当无法用一个主参数表示时,则在型号中用设计顺序号表示,设计顺序号由 1 起始,当设计顺序号小于 10 时,由 01 开始编号。

当机床的性能及结构布局有重大改进,并按新产品重新设计、试制和鉴定时,在原机床型号的尾部,加重大改进顺序号,以区别于原机床型号。序号按 A、B、C 等字母的顺序选用。

如,CA6140 型卧式车床:

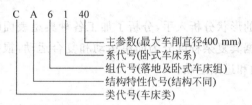

如,MG1432A 型高精度万能外圆磨床。

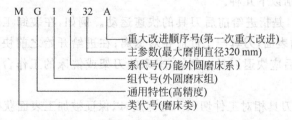

2) 专用机床型号的编制方法

专用机床的型号一般由设计单位代号和设计顺序号组成,型号构成如下:

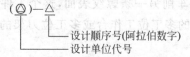

设计单位代号包括机床生产厂和机床研究单位代号,设计顺序号按该单位的设计顺序

号排列,由 001 起始。例如,北京第一机床厂设计制造的第 15 种专用机床为专用铣床,其型号为 B1-15。

3) 机床自动线型号的编制方法

由通用机床或专用机床组成的机床自动线,型号构成如下:

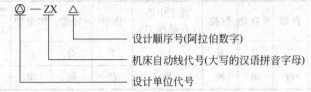

自动线代号为"ZX"(读作"自线"),设计顺序号的排列与专用机床相同。例如,北京机床研究所(单位代号 JCS)为某厂设计的第一条机床自动线,其型号为 JCS-ZX001。

3.1.3 机床的运动分析

机床运动分析的一般过程是:首先,根据在机床上加工的各种表面和使用的刀具类型,分析得到这些表面的方法和所需的运动;在此基础上,分析为了实现这些运动,机床必须具备的传动联系、实现这些传动的机构以及机床运动的调整方法。这个次序可以总结为"表面—运动—传动—机构—调整"。

1. 机床的运动分类

在机床上,为了获得所需的工件表面形状,必须使刀具和工件完成表面成形运动。此外,机床还有多种辅助运动。

1) 表面成形运动

第 2 章从工件表面的形状分析入手,分析了加工各种典型表面时机床所需的表面成形运动。表面成形运动根据其复杂程度分为简单运动和复合运动,根据其在切削加工中所起的作用,又可分为主运动和进给运动。

2) 辅助运动

机床上除表面成形运动外,还需要辅助运动,以实现机床的各种辅助动作。辅助运动的种类有很多,主要包括以下几种。

(1) 空行程运动,是指进给前后刀具的快速运动。例如,在装卸工件时,为避免碰伤操作者或划伤已加工的表面,刀具与工件应相对退离;在进给开始之前快速引进刀具,使其与工件接近;进给结束后应快退刀具。例如,车床的刀架或铣床的工作台,在进给前后都有快进或快退运动。

(2) 切入运动:刀具相对工件切入一定深度,以保证被加工表面获得一定的加工尺寸。

(3) 分度运动:当加工若干个完全相同、均匀分布的表面时,为使表面成形运动得以周期地继续进行的运动。例如,车削多头螺纹时,在车完一条螺纹后,工件相对于刀具要回转 $1/K$ 转(K 为螺纹头数),才能车削另一条螺纹表面,这个工件相对于刀具的旋转运动就是分度运动。又如,多工位机床的多工位工作台或多工位刀架的周期性转位或移位也是分度运动。

(4) 操纵和控制运动:启动、停止、变速、部件与工件的夹紧、松开、转位以及自动换刀、自动测量、自动补偿等。

(5) 调位运动：加工开始前，把机床的有关部件移到要求的位置，以调整刀具与工件之间正确的相对位置。例如，摇臂钻床钻孔，为使钻头对准被加工孔的中心，可转动摇臂和使主轴箱在摇臂上移动。又如，龙门式机床为适应工件的不同高度，可使横梁升降。

2. 机床的传动链

机床在完成某种加工内容时，为了获得所需要的运动，需要由一系列的传动元件使执行件和动力源（如主轴和电动机）或使两个执行件之间（如主轴和刀架）保持一定的传动联系。构成一个传动联系的一系列按一定规律排列的传动件称为传动链。机床需要多少运动，其传动系统中就有多少条传动链。根据执行件用途和性质的不同，传动链可相应地分为主动链、进给传动链和辅助传动链等。根据传动联系性质的不同，传动链可分为以下两类。

1) 外联系传动链

外联系传动链联系动力源（如电动机）和机床执行件（如主轴、刀架和工作台等），使执行件得到预定速度的运动，并传递一定的动力。此外，外联系传动链还包括变速机构和换向（改变运动方向）机构等。外联系传动链传动比的变化只影响生产率或表面粗糙度，不影响发生线的性质，因此，外联系传动链不要求动力源与执行件间有严格的传动比关系。例如，在车床上用轨迹法车削圆柱面时，主轴的旋转和刀架的移动就是两个互相独立的成形运动，有两条外联系传动链。主轴的转速和刀架的移动速度只影响生产率和表面粗糙度，不影响圆柱面的性质。传动链的传动比不要求很准确，工件的旋转和刀架的移动之间也没有严格的相对速度关系。

2) 内联系传动链

内联系传动链联系复合运动之内的各个运动分量，因而对传动链所联系的执行件之间的相对速度（及相对位移量）有严格的要求，以保证运动的轨迹。例如，在卧式车床上用螺纹车刀车螺纹时，为了保证所加工螺纹的导程，主轴（工件）每转一转，车刀必须移动一个导程，此时联系主轴与刀架之间的螺纹传动链就是一条对传动比严格要求的内联系传动链。假如传动比不准确，则车螺纹时就不能得到要求的导程。为了保证准确的传动比，在内联系传动链中不能用摩擦传动（如带传动）或者瞬时传动比有变化的传动件（如链传动）。

总之，每一个运动无论是简单的还是复杂的，都必须有一条外联系传动链。只有复合运动才有内联系传动链，如果将一个复合运动分解为两个部分，这其中必有一条内联系传动链。外联系传动链不影响发生线的性质，只影响发生线形成的速度。内联系传动链影响发生线的性质，并能保证执行件具有正确的运动轨迹，要使执行件运动起来，还必须通过外联系传动链把动力源和执行件联系起来，使执行件得到一定的运动速度和动力。

3. 传动原理图

通常，传动链包括各种传动机构，如带传动、定比齿轮副、齿轮齿条、丝杠螺母、蜗轮蜗杆、滑移齿轮变速机构、离合器变速机构、交换齿轮或挂轮架以及各种电的、液压的和机械的无级变速机构等。在考虑传动路线时，可以先撇开具体机构，把上述各种机构分成两大类：固定传动比的传动机构（简称定比机构）和变换传动比的传动机构（简称换置机构）。定比机构有定比齿轮副、丝杠螺母副以及蜗轮蜗杆副等，换置机构有变速箱、挂轮架和数控机床中的数控系统等。

为了便于研究机床的传动联系，常用一些简明的符号把传动原理和传动路线表示出来，这就是传动原理图。图3.1所示为传动原理图中常用的一部分符号，其中表示执行件的符号还没有统一的规定,一般采用较直观的图形表示。为了把运动分析的理论推广到数控机床,图中引入了绘制数控机床传动原理图时所要用到的一些符号,如电的联系、脉冲发生器等。

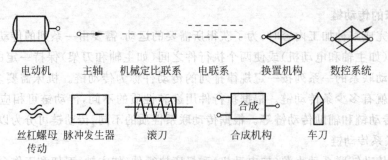

图 3.1 传动原理图常用的一些示意符号

下面举例说明传动原理图的画法和所表示的内容。

(1) 卧式铣床的传动原理图如图 3.2 所示。

用圆柱铣刀铣削平面时,需要铣刀旋转和工件直线移动两个独立的简单运动,实现这两个成形运动应有两个外联系传动链。通过外联系传动链"1-2-u_v-3-4"将动力源(电动机)和主轴联系起来,可使铣刀获得具有一定转速和转向的旋转运动 B_1;通过另一条外联系传动链"5-6-u_f-7-8"将动力源和工作台联系起来,可使工件获得具有一定进给速度和方向的直线运动 A_2。u_v 和 u_f 是传动链的换置机构,通过 u_v 可以改变铣刀的转速和转向,通过 u_f 可以改变工件的进给速度和方向,以适应不同加工条件的需要。

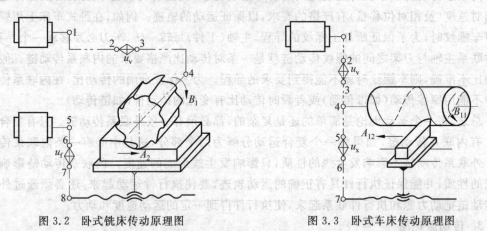

图 3.2 卧式铣床传动原理图　　　图 3.3 卧式车床传动原理图

(2) 卧式车床的传动原理图如图 3.3 所示。

卧式车床在形成螺旋表面时需要一个运动,即刀具与工件间相对的螺旋运动。这个运动是复合运动,它可分解为两部分:主轴的旋转 B_{11} 和车刀的纵向移动 A_{12}。于是,车床应有两条传动链:①联系复合运动两部分 B_{11} 和 A_{12} 的内联系传动链"主轴-4-5-u_x-6-7-丝杠";②联系动力源与这个复合运动的外联系传动链。外联系传动链可由动力源联系复合运动中的任一环节,考虑到大部分动力应输送给主轴,故外联系传动链联系动力源与主轴,即"电动机-1-2-u_v-3-4-主轴"。

车床在车削圆柱面时,主轴的旋转和刀具的移动是两个独立的简单运动,这时 B_{11} 应改

为 B_1，A_{12} 应改为 A_2。这时车床应有两条外联系传动链，其中一条为"电动机-1-2-u_v-3-4-主轴"，另一条为"电动机-1-2-u_v-3-4-5-u_x-6-7-丝杠"，"1-2-u_v-3-4"为公共段。这样，虽然车削螺纹和车削外圆时运动的数量和性质不同，但却可以共用一个传动原理图，差别仅在于当车削螺纹时，u_x 必须计算和调整得准确；车削外圆时，u_x 不需准确。

3.2 外圆表面加工

轴类、套类和盘类零件是具有外圆表面的典型零件，外圆表面常用的机械加工方法有车削、磨削和各种光整加工方法。

3.2.1 外圆表面的车削加工

车削是外圆表面的主要加工方法。车削时，工件装夹在车床主轴上作回转运动，刀具沿一定轨迹作直线或曲线运动，刀尖相对工件运动同时切除一定的工件材料，从而形成相应的工件表面。

1. 加工方法

外圆车削可分为粗车、半精车、精车和精细车 4 个阶段。

1) 粗车

车削加工是外圆粗加工最经济、有效的方法。由于粗车的目的主要是迅速地从毛坯上切除多余的金属，因此，提高生产率是其主要任务。粗车通常采用尽可能大的切削深度和进给量来提高生产率。而为了保证必要的刀具寿命，切削速度则通常较低。粗车时，车刀应选取较大的主偏角，以减小背向力，防止工件的弯曲变形和振动；选取较小的前角、后角和负值的刃倾角，以增强车刀切削部分的强度。粗车所能达到的加工公差等级为 IT12～IT11，表面粗糙度为 $Ra50～12.5~\mu m$。

2) 半精车

半精车可作为中等精度外圆表面的最终工序，也可作为磨削或其他精加工工序的预加工。半精车的切削深度和进给量比粗车稍小，切削速度比粗车稍大，所能达到的加工公差等级为 IT10～IT9 级，表面粗糙度为 $Ra6.3～3.2~\mu m$。

3) 精车

精车的主要任务是保证零件所要求的加工精度和表面质量。精车外圆表面一般采用较小的切削深度与进给量和较高的切削速度进行加工。在加工大型轴类零件外圆时，则常采用宽刃车刀低速精车。精车时车刀应选用较大的前角、后角和正值的刀倾角，以提高加工表面质量。精车可作为较高精度外圆的最终加工或作为精细加工的预加工。精车的加工公差等级可达 IT8～IT6 级，表面粗糙度可达 $Ra1.6～0.8~\mu m$。

4) 精细车

精细车的特点是：切削深度和进给量取值极小，切削速度高达 150～2000 m/min。精细车一般采用立方氮化硼(CBN)、金刚石等超硬材料刀具进行加工，所用机床也必须是主轴能作高速回转且具有很高刚度的高精度或精密机床。精细车的加工精度及表面粗糙度与普通外圆磨削大体相当，加工公差等级可达 IT6 以上，表面粗糙度可达 $Ra0.4～0.005~\mu m$。精细车多用于磨削加工性不好的有色金属工件的精密加工，对于容易堵塞砂轮气孔的铝及铝合金等工件,精细车更为有效。在加工大型精密外圆表面时,精细车可以代替磨削加工。

车削是轴类、套类和盘类零件外圆表面加工的主要工序,也是这些零件加工耗费工时最多的工序。提高外圆表面车削生产效率的途径主要有以下几种。

(1) 采用高速切削:即通过提高切削速度来提高加工生产效率。切削速度的提高除要求车床具有高转速外,主要受刀具材料的限制。

(2) 采用强力切削:即通过增大切削面积($f \cdot a_p$)来提高生产效率,适用于刚度较好的轴类零件的加工,对机床的刚度要求也较高。

(3) 采用多刀加工:即一次进给完成多个表面的加工,从而减少刀架行程,提高生产效率。

2. 车刀

1) 车刀的种类和用途

车刀是金属切削加工中应用最广泛的刀具,它可以用来加工外圆、内孔、端面、螺纹,也可用于切槽和切断等,因此车刀在形状、结构尺寸等方面也就各不相同,类型很多。

图3.4为常见的车刀及其用途。直头外圆车刀主要用于车削工件外圆及外圆倒角;弯头外圆车刀用于车削工件外圆、端面及倒角;90°外圆车刀,简称偏刀,按进给方向不同分为左偏刀和右偏刀两种,一般常用右偏刀,由右向左进给,用来车削工件的外圆、端面和右台阶,它主偏角较大,车削外圆时作用于工件的径向力小,不易出现将工件顶弯的现象,一般用于半精加工;宽刃精车外圆车刀用于外圆表面的低速精加工;内孔车刀又称镗孔刀,用于镗削工件内孔,包括通孔和盲孔;端面车刀用于车削工件端面;切断车刀用来切断工件或在工件上切出的沟槽;螺纹车刀有内螺纹车刀和外螺纹车刀之分,用于车削工件的内外螺纹。

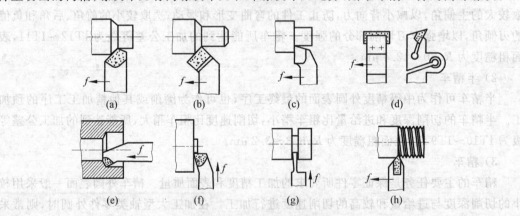

图3.4 车刀的种类及用途

(a) 直头外圆车刀;(b) 弯头外圆车刀;(c) 90°外圆车刀;(d) 宽刃精车外圆车刀;
(e) 内孔车刀;(f) 端面车刀;(g) 切断车刀;(h) 螺纹车刀

2) 车刀的结构

车刀在结构上可分为整体车刀、焊接车刀和机械夹固式车刀。

(1) 整体车刀主要是整体高速钢车刀,截面为正方形或矩形,俗称"白钢刀",使用时可根据不同用途进行修磨,如图3.5(a)所示。整体车刀耗用刀具材料较多,一般只用作切槽、切断刀使用。

(2) 焊接车刀是在普通碳钢刀杆上镶焊(钎焊)硬质合金刀片,经过刃磨而成,如图3.5

(b)所示。焊接车刀的优点是结构简单,制造方便,并且可以根据需要进行刃磨,硬质合金的利用也较充分,故目前在车刀中仍占相当比例。

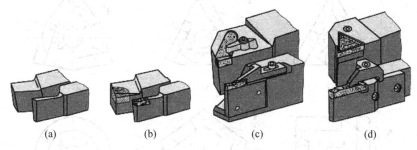

图 3.5 常见车刀的结构示意图
(a) 整体式;(b) 焊接式;(c) 机夹式;(d) 可转位式

焊接车刀的主要缺点是其切削性能主要取决于工人刃磨的技术水平,与现代化生产不相适应;此外刀杆不能重复使用,当刀片用完以后,刀杆也随之报废。

在制造工艺上,由于硬质合金和刀杆材料(一般为中碳钢)的线膨胀系数不同,当焊接工艺不够合理时易产生热应力,严重时会导致硬质合金出现裂纹。因此在焊接硬质合金刀片时,应尽可能采用熔化温度较低的焊料;对刀片缓慢加热和缓慢冷却;对于 YT30 等易产生裂纹的硬质合金,应在焊缝中放一层应力补偿片。

(3) 机械夹固式车刀简称机夹车刀,根据使用情况不同又分为机夹重磨车刀(见图 3.5(c))和机夹可转位车刀(见图 3.5(d))。

机夹重磨车刀是采用普通硬质合金刀片,用机械夹固的方法将其夹持在刀柄上使用的车刀,切削刃用钝后可以重磨,经适当调整后仍可继续使用。其优点是刀杆可以重复使用,刀具管理简便;刀杆也可进行热处理,提高硬质合金刀片支承面的硬度和强度,这就相当于提高了刀片的强度,减少了打刀的危险性,从而可提高刀具的使用寿命;此外,刀片不经高温焊接,排除了产生焊接裂纹的可能性。

机夹可转位车刀是采用机械夹固的方法将可转位刀片固定在刀体上,刀片制成多个刀刃,当一个刀刃用钝后,只需将刀片转位重新夹固,即可使新的刀刃投入工作,机夹可转位车刀又称机夹不重磨车刀。可转位车刀的最大优点是车刀几何参数完全由刀片和刀槽保证,不受工人技术水平的影响,因此,其切削性能稳定,适于在现代化大批量生产中使用。此外,由于机床操作工人不必磨刀,可减少许多停机换刀时间。可转位车刀刀片下面的刀垫采用淬硬钢制成,提高了刀片支承面的强度,可使用较薄的刀片,有利于节约硬质合金。

硬质合金可转位刀片形状很多,GB/T 2079—1987《无孔的硬质合金可转位刀片》、GB/T 2078—2007《带圆角圆孔固定的硬质合金可转位刀片尺寸》,对硬质合金刀片形状和尺寸作了详细的规定,常用的有三角形、菱形、凸三角形、正方形、五角形、圆形等,图 3.6 给出了一些刀片的形状。随着技术的进步,陶瓷可转位刀片、聚晶金刚石(PCD)、聚晶立方氮化硼(PCBN)和 CVD 金刚石可转位刀片得到了广泛的应用,陶瓷可转位刀片已有国家标准(GB/T 15306—2008)。

可转位车刀多利用刀片上的孔对刀片进行夹固,夹固机构应满足夹紧可靠、装卸方便、定位精确等要求。根据可转位车刀的用途不同,刀片的夹紧方式有多种。GB/T 5343.1—

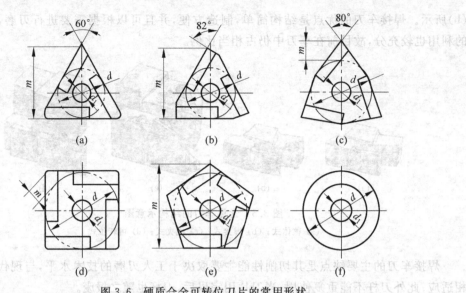

图 3.6 硬质合金可转位刀片的常用形状
(a) 三角形;(b) 菱形;(c) 凸三角形;(d) 正方形;(e) 五角形;(f) 圆形

2007 把机夹可转位刀片的夹紧方式规定为顶面夹紧(无孔刀片)、顶面和孔夹紧(有孔刀片)、孔夹紧(有孔刀片)和螺钉通孔夹紧(有孔刀片)4 种,并分别用字母 C、M、P、S 代表。目前较为普遍使用的结构形式有:

(1) 上压式夹固机构(见图 3.7),一般用于不带孔的刀片,利用压板和螺钉将刀片紧压在刀片槽中,刀片由槽的底面和侧面定位,其特点是夹紧力大,定位可靠,其缺点是夹紧螺钉及压板会阻碍切屑的流出,也易为切屑所擦伤;

(2) 杠杆式夹固机构(见图 3.8),利用杠杆受力摆动,将带孔刀片夹紧在刀杆上,夹紧稳定可靠,定位精度高,刀片转位或更换迅速,排屑通畅,但结构复杂,制造困难;

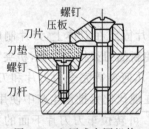

图 3.7 上压式夹固机构

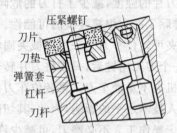

图 3.8 杠杆式夹固机构

(3) 偏心销式夹固机构(见图 3.9),旋转偏心销,其头部将刀片夹紧并自锁,结构紧凑,零件少,刀片转位迅速方便,若设计不当,易使刀片靠向一个定位侧面,并且有较大冲击负荷时,夹紧不十分可靠;

(4) 楔销式夹固机构(见图 3.10),利用楔块将刀片压向定位销,从而将刀片夹紧,结构简单,夹紧力大,夹紧可靠,使用方便,但中心销易变形,精度差;

(5) 复合式夹固机构(见图 3.11),采用两种夹紧方式同时

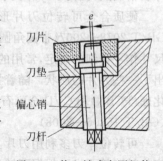

图 3.9 偏心销式夹固机构

夹紧刀片,夹紧可靠,能承受加大的切削负荷及冲击。

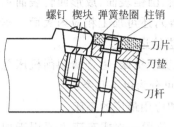

图 3.10 楔销式夹固机构

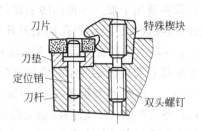

图 3.11 复合式夹固机构

3) 成形车刀

成形车刀是一种加工回转体成形表面的专用刀具,其刃形是根据工件的廓形设计的,可在各类机床上加工内外回转体的成形表面。与普通车刀相比,成形车刀具有加工精度稳定、零件表面形状和尺寸精度一致性好、生产率高等优点,并且刀具磨损后,只磨前刀面即可,刃磨简单。但成形车刀的设计与制造成本较高,一般只用于大批量生产。由于成形车刀的刀刃形状复杂,用硬质合金、陶瓷及其他超硬材料制造困难,因此多用高速钢作为刀具材料。

成形车刀按结构和形状一般分为三大类:

(1) 平体成形车刀(见图 3.12(a)),这种车刀除了切削刃具有一定的形状要求外,结构上和普通车刀相同,结构简单,使用方便,但这种车刀沿前刀面的重磨次数少,使用寿命短,一般只用来加工宽度不大、较简单的外成形表面;

(2) 棱体成形车刀(见图 3.12(b)),刀体呈菱形,强度高,重磨次数多,可用来加工外成形表面,一般用专用刀夹夹住车刀的燕尾部分,安装在普通车床或自动车床刀架上;

(3) 圆体成形车刀(见图 3.12(c)),刀体外形为回转体,切削刃在圆周上分布,其重磨次数比棱体成形车刀还多,而且可以加工内、外成形表面。

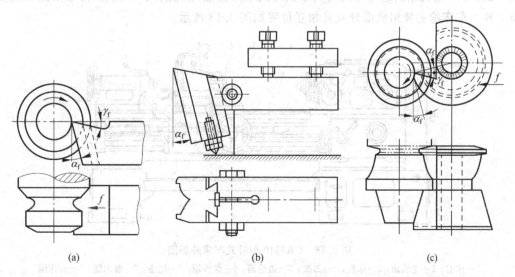

图 3.12 成形车刀示意图

(a) 平体成形车刀;(b) 棱体成形车刀;(c) 圆体成形车刀

3. 车床

车床主要用于加工各种回转表面,如内外圆柱表面、圆锥表面、成形回转表面和回转体的端面、螺纹面等。若使用孔加工刀具(如钻头、铰刀等),还可加工相应内表面。车床的特征是:工件随主轴作旋转运动(主运动),车刀作移动(进给运动)。

车床是目前机械制造业中使用最广泛的一类金属切削机床,占金属切削机床总台数的20%~30%。它的类型很多,按其用途和结构的不同,可分为以下几类。

(1) 卧式车床:万能性好,加工范围广,是基本的和应用最广的车床。

(2) 立式车床:主轴竖直安置,工作台面处于水平位置。立式车床主要用于加工径向尺寸大、轴向尺寸较小的大型、重型盘套类、壳体类工件。

(3) 转塔车床:有一个可装多把刀具的转塔刀架,根据工件的加工要求,预先将所用刀具在转塔刀架上安装调整好;加工时,通过刀架转位,这些刀具依次轮流工作。转塔刀架的工作行程由可调行程挡块控制,适于在成批生产中加工内外圆有同轴度要求的较复杂的工件。

(4) 自动车床和半自动车床:自动车床调整好后能自动完成预定的工作循环,并能自动重复。半自动车床虽具有自动工作循环,但装卸工件和重新开动机床仍需由人工操作。自动和半自动车床适于在大批大量生产中加工形状不太复杂的小型零件。

(5) 仿形车床:能按照样板或样件的轮廓自动车削出形状和尺寸相同的工件。仿形车床适于在大批量生产中加工圆锥形、阶梯形及成形回转面工件。

(6) 专门化车床:为某类特定零件的加工而专门设计制造的,如凸轮轴车床、曲轴车床、车轮车床等。

下面以 CA6140 型卧式车床为例介绍车床的传动和结构。

1) CA6160 型卧式车床的总体布局

CA6140 型机床的总体布局与大多数卧式车床相似,主轴水平布置,以便加工细长的轴类工件。车床的主要组成部分及其相互位置如图 3.13 所示。

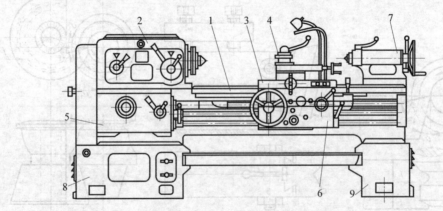

图 3.13　CA6140 型卧式车床外形图

1—床身;2—主轴箱;3—床鞍;4—刀架;5—进给箱;6—溜板箱;7—尾座;8—前床腿;9—后床腿

(1) 床身 1:固定在空心的前床腿 8 和后床腿 9 上。床身上安装和连接着机床的各主要部件,并带有导轨,能够保证各部件之间准确的相对位置和移动部件的运动轨迹。

(2) 主轴箱 2：车床最重要的部件之一，是装有主轴及变速机传动机的箱形部件。它支承并传动主轴，通过卡盘等装夹工件，使主轴带动工件旋转，实现主运动。

(3) 床鞍 3 和刀架 4：床鞍的底面有导轨，可沿床身上相配的导轨纵向移动，其顶部安装有刀架。刀架用于装夹刀具，是实现进给运动的工作部件。刀架由几层组成，以实现纵向、横向和斜向运动。

(4) 进给箱 5：固定在床身的左前侧，内部装有进给变换机构，用于改变被加工螺纹的导程或机动进给的进给量，以及加工不同种类螺纹的变换。

(5) 溜板箱 6：固定在床鞍的底部，是一个驱动刀架移动的传动箱，它把进给箱传来的运动再传给刀架，实现纵向和横向机动进给、手动进给和快速移动或车螺纹。溜板箱上装有各种操纵手柄和按钮。

(6) 尾座 7：安装在床身尾部相配导轨上，用手推动可纵向调整位置，并可固定在床身上。它用于安装顶尖，以支承细长工件，或安装钻头和铰刀等孔加工刀具。

2) CA6140 型卧式车床的运动

(1) 工件的旋转传动：机床的主运动，是实现切削最基本的运动。它的特点是速度较高及消耗的动力较多。它的计算单位常用主轴转速 $n(r/min)$ 表示。它的功用是使刀具与工件间作相对运动。

(2) 刀具的移动：机床的进给运动。它的特点是速度较低及消耗的动力较少。它的计算单位常用进给量 $f(mm/r)$ 表示，即主轴每转的刀架移动距离。它的功用是使毛坯上新的金属层被不断地投入切削，以便切削出整个加工表面。

(3) 切入运动：通常与进给运动方向相垂直，一般由工人用手移动刀架来完成。它的功用是将毛坯加工到所需要的尺寸。

(4) 辅助运动：刀具与工件除工作运动以外，还要具有刀架纵向及横向快速移动等功能，以便实现快速趋近或返回。

3) CA6140 型卧式车床的传动系统

图 3.14 为 CA6140 卧式车床的传动系统图，它表明了机床的全部运动联系。机床传动系统图是用国家规定的符号代表各种传动元件（GB/T 4460—1984《机械制图机构运动简图符号》），按机床传递运动的先后顺序，以展开图的形式绘制的表示机床全部运动关系的示意图。绘制时，用数字代表传动件参数，如齿轮的齿数、带轮直径、丝杠的螺距及头数、电动机的转速及功率等。机床传动系统图是把空间的传动结构展开并画在一个平面图上，个别难于直接表达的地方可以采用示意画法。机床传动系统图只是简明直观地表达出机床传动系统的组成和相互联系，并不表示各构件及机构的实际尺寸和空间位置。

(1) 主运动传动链

① 传动路线

主运动传动链的两末端件是主电动机和主轴，主要功用是把动力源的运动及动力传给主轴，使主轴带动工件旋转，实现主运动。运动由电动机（7.5 kW,1450 r/min）经 V 带轮传动副 ϕ130 mm/ϕ230 mm 传至主轴箱中的轴Ⅰ。在轴Ⅰ上的双向多片式摩擦离合器 M_1，使主轴正转、反转或停止。当压紧离合器 M_1 左部的摩擦片时，轴Ⅰ的运动经齿轮副 56/38 或 51/43 传给轴Ⅱ，使轴Ⅱ获得两种转速。当压紧右部的摩擦片时，经齿轮 50、轴Ⅶ上的空套齿轮 34 传给轴Ⅱ上的固定齿轮 30，使轴Ⅱ的转向与经 M_1 左部传动时相反，且只有一种转

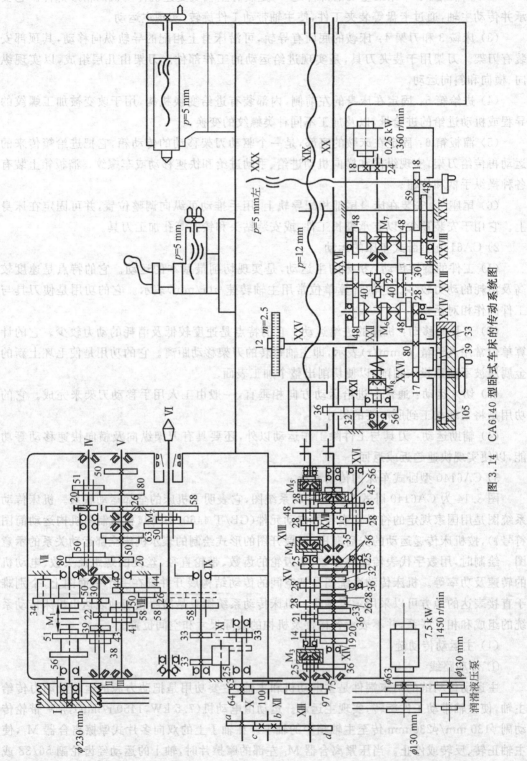

图 3.14 CA6140 型卧式车床的传动系统图

速。当离合器处于中间位置时,主轴停转。轴Ⅱ的运动可通过轴Ⅱ和轴Ⅲ间三对齿轮中的任一对传至轴Ⅲ,故轴Ⅲ正转共有 $2\times3=6$ 种转速。

运动由轴Ⅲ传给主轴有如下两条路线:(a)高速传动路线,主轴上的滑移齿轮 50 移到左端,与轴Ⅲ上的齿轮 63 啮合,运动由这一齿轮副直接传至主轴,得到 6 级高转速;(b)低速传动路线,主轴上的齿轮 50 移到右端,与主轴上的齿式离合器 M_2 啮合,轴Ⅲ的运动经齿轮副 20/80 或 50/50 传至轴Ⅳ,又经齿轮副 20/80 或 51/50 传给轴Ⅴ,再经齿轮副 26/58 和齿式离合器 M_2 传至主轴,可得到 $2\times3\times2\times2=24$ 级理论上的低转速。

上述传动路线可用传动路线表达式表示如下:

$$\text{主电动机}\begin{pmatrix}7.5\text{ kW}\\1450\text{ r/min}\end{pmatrix}-\frac{\phi130\text{ mm}}{\phi230\text{ mm}}-\text{Ⅰ}-\begin{Bmatrix}M_1(\text{左})\\(\text{正转})\\M_1(\text{右})\\(\text{反转})\end{Bmatrix}\begin{matrix}-\begin{Bmatrix}\frac{56}{38}\\\frac{51}{43}\end{Bmatrix}-\\-\frac{50}{34}-\text{Ⅶ}-\frac{34}{30}-\end{matrix}\text{Ⅱ}-\begin{Bmatrix}\frac{39}{41}\\\frac{30}{50}\\\frac{22}{58}\end{Bmatrix}-$$

$$\text{Ⅲ}-\begin{Bmatrix}-\frac{63}{50}-\\(\text{高速路线})\\\begin{Bmatrix}\frac{20}{80}\\\frac{50}{50}\end{Bmatrix}-\text{Ⅳ}-\begin{Bmatrix}\frac{20}{80}\\\frac{51}{50}\end{Bmatrix}-\text{Ⅴ}-\frac{26}{58}-M_2\\(\text{低速路线})\end{Bmatrix}-\text{Ⅵ(主轴)}$$

② 主轴转速级数和转速

由传动系统图或传动路线表达式可以看出,主轴正转时,可得 $2\times3=6$ 种高转速和 $2\times3\times2\times2=24$ 种低转速,但实际上低速路线只有 18 级转速,这是由于轴Ⅲ-Ⅳ-Ⅴ之间的 4 条传动路线的传动比为

$$u_1=\frac{20}{80}\times\frac{20}{80}=\frac{1}{16},\quad u_2=\frac{20}{80}\times\frac{51}{50}\approx\frac{1}{4}$$

$$u_3=\frac{50}{50}\times\frac{20}{80}=\frac{1}{4},\quad u_4=\frac{50}{50}\times\frac{51}{50}\approx1$$

其中 $u_2\approx u_3$,故实际上只有 3 种不同的传动比。因此,低速传动路线实际上只有 $2\times3\times(2\times2-1)=18$ 级转速,加上高速传动路线的 6 级转速,主轴共有 24 级转速。

同理,主轴反转时有 $3\times[1+(2\times2-1)]=12$ 级转速。

主轴的各级转速,可根据各滑移齿轮的啮合状态求得。如主轴正转的最高转速和最低转速为

$$n_{\max}=1450\times\frac{130}{230}\times\frac{56}{38}\times\frac{39}{41}\times\frac{63}{50}\approx1420(\text{r/min})$$

$$n_{\min}=1450\times\frac{130}{230}\times\frac{51}{43}\times\frac{22}{58}\times\frac{20}{80}\times\frac{20}{80}\times\frac{26}{58}\approx10(\text{r/min})$$

同理可求出其他正、反转的各级转速。

(2) 进给运动传动链

进给运动传动链是实现刀架纵向或横向机动进给,刀架进给运动的动力源是机床的主电动机,经主传动链、主轴及进给运动传动链传递给刀架。为便于分析,图 3.15 给出了进给运动传动链的组成框图。由图可知,进给运动传动链可分为车削螺纹和机动进给两条传动链,机动进给传动链又可分为纵向和横向进给传动链。从主轴至进给箱的传动属于各传动链的公用段,进给箱之后分为两支:丝杠传动实现车螺纹,光杠传动则经过溜板箱中的传动机构分别实现纵向和横向机动进给运动。

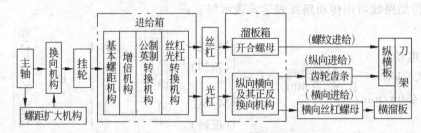

图 3.15 进给运动传动链组成框图

① 车削螺纹

CA6140 型卧式车床能车削常用的公制、英制、模数制及径节制 4 种标准螺纹。此外,还可以车削加大螺距、非标准螺距及较精密的螺纹。它既可以车削右旋螺纹,也可以车削左旋螺纹。

车削各种不同螺距的螺纹时,主轴与刀具之间必须保持严格的运动关系,即:主轴每转 1 转,刀具应均匀地移动 1 个(被加工螺纹)螺距 S 的距离。车螺纹的运动平衡式为

$$1_{(主轴)} \times u \times t_{丝} = S$$

式中:u 为从主轴到丝杠之间的总传动比;$t_{丝}$ 为机床丝杠的导程(对 CA6140 型卧式车床,$t_{丝} = 12$ mm);S 为被加工螺纹的导程,mm,当螺纹为单线时,即为螺距。通过改变传动链中的传动比 u,就可以得到要加工的螺纹导程。

公制螺纹也称普通螺纹,车削公制螺纹的传动路线如图 3.14 所示:齿式离合器 M_3 和 M_4 脱开,M_5 接合,运动由主轴Ⅵ经齿轮副 58/58、33/33(车左螺纹时 33/25×25/33)、交换齿轮(或称挂轮)63/100×100/75 传到进给箱轴 XIII;经齿轮副 25/36 传至轴 XIV;经两组滑移齿轮变速机构的齿轮副 19/14 或 20/14、36/21、33/21、26/28、28/28、36/28、32/28,得 8 级转速传至轴 XV;经齿轮副 25/36×36/25 传至轴 XVI;再经 4 级变速机构传至轴 XVIII;经 M_5 传给丝杠 XIX,当溜板箱中的开合螺母与丝杠(螺距 $P = 12$ mm,单头)径向接合时,即可带动刀架纵向移动,进行正常螺距公制螺纹的车削。传动路线的表达式为

$$主轴\text{Ⅵ} - \frac{58}{58} - \text{IX} - \begin{cases} \frac{33}{33}(右旋螺纹) \\ \frac{33}{25} - \text{XI} - \frac{25}{33}(左旋螺纹) \end{cases} - \text{X} - \frac{63}{100} \times \frac{100}{75} - \text{XIII} - \frac{25}{36} -$$

$$\text{XIV} - u_j - \text{XV} - \frac{25}{36} \times \frac{36}{25} - \text{XVI} - u_b - \text{XVIII} - M_5 - \text{XIX}(丝杠) - 刀架$$

表达式中,u_j 为基本组的传动比,代表轴 XIV 至轴 XV 间的 8 种可供选择的传动比(19/14,20/14,36/21,33/21,26/28,28/28,36/28,32/28);u_b 为增倍组的传动比,代表轴 XVI 至 XVIII 间 4

种传动比(28/35×35/28,18/45×35/28,28/35×15/48,18/45×15/48)。

车削公制螺纹时的运动平衡式为

$$1 \times \frac{58}{58} \times \frac{33}{33} \times \frac{63}{100} \times \frac{100}{75} \times \frac{25}{36} \times u_j \times \frac{25}{36} \times \frac{36}{25} \times u_b \times 12 = S = KP(\text{mm})$$

化简后得

$$S = 7u_j u_b (\text{mm})$$

式中：K 为螺纹头数；P 为螺距；12 为车床丝杠的导程。选择不同的 u_j 和 u_b 的值，就可以组配得到各种 S 值。

② 机动进给传动链

机动进给是指车削内、外圆柱表面时，使用机动纵向进给；车削端面或自动切断时，使用机动横向进给。在运动从进给箱传出前，机动进给传动路线与车削螺纹传动路线相同。当齿式离合器 M_5 脱开，齿轮 28 与 56 啮合时，运动由光杠 XX 经溜板箱中的齿轮副 36/32×32/56、超越离合器和安全离合器 M_8、轴 XIII、蜗杆蜗轮副 4/29 传至轴 XXIII，带动齿轮副 40/30×30/48 或 40/48 转动。当双向离合器 M_6 上、下啮合时，经齿轮副 28/80，使轴 XXV 上的小齿轮 12 在齿条上滚动（旋转并移动），便带动溜板箱、刀架做纵向机动进给；当双向离合器 M_7 上、下啮合时，经齿轮副 48/48、59/18 传给横向进给丝杠 XXX，使刀架做横向机动进给。

纵向进给传动链经公制螺纹传动路线的运动平衡式为

$$f_{纵} = 1 \times \frac{58}{58} \times \frac{33}{33} \times \frac{63}{100} \times \frac{100}{75} \times \frac{25}{36} \times u_j \times \frac{25}{36} \times \frac{36}{25} \times u_b \times$$
$$\frac{28}{56} \times \frac{36}{32} \times \frac{32}{56} \times \frac{4}{29} \times \frac{40}{48} \times \frac{28}{80} \times \pi \times 2.5 \times 1.2$$

化简后得

$$f_{纵} = 0.71 u_j u_b (\text{mm/r})$$

横向进给传动链的运动平衡式与此类似，且 $f_{横} = \frac{1}{2} f_{纵}$。

以上所有的纵、横向进给量的数值及各进给量时相应的各个操纵手柄应处于的位置，均可从进给箱上的标牌中查到。

③ 刀架快速移动

在刀架作机动进给或退刀的过程中，如需要刀架作快速移动时，则用按钮将溜板箱内的快速移动电机(0.25 kW, 1360 r/min)接通，经齿轮副 18/24 使传动轴 XX 作快速旋转，再经后续的机动进给路线使刀架在该方向上作快速移动。松开按钮后，快速移动电机停转，刀架仍按原有的速度作机动进给。XX 轴上的超越离合器 M_8，用来防止光杠与快速移动电机同时传动 XX 轴时出现运动干涉而损坏传动机构。

3.2.2 外圆表面的磨削加工

磨削是外圆表面精加工的主要方法，它既能加工淬火的黑色金属零件，也可以加工不淬火的黑色金属和有色金属零件。外圆磨削分为粗磨、精磨、精密磨削、超精磨削和镜面磨削，后 3 种属于光整加工。粗磨后工件的公差等级可达 IT9～IT8，表面粗糙度为 $Ra1.6\sim 0.8~\mu m$；精磨后工件的公差等级可达 IT7～IT6，表面粗糙度为 $Ra0.8\sim 0.2~\mu m$。

1. 外圆磨削方式

1) 外圆表面的中心磨削

中心磨削法是在外圆磨床上,采用工件的两顶尖定位进行磨削的方法,可分为纵磨、横磨和复合磨。此外,还可对端面进行磨削。

(1) 纵磨也就是纵向进给磨削,如图 3.16 所示,砂轮旋转是主运动,工件除了旋转(圆周进给运动 n_w)外,还和工作台一起纵向往复运动,完成轴向进给 f_a。工件每往复一次(或每单行程)后,砂轮向工件作径向进给 f_r,磨削余量在多次往复行程中磨去。在磨削的最后阶段,要作几次无径向进给的光磨行程,以消除由于径向磨削力的作用在机床加工系统中产生的弹性变形,直到磨削火花消失为止。

纵磨法因磨削深度小、磨削力小、散热条件好,磨削精度较高,表面粗糙度较小,但由于工作行程次数多,生产率较低。它适于在单件小批生产中磨削较长的外圆表面。

(2) 横磨也就是横向进给磨削,又称切入磨削,如图 3.17 所示。其砂轮宽度大于磨削宽度,砂轮旋转是主运动,工件作圆周进给运动 n_w,砂轮相对工件作连续或断续的径向进给运动 f_r,直到磨去全部余量。

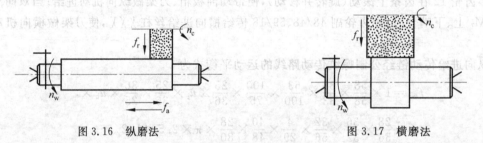

图 3.16　纵磨法　　　　　图 3.17　横磨法

横磨法生产效率高,但加工精度低,表面粗糙度较大。这是因为横向进给磨削时工件与砂轮接触面积大,磨削力大,发热量较多,磨削温度高,工件易发生变形和烧伤。它适于在大批大量生产中加工刚性较好的工件外圆表面。如将砂轮修整成一定形状,还可以磨削成形表面。

(3) 复合磨法。对于刚性较好的长轴外圆表面,可以先用横磨法分段粗磨外圆表面的全长,相邻各段留 5~15 mm 重合区域,最后用纵磨法进行精磨,此法即为复合磨法。复合磨法兼有横磨法的高生产率和纵磨法加工质量较好的优点。

在万能外圆磨床上,可利用砂轮的端面来磨削工件的台肩面和端平面。磨削开始前,应该让砂轮端面缓慢地靠拢工件的待磨表面,磨削过程中,要求工件的轴向进给量 f_a 也很小。这是因为砂轮端面的刚性很差,基本上不能承受较大的轴向力,所以,最好的办法是使用砂轮的外圆锥面来磨削工件的端面,此时,工作台应该扳动一较大角度。

2) 外圆表面的无心磨削法

如图 3.18 所示,磨削时工件放在砂轮与导轮之间的托板上,不用中心孔支承,故称为无心磨削。导轮是用摩擦系数较大的橡胶或树脂结合剂制作的磨粒较粗的砂轮,其转速很低 (20~80 mm/min)。工件由导轮的摩擦力带动作圆周进给,工件的线速度基本上与导轮的线速度相等,改变导轮的速度,便可以调节工件的圆周进给速度。磨削砂轮转速很高,所以在磨削砂轮与工件之间有很高的相对速度,即切削速度。无心磨削时砂轮和工件的轴线总是水平放置的,而导轮的轴线通常要在垂直平面内倾斜一个角度 $\alpha(\alpha=1°\sim6°)$,其目的是使工件获得一定的轴向进给速度 v_f。

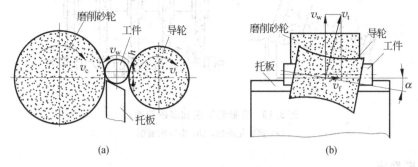

图 3.18 无心磨削示意图

无心磨削的生产效率高,容易实现工艺过程的自动化,但所能加工的零件具有一定的局限性,不能磨削带长键槽和平面的圆柱表面。磨削前工件的形状误差会影响磨削的加工精度,磨削后的工件表面易成为多棱形,同时不能改善加工表面与工件上其他表面的位置精度(如垂直度、同轴度等)。

2. 提高磨削效率的途径

1) 高速磨削和超高速磨削

凡砂轮线速度 $v_s>45$ m/s 的磨削都可称为高速磨削。磨削速度愈高,单位时间内参予切削的磨粒数愈多,磨除的磨屑增多,故高速磨削会使磨削效率大幅提高。此外,由于每颗磨粒的切削厚度薄,表面切痕减小,因而减小了表面粗糙度。同时作用在工件上的法向磨削力也相应减小,可以提高工件的加工精度,这对于磨削细长轴类零件十分有利。

通常把砂轮线速度 $v_s>150$ m/s 的磨削称为超高速磨削。早在 20 世纪六七十年代,v_s 已提高至 $60\sim80$ m/s,但其后 10 年来由于受到当时砂轮回转破裂速度的制约和工件烧伤问题的困扰,砂轮线速度没有大的提高。直到 80 年代后期,随着立方氮化硼(CBN)砂轮的更广泛应用,并对磨削机理进行了更深入的研究,发现在高磨除率条件下,随着砂轮线速度 v_s 的增大,磨削力在 $v_s=100$ m/s 前后的某个区间出现陡降,这一趋势随着磨除率的进一步增大还将继续,工件表面温度也随之出现回落。这也就是说,在越过产生热损伤的磨削用量区之后,磨削用量的进一步增大,不仅不会使热损伤加剧,反而使热损伤不再发生,从而为发展超高速磨削和高效深磨奠定了理论基础。超高速磨削具有磨削效率高、砂轮损耗小、磨削力小、加工精度高、工件表面质量好等优点,此外,超高速磨削还可实现对硬脆材料的延性域磨削,对高塑性等难磨材料也有良好的磨削效果,因此工业发达国家都在竞相发展。

2) 强力磨削

强力磨削是采用较高的砂轮速度、较大的磨削深度(一次切深可达 6 mm 以上)和较小的轴向进给,直接从毛坯上磨出加工表面的方法。它可以代替车削和铣削,生产率很高。强力磨削的特点是磨削力和磨削热显著增大,因此机床的功率要加大,砂轮防护罩要加固,切削液要充分供应,机床还必须有足够的刚性。

3) 宽砂轮磨削和多砂轮磨削

一般外圆磨削砂轮宽度仅有 50 mm 左右,宽砂轮与多片砂轮磨削实质上就是用增加砂轮宽度来提高磨削的生产率,图 3.19 表明了这两种加工方法。

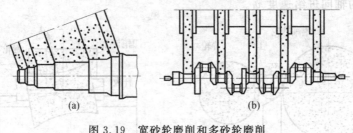

图 3.19 宽砂轮磨削和多砂轮磨削
(a) 宽砂轮磨削;(b) 多砂轮磨削

3. 外圆磨床

外圆磨床又可分为普通外圆磨床、万能外圆磨床、无心外圆磨床、宽砂轮外圆磨床和端面外圆磨床等。

图 3.20 所示是 M1432A 型万能外圆磨床的外形图,它由床身 1、头架 2、内圆磨具 4、砂轮架 5、尾座 7、滑鞍及横向机构 6、工作台 3、脚踏操纵机构 8 及手轮 9 等部件组成。它与普通外圆磨床的区别在于:砂轮架 5 和头架 2 都能按逆时针方向旋转角度,用于磨削锥度较大、较短的圆锥面;多一个内圆磨具,用来磨圆柱内孔。工作时,头架 2 和尾座 7 一起支承长工件,头架 2 还可装卡盘夹持短工件,头架 2 有电动机和变速机构,带动工件旋转,它可在水平面内逆时针旋转 90°。砂轮架 5 用于支承并传动高速旋转的砂轮主轴,它可在滑鞍的转盘上转角度,转动手轮 9,可使横向进给机构带动滑鞍及其上的砂轮架作横向进给运动。工作台 3 由上下两层组成,上工作台可绕下工作台在水平面内回转一个角度以磨圆锥体,同时可沿床身导轨作纵向往复移动。内圆磨具 4 用于支承磨内孔的砂轮主轴,由单独的电动机驱动,转速较高,平时抬起,磨内圆时放下。

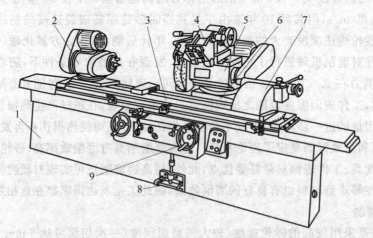

图 3.20 M1432A 型万能外圆磨床的外形图
1—床身;2—头架;3—工作台;4—内圆磨具;5—砂轮架;6—滑鞍及横向机构;
7—尾座;8—脚踏操纵机构;9—手轮

图 3.21 为万能外圆磨床的几种典型加工方式图。图(a)为以顶尖支承工件,磨削外圆柱面;图(b)为上工作台调整一个角度磨削长锥面;图(c)为砂轮架偏转,以横磨法磨削短圆

锥面;图(d)为头架偏转磨削锥孔。

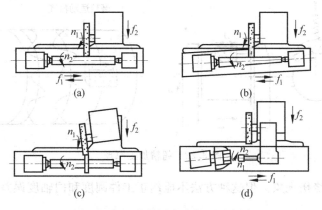

图 3.21 万能外圆磨床加工示意图

3.2.3 外圆表面的光整加工

光整加工是从工件表面不切除或切除极薄金属层,以提高工件表面的尺寸和形状精度、减少表面粗糙度值和提高表面性能为目的的加工方法。加工公差等级能达到IT6以上,表面粗糙度能达到小于 $Ra0.2~\mu m$。外圆表面的光整加工方法有高精度磨削、超精加工、研磨、珩磨及抛光等。

1. 高精度磨削

使工件表面粗糙度小于 $Ra0.16~\mu m$ 的磨削工艺,通常称为高精度磨削。它是在普通磨削的基础上,通过调整与磨削精度相关的因素来实现提高磨削精度的目的,主要调整因素如下:

(1) 采用高精度的磨床,磨床要恒温、隔离安装。

(2) 选择合适的砂轮,常用刚玉类磨料,如白刚玉、铬刚玉或白刚玉、绿碳化硅混合磨料,这类砂轮的韧性好,在修整时和磨削时都能形成并保持微刃的等高性,有利于获得小的表面粗糙度。高精度磨削时应选用中软砂轮;镜面磨削时,宜用超软砂轮,并且要求砂轮硬度均匀性好。

(3) 选择合适的磨削用量。高精度磨削时宜取较低的砂轮速度,一般为 17~20m/s;应该在保证不产生烧伤的前提下选用较低的工件速度;应该在不产生烧伤缺陷和螺旋形缺陷的前提下,选用较大的工件轴向进给量;磨削深度(背吃刀量)应取小值。

(4) 选用性能良好的切削液。

2. 超精加工

超精加工是用细粒度的油石(磨条或砂带)进行微量磨削的一种加工方法,其加工原理如图 3.22 所示。加工时工件作低速旋转(0.03~0.33 m/s),油石以恒定压力(0.1~0.4 MPa)压向工件表面,在磨头沿工件轴向进给的同时,油石作轴向低频振动(振动频率为 8~30 Hz,振幅为 2.5~4 mm),在大量切削液的环境下对工件表面进行加工。

超精加工时磨粒的运动轨迹复杂,并能由切削过程过渡到摩擦抛光过程,因而可以获得表面粗糙度 $Ra0.08\sim0.01~\mu m$ 的工件表面。超精加工只能切去工件表面凸峰,故加工余量很小(0.005~0.025 mm)。超精加工的切削速度低,油石压力小,加工时发热量小,工件表

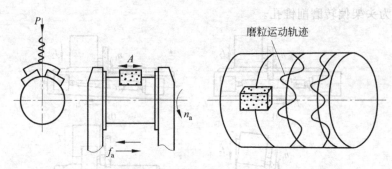

图 3.22 超精加工原理

面变质层浅,没有烧伤现象。但这种方法不能纠正工件圆度和同轴度误差,主要用来减小工件的表面粗糙度。

3. 研磨

研磨是由游离的磨粒通过研具对工件进行微量切削的过程,其精度可达到亚微米级(尺寸精度可达到 $0.025\ \mu m$,圆柱体圆柱度可达到 $0.1\ \mu m$,表面粗糙度可达到 $Ra0.01\ \mu m$),并能使两个零件达到精密配合。

研磨分手工研磨和机械研磨两种。如图 3.23 所示是手工研磨外圆示意图。将工件装夹在车床卡盘或顶尖上作低速旋转运动,研具套在工件上,手动将研具沿工件轴向往复运动进行研磨。在工件和研具之间须填充研磨剂,研磨剂由磨料、研磨液和表面活性物质等混合而成。磨料主要起切削作用,具有较高的硬度。研磨液起冷却润滑作用。表面活性物质附着在工件表面,生成一层很薄的易于切除的软化膜。

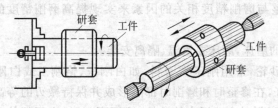

图 3.23 手工研磨外圆柱面

研磨加工的主要特点是尺寸精度高、形状精度高、表面粗糙度值低,但它不能提高工件各表面之间的相对位置精度,生产效率低。研磨能有效提高零件表面耐磨性和疲劳强度,适应性好,加工范围广,因此应用较广泛。

3.3 孔加工

孔加工约占整个金属切削加工的 40%,因此孔加工在机械制造中占有十分重要的地位。孔加工比外圆加工困难得多,主要是因为:

(1) 加工孔的刀具尺寸受被加工孔尺寸的限制,刚性差,容易产生弯曲变形和振动;

(2) 用定尺寸刀具加工孔时,孔加工的尺寸往往直接取决于刀具的相应尺寸,刀具的制造误差和磨损将直接影响孔的加工精度;

(3) 加工孔时,切削区在工件内部,排屑及散热条件差,加工精度和表面质量都不易控制。

孔的技术要求有：

(1) 尺寸精度，包括孔的直径和深度的尺寸精度；

(2) 形状精度，包括孔的圆度、圆柱度及轴线的直线度；

(3) 位置精度，包括孔与孔或孔与外圆表面的同轴度，孔与孔或孔与其他表面间的尺寸精度、平行度和垂直度等；

(4) 表面质量，包括表面粗糙度、表面层的加工硬化、金相组织变化及残余应力等。

孔加工的方法较多，常用的有钻、扩、铰、镗、拉、磨、珩磨和研磨等。

3.3.1 钻孔、扩孔和铰孔

1. 钻孔

钻孔是在实心材料上加工孔的第一个工序，是孔从无到有的过程。钻孔直径一般小于 80 mm。由于构造上的限制，钻头的弯曲刚度和扭转刚度均较低，加之定心性不好，钻孔加工的精度较低，一般只能达到 IT13～IT11，表面粗糙度也较差，一般为 $Ra50\sim12.5\ \mu m$，但钻孔的金属切除率大、切削效率高。钻孔主要用于加工质量要求不高的孔，例如螺栓孔、螺纹底孔、油孔等。对于加工精度和表面质量要求较高的孔，则应在后续加工中通过扩孔、铰孔、镗孔、磨孔和珩磨孔来达到。常用的钻孔刀具有麻花钻、中心钻、深孔钻等。其中最常用的是麻花钻，其直径规格为 $\phi 0.1\sim 80$ mm。

1) 钻孔方式

钻孔加工有两种方式。一种是钻头旋转，工件不动，例如在钻床、铣床上钻孔。用这种方式钻孔时，由于钻头切削刃不对称且钻头刚性不足容易引偏，导致被加工孔的轴线偏斜或不直，但孔的直径基本不变。因此，在成批和批量生产时常用钻套来引导钻头，在单件小批生产时可用小顶角钻头预钻锥形孔，然后再进行钻孔。第二种是钻头不动，工件旋转，例如在车床上钻孔。这种方式的特点是钻头引偏导致孔的直径变化，产生圆柱度误差，但孔的轴线仍是直线，且与工件回转轴线一致。解决的途径可采用钻套导向，也可以设置钻头中心稳定结构。

2) 麻花钻

根据制造麻花钻的材料不同，可分为碳素钢麻花钻、高速钢麻花钻和硬质合金麻花钻，由于碳素钢麻花钻的切削性能较差，现在基本不再使用。高速钢麻花钻使用最为普遍。

(1) 麻花钻的结构

标准麻花钻如图 3.24 所示，由柄部、颈部和工作部分组成。

① 柄部是用以夹持并传递扭矩的，主要有锥柄和直柄两种，此外，还有使用不多的方斜柄。直径较大的钻头做成锥柄，较小的做成直柄。锥柄后端的扁尾，除传递扭矩外，还有便于从钻床主轴上用楔铁将钻头顶出的作用。

② 颈部是柄部和工作部分的连接部分，也是磨削钻头时砂轮的退刀槽。此外，钻头的标记（直径、生产厂家等）也打在此处。小直径的直柄钻头没有颈部。

③ 工作部分是钻头的主要部分，前端为切削部分，承担主要的切削工作；后端为导向部分，起引导钻头的作用，也是切削部分的后备部分。钻头的切削部分如图 3.25 所示，有两条对称的螺旋槽，是容屑和排屑的通道。导向部分磨有两条棱边，为了减少与加工孔壁的摩擦，棱边直径磨有 $(0.03\sim0.12)/100$ 的倒锥量（即直径由切削部分顶端向尾部逐渐减小），

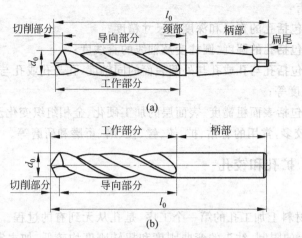

图 3.24　标准麻花钻的结构
(a) 锥柄麻花钻；(b) 直柄麻花钻

从而形成了副偏角 κ_r'。麻花钻的两个刃瓣由钻芯连接，为了增加钻头的强度和刚度，钻芯制成正锥体。螺旋槽的螺旋面形成了钻头的前刀面；与工件过渡表面(孔底)相对的端部两曲面为主后刀面；与工件已加工表面(孔壁)相对的两条窄的螺旋面棱带为副后刀面。螺旋槽与主后刀面的两条交线为主切削刃；棱带与螺旋槽的两条交线为副切削刃；两后刀面在钻芯处的交线构成了横刃。

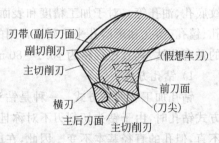

图 3.25　麻花钻钻头的切削部分

(2) 麻花钻的几何参数

① 切削平面与基面。切削平面为主切削刃上选定点的切削平面，是包含该点切削速度方向而又切于加工表面的平面。由于主切削刃上各点的切削速度方向不同，切削平面位置也不同。基面为主切削刃上选定点的基面，通过该点并垂直于切削速度方向。同理，切削刃各点基面的位置也不相同。基面总是包含钻头轴线的平面，并与切削平面垂直，如图 3.26 所示 A 点和 B 点的基面 P_{rA} 和 P_{rB}。

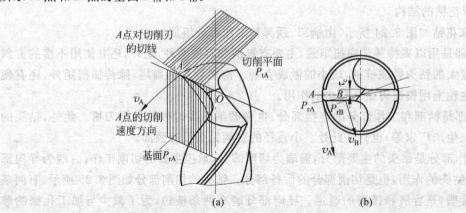

图 3.26　麻花钻钻头切削刃上各点的基面和切削平面的变化

② 螺旋角。螺旋角 β 是钻头刃带棱边螺旋线展开成直线后与钻头轴线的夹角,如图 3.27 所示。由于螺旋槽上各点的导程相等,在主切削刃上沿半径方向各点的螺旋角不同。钻头主切削刃上任意点 x 的螺旋角可用下式计算:

$$\tan \beta_x = \frac{2\pi r_x}{S} = \frac{r_x}{R} \tan \beta$$

β 越大,钻削越容易,但 β 过大,会削弱切削刃的强度,使散热条件变差。标准麻花钻的螺旋角一般取为 $25°\sim32°$。

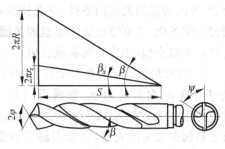

图 3.27 麻花钻钻头的螺旋角

③ 顶角与主偏角。顶角 2φ 是两条主切削刃在与其平行的平面上投影的夹角,加工钢料和铸铁的钻头顶角取为 $118°\pm2°$,顶角与基面无关。

钻头的主偏角 κ_r 是主切削刃在基面上的投影与进给方向的夹角。由于主切削刃上各点基面位置不同,因此主偏角也是变化的,如图 3.28 所示。由于顶角之半 φ 在数值上与主偏角 κ_r 很接近,因此一般常用顶角代替主偏角来分析问题。

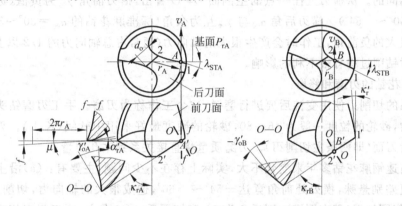

图 3.28 钻头的前角、后角、主偏角和端面刃倾角

④ 端面刃倾角。由于麻花钻的主切削刃不通过钻头轴线,从而形成刃倾角 λ_s。端面刃倾角是主切削刃与基面之间的夹角在端面内测量出来的,而主切削刃上各点的基面位置不同,因此主切削刃上各点的刃倾角也是变化的,外圆处最小,愈接近钻芯愈大,如图 3.28 中的 λ_{STA} 和 λ_{STB}。主切削刃上任意点端面刃倾角可按下式计算:

$$\sin \lambda_{tx} = \frac{d_0}{2R_x}$$

其中,d_0 为钻芯直径;R_x 为主切削刃上任意点的半径。

⑤ 前角。前角 γ_o 是在 $O-O$ 剖面(正交剖面 P_o)内测量的,由于前刀面是螺旋面,因此沿主切削刃上任一点的前角大小是变化的(由 $+30°\sim-30°$),越靠近钻芯,前角越小,故靠近中心处的切削条件很差。

⑥ 后角。钻头的后角 α_f 是在假定工作平面(即以钻头轴线为轴心的圆柱面的切平面)内测量的切削平面与主后刀面之间的夹角。在切削过程中,α_f 在一定程度上反映了主后面与工件过渡表面之间的摩擦关系,而且测量也比较容易。

考虑到进给运动对工作后角的影响,同时为了补偿前角的变化,使刀刃各点的楔角较为合理,并改善横刃的切削条件,麻花钻的后角刃磨时应由外缘处向钻芯逐渐扩大。一般后刀面磨成圆锥面,也有磨成螺旋面或圆弧面的。标准麻花钻的后角(最外缘处)为8°~20°,大直径钻头取小值,小直径钻头取大值。

⑦ 横刃角度。横刃是两个后刀面的交线,其长度为 b_ψ,如图 3.29 所示。横刃角度包括横刃斜角 ψ、横刃前角 $\gamma_{o\psi}$ 和横刃后角 $\alpha_{o\psi}$。横刃斜角 ψ 为在钻头端平面内投影的横刃与主切削刃之间的夹角,它是刃磨后刀面形成的。标准麻花钻的 $\psi=50°\sim 55°$。当后角磨得偏大时,横刃斜角减小,横刃长度增大,因此在刃磨麻花钻时可以观察横刃斜角的大小来判断后角是否磨得合适。

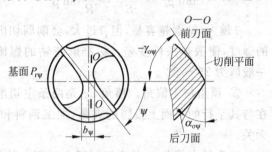

图 3.29 横刃切削角度

横刃是通过钻芯的,并且它在钻头端面上的投影近似为一条直线,因此横刃上各点的基面是相同的。从横刃上任一点的主剖面 $O-O$ 看出,横刃前角 $\gamma_{o\psi}$ 为负值(标准麻花钻的 $\gamma_{o\psi}=-60°\sim -54°$)。横刃后角 $\alpha_{o\psi}$ 与 $\gamma_{o\psi}$ 互为余角(标准麻花钻的 $\alpha_{o\psi}=30°\sim 36°$)。由于横刃具有很大的负前角,工作时会产生很大的轴向力(通常占总轴向力的 1/2 以上),因此横刃的存在对钻削过程有很不利的影响。

(3) 麻花钻的刃磨和修磨

麻花钻的切削刃使用变钝后要进行磨锐,这个工作称为刃磨。手工刃磨钻头是在砂轮机上进行的,砂轮的粒度一般为 46~80,砂轮的硬度最好采用中软级(K、L)。刃磨的部位是两个主后刀面(即两条主切削刃)。刃磨质量将直接关系到钻孔质量。

标准高速钢麻花钻多年来变化不大,实际上存在不少问题,主要有:(a)沿主切削刃上各点前角值差别悬殊,横刃处前角竟达 $-54°\sim -60°$,造成很大的轴向力,切削条件极差;(b)棱边近似圆柱面(稍有倒锥),副后角为 0°,摩擦严重;(c)在主、副切削刃相交处的切削速度最大,发热最多,而散热条件最差,磨损太快;(d)两条主切削刃过长,切屑宽,而各点的切屑流出方向和速度各异,切屑呈宽螺卷状,排出不畅,切削液也难以注入切削区域。为了改进标准麻花钻存在的一些缺点,以及为适应钻削不同的材料而达到不同的钻削要求,需要改变钻头切削部分形状时,所进行的磨削工作称为修磨。

① 修磨横刃(见图 3.30(a))。其目的是把横刃磨短,并使靠近钻芯处的前角增大。一般直径 5 mm 以上的钻头均须修磨。修磨后的横刃长度为原来的 1/5~1/3。修磨后形成内刃,内刃斜角 $\tau=20°\sim 30°$,内刃处前角 $\gamma_{o\tau}=-15°\sim 0°$。横刃经修磨后,减少了进给力和挤刮现象,定心作用也可改善。

② 修磨主切削刃(见图 3.30(b))。其目的可增加切削刃的总长度和刀尖角 ε_r,改善散热条件,增加刀齿强度,增强主切削刃与棱边交角处的抗磨性,从而提高钻头寿命,同时也有利于减少孔壁表面粗糙度数值。一般 $2\varphi_o=70°\sim 75°$,$f_o=0.2D$。

③ 修磨棱边(见图 3.30(c))。其目的是减小对孔壁的摩擦,提高钻头寿命。修磨棱边是在靠近主切削刃的一段第一副后刀面上,磨出副后角 $\alpha_o'=6°\sim 8°$,并保留棱边宽度为原来的 1/3~1/2。

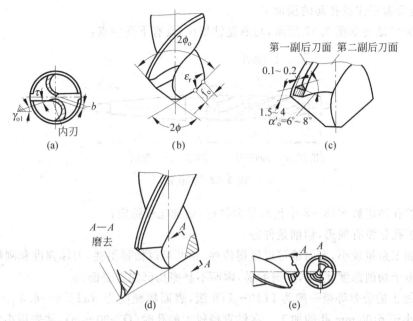

图 3.30 麻花钻的修磨

(a) 修磨横刃；(b) 修磨主切削刃；(c) 修磨棱边；(d) 修磨前刀面；(e) 修磨分屑槽

④ 修磨前刀面(见图 3.30(d))。其目的是在钻削硬材料时可提高刀齿的强度；在钻削黄铜时，还可避免由于切削刃过分锋利而引起的扎刀现象。修磨时，将主切削刃和副切削刃交角处的前刀面磨去一块(阴影部位)，以减小此处的前角。

⑤ 修磨分屑槽(见图 3.30(e))。其目的是为了使宽的切屑变窄，排屑顺利。修磨时，在两个后刀面上磨出几条相互错开的分屑槽。直径大于 15 mm 的钻头都可磨出。如果有的钻头在制造时前刀面已制有分屑槽，那就不必再开槽。

3) 硬质合金钻头

由于高速切削的发展，硬质合金钻头也得到广泛的应用。硬质合金钻头是在钻头切削部分嵌焊一块硬质合金刀片，如图 3.31 所示。它适用于高速钻削铸铁及钻高锰钢、淬硬钢等坚硬材料。硬质合金刀片材料是碳化钨类 YG8。

硬质合金钻头切削部分的几何参数一般是：$\gamma_o = 0° \sim 5°$，$\alpha_o = 10° \sim 15°$，$2\phi = 110° \sim 120°$，$\phi = 77°$，主切削刃磨成 $R2 \text{ mm} \times 0.3 \text{ mm}$ 的小圆弧，以增加强度。

使用硬质合金钻头时，进给量要小一些，以免刀片碎裂。两切削刃要磨得对称。遇到工件表面不平整或铸铁有砂眼时，要用手动进给，以免钻头损坏。

2. 扩孔

扩孔是在工件上已经存在预制孔的基础上，进一步切除余量，用扩孔钻扩大孔径的切削加工方法。扩孔可用扩孔钻或麻花钻等扩孔刀具扩大工件的孔径，常作为孔的半

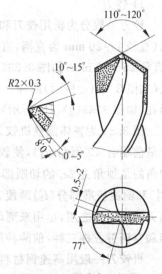

图 3.31 硬质合金钻头

精加工,也普遍用作铰孔前的预加工。

扩孔钻的结构如图 3.32 所示,与麻花钻相比,具有下列特点:

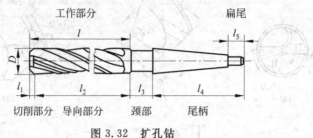

图 3.32　扩孔钻

(1) 扩孔钻齿数多(3～8 个齿),导向性好,切削比较稳定;
(2) 扩孔钻没有横刃,切削条件好;
(3) 加工余量较小,容屑槽可以做得浅些,钻芯可以做得粗些,刀体强度和刚性较好;
(4) 由于切削深度 a_p 小,排屑容易,因而不易擦伤已加工表面。

扩孔加工的公差等级一般为 IT10～IT9 级,表面粗糙度为 $Ra 12.5～6.3~\mu m$。扩孔常用于直径小于 $\phi 100~mm$ 孔的加工。在钻直径较大的孔时($D>30~mm$),常先用小钻头(直径为孔径的 0.5～0.7 倍)预钻孔,然后再用相应尺寸的扩孔钻扩孔,这样可以提高孔的加工质量和生产效率。

锪孔是特殊形式的扩孔,用于在钻孔孔口表面用锪削方法加工出倒棱、孔的端面或沉孔。锪孔有以下几种形式:锪圆柱形沉孔、锪锥形沉孔和锪凸台平面。锪钻的前端常带有导向柱,用已加工孔导向。

3. 铰孔

用铰刀从工件孔壁上切除微量金属层,以提高孔的尺寸精度和表面质量的工序称为铰孔。铰孔是孔的精加工方法之一,在生产中应用很广。对于较小的孔,相对于内圆磨削及精镗而言,铰孔是一种较为经济实用的加工方法。

1) 铰刀

铰刀一般分为机用铰刀和手用铰刀两种形式。如图 3.33 所示。机用铰刀可分为带柄的(直径 1～20 mm 为直柄,直径 10～32 mm 为锥柄,如图 3.33(a)、(b)、(c)所示)和套式的(直径 25～80 mm,如图 3.33(f)所示)。手用铰刀可分为整体式(如图 3.33(d)所示)和可调式(如图 3.33(e)所示)两种。铰削不仅可以用来加工圆柱形孔,也可用锥度铰刀加工圆锥形孔(如图 3.33(g)、(h)所示)。

图 3.34 为整体圆柱机铰刀和手铰刀,由工作部分、颈部和柄部三个部分组成。工作部分最前端有 45° 倒角(l_3),使铰刀开始铰削时容易放入孔中,并起保护切削刃的作用。紧接倒角的是顶角为 $2\kappa_r$ 的切削部分(l_1 部分),再后面是校准部分:机铰刀有圆柱形校准部分(l_2')和倒锥校准部分(l_2'')两段,手铰刀只有一段倒锥校准部分(l_2)。铰刀的颈部,为加工切削刃时供退刀之用,也用来刻印商标和规格。铰刀的柄部,用来装夹和传递扭矩,有直柄、锥柄和直柄带方榫三种,前两种用于机铰刀,后一种用于手铰刀,方榫与铰杠的方孔相配。

机铰刀一般用高速钢材料制造,手铰刀有用高速钢和高碳钢制造的两种。高碳钢铰刀耐热性差,但可使切削刃磨得很锋利。

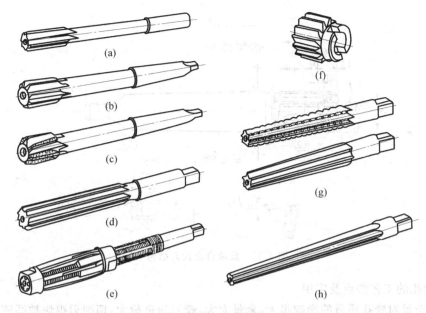

图 3.33 铰刀基本类型

(a) 直柄机用铰刀；(b) 锥柄机用铰刀；(c) 硬质合金锥柄机用铰刀；(d) 手用铰刀；(e) 可调节手用铰刀；(f) 套式机用铰刀；(g) 直柄莫氏圆锥铰刀；(h) 手用 1∶50 锥度销子铰刀

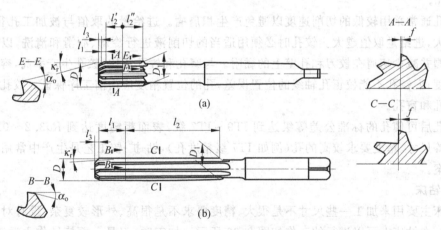

图 3.34 整体圆柱铰刀

(a) 机铰刀；(b) 手铰刀

工具厂制造的高速钢通用标准铰刀，一般均留有 0.005～0.02 mm 的研磨量，待使用者按需要的尺寸研磨。出厂的铰刀分为 1 号、2 号、3 号。不经研磨可直接用来铰标准公差等级为 H9、H10、H11 级的孔，铰削标准公差等级为 IT8 以上的孔时，先要将铰刀研磨到所需要的尺寸精度。

图 3.35 所示的机铰刀工作部分镶硬质合金刀片，适用于高速铰孔和铰削硬材料。硬质合金铰刀刀片有钨钴类 YG 和钨钛类 YT 两种，分别用以铰削铸铁和钢制件。硬质合金铰刀铰出的孔一般要收缩一些，因铰削中产生的挤压比较严重。使用时应先测量铰刀的直径进行试铰，如孔径不符合要求，应研磨铰刀。

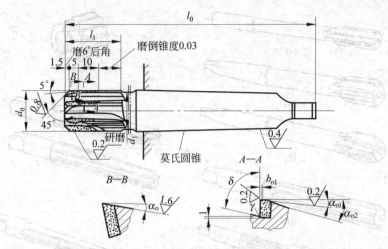

图 3.35 硬质合金铰刀结构

2) 铰孔的工艺特点及应用

铰孔余量对铰孔质量的影响很大,余量太大,铰刀的负荷大,切削刃很快被磨钝,不易获得光洁的加工表面,尺寸公差也不易保证;余量太小,不能去掉上工序留下的刀痕,自然也就没有改善孔加工质量的作用。一般粗铰余量取为 $0.35\sim0.15$ mm,精铰取为 $0.15\sim0.05$ mm。

铰孔通常采用较低的切削速度以避免产生积屑瘤。进给量的取值与被加工孔径有关,孔径越大,进给量取值越大。铰孔时必须用适当的切削液进行冷却、润滑和清洗,以防止产生积屑瘤并减少切屑在铰刀和孔壁上的黏附。与磨孔和镗孔相比,铰孔生产率高,容易保证孔的精度;但铰孔不能校正孔轴线的位置误差,孔的位置精度应由前工序保证。铰孔不宜加工阶梯孔和盲孔。

铰孔后可使孔的标准公差等级达到 IT9~IT7 级,表面粗糙度达到 $Ra3.2\sim0.8~\mu m$。对于中等尺寸、精度要求较高的孔(例如 IT7 级精度孔),钻-扩-铰工艺是生产中常用的典型加工方案。

4. 钻床

钻床主要用来加工一些尺寸不是很大、精度要求不是很高、外形较复杂、没有对称回转线的孔。在钻床上可以进行的工作如图 3.36 所示。加工时,刀具一面旋转作主运动,一面沿其轴线移动作进给运动。加工前,须调整机床,使刀具轴线对准被加工孔的中心线;在加工过程中,工件是固定不动的。通常,表明钻床加工能力的主参数是最大钻孔直径。钻床按

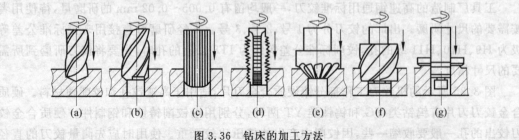

图 3.36 钻床的加工方法

(a) 钻孔;(b) 扩孔;(c) 铰孔;(d) 攻螺纹;(e) 锪锥形沉孔;(f) 锪圆柱形沉孔;(g) 锪凸台平面

结构的不同可分为台式钻床、立式钻床、摇臂钻床和深孔钻床等。

1) 台式钻床

图3.37为台式钻床的外形。机床主轴用电动机经一对塔轮以V带传动,刀具用主轴前端的夹头夹紧,通过齿轮齿条机构使主轴套筒作轴向进给。台式钻床只能加工较小工件上的孔,但它的结构简单,体积小,使用方便,在机械加工和修理车间中应用广泛。

2) 立式钻床

图3.38所示是立式钻床的外形图。立式钻床是由变速箱4、进给箱3、立柱5、工作台1和底座6等部件组成。主轴2的旋转运动是由电动机经变速箱4传动的。加工时,工件直接或通过夹具安装在工作台上,主轴既旋转又作轴向进给运动。进给箱3和工作台1可沿立柱5的导轨调整上下位置,以适应加工不同高度的工件。

在立式钻床上,加工完一个孔后再加工另一个孔时,需要移动工件,使刀具与另一个孔对准,这对于大而重的工件操作很不方便,因此,立式钻床仅适用于在单件、小批量生产中加工中、小型零件。

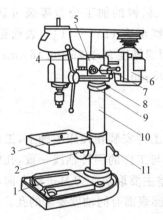
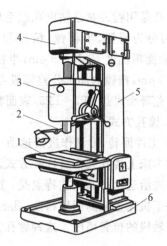

图3.37 台式钻床
1—机座;2—锁紧螺钉;3—工作台;
4—钻头进给手柄;5—主轴架;6—电动机;
7—锁紧手柄;8—锁紧螺钉;9—定位环;
10—立柱;11—锁紧手柄

图3.38 立式钻床
1—工作台;2—主轴;3—进给箱;
4—变速箱;5—立柱;6—底座

3) 摇臂钻床

一些大而重的工件在立式钻床上加工很不方便,这时希望工件固定不动,移动主轴,使主轴中心对准被加工孔的中心,因此就产生了摇臂钻床。图3.39所示是摇臂钻床的外形图。摇臂钻床是由外立柱3、内立柱2、摇臂4、主轴箱5、主轴6和底座1等部件组成。主轴箱5可沿摇臂4的导轨横向调整位置,摇臂4可沿外立柱3的圆柱面上下调整位置,此外,摇臂4及外立柱3又可绕内立柱2转动至不同的位置。通过摇臂绕立柱的转动和主轴箱在摇臂上的移动,使钻床的主轴可以找正工件的待加工孔的中心。找正后,应将内外立柱、摇臂与外立柱、主轴箱与摇臂之间的位置分别固定,再进行加工。工件可以安装在工作台底座上。

摇臂钻床广泛地应用于在单件和中、小批量生产中加工大、中型零件。摇臂钻床的主参数是最大跨距。

4) 深孔钻床

深孔钻床是专门化机床,专门用于加工深孔(孔的长度大于其直径的5倍以上),如加工枪管、炮筒和机床主轴等零件的深孔。这种机床的总布局与车床类似,通常呈卧式的布局,因为被加工孔较深,而且工件往往又较长,为了便于排屑及避免机床过于高大及减少孔中心线的偏斜,加工时通常由工件的转动来实现主运动,深孔钻头并不转动,只作直线的进给运动。在深孔钻床中备有冷却液输送装置及周期退刀排屑装置。深孔钻床的主参数是最大钻孔深度。

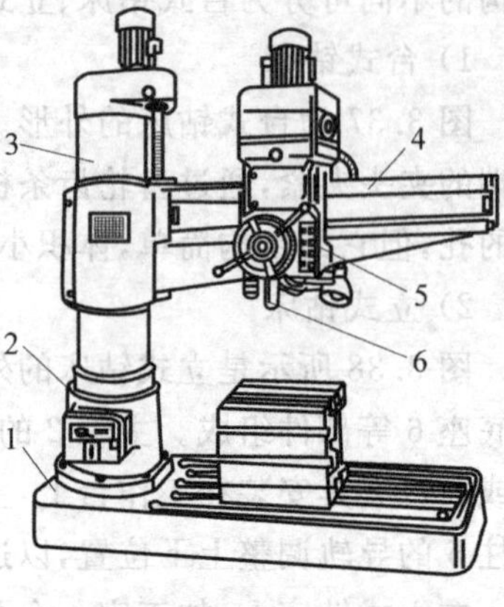

图 3.39 摇臂钻床
1—底座;2—内立柱;3—外立柱;
4—摇臂;5—主轴箱;6—主轴

3.3.2 镗孔

镗孔是用镗刀对已钻出孔或毛坯孔作进一步加工的方法,可分为粗镗、半精镗、精镗和精细镗(金刚镗)。粗镗的加工公差等级可达 IT13~IT12,表面粗糙度 $Ra20\sim5~\mu m$;半精镗的加工公差等级可达 IT11~IT10,表面粗糙度 $Ra10\sim2.5~\mu m$;精镗的加工公差等级可达 IT9~IT7,表面粗糙度 $Ra1.25\sim0.16~\mu m$;精细镗的加工公差等级可达 IT7~IT5,表面粗糙度 $Ra0.4\sim0.05~\mu m$。

1. 镗孔方式

1) 工件回转,刀具作进给运动

在车床上镗孔大都属这一方式。如图 3.40 所示,工件安装在镗床主轴上,工作台带动镗刀作进给运动。其工艺特点是:加工后孔的轴心线与工件的回转轴线一致,孔的圆度主要取决于机床主轴的回转精度,孔的轴向几何形状误差主要取决于刀具进给方向相对于工件回转轴线的位置精度。这种镗孔方式适于加工与外圆表面有同轴度要求的孔。

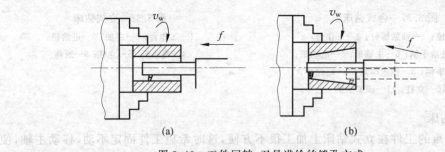

图 3.40 工件回转、刀具进给的镗孔方式
(a) 镗圆柱孔;(b) 镗锥孔

2) 刀具回转,工件作进给运动

在镗床上镗孔即为这种方式。如图 3.41 所示,镗刀安装在镗床主轴上,工作台带动工件作进给运动。其工艺特点是:易于保证工件孔与孔、孔与平面间的位置精度。镗杆的变形对孔的轴向形状精度无影响,工作台进给方向的偏斜或不直会使孔轴线产生位置误差。

为了提高镗孔精度,常采用镗模来进行镗削,如图 3.42 所示。镗杆支撑在镗模的两个导向套中,减少了镗杆的变形。镗杆与机床主轴采用浮动连接,主轴只传递扭矩,镗孔精度由镗模来保证。当工件随着镗模向右进给时,镗刀与支撑套的距离是变化的,如果用普通单刃镗刀会使工件产生轴向形状误差;若改用双刃浮动镗刀,则径向力可相互抵消,从而避免轴向误差。

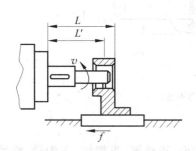

图 3.41　刀具回转,工件进给的镗孔

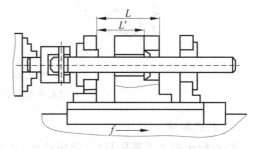

图 3.42　采用镗模进行镗孔

3) 工件不动,刀具回转并作进给运动

这种镗孔方式是在镗床类机床上进行的,如图 3.43 所示。其工艺特点是:基本能保证镗孔的轴线与机床主轴轴线一致。但随着镗杆伸出长度的增加,镗杆变形会逐步增大,使得镗出的孔直径逐步减小,形成锥孔。所以,这种镗孔方式只适合加工较短的孔。

2. 精细镗（金刚镗）

与一般镗孔相比,精细镗的特点是切削深度小、进给量小、切削速度高,它可以获得很高的加工精度和很光洁的表面。由于精细镗最初是用金刚石镗刀加工,故又称金刚镗;现在普遍采用硬质合金、CBN 和人造金刚石刀具进行精细镗。精细镗最初用于加工有色金属工件,现在也广泛用于加工铸铁件和钢件。

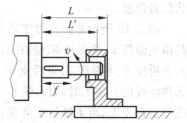

图 3.43　刀具既回转又进给的镗孔

为了保证精细镗能达到较高的加工精度和表面质量,所用机床(金刚镗床)须具有较高的几何精度和刚度,机床主轴支承常用精密的角接触球轴承或静压滑动轴承,高速旋转零件须经精确平衡。此外,进给机构的运动必须十分平稳,保证工作台能作平稳低速进给运动。

精细镗的加工质量好,生产效率高,在大批大量生产中它被广泛用于精密孔的最终加工。

3. 镗刀

根据结构的不同,镗刀可分为单刃镗刀和双刃镗刀。单刃镗刀(见图 3.44)的结构与车刀类似,只有一个主切削刃。用单刃镗刀镗孔时,孔的尺寸是由操作者调整镗刀头位置保证的。双刃镗刀有两个对称的切削刃,相当于两把对称安装的车刀同时参加切削,孔的尺寸精度靠镗刀本身的尺寸保证。图 3.45 所示的浮动镗刀是双刃镗刀的一种,镗刀片插在镗杆的槽中,依靠作用在两个切削刃上的背向力自动平衡其位置,可消除因镗刀安装误差或镗杆偏摆引起的误差,但它与铰孔相似,只能保证尺寸精度,不能校正镗孔前孔轴线的位置误差。

4. 镗床

镗床类机床的主要工作是用镗刀进行镗孔。此外,还可进行钻孔、铣平面和车削等工作。镗床主要可分为卧式镗床、坐标镗床以及金刚镗床等。

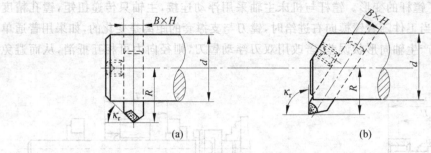

图 3.44 单刃镗刀
(a) 通孔单刃镗刀；(b) 盲孔单刃镗刀

1) 卧式镗床

卧式镗床的加工范围很广，除镗孔外，还可以车端面、车外圆、车螺纹、车沟槽、铣平面、铣成形表面及钻孔等。对于体积较大的复杂的箱体类零件，卧式镗床能在一次安装中完成各种孔和箱体表面的加工，且能较好地保证其尺寸精度和形状位置精度。

图 3.46 所示是卧式镗床的外形图。卧式镗床是由主轴箱 1、前立柱 2、镗杆 3、平旋盘 4、工作台 5、上滑座 6、下滑座 7、带后支承 9 的后立柱 10 等部件组成的。加工时，刀具装在主轴箱 1 的镗杆 3 或平旋盘 4 上，由主轴箱 1 可获得各种转速和进给量。主轴箱 1 可沿前立柱 2 的导轨上下移动。工件安装在工作台 5 上，可与工作台一起随下滑座 7 或上滑座 6 作纵向或横向移动。工作台 5 还可绕上滑座 6 的圆导轨在水平平面内调整至一定的角

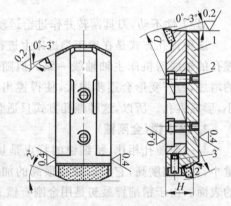

图 3.45 硬质合金浮动镗刀
1—刀体；2—紧固螺钉；3—调节螺钉

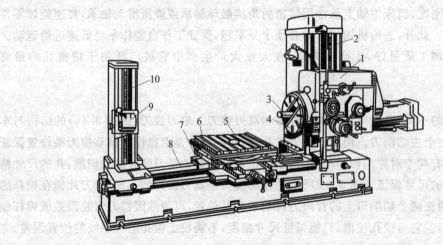

图 3.46 卧式镗床
1—主轴箱；2—前立柱；3—镗杆；4—平旋盘；5—工作台；6—上滑座；
7—下滑座；8—床身；9—后支承；10—后立柱

度位置,以便加工互相成一定角度的孔或平面。后立柱 10 上的后支承 9 用于支承悬伸长度较大的镗杆的悬伸端,以增加刚性。后支承 9 可沿后立柱 10 上的导轨与主轴箱同步升降,以保持后支承支承孔与镗杆在同一轴线上。后立柱 10 可沿床身 8 的导轨移动,以适应镗杆的不同悬伸。卧式镗床的主参数是镗轴直径。

2) 坐标镗床

坐标镗床属高精度机床,主要用在尺寸精度和位置精度都要求很高的孔及孔系的加工中。它的特点是:主要零部件的制造精度和装配精度都很高,而且还具有良好的刚性和抗振性;机床对使用环境温度和工作条件提出了严格要求;机床上配备有精密的坐标测量装置,能精确地确定主轴箱、工作台等移动部件的位置,一般定位精度可达 $0.2\,\mu m$。

坐标镗床有卧式、立式单柱及立式双柱等类型。

图 3.47 所示是卧式坐标镗床的外形图。坐标镗床是由横向滑座 1、纵向滑座 2、回转工作台 3、主轴箱 5、床身 6 及立柱 4 等部件组成的。横向滑座 1 沿床身 6 的导轨横向移动和主轴箱 5 沿立柱 4 的导轨上下移动来实现机床两个坐标方向的移动。回转工作台 3 可以在水平面内回转角度,进行精密分度。进给运动由纵向滑座 2 的纵向移动或主轴的轴向移动来实现。卧式坐标镗床的主参数是工作台面的宽度。

3) 金刚镗床

金刚镗床是一种高速精密镗床,它的主轴短而粗,由电机经 V 带直接带动而作高速旋转,进行镗削。

图 3.48 所示是金刚镗床的外形图。金刚镗床由主轴箱 1、工作台 3、主轴 2 及床身 4 等部件组成。主轴箱 1 固定在床身 4 上,由电动机经 V 带传动直接带动而做主运动,主轴 2 的端部设有消振器,由于其结构短粗、刚性高,故主轴运转平稳而精确。工件通过夹具安装在工作台 3 上,工作台沿床身导轨作平稳的低速纵向移动以实现进给运动。工作台上一般为液压驱动,可实现半自动循环。

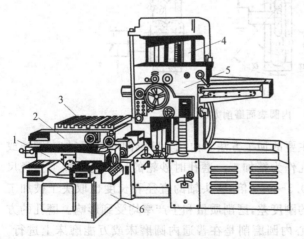

图 3.47 卧式坐标镗床
1—横向滑座;2—纵向滑座;3—回转工作台;
4—立柱;5—主轴箱;6—床身

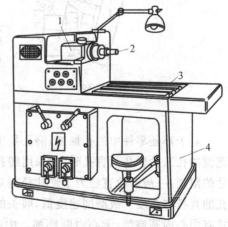

图 3.48 金刚镗床
1—主轴箱;2—主轴;3—工作台;4—床身

金刚镗床的种类很多,按其布局形式可以分为单面、双面和多面的金刚镗床;按其主轴的位置可以分为立式、卧式和倾斜式金刚镗床;按其主轴的数量可以分为单轴、双轴和多轴金刚镗床。

5. 镗孔的工艺特点及应用范围

镗孔和钻-扩-铰工艺相比,孔径尺寸不受刀具尺寸的限制,且镗孔具有较强的误差修正能力,可通过多次走刀来修正原孔轴线偏斜误差,而且能使所镗孔与定位表面保持较高的位置精度。

镗孔和车外圆相比,由于刀杆系统的刚性差、变形大,散热排屑条件不好,工件和刀具的热变形比较大;因此,镗孔的加工质量和生产效率都不如车外圆高。

综上分析可知,镗孔工艺范围广,可加工各种不同尺寸和不同精度等级的孔,对于孔径较大、尺寸和位置精度要求较高的孔和孔系,镗孔几乎是唯一的加工方法。

镗孔可以在镗床、车床、铣床等机床上进行,具有机动灵活的优点。在单件或成批生产中,镗孔是经济易行的方法。在大批大量生产中,为提高效率,常使用镗模。

3.3.3 磨孔

磨孔是指用直径较小的砂轮加工圆柱孔、圆锥孔、孔端面和特殊形状内孔表面的方法,如图 3.49 所示。

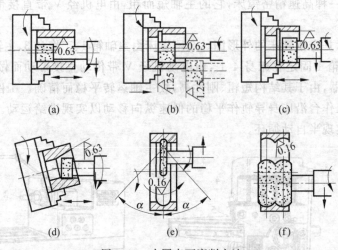

图 3.49 内圆表面磨削方法

对于淬硬零件中的孔加工,磨孔是主要的加工方法。内孔为断续圆周表面(如有键槽或花键的孔)、阶梯孔及盲孔时,常采用磨孔作为精加工。磨孔时砂轮的尺寸受被加工孔径尺寸的限制,一般砂轮直径为工件孔径的 0.5~0.9 倍,磨头轴的直径和长度也取决于被加工孔的直径和深度。故磨削速度低,磨头的刚度差,磨削质量和生产率均受到影响。磨孔的方式有中心内圆磨削、无心内圆磨削。中心内圆磨削是在普通内圆磨床或万能磨床上进行。无心内圆磨削是在无心内圆磨床上进行的,被加工工件多为薄壁件,不宜用夹盘夹紧,工件的内外圆同轴度要求较高。这种磨削方法多用于磨削轴承环类型的零件,其工艺特点是精度高,要求机床具有高精度、高的自动化程度和高的生产率,以适应大批大量生产。

由于内圆磨削的工作条件比外圆磨削差,故内圆磨削有如下特点:

(1) 受工件内孔尺寸的限制,砂轮直径小,转速也不是很高,因此内孔磨削的表面粗糙度较大;

(2) 砂轮轴的直径小,悬出长,刚性差,变形和振动大,不宜采用较大的磨削深度与进给量,故生产效率较低;

(3) 磨削接触区面积较大,磨削热大,工件易烧伤;

(4) 冷却条件差,排屑困难,砂轮易堵塞。所以,砂轮磨损较快,需要经常修整和更换,增加了辅助时间。

由于以上原因,内圆磨削生产率较低,加工精度不高,一般为 IT8～IT7,粗糙度值为 $Ra1.6\sim0.2\,\mu m$。磨孔一般适用于淬硬工件孔的精加工。磨孔与铰孔、拉孔相比,能校正原孔的轴线偏斜,提高孔的位置精度,但生产率比铰孔、拉孔低,在单件、小批生产中应用较多。

3.3.4 珩磨孔

1. 珩磨原理及珩磨头

珩磨是利用带有磨条(油石)的珩磨头对孔进行精整、光整加工的方法。珩磨时,工件固定不动,珩磨头由机床主轴带动旋转并作往复直线运动。在相对运动过程中,磨条以一定压力作用于工件表面,从工件表面上切除一层极薄的材料,其切削轨迹是交叉的网纹(见图 3.50)。为使砂条磨粒的运动轨迹不重复,珩磨头回转运动的每分钟转数与珩磨头每分钟往复行程数应互成质数。

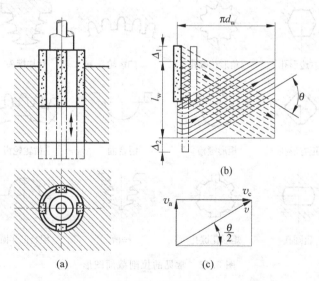

图 3.50 珩磨原理

2. 珩磨的工艺特点及应用范围

(1) 珩磨能获得较高的尺寸精度和形状精度,加工公差等级为 IT7～IT6 级,孔的圆度和圆柱度误差可控制在 $3\sim5\,\mu m$ 的范围之内,但珩磨不能提高被加工孔的位置精度。

(2) 珩磨能获得较高的表面质量,表面粗糙度为 $Ra0.2\sim0.025\,\mu m$,表层金属的变质缺陷层深度极微($2.5\sim25\,\mu m$)。

(3) 与磨削速度相比,珩磨头的圆周速度虽不高,但由于砂条与工件的接触面积大,往复速度相对较高,所以珩磨仍具有较高的生产率。

珩磨在大批大量生产中广泛用于发动机缸孔及各种液压装置中精密孔的加工,孔径范围一般为 $\phi 15\sim 500$ mm 或更大,并可加工长径比大于 10 的深孔。但珩磨不适用于加工塑性较大的有色金属工件上的孔,也不能加工带键槽的孔、花键孔等断续表面。

3.3.5 拉孔

1. 拉削特点和拉削过程

拉孔是在拉床上用拉刀对孔进行精加工的一种方法。拉刀是一种多齿刀具,沿着拉刀运动方向刀齿逐渐增加,从而一层层地从工件上切下余量,并获得较高的尺寸精度和较好的表面质量。拉刀的切削过程如图 3.51 所示。拉刀后一刀齿(或一组刀齿)比前一刀齿在拉削方向上的增加量称为齿升量 a_f。拉孔过程只有沿拉刀轴向的运动,没有进给运动。在拉刀轴线方向,齿升量是从大到小阶梯式递减,从而完成粗拉、半精拉、精拉。孔的最终精度则由拉刀最后几个校准刀齿来保

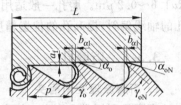

图 3.51 拉刀的切削过程

证。因此,拉削效率和加工精度都比较高,应用很广泛。拉削加工不但能加工孔,还可以通过改变拉刀的形状来加工多种内外表面(见图 3.52)。

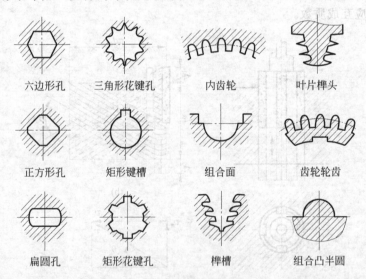

六边形孔	三角形花键孔	内齿轮	叶片榫头
正方形孔	矩形键槽	组合面	齿轮轮齿
扁圆孔	矩形花键孔	榫槽	组合凸半圆

图 3.52 常见的拉削截面图形

2. 拉刀

1) 拉刀的类型及其应用

拉刀种类繁多,按其加工表面可分为内拉刀(见图 3.53)和外拉刀(见图 3.54)。内拉刀加工内表面,如圆拉刀、方拉刀、多边形拉刀、花键拉刀和渐开线内齿轮拉刀等;外拉刀用于加工各种形状的外表面,常用的有平面拉刀、成形表面拉刀等。

按拉刀构造的不同,可分为整体式与组合式两类。整体式主要用于中、小型尺寸的高速钢拉刀;组合式主要用于大尺寸的硬质合金拉刀,这样不仅可以节省贵重的刀具材料,而且

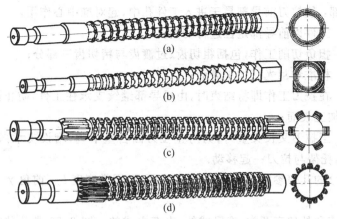

图 3.53 内拉刀
(a) 圆孔拉刀；(b) 方孔拉刀；(c) 花键拉刀；(d) 渐开线拉刀

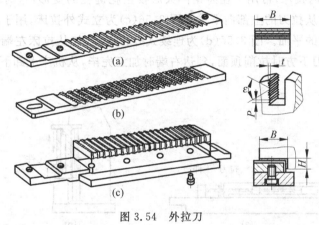

图 3.54 外拉刀
(a) 平面拉刀；(b) 齿槽拉刀；(c) 直角拉刀

当拉刀刀齿磨损或破损后，能够更换，延长整个拉刀的使用寿命。

拉刀按其受力方向分为拉刀和推刀两类，靠拉力进行加工的是拉刀，靠推力进行加工的是推刀。两者结构相似，推刀由于受压杆稳定条件的限制，长径比不能太大，主要用于校正孔型和强化表面的加工。

2) 拉刀的结构

圆拉刀是内拉刀的典型，结构如图 3.55 所示，一般由以下几部分组成。

图 3.55 圆孔拉刀的结构

(1) 头部：夹持刀具、传递动力的部分；
(2) 颈部：连接头部与其后各部分，也是打标记的地方；

(3) 过渡锥部：使拉刀前导部易于进入工件孔中,起对准中心作用；

(4) 前导部：工件以前导部定位进行切削；

(5) 切削部：担负切削工作,包括粗切齿、过渡齿与精切齿三部分；

(6) 校准部：校准和刮光已加工表面；

(7) 后导部：在拉刀工作即将结束时,由后导部继续支承住工件,防止因工件下垂而损坏刀齿和碰伤已加工表面；

(8) 支承部：当拉刀又长又重时,为防止拉刀因自重下垂,增设支承部,由它将拉刀支承在滑动托架上,托架与拉刀一起移动。

拉刀切削部分的几何参数有：齿升量 a_f、齿距 P、刃带宽度 b_{a1}、前角 γ_o、后角 α_o。

3. 拉床

拉床有内拉床和外拉床两类,有卧式的,也有立式的。图 3.56 是几种常见拉床的示意图。图 3.56(a)为卧式内拉床,是拉床中最常用的,用以拉花键孔、键槽和精加工孔。图 3.56(b)为立式内拉床,常用于在齿轮淬火后校正花键孔的变形,这时切削量不大,拉刀较短,故为立式,常从拉刀的上部向下推。图 3.56(c)为立式外拉床,用于汽车、拖拉机行业加工气缸体等零件的平面。图 3.56(d)为连续式外拉床,毛坯从拉床左端装入夹具,连续地向右运动,经过拉刀下方时拉削顶面,到达右端时加工完毕,从机床上卸下,用于大量生产中加工小型零件。

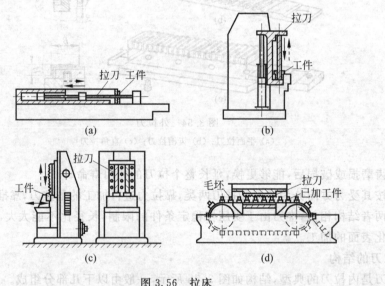

图 3.56 拉床
(a) 卧式内拉床；(b) 立式内拉床；(c) 立式外拉床；(d) 连续式外拉床

3.4 平面加工

平面是盘形和板形零件的主要表面,也是箱体、支架类零件的主要表面之一。平面加工的技术要求包括：平面本身的精度(例如直线度、平面度),表面粗糙度,平面相对于其他表面的位置精度(例如平行度、垂直度等)。

加工平面的方法很多,常用的有铣、刨、车、拉、磨削等方法。其中铣平面是平面加工应用最广泛的方法。

3.4.1 铣平面

铣削是平面加工的主要方法之一。此外,铣削还适于加工台阶面、沟槽、各种形状复杂的成形表面(如齿轮、螺纹等),还用于切断。铣削时,铣刀安装在铣床主轴上,其主运动是绕自身轴线的高速旋转运动。

由于铣刀是多刃刀具,刀齿能连续地依次进行切削,没有空程损失,且主运动为回转运动,可实现高速切削,故铣平面的生产效率一般都比刨平面高。其加工质量与刨平面相当,经粗铣-精铣后,尺寸公差等级可达 IT9~IT7 级,表面粗糙度可达 $Ra6.3 \sim 1.6~\mu m$。

由于铣平面的生产率高,在大批量生产中铣平面已逐渐取代了刨平面。在成批生产中,中小件加工大多采用铣削,大件加工则铣刨兼用,一般都是粗铣、精刨。而在单件小批生产中,特别是在一些重型机器制造厂中,刨平面仍被广泛采用。因为刨平面不能获得足够的切削速度,有色金属材料的平面加工几乎全部都用铣削。

1. 铣削方式

铣削可分为周铣法和端铣法。如图 3.57 所示,周铣是用分布在铣刀圆周的刀齿来进行铣削,而端铣是用分布在铣刀端面的刀齿来进行铣削。由于端铣的加工质量和生产效率比周铣高,在大批量生产中端铣比周铣用得多。周铣可使用多种形式的铣刀,能铣槽、铣成形表面,并可在同一刀杆上安装几把刀具同时加工几个表面,适用性好,在生产中用得也比较多。

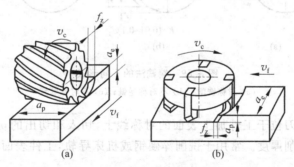

图 3.57 铣削方式及铣削要素
(a) 周铣;(b) 端铣

1) 顺铣和逆铣

周铣又分为顺铣和逆铣两种,如图 3.58 所示。所谓顺铣是指主运动(铣刀旋转)速度方向与进给运动(工件移动)方向相同的铣削,而逆铣时两者运动方向相反。逆铣时,刀齿的切削厚度由零逐渐增加。刀齿切入工件时切削厚度为零,由于切削刃钝圆半径的影响,刀齿在已加工表面上滑擦一段距离后才能真正切工件,因而刀齿磨损快,加工表面质量较差,顺铣时则无此现象。实践证明,顺铣时铣刀寿命比逆铣高 2~3 倍,加工表面也比较好,但顺铣不宜铣带硬皮的工件。

顺铣时,铣削力的垂直分力是指向工作台的,因此工件所需的夹紧力较小,但其水平分力与工件的进给方向相同,由于机床进给传动机构中总有一定的间隙存在,应注意防止进给

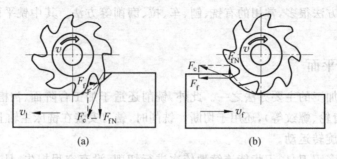

图 3.58 逆铣和顺铣
(a) 顺铣；(b) 逆铣

量不稳定、打刀等现象。在顺铣法加工铸、锻件等表面有硬皮的工件时，由于刀齿首先接触工件的硬皮，往往会加剧刀刃的磨损。逆铣一般不存在上述问题，所以生产中采用较多，但逆铣的铣削力垂直分力是将工件上抬的，易引起振动。

2) 端铣

端铣法是用面铣刀端面的刀齿来进行铣削的方法，根据铣刀中心与工件加工表面中心的位置关系，可分为对称铣削、不对称顺铣和不对称逆铣，如图 3.59 所示。

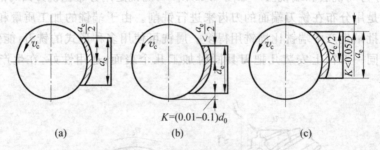

图 3.59 端铣法的不同形式
(a) 对称铣削；(b) 不对称逆铣；(c) 不对称顺铣

对称铣削时，铣刀位于工件加工表面的对称线上，切入和切出的切削层厚度相同且最小，有较大的平均切削厚度。常用于铣削淬硬钢或机床导轨，工件表面粗糙度均匀，刀具耐用度较高。

不对称逆铣切入时厚度最小，切出时最大，铣削碳钢和合金钢时，可减小切入冲击，提高使用寿命；不对称顺铣切入时厚度较大，切出时厚度较小，实践证明不对称顺铣用于加工不锈钢和耐热合金时，可使切削速度提高 40%～60%，并可减少硬质合金的热裂磨损。

2. 铣刀

铣刀是机械加工中使用最多的刀具之一。它是多刃回转刀具，可用来加工各种平面、台阶、沟槽、切断以及单坐标和多坐标成形表面等，因此铣刀的规格、品种很多，如图 3.60 所示。

(1) 圆柱铣刀：用于在卧式铣床上加工平面，一般切削刃为螺旋形。圆柱铣刀的刀齿分布在圆柱面上，有粗齿铣刀和细齿铣刀两种。其材料有整体高速钢和镶焊硬质合金两种。

(2) 面铣刀：又叫端铣刀，主切削刃分布在铣刀端面上，多用在立式铣床上加工平面。面铣刀比圆柱铣刀质量大，刚性好，切削速度高，表面粗糙度值小，生产率高，故加工平面多

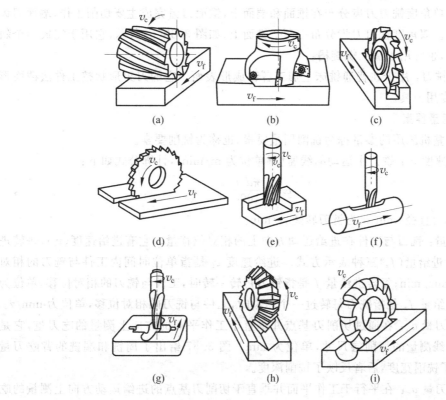

图 3.60 铣刀的类型及典型加工
(a) 圆柱铣刀；(b) 面铣刀；(c) 三面刃铣刀；(d) 锯片铣刀；(e) 立铣刀；
(f) 键槽铣刀；(g) 模具铣刀；(h) 角度铣刀；(i) 成形铣刀

用面铣刀。面铣刀多采用硬质合金机夹结构。

(3) 盘铣刀：分为单面刃、双面刃和三面刃三种，主要用于加工沟槽和台阶。如图 3.60 (c) 的三面刃铣刀，外形是一个圆盘，在圆周及两个端面上均有刀刃，从而改善了侧面的切削条件，提高了加工质量。盘铣刀多采用硬质合金机夹结构。

(4) 锯片铣刀：实际上是薄片槽铣刀，但是齿数少，容屑空间大，主要用于切断和切窄槽。

(5) 立铣刀：圆柱面上的螺旋刃为主刃，端面刃为副切削刃，因此不能沿轴向进给。立铣刀常用于加工沟槽及台阶面，也常用于加工二维曲面。立铣刀分粗齿、细齿两种，大多用高速钢制造，也有用硬质合金制造。小直径做成整体式，大直径做成镶齿或可转位式。

(6) 键槽铣刀：是铣键槽的专用工具，主要用于加工圆头封闭键槽。它在圆柱面上和端面上都只有两个刀齿，因刀齿数少，螺旋角小，端面齿强度高。工作时，既可沿工件轴向，又可沿刀具轴向进给。

(7) 模具铣刀：用于加工模具型腔或凸模成形表面。模具铣刀是由立铣刀演变而成的，按工作部分外形可分为圆锥形平头、圆柱形球头、圆锥形球头三种。硬质合金模具铣刀用途非常广泛，除可铣削各种模具型腔外，还可代替手用锉刀和砂轮磨头清理铸、锻、焊工件的毛边，以及对某些成形表面进行光整加工等。

(8) 角度铣刀：用于铣削角度槽和斜面，分为单角度铣刀、不对称双角度铣刀和对称角度铣刀三种。单角度铣刀刀齿分布在锥面和端面上,锥面刀齿完成主要切削工作,端面刀齿只起修整作用。双角度铣刀刀齿分布在两个锥面上,如图 3.60(h)所示,它用于完成两个斜面的成形加工,也常用于加工螺旋槽。

(9) 成形铣刀:用于在普通铣床上加工各种成形表面。它的刀刃形状按工件法截面形状来设计,属专用刀具。

3. 铣削用量要素

铣削时调整机床用的参量称为铣削用量要素,也称为铣削要素。

(1) 铣削速度 v_c:铣刀主运动的线速度(单位为 m/min),计算公式如下:

$$v_c = \frac{\pi d_0 n}{1000}$$

式中:d_0 为铣刀直径,mm;n 为铣刀转速,r/min。

(2) 进给量:铣刀与工件在进给运动方向上的相对位移量。它有进给速度(v_f)、每转进给量(f)、每齿进给量(f_z)三种表示方式。进给速度 v_f 是指单位时间内工件与铣刀的相对位移,单位为 mm/min;每转进给量 f 是指铣刀每转一转时,工件与铣刀的相对位移,单位为 mm/r;每齿进给量 f_z 是指铣刀每转过一个刀齿时,工件与铣刀的相对位移,单位为 mm/z。

(3) 背吃刀量 a_p:在通过切削刃基点并垂直于工作平面的方向上测量的吃刀量,它是平行于铣刀轴线测量的切削层尺寸,单位为 mm。图 3.57 给出了周铣和端铣的背吃刀量 a_p,前者反映了铣削宽度,后者反映了铣削深度。

(4) 侧吃刀量 a_e:在平行于工作平面并垂直于切削刃基点的进给运动方向上测量的吃刀量,即垂直于铣刀轴线测量的切削层尺寸,单位为 mm。图 3.57 给出了周铣和端铣的侧吃刀量 a_e。

4. 铣床

铣床是用铣刀进行铣削的机床,它可加工平面、沟槽、齿轮、螺旋形表面及成形表面。它的切削速度较高,而且又是多刃连续切削,所以生产率较高。

铣床的主参数是工作台面的宽度。铣床的主要类型有:卧式升降台铣床、立式升降台铣床、床身式铣床、龙门铣床等。

1) 升降台铣床

升降台铣床是铣床中的主要品种,有卧式升降台铣床、万能升降台铣床和立式升降台铣床三大类,适用于单件、小批及成批生产中加工小型零件。

图 3.61(a)所示是卧式升降台铣床的外形图。卧式升降台铣床由床身 1、悬梁 2、悬梁上的刀杆支架 6、工作台 4、升降台 7、滑座 5、底座 8 及装在主轴上的刀杆 3 等部件组成。加工时,工件安装在工作台 4 上,铣刀装在刀杆 3 上,铣刀旋转做主运动,工件移动作进给运动。升降台 7 连同滑座 5、工作台 4 可沿床身 1 上的导轨上下移动,滑座及工作台可在升降台的导轨上作横向进给运动,工作台又可沿滑座上的导轨作纵向进给运动。悬梁 2 和刀杆支架 6 的位置可根据刀杆的长度进行调整,以较大的刚度支承刀杆。它通常适用于单件及成批生产。

图 3.61(b)所示是立式升降台铣床的外形图。立式升降台铣床由床身 1、底座 8、立铣头 9、主轴 10、工作台 4、升降台 7 及床鞍 11 等部件组成。床身 1 安装在底座 8 上,可根据加工需要在垂直面内调整角度的立铣头 9 安装在床身上,立铣头内的主轴 10 可以上下移动。

可作纵向和横向运动的工作台4安装在升降台7上,升降台可作垂直运动。床鞍11及升降台7的结构和功能与卧式铣床基本相同,同样也适用于单件及成批生产。

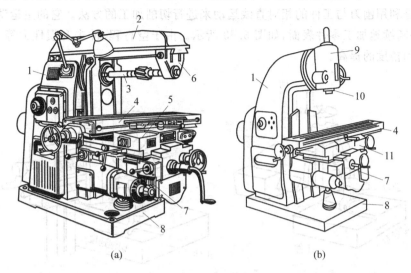

图3.61 升降台铣床
(a) 卧式升降台铣床;(b) 立式升降台铣床
1—床身;2—悬梁;3—刀杆;4—工作台;5—滑座;6—刀杆支架;7—升降台;8—底座;
9—立铣头;10—主轴;11—床鞍

2) 床身式铣床

床身式铣床的工作台不作升降运动,故又称工作台不升降铣床。机床的竖直运动由安装在立柱上的主轴箱完成。这样做可以提高机床的刚度,以便采用较大的切削用量。这类机床用以加工中等尺寸的零件。

3) 龙门铣床

龙门铣床是一种大型高效的通用机床,常用于各类大型工件上的平面、沟槽等的粗铣、半精铣和精铣加工。

图3.62所示是龙门铣床的外形图。龙门铣床由横梁3、两个立式铣削主轴箱(立铣头)4和8、两个卧式铣削主轴箱(卧铣头)2和9、床身10、工作台1、顶梁6及两个立柱5和7等部件组成。床身10、顶梁6与立柱5和7使机床成框架结构,横梁3可以在立柱上升降,以适应工件的高度。4个铣削头均为一个独立的部件,内装主轴、主运动变速机构和操纵机构。工件安装在工作台1上,工作台可在床身10上作水平的纵向运动。立铣头4和8可在横梁上作水平的横向运动,卧铣头2和9可在立柱上升降。当工件从铣刀下通过后,工件就被加工出来。龙门铣床的生产率较高,适用于成批和大量生产中。

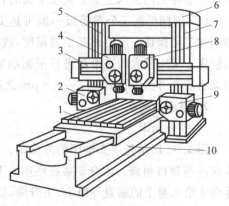

图3.62 龙门铣床
1—工作台;2,9—卧式铣削主轴箱(卧铣头);
3—横梁;4,8—立式铣削主轴箱(立铣头);
5,7—立柱;6—顶梁;10—床身

3.4.2 刨平面

刨削是利用刨刀与工件的相对直线运动来进行切削加工的方法。它的主运动为直线往复运动,并断续地加工零件表面,如图 3.63 所示。由于空行程、冲击和惯性力等,限制了刨削生产率和精度的提高。

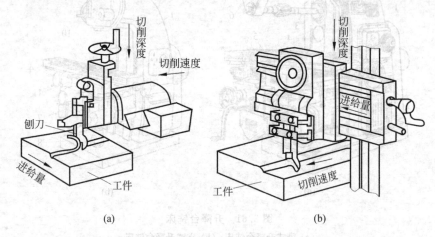

图 3.63 平面刨削
(a) 牛头刨床刨削平面;(b) 龙门刨床刨削平面

1. 刨削加工的特点

(1) 机床和刀具的结构较简单,通用性较好。刨削主要用于加工平面,机座、箱体、床身等零件上的平面常采用刨削,也可用于加工槽、花键、母线为直线的成形面等。特别是牛头刨床,在单件修配中应用仍很广泛。

(2) 生产率较低。由于刨削回程不进行切削,加工不是连续进行的,冲击较严重;另外,刨削时常用单刃刨刀切削,刨削用量也较低,故刨削加工生产率较低,一般仅用于单件小批生产。但在龙门刨床上加工狭长平面时,可进行多件或多刀加工,生产率有所提高。

(3) 刨削的加工公差等级一般可达 IT8～IT7,表面粗糙度可控制在 $Ra6.3 \sim 1.6 \mu m$。刨削加工可保证一定的相互位置精度,故常用龙门刨床来加工箱体和导轨的平面。当在龙门刨床上采用较大的进给量进行平面的宽刃精刨时,平面度公差可达 0.02 mm/1000 mm,表面粗糙度可控制在 $Ra1.6 \sim 0.8 \mu m$ 之间。

2. 刨床与插床

1) 牛头刨床

图 3.64 所示是牛头刨床的外形图。牛头刨床由床身 5、滑枕 4、刀架 3、滑座 2、工作台 1 及底座 6 等部件组成。床身 5 装在底座 6 上,滑枕 4 带动刀架 3 作往复主运动,滑座 2 带动工作台 1 沿床身上的垂直导轨上、下升降,以适应不同高度的工件加工。工作台 1 带着工件沿滑座 2 作间歇的横向进给运动。刀架 3 可在左、右两个方向上调整角度,以便加工斜面。牛头刨床适用于加工单件小批量生产的中小件。牛头刨床的主参数是最大刨削长度。

2) 龙门刨床

图 3.65 所示是龙门刨床的外形图。龙门刨床由立柱 3 和 7、床身 10、顶梁 4、横梁 2、两个

立刀架 5 和 6、工作台 9 及两个横刀架 1 和 8 等部件组成。立柱 3 和 7 固定在床身 10 的两侧，由顶梁 4 连接；横梁 2 可在立柱上升降，从而组成一个"龙门"式框架。龙门刨床有 3 个进给箱：一个在横梁 2 的右端，驱动两个立刀架；其余两个分别装在左、右横刀架上。工作台、进给箱及横梁升降等，都由单独的电动机驱动。工作台 9 可在床身上作纵向直线往复运动。两个横刀架 1 和 8 可分别在两根立柱上作升降运动。龙门刨床主要用于中、小批量生产及修理车间，加工大平面，特别是长而窄的平面；也可在工作台上安装几个中、小型零件，同时切削。

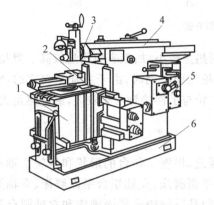

图 3.64 牛头刨床

1—工作台；2—滑座；3—刀架；4—滑枕；
5—床身；6—底座

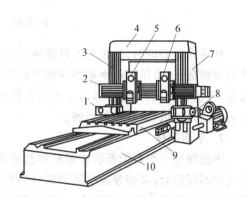

图 3.65 龙门刨床

1,8—横刀架；2—横梁；3,7—立柱；4—顶梁；
5,6—立刀架；9—工作台；10—床身

3) 插床

插床实质上是立式刨床，其所加工的表面与基面垂直。插削主要用来加工各种垂直的槽，如键槽、花键槽等，特别是盘状零件内孔的键槽。有时也用来加工多边形孔，如四方孔、六方孔。在插床上加工内表面，比在刨床上方便得多。

如图 3.66 所示，插床的滑枕带着插刀（刨刀、插刀的结构与车刀相同）作垂直主运动；圆工作台可由分度装置传动，在圆周方向作分度运动或进给运动；上滑座和下滑座可分别作横向及纵向的进给运动。插床主要用在单件小批生产中加工尺寸和重量都较小的中小型工件。

3.4.3 磨平面

表面质量要求较高的各种平面的半精加工和精加工，常采用平面磨削的方法，如齿轮的端面、滚珠轴承内外环的端面、活塞环等。加工公差等级一般可达到 IT7～IT6，表面粗糙度为 $Ra0.8\sim0.2~\mu m$。

1. 平面磨削方式

由于砂轮的工作面不同，通常有两种磨削方法（见图 3.67）：一种是用砂轮的周边进行磨削，砂轮主轴为水平位置，称为卧轴式；另一种是用砂轮的端面进行磨削，砂轮主轴为垂直布置，称为立轴式。

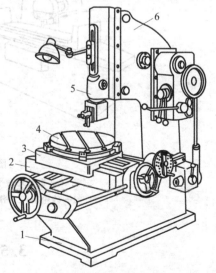

图 3.66 插床

1—床身；2—下滑座；3—上滑座；
4—圆工作台；5—滑枕；6—立柱

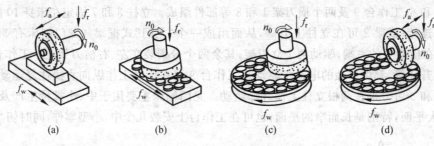

图 3.67 平面磨削方式

砂轮周边磨削时,砂轮与工件接触面积小,磨削热量较小,加工表面质量较高。但是,生产效率较低,故常用于精磨和磨削较薄的工件。砂轮端面磨削时,由于主轴是立式的,刚性较好,可使用较大的磨削用量,生产效率较高。但砂轮与工件接触面积较大,磨削热量大,加工表面质量较低,故常用于粗磨。

2. 平面磨床

平面磨床工作台的形状有矩形和圆形两种。因此,根据工作台的形状和砂轮主轴布置方式的不同组合,可把普通平面磨床分为卧轴矩台平面磨床、立轴矩台平面磨床、立轴圆台平面磨床和卧轴圆台平面磨床,目前应用范围较广的是卧轴矩台平面磨床和立轴圆台平面磨床,如图 3.68 所示。

图 3.68(a)为卧轴矩台平面磨床,砂轮工作表面是圆周表面。砂轮由砂轮架 1 上的电机主轴带动旋转作主运动;砂轮架可沿滑鞍 2 的导轨作间歇进给运动;砂轮架和滑鞍一起,可沿立柱 3 的导轨作间歇的垂直切入运动;工作台 4 内装有电磁吸盘,可以方便地把铁磁性材料的工件吸附在工作台上;工作台沿床身 5 上的水平导轨作纵向往复进给运动。

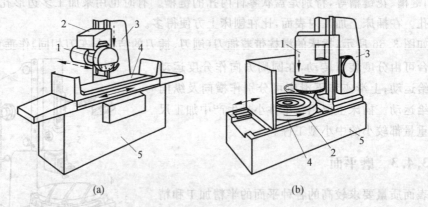

图 3.68 平面磨床
(a) 卧轴矩台平面磨床;(b) 立轴圆台平面磨床
1—砂轮架;2—滑鞍;3—立柱;4—工作台;5—床身

3.5 齿轮加工

齿轮是现代机器和仪器中最常用的传动件,它具有传动比准确、传动力大、效率高、结构紧凑、可靠耐用等优点,在各种工业部门中得到了广泛的应用。按照被加工齿轮种类的不同,齿轮加工机床可分为圆柱齿轮加工机床和锥齿轮加工机床两大类。圆柱齿轮加工机床主要有滚齿机、插齿机等;锥齿轮加工机床有加工直齿锥齿轮的刨齿机、铣齿机、拉齿机和加工弧齿锥齿轮的铣齿机;此外,还有加工齿线形状为长幅外摆线或延伸渐开线的锥齿轮铣齿机。用来精加工齿轮齿面的机床有珩齿机、剃齿机和磨齿机等。

3.5.1 齿形加工原理

齿轮加工机床的种类繁多,构造各异,加工方法也各不相同,按齿面加工原理来分,有成形法和范成法。

1. 成形法

成形法是用与被切齿轮齿廓形状一致的成形刀具实现齿面加工的方法。成形法加工齿轮一般可在普通铣床上进行,采用盘形齿轮铣刀或指状齿轮铣刀进行铣削,如图 3.69 所示。成形法加工齿轮的效率和精度较低,加工公差等级一般为 IT11~IT9,表面粗糙度为 $Ra6.3 \sim 3.2 \mu m$。

选用齿轮铣刀时要求其模数 m 和齿形角 α 应与被切齿轮的模数、齿形角一致。当模数 m 和齿形角 α 选定标准值后,由于齿数不同,其渐开线的形状也是不一样的。若为每一个模数的每一种齿数的齿轮制备一把相应的齿轮铣刀,既不经济也不便于管理。因此,同一模数的齿轮铣刀,

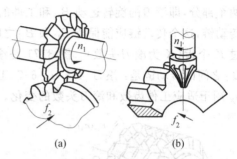

图 3.69 成形法加工齿轮
(a) 盘形齿轮铣刀铣齿;(b) 指状齿轮铣刀铣齿

一般只制备 8 把(或 15 把),分 8 个刀号(或 15 个刀号),分别用以铣削一定齿数范围的齿轮。

2. 范成法

范成法也称展成法,是利用齿轮的啮合原理实现齿面加工的方法,即把齿轮副中的一个齿轮转化为刀具,另一齿轮转化为工件,并强制刀具与工件之间作有严格传动比的啮合对滚运动,同时,刀具还作切削工件的运动。被加工齿轮的齿廓表面是在刀具和工件连续运动过程中,刀具齿形的运动轨迹的包络线构成的。

采用范成法加工,每一种模数,只需要一把刀具就可以加工各种不同齿数的齿轮。范成法是较为完善的齿轮切削加工方法,它可使被加工的轮齿得到较高的精度,生产率也较高,因此,在齿轮加工中应用最为广泛。但是,范成法需在专门的齿轮机床上加工,而且机床的调整、刀具的刃磨都比较复杂,故一般用于成批和大量生产。滚齿、插齿、剃齿都属于范成法切齿。

3.5.2 滚齿

1. 滚齿加工原理

滚齿加工过程中,刀具与工件模拟一对螺旋齿轮的啮合传动,如图 3.70 所示。齿轮滚刀本质上是一圆柱斜齿轮,由于其螺旋角很大(≈90°),齿数很少(只有一个或几个),因而可视为一个蜗杆。使用刀具材料来制造这个蜗杆,并使它形成必要的几何角度和切削刃,就构成一把齿轮滚刀。

滚刀按切削速度作旋转运动（B_{11}）时，齿轮齿坯就按一对螺旋齿轮啮合传动的运动关系，配合滚刀一起转动（B_{12}），即滚刀每转一转，齿坯就转过 K 个齿（K 为滚刀头数），在齿坯上滚切出齿槽，形成渐开线齿面。在滚刀旋转过程中由几个刀齿依次切出齿槽，渐开线齿廓则由刀刃一系列瞬时位置包络而成。当滚刀与齿坯连续不断地旋转时，齿坯整个圆周上便依次切出所有齿槽。

2. 滚齿加工运动分析

为了形成齿廓表面，机床需作表面成形运动，包括形成母线和导线的运动。母线是渐开线曲线，由范成运动实现；导线为平行于齿长方向的直线，由滚刀架轴向进给运动来实现。

1）加工直齿

（1）范成运动：滚刀与工件之间的啮合运动，是一个复合的表面成形运动，可被分解为两个部分，即滚刀的旋转运动 B_{11} 和工件的旋转运动 B_{12}。B_{11} 和 B_{12} 之间需要有一个内联系传动链，这个传动链应能保持 B_{11} 和 B_{12} 之间严格的传动比关系，即滚刀每转一转，齿坯就转过 K 个齿（K 为滚刀头数）。图 3.71 是滚切直齿圆柱齿轮的传动原理图，其中联系 B_{11} 和 B_{12} 之间的传动链是：滚刀-4-5-u_x-6-7-工件，称为范成运动传动链。传动链中的换置机构 u_x 用于适应工件齿数和滚刀头数的变化。

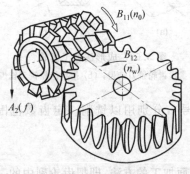 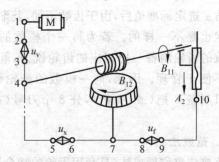

图 3.70 滚齿原理　　　　　　　图 3.71 滚切直齿圆柱齿轮的传动原理

（2）主运动：滚刀转动，即把电动机的运动传给滚刀，使滚刀产生所需要的旋转运动，属于外联系传动链。传动链为：电动机-1-2-u_v-3-4-滚刀，称为主运动传动链。传动链中的换置机构 u_v 用于调整渐开线齿廓的成形速度，以适应滚刀直径、滚刀材料、工件材料、硬度以及加工质量要求等变化。

（3）进给运动：滚刀作平行于工件轴线方向的轴向进给运动。它的传动链是：工件-7-8-u_f-9-10-刀架升降丝杠，为外联系传动链，称为进给传动链。传动链中的换置机构 u_f 用于调整进给量大小和进给方向，以适应加工不同工件表面粗糙度的要求。

2）加工斜齿

斜齿圆柱齿轮齿形与直齿圆柱齿轮齿形的区别在于其导线不是直线，而是螺旋线。因此，加工斜齿圆柱齿轮时，垂直进给运动应是一个复合的螺旋运动。这个螺旋运动由两个独立的简单运动合成：刀架的垂直进给运动 A_{21} 和工件的附加转动 B_{22}。此时，工件要同时完成 B_{12} 和 B_{22} 两个转动，这就需要合成，因此，采用合成机构。

滚切斜齿圆柱齿轮的两个成形运动都各需要一条内联系传动链和一条外联系传动链，如图 3.72 所示。范成运动传动链与滚切直齿圆柱齿轮相同。产生螺旋运动的外联系进给传动链也与切削直齿圆柱齿轮时相同,但这时的进给运动是复合运动,还需一条产生螺旋线的内联系传动链,用来连接刀架移动 A_{21} 和工件的附加转动 B_{22}。这条内联系传动链是:刀架驱动丝杠-12-13-u_y-14-15-合成,与范成传动链合成后,通过 6-7-u_x-8-9 再驱动工件按 B_{12} 和 B_{22} 的合成结果转动。传动链中换置机构 u_y 用于适应工件螺旋线导程 T 和螺旋角 β 的变化。

3. 滚刀

齿轮滚刀一般是指加工渐开线齿轮所用的滚刀。它是按螺旋齿轮啮合原理加工齿轮的。由于被加工齿轮是渐开线齿轮,所以它本身也应具有渐开线齿轮的几何特性。

齿轮滚刀从其外貌看并不像齿轮,实际上它仅有一个齿(或二个、三个齿),但齿很长而螺旋角又很大,可以绕滚刀轴线转好几圈,因此,从外貌上看,它很像一个蜗杆,如图 3.73 所示。

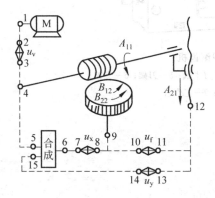
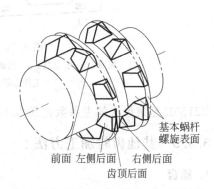

图 3.72 滚切斜齿圆柱齿轮的传动原理　　图 3.73 齿轮滚刀的基本蜗杆及各面

为了使这个蜗杆能起切削作用,必须沿其长度方向开出好多容屑槽,因此把蜗杆上的螺纹割成许多较短的刀齿,并产生了前刀面和切削刃。每个刀齿有一个顶刃和两个侧刃。为了使刀齿有后角,还要用铲齿方法铲出侧后面和顶后面。但是各个刀齿的切削刃必须位于这个相当于斜齿圆柱齿轮的蜗杆的螺纹表面上,因此这个蜗杆就称为滚刀的基本蜗杆。

标准齿轮滚刀精度分为 5 级:AAA、AA、A、B、C。加工时按照齿轮精度的要求,选用相应的齿轮滚刀。AAA 级滚刀可以加工 6 级齿轮;AA 级可以加工 7~8 级齿轮;A 级可加工 8~9 级齿轮;B 级可加工 9 级齿轮,C 级可加工 10 级齿轮。

目前,中、小模数滚刀都做成整体结构,模数较大的滚刀,为节省材料和便于热处理,一般做成镶片式和可转位式。

4. Y3150E 型滚齿机

图 3.74 所示为 Y3150E 型滚齿机的外形图,它由床身 1、前立柱 2、后立柱 8、滚刀主轴 4、刀架溜板 3、刀架 5、支架 6、工件心轴 7 及床鞍等部件组成。工作时,刀架 5 可以沿前立柱 2 上的导轨上下直线移动,还可以绕自己的水平轴线转动,若加工直齿圆柱齿轮,滚刀刀架 5 应相对工件轴线旋转一个滚刀螺旋升角的角度,以保证滚刀切削刃的主运动方向与被切齿轮的齿槽方向一致。若加工斜齿圆柱齿轮,滚刀刀架 5 旋转的角度除应考虑滚刀螺旋升角的角度外,还应考虑工件齿槽的螺旋角。当滚刀与齿轮螺旋线方向相同时,滚刀刀架 5 旋转的角度应为齿轮的螺旋角减去滚刀的螺旋升角;当滚刀与齿轮螺旋线方向相反时,滚刀刀架

5 旋转的角度应为齿轮的螺旋角加上滚刀的螺旋升角。滚刀安装在滚刀主轴 4 上作旋转运动，后立柱 8 可以连同工作台一起作水平方向的移动，以适应不同直径的工件及在用径向进给法切削蜗轮时作进给运动。工件装在工件心轴 7 上随同工作台一起旋转。

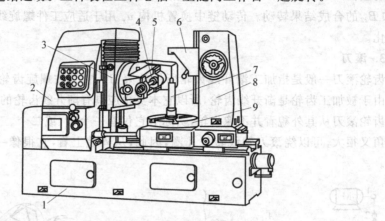

图 3.74 Y3150E 型滚齿机
1—床身；2—前立柱；3—刀架溜板；4—滚刀主轴；5—刀架；6—支架；
7—工件心轴；8—后立柱；9—工作台

Y3150E 型滚齿机的主参数是最大工件直径。

3.5.3 其他齿轮加工方法

1. 插齿

插齿的加工原理为一对圆柱齿轮的啮合，其中一个是工件，另一个是齿轮形刀具——插齿刀，如图 3.75 所示。插齿刀的模数和压力角与被加工齿轮相同。

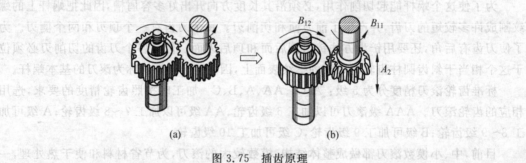

图 3.75 插齿原理

插齿加工是按范成法加工的，范成运动为插齿刀和工件的相对转动，可被分解为两个部分：插齿刀的旋转 B_{11} 和工件的旋转 B_{12}。插齿刀的上下往复运动 A_2 是一个简单的成形运动，用以形成轮齿齿面的导线——直线，这个运动是主运动。插斜齿时，应该用斜齿插齿刀，插齿刀的螺旋倾角与工件的相同，但旋向相反，插齿刀主轴在一个专用的螺旋导轨上移动。

插齿开始时，插齿刀和工件除作范成运动外，还要作相对的径向切入运动，直到全齿深为止；然后工件再转过一圈，全部轮齿就切削完毕；插齿刀与工件分开，机床停止。插齿刀在往复运动的回程中不切削。为了减少刀具的磨损，还需要有让刀运动，即刀具在回程时径向退离工件，切削时复原。

插齿可用来加工内、外啮合的圆柱齿轮,尤其适合于加工内齿轮和多联齿轮,这是滚齿无法加工的。装上附件,插齿机还能加工齿条,但插齿机不能加工蜗轮。

2. 剃齿

剃齿是根据一对轴线交叉的斜齿轮啮合时,沿齿向有相对滑动而建立的一种加工方法。剃齿加工时,剃齿刀安装在剃齿机主轴上,被剃削的齿轮安装在工作台的心轴上,主轴与心轴交错成一角度,形成螺旋齿轮啮合状态,剃齿机主轴带动剃齿刀旋转,剃齿刀再带动工件齿轮旋转,实现剃齿运动,如图 3.76 所示。

剃齿是一种齿面精加工方法,剃齿后较剃齿前精度可提高一级。若剃齿前采用 A 级滚刀滚齿并达到 7~8 级精度,则剃齿后齿轮精度可达 6~7 级,所以生产中常用剃齿来提高齿轮齿部的精度。剃齿的主要限制条件是剃齿刀不能加工淬硬齿轮,要求齿轮齿面的硬度要低于 35HRC,所以,在工厂常规的齿轮齿部加工工艺过程中,剃齿在滚齿或插齿之后、热处理之前进行。剃齿刀使用寿命长,剃齿生产率高,剃齿机结构简单、调整方便,所以,剃齿加工得以广泛应用。

3. 珩齿

珩齿的加工方式与剃齿相同,珩轮形状也与圆柱形剃齿刀相似,但珩轮的金属基体的齿面上浇铸了一层以树脂作为结合剂的磨料。当珩轮与工件齿面啮合转动并作 1~2 m/s 的相对滑移时,产生一种磨削、研磨和抛光的综合作用将工件齿面珩光。

根据珩磨轮形状和啮合方式的不同,珩齿可分为外啮合齿轮形珩齿、内啮合齿轮形珩齿和蜗杆形珩齿。目前生产中主要采用内、外齿轮形珩齿,如图 3.77 所示。传统上认为外啮合珩齿仅是一种淬火齿轮光整加工方法,主要用来降低淬火齿轮的表面粗糙度和传动时的噪声,而对精度提高有限。一般可使齿面粗糙度小至 $Ra0.63\sim0.16\ \mu m$,并少量纠正热处理变形。

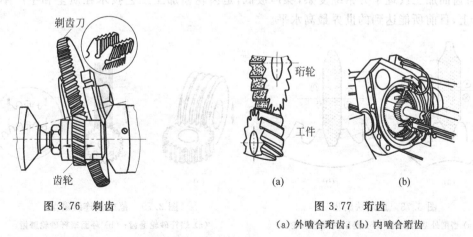

图 3.76 剃齿

图 3.77 珩齿
(a) 外啮合珩齿;(b) 内啮合珩齿

由于重叠系数高,内啮合珩齿有较强的热处理变形纠正能力,对热处理后 7 级精度的齿轮,可使珩后精度提高 1 级,同时,由于加工后的齿轮相对于磨齿,具有齿面表面粗糙度低和传动时噪声低等优点,在许多场合代替磨齿,成为齿轮加工的最后一道工序。其缺点是内啮合珩齿机床较贵,且多为进口,珩轮修整困难,多用于大批量生产。

4. 磨齿

磨齿常用于对淬硬的齿轮进行齿廓的精加工,但有时也用于直接在齿坯上磨出轮齿。由于磨齿能够纠正齿轮预加工的各项误差,因而加工精度较高,磨齿后,精度一般可达 6 级以上。磨齿通常分为成形法磨齿和范成法磨齿两大类。

1) 成形法磨齿

成形法砂轮截面的形状修整得与齿谷的形状相同,如图 3.78 所示。图 3.78(a)为磨削外啮合齿轮,图 3.78(b)为磨削内啮合齿轮。砂轮是根据专用的样板,由修正机构修正的。样板根据所磨齿轮的模数、齿数以及压力角等参数专门制造,所以这种磨齿机的工作精度相当高。它适用于在大批量生产中磨削大模数的齿轮。

磨齿时,砂轮高速旋转并沿工件轴线方向作往复运动。一个齿磨完后分度,再磨第二个齿。砂轮对工件的切入运动,由砂轮与安装工件的工作台作相对径向运动得到,这种机床的运动比较简单。

2) 范成法磨齿

范成法磨齿有连续磨齿和分度磨齿两大类。

(1) 连续磨齿

范成法连续磨削的磨齿机,其工作原理与滚齿机相似,砂轮为蜗杆形,称为蜗杆砂轮磨齿机。图 3.79(a)所示为它的工作原理,蜗杆形砂轮相当于滚刀,相对工件作范成运动,磨出渐开线。工件作轴向直线往复运动,以磨削直线圆柱齿轮的轮齿。如果作倾斜运动,就可磨削斜齿圆柱齿轮。在各类磨齿机中,这类机床的生产率最高,但修整砂轮较麻烦,因而常用于成批生产。为进一步提高效率和加工精度,20 世纪 90 年代初瑞士推出了环面蜗杆砂轮磨齿机 RZP,其原理如图 3.79(b)所示。将环面蜗杆砂轮磨齿机 RZP 和外啮合珩齿机联线,组成一种新的齿轮精加工机床 RZF,经过这种新工艺精加工的齿轮具有 5 级以上的精度,且齿面加工纹理十分错综复杂,噪声极低,是齿轮精加工工艺技术在质量和生产率完美结合上,目前所能达到的世界最高水平。

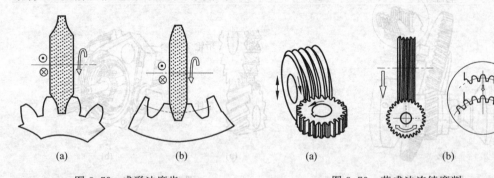

图 3.78 成形法磨齿　　　　　　　　　图 3.79 范成法连续磨削
(a) 磨削外啮合齿轮;(b) 磨削内啮合齿轮　　(a) 蜗杆砂轮磨齿;(b) 环面蜗杆砂轮磨齿

(2) 分度磨齿

这类磨齿机根据砂轮形状又可分为蝶形砂轮型、大平面砂轮型和锥形砂轮型 3 种,如图 3.80(a)、(b)、(c)所示。它们的工作原理相同,都是利用齿条和齿轮的啮合原理,用砂轮代替齿条来磨削齿轮的。齿条的齿廓是直线,其形状简单,易于保证砂轮的修整精度。加工时,被切齿轮在想象中的齿条上滚动,每往复滚动一次,完成一个或两个齿面的磨削。因此需多次分度,才能磨完全部齿面。

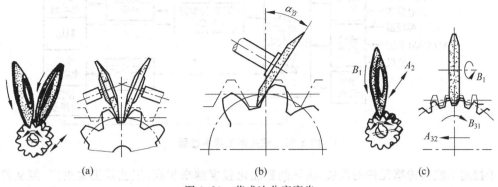

图 3.80 范成法分度磨齿
(a) 蝶形砂轮型；(b) 大平面砂轮型；(c) 锥形砂轮型

3.6 数控加工

数控机床是综合应用了微电子、计算机、自动控制、自动检测以及精密机械等技术的最新成果而发展起来的完全新型的机床,它标志着机床工业进入了一个新的阶段。从第一台数控机床问世到现在的 50 多年中,数控技术的发展非常迅速,使制造技术发生了根本性的变化,几乎所有品种的机床都实现了数控化。数控机床的应用领域也从航空工业部门逐步扩大到汽车、造船、机床、建筑等民用机械制造行业。此外,数控技术也在绘图仪、坐标测量仪、激光加工与线切割机等机械设备中得到广泛的应用。

3.6.1 数控机床的基本工作原理

GB 8129—1997 将数控(numerical control)定义为：用数值数据的控制装置,在运行过程中,不断引入数值数据,从而对某一生产过程实现自动控制。国际信息处理联盟(International Federation of Information Processing,IFIP)将数控机床定义为：数控机床是一种装有程序控制系统的机床,机床的运动和动作按照这种程序控制系统发出的由特定代码和符号编码组成的指令进行。这种程序控制系统称之为机床的数控系统。

数控机床是用数字信息进行控制的机床。即凡是用代码化的数字信息将刀具移动轨迹信息记录在程序介质上,然后送入数控系统经过译码和运算,控制机床刀具与工件的相对运动,加工出所需工件的一类机床即为数控机床。数控加工基本过程见图 3.81。

数控机床加工零件时,首先应编制零件的数控程序,这是数控机床的工作指令。将数控程序输入到数控装置,再由数控装置控制机床主运动的变速、启停,进给运动的方向、速度和位移大小,以及其他诸如刀具选择交换、工件夹紧松开和冷却润滑的启、停等动作,使刀具与工件及其他辅助装置严格地按照数控程序规定的顺序、路程和参数进行工作,从而加工出形状、尺寸与精度符合要求的零件。

3.6.2 数控机床的分类

数控技术已广泛用于各种机床上,包括齿轮加工机床,也用于各种机械的运动控制上。

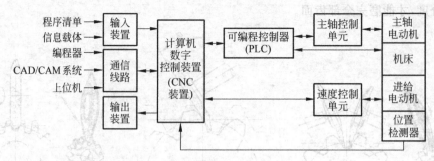

图 3.81 数控加工基本过程

由于控制系统及传感元件的发展,机床的智能化程度越来越高,工艺范围也更广,但从控制原理和主要性能看,可按下列方法分类。

1. 按工艺用途分类

(1) 普通数控机床:数控机床是在传统的普通机床的基础上发展起来的,各种类型的数控机床基本上起源于同类型的普通机床,可分为数控车床、数控铣床、数控钻床、数控磨床、数控镗床、数控齿轮加工机床等,而且每一类又包含很多品种,例如数控铣床中就有立铣、卧铣、工具铣、龙门铣等,这类机床的工艺性能和通用机床相似。图 3.82 为某型全功能数控车床,图 3.83 为立式数控铣床。

图 3.82 数控车床

图 3.83 立式数控铣床

(2) 加工中心机床:这是一种在普通数控机床上加装一个刀具库和自动换刀装置而构成的数控机床。它和普通数控机床的区别是工件经一次装夹后,数控系统能控制机床自动地更换刀具,自动连续地对工件各加工面进行铣(车)、镗、钻、铰、攻螺纹等多工序加工。加工中心可分为镗铣削加工中心和车削加工中心。图 3.84 为立式镗铣削加工中心。

(3) 金属成形类数控机床:数控冲床、数控折弯机、数控弯管机、数控回转头压力机等。

(4) 数控特种加工机床:数控线切割机床、数控电火花加工机床、数控激光切割机床等。

(5) 其他类型的数控机床:数控火焰切割机、数控三坐标测量机等。

2. 按运动方式分类

(1) 点位控制数控机床:只控制刀具或部件从一点到另一点位置的精确定位,而不控制移动轨迹,在移动和定位过程中不进行任何加工。因此,为了尽可能减少移动刀具或部件

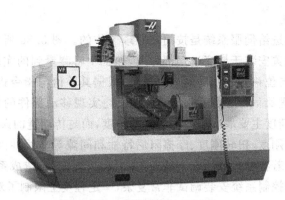

图 3.84 立式镗铣削加工中心

的运动与定位时间,通常先以快速移动接近终点坐标,然后以低速准确移动到定位点,以保证定位精度。例如,数控坐标镗床、数控钻床、数控冲床、数控点焊机、数控折弯机等都是点位控制机床。

(2) 直线控制数控机床:有时也称为点位直线控制数控机床,它不仅能控制刀具或移动部件,从一个位置到另一个位置的精确移动,而且能以适当的进给速度,沿平行于坐标轴的方向进行直线移动和加工,或者控制两个坐标轴以同样的速度运动,沿45°斜线进行切削加工。部分数控车床、数控镗铣床、数控磨床属于直线控制数控机床。

(3) 轮廓控制数控机床:能够对两个或两个以上的坐标轴同时进行控制,它不仅能控制机床移动部件的起点与终点坐标,而且要控制整个加工过程每一点的速度与位移量,也就是说,要控制移动轨迹,按给定的平面直线、曲线或空间曲面轮廓运动,加工出形状复杂的零件。这种系统要比点位直线系统更为复杂,在加工过程中需要不断进行插补运算,然后进行相应的速度与位移控制,且其一般具有刀具长度和刀具半径补偿功能。大多数数控机床具有轮廓控制功能,如数控车床、数控铣床、加工中心等。

3. 按控制方式分类

1) 开环控制系统

开环就是不带反馈装置的控制系统,通常使用步进电机、功率步进电机或电液脉冲马达作为执行机构。数控装置输出的脉冲通过环形分配器和驱动电路,不断改变供电状态,使步进电机转过相应的步距角,再经过减速齿轮带动丝杠旋转,最后转换为移动部件的直线位移。移动部件的移动速度与位移量是由输入脉冲的频率和脉冲数所决定的。图3.85为典型的开环控制系统框图。开环控制系统具有结构简单,成本较低等优点,但是系统对移动部件的实际位移量是不进行检测的,也不能进行误差校正,因此,步进电机的步距误差,齿轮与丝杠等的传动链误差都将反映到被加工零件的精度中去。所以,开环控制系统一般应用于精度要求不高的经济型数控系统中。

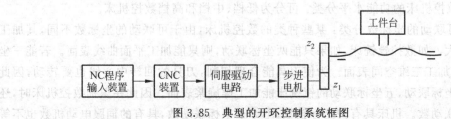

图 3.85 典型的开环控制系统框图

2) 闭环控制系统

闭环数控机床的进给伺服系统是按闭环原理工作的。图3.86所示为典型的闭环进给系统。将位置检测装置安装于机床运动部件上,加工中将测量到的实际位置值反馈到数控装置中,将反馈信号与位移指令值随时进行比较,根据其差值与指令进给速度的要求,按一定规律转换后,得到进给伺服系统的速度指令,最终实现移动部件的精确定位。从理论上讲,闭环系统的运动精度主要取决于检测装置的精度,而与传动链的误差无关。但由于该系统受进给丝杠的拉压刚度、扭转刚度、摩擦阻尼特性和间隙等非线性因素的影响,给测试工作带来很大的困难。若各种参数匹配不适当,会引起系统振荡,造成系统工作不稳定,影响定位精度。所以闭环控制系统安装调试非常复杂,一定程度上限制了对其更广泛的应用。

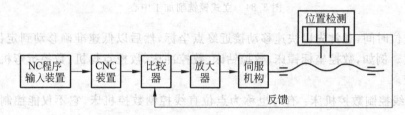

图3.86 典型闭环控制系统框图

3) 半闭环控制系统

这种系统与闭环系统不同之处是检测元件装在伺服电动机的尾部,通过检测丝杠的转角间接地检测移动部件的位移,然后反馈到数控装置中。由于电动机到工作台之间的传动有间隙和弹性变形、热变形等因素,因而检测的数据与实际的坐标值有误差。由于角位移检测装置比直线位移检测装置的结构简单,安装方便,检测元件不容易受损害,且惯性较大的机床移动部件不包括在闭环之内,系统的调试比较方便,因此配有精密滚珠丝杠和齿轮的半闭环系统目前应用较多。图3.87为半闭环控制系统框图。

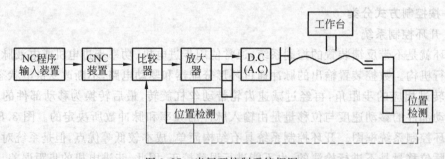

图3.87 半闭环控制系统框图

4. 其他分类方法

(1) 按数控机床的功能水平分类:可分为低档、中档和高档数控机床。

(2) 按可联动的坐标数分类:某些种类的数控机床,由于可联动的坐标数不同,其加工能力区别很大。如数控镗铣床,如果只能两坐标联动,则只能加工平面曲线表面。若能三坐标联动,则能加工三维空间表面。为使刀具能合理切削,刀具的回转中心线也要转动,因此需要更多的坐标联动,五坐标联动的镗铣床能加工螺旋桨表面。因此在识别数控机床时,还要考查坐标联动数。机床具有的坐标轴数,不等于坐标联动数,具有的伺服电动机数也不等于坐标联动数。所谓坐标联动数是由同一个插补程序控制的移动坐标数。这些坐标的移动规律是按着所加工的轮廓表面规定的。

3.6.3 数控机床应用范围及特点

1. 数控机床的应用范围

目前的数控加工主要应用于以下两个方面。

(1) 常规零件加工,如二维车削、箱体类镗铣等。其目的在于:提高加工效率,避免人为误差,保证产品质量;以柔性加工方式取代高成本的工装设备,缩短产品制造周期,适应市场需求。这类零件一般形状较简单,实现上述目的的关键:一方面在于提高机床的柔性自动化程度、高速高精加工能力、加工过程的可靠性与设备的操作性能;另一方面在于合理的生产组织、计划调度和工艺过程安排。

(2) 复杂形状零件加工,如模具型腔、涡轮叶片等,该类零件在众多的制造行业中具有重要的地位,其加工质量直接影响以至决定着整机产品的质量。这类零件型面复杂,常规加工方法难以实现,它不仅促使了数控加工技术的产生,而且也一直是数控加工技术的主要研究及应用对象。由于零件型面复杂,在加工技术方面,除要求数控机床具有较强的运动控制能力(如多轴联动)外,更重要的是如何有效地获得高效优质的数控加工程序并从加工过程整体上提高生产效率。

2. 数控加工的特点

数控机床在机械制造领域中得到日益广泛的应用,是因为它具有如下特点。

(1) 高柔性。数控机床是按照被加工零件的数控程序来进行自动加工的,只需改变程序即可适应不同品种的零件加工,且几乎不需要制造专用的凸轮、靠模、样板、钻镗模等工装夹具,因此加工柔性好,有利于缩短产品的研制与生产周期,适应多品种、中小批量的现代生产需要。

(2) 生产效率高。数控机床主轴转速和进给量的范围比普通机床的范围大,良好的结构刚性允许数控机床进行大切削用量的强力切削,有效地节省了机动时间;自动换速、自动换刀、快速的空行程运动和其他辅助操作自动化功能,加上更换被加工零件时几乎不需要重新调整机床,使辅助时间大为缩短。通常,数控机床比普通机床的生产率高 3~4 倍甚至更高。

(3) 加工精度高,加工质量稳定可靠。数控机床进给传动链的反向间隙与丝杠螺距误差等均可由数控装置进行补偿,因此,数控机床能达到比较高的加工精度。此外数控机床的传动系统与机床结构都具有很高的刚度和热稳定性,而且提高了它的制造精度,特别是数控机床的自动加工方式,避免了生产者的人为操作误差,同一批加工零件的尺寸一致性好,产品合格率高,加工质量十分稳定。

(4) 自动化程度高。操作者除了操作键盘、装卸零件、安装刀具、完成关键工序的中间测量以及观察机床的运行之外,不需要进行繁重的重复性手工操作,劳动强度与紧张程度均可大为减轻,劳动条件也得到相应的改善。

(5) 能完成复杂型面的加工。数控加工运动的任意可控性使其能完成普通加工方法难以完成或者无法进行的复杂型面加工。

(6) 有利于生产管理的现代化。用数控机床加工零件,能准确地计算零件的加工工时,并有效地简化了检验和工夹具、半成品的管理工作。这些特点都有利于使生产管理现代化，便于实现计算机辅助制造。数控机床及其加工技术是计算机辅助制造系统的基础。

本章基本要求

1. 熟悉了解机床的基本组成、机床型号编制方法、主要技术性能。
2. 熟悉掌握机床的运动分析，学会绘制机床传动原理图。
3. 熟悉掌握外圆表面车削、磨削、光整加工的加工原理、所用刀具、加工机床、工艺特征及应用范围。
4. 了解 CA6140 车床的组成、结构及工艺范围，掌握 CA6140 车床主运动传动系统，掌握 CA6140 车床进给运动传动系统中车削公制螺纹的传动路线。
5. 熟悉和掌握钻孔与扩孔、铰孔、镗孔、珩磨孔、拉孔的加工原理、所用刀具、加工机床、工艺特征及应用范围。
6. 熟悉和掌握平面铣削、刨削、磨削的加工原理、所用刀具、加工机床、工艺特征及应用范围。
7. 熟悉和掌握齿形加工原理，熟悉滚齿加工原理、所用刀具、加工机床、工艺特征及应用范围，了解插齿、剃齿、珩齿和磨齿加工方法。
8. 了解数控机床的基本原理、分类、应用范围和特点。

思考题与习题

1. 金属切削机床是如何分类的？按照机床的万能性程度，机床可分为几类？
2. 机床的技术性能一般有哪几个方面？其含义是什么？
3. 如何区分机床的主运动与进给运动？
4. 车圆柱面和车螺纹时，各需要几个独立运动？
5. 如题 5 图所示为某卧式车床的主传动系统，试写出主运动传动链的传动路线表达式和图示齿轮啮合位置时的运动平衡式(算出主轴转速)。

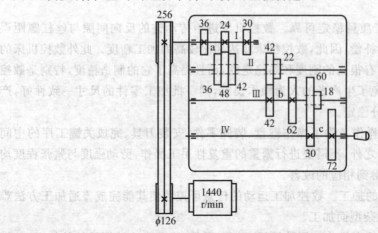

题 5 图 卧式车床主传动系统

6. 外圆表面的加工方法有哪些？各有何工艺特点？
7. 分析比较中心磨和无心磨外圆的工艺特点和应用范围。
8. 试分析比较钻头、扩孔钻和铰刀的结构特点和几何角度。
9. 说明在车床上镗孔和在镗床上镗孔的异同和各自适合加工的零件特点。
10. 对于相同直径、相同精度等级的轴和孔，为什么孔的加工比较困难？
11. 什么是逆铣？什么是顺铣？试分析逆铣和顺铣、对称铣和不对称铣的工艺特征。
12. 试分析比较铣平面、刨平面、车平面的工艺特征和应用范围。
13. 拉削速度并不高，但拉削确是一种高生产率的加工方法，原因何在？
14. 试指出插齿、滚齿、磨齿可分别适用于下列哪种零件上的齿面加工：蜗轮、内啮合直齿圆柱齿轮、外啮合斜齿圆柱齿轮、花键轴、齿条。
15. 简述数控加工的特点和应用范围。

小论文参考题目

1. 高速切削现状及其在各种加工方法中的应用。
2. 磨削技术的发展及其在生产中的应用。
3. 齿轮精加工方法在我国汽车工业中的应用。

第4章 机床夹具设计原理

本章从机床夹具的基本概念入手,介绍工件定位和工件夹紧的基本原理,揭示机床夹具设计中的基本问题和机床夹具设计的步骤。主要内容包括:夹具的基本概念;工件定位的基本原理;工件夹紧的方法和基本要求。

4.1 概 述

在机械制造过程中,用来夹持并确定工件正确位置的工艺装备,统称为夹具。在机械加工、装配、检验以及焊接等工艺中都大量采用各种夹具,而在机械加工中应用在金属切削机床上的夹具,我们将其称为机床夹具。

机床夹具是在金属切削加工中用来准确地确定工件位置,并将其夹紧,从而保证工件与刀具间正确位置的工艺装备。由此可知,机床夹具是用来安装工件的装备。

4.1.1 工件的安装

为了形成加工中所需要的表面,并能达到工件所要求的几何形状、尺寸和位置精度,必须对工件进行正确安装。安装就是工件定位和夹紧的过程。机械加工工艺过程中,由于工件形状、尺寸加工精度、重量和生产批量的大小等不同,工件的安装方式也不同。按其实现工件的定位方式来分,可归纳为两类。

1. 找正安装

在单件小批量生产中,常常利用百分表、划针或目测的方式找正工件在机床上的正确位置,这种方法称为找正安装。找正安装方法所需时间长,生产效率低,精度取决于安装工人的技术水平。

如图 4.1(a)所示,在四爪单动卡盘中加工工件内孔,可用百分表找正外圆使其与内孔同轴,进而保证外圆与内孔的同轴度要求。图 4.1(b)所示为在铣床上铣削工件上表面,若生产数量不多,可先用划针划出待加工表面的位置线,以此为依据进行找正,这种方法多适用于大、重、复杂的工件。

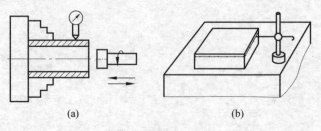

图 4.1 找正安装法
(a) 直接找正;(b) 划线找正

2. 夹具安装

在大批量生产中，常常借助专用夹具使工件上的定位基准与夹具中的定位元件接触，实现工件的定位，这种方法称为夹具安装。夹具安装操作方便，定位可靠，生产效率高，对工人的技术水平要求不高，但需要专门设计和制造机床专用夹具，所需制造周期长、成本高。

如图4.2所示，在钻床夹具上加工套类零件上径向孔，工件以轴向内孔及左端面与夹具上的定位销6及其端面接触定位，通过开口垫圈4、螺母5压紧工件，以钻套1引导钻头钻孔。

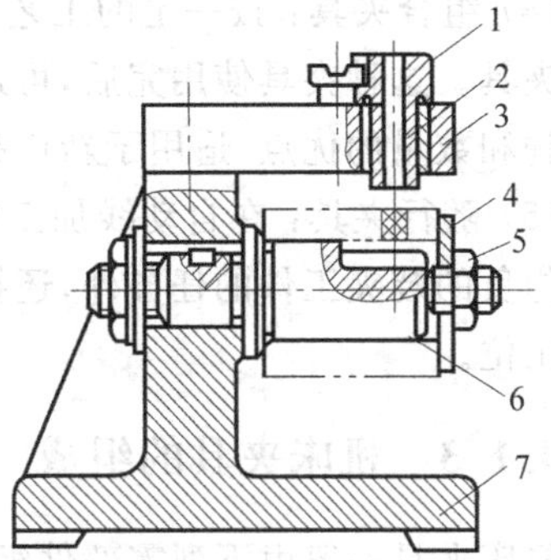

4.1.2 机床夹具的分类

机床夹具的种类很多，可以按照不同的特征进行分类。

图4.2 钻床夹具
1—钻套；2—衬套；3—钻模板；4—开口垫圈；
5—螺母；6—定位销；7—夹具体

1. 按使用机床的类型分类

由于使用夹具的机床类型不同，其工作特点和结构形式不同，对夹具的结构相应地提出不同要求。因此可按适用的机床，把夹具分为车床夹具、钻床夹具、铣床夹具、镗床夹具、磨床夹具、组合机床夹具、数控和加工中心机床夹具等类型。

2. 按驱动夹具的动力源分类

按夹具所采用的夹紧动力源不同，可分为手动夹紧夹具、气动夹紧夹具、液动夹紧夹具、气液联动夹紧夹具、电动夹具、磁力夹具、真空夹具和自夹紧夹具等。

3. 按夹具的应用范围分类

（1）通用夹具：有很大的通用性，不需要调整或稍加调整就可以用于装夹不同的工件。如车床上的三爪自定心卡盘和四爪单动卡盘、顶尖，铣床上的平口钳、分度头和回转工作台等。这类夹具主要用于单件、小批量生产。

（2）专用夹具：专为某一工件的某一道工序设计和制造的夹具，其结构紧凑，操作方便。如图4.2所示的轴套径向孔钻模，就是专为钻削该轴套上的孔而设计制造的专用夹具。图4.3所示为加工拨叉大端两侧面的铣床专用夹具，拨叉工件1在支承钉4和定位销7上定位，通过锁紧螺母6使工件得到夹紧，利用夹具体3的底平面、定位键5和对刀块2可以使工件相对机床和刀具占据正确位置。这类夹具主要用于产品固定的大批量生产中。

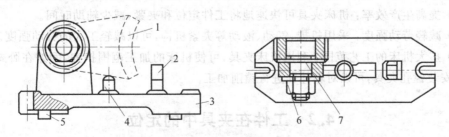

图4.3 铣床专用夹具
1—工件；2—对刀块；3—夹具体；4—支承钉；5—定位键；6—锁紧螺母；7—定位销

(3) 可调夹具：加工完一类工件后，可以通过调整或更换个别元件就可加工形状相似、尺寸相似的其他工件的夹具。

(4) 组合夹具：按一定的工艺要求，由一套预先制造好的通用标准元件和部件组合而成的夹具。这种夹具使用完后，可进行拆卸或重新组装，具有缩短生产周期、减少专用夹具的品种和数量的优点，适用于新产品的试制及多品种、小批量的生产。

(5) 随行夹具：在自动线加工中针对某一种工件而采用的一种夹具。除了具有一般夹具所担负的装夹工件的任务外，还担负着沿自动线输送工件的任务，即从一个工位输送到下一个工位。

4.1.3 机床夹具的组成

机床夹具一般由下列零部件组成。

(1) 定位元件：用来使工件在夹具中占据正确的位置。如图4.2中的定位销6，图4.3中的支承钉4和定位销7都是定位元件，它是与工件定位基准直接配合和接触的部分。

(2) 夹紧装置：用来保持工件在夹具中定位时的正确位置，保证工件在切削力、重力、惯性力等作用下不会产生位移。如图4.2中的开口垫圈4和螺母5，图4.3中的锁紧螺母6。

(3) 对刀及导向元件：用来确定工件相对于刀具的位置。如图4.2中用来引导钻头的钻套1和图4.3中的对刀块2。

(4) 夹具体：夹具中的基础件，用来把夹具的所有元件和装置连接成为一个有机的整体。如图4.2中的夹具体7和图4.3中的夹具体3。

(5) 其他装置：为了使夹具在机床上占据正确位置，一般设有供夹具在机床上定位的连接元件，在回转夹具中，设有实现夹具分度的分度装置等。如图4.3中的定位键5与铣床工作台上的T形槽配合决定夹具在机床上的相对位置。

上述各组成部分，不是每个夹具都必须具备的。但一般来说定位元件、夹紧装置和夹具体是夹具的基本组成部分。

4.1.4 机床夹具的作用

机床夹具的作用可归结为以下4个方面：

(1) 保证加工精度：机床夹具可准确确定工件、刀具和机床之间的相对位置，可以保证加工精度。

(2) 提高生产效率：机床夹具可快速地将工件定位和夹紧，减少辅助时间。

(3) 减轻劳动强度：采用机械、气动、液动等夹紧机构，可以减轻工人的劳动强度。

(4) 扩大机床的工艺范围：利用机床夹具，可使机床的加工范围扩大，例如在卧式车床刀架处安装镗孔夹具，可以对箱体孔进行镗削加工。

4.2 工件在夹具中的定位

工件的定位和夹紧是夹具设计中的两个基本问题，相比之下定位是首先要解决的问题，工件的定位方案一旦确定，则夹具的其他组成部分也大体随之确定。因此，无论是学习夹具设计课程还是进行具体夹具设计,总是先从研究和分析工件的定位问题开始。

4.2.1 定位和基准的概念

1. 工件的定位

工件的定位就是使同一批工件在夹具中占有同一的正确加工位置。工件在夹具中定位时,其位置是由工件的定位基准与夹具定位元件的定位表面相接触或相配合来确定的。

2. 工件的基准

基准是用来确定生产对象上几何要素的几何关系所依据的那些点、线、面或其组合。在零件的设计和加工过程中,按作用不同,基准可分为设计基准和工艺基准两大类。

1) 设计基准

设计基准是指零件设计图样上所采用的基准,这是设计人员从零件的工作条件、性能要求出发,适当考虑加工工艺性而选定的,在零件图上可以有一个也可以有多个设计基准。图 4.4(a)所示的法兰盘,外圆和内孔的设计基准是中心线 OO,而端面 B、C 的设计基准是是表面 A。

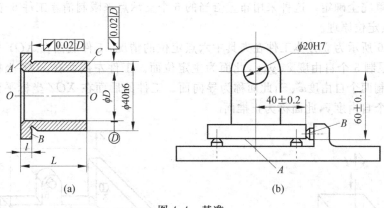

图 4.4 基准

2) 工艺基准

工艺基准是指零件在工艺过程中所采用的基准,包括定位基准、工序基准、测量基准和装配基准。

(1) 定位基准

定位时用来确定工件在夹具中位置的基准,称为定位基准。如图 4.4(b)所示加工孔 $\phi 20H7$ 时,工件以底面 A 和侧面 B 与夹具的定位元件接触进行定位,A 面和 B 面即为定位基准。

(2) 工序基准

工序图上用来确定本工序所加工表面加工后尺寸、形状、位置的基准,称为工序基准。其中联系加工表面和工序基准之间的尺寸要求或位置要求成为工序尺寸或工序要求。工序基准即工序尺寸的标注起点,如图 4.4(b)所示工序图中加工面是孔 $\phi 20H7$ 的内表面,确定孔位置的工序尺寸是 40 ± 0.2 和 60 ± 0.1,则对应的工序基准为 A 面、B 面。

(3) 测量基准

测量时所采用的基准,称为测量基准。如图 4.4(a)所示,法兰盘以内孔套在心轴上测量外圆的径向圆跳动,则内孔表面是测量基面,孔的中心线就是外圆的测量基准;用卡尺测

量尺寸 l 和 L，表面 A 是表面 B、C 的测量基准。

(4) 装配基准

装配时用来确定零部件在产品中相对位置时所采用的基准，称为装配基准。如图 4.4(a) 所示的法兰盘，ϕ40h6 外圆及端面 B 即为装配基准。

4.2.2 工件的定位原理

1. 六点定位原理

任何一个物体在定位之前都可认为是自由物体，即在空间中可向任何方向移动或转动，其位置是任意的、不确定的。物体在空间的任何运动，都可以分解为相互垂直的空间直角坐标系中的 6 种运动。其中 3 个是沿 X、Y、Z 坐标轴的平行移动，分别以 $\vec{x}$、$\vec{y}$、$\vec{z}$ 表示；另 3 个是绕 X、Y、Z 坐标轴的旋转运动，分别以 $\hat{x}$、$\hat{y}$、$\hat{z}$ 表示，如图 4.5 所示。物体在空间中这 6 种运动的可能性，称为物体的 6 个自由度。因此要使工件在空间占有完全确定的位置，就必须限制这 6 个自由度。

在夹具中适当地布置 6 个支承，使工件与 6 个支承接触，就可消除工件的 6 个自由度，使工件的位置完全确定。这种采用布置恰当的 6 个支承点来限制消除工件 6 个自由度的方法，称为六点定位原理。

如图 4.6 所示为立方体工件在夹具中六点定位的情况，工件底面在 XOY 坐标平面内，3 个支承点限制 3 个自由度 $\vec{z}$、$\hat{x}$、$\hat{y}$，此面为主定位面。工件左侧面在 YOZ 坐标平面内，两个支承钉限制两个自由度 $\vec{x}$、$\hat{z}$，此面称为导向面。工件的后面在 XOZ 坐标平面内，一个支承钉限制一个自由度 $\vec{y}$，此面称为止推面。

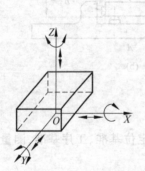

图 4.5 物体的 6 个自由度

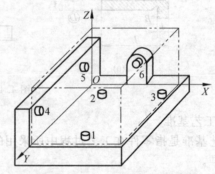

图 4.6 工件的六点定位

2. 定位的种类

根据工件限制自由度数目不同以及与加工要求的关系，可以将定位分为以下 4 种。

1) 完全定位

工件在夹具中定位时，6 个自由度需要全部被限制的定位方式，称为完全定位。如图 4.7(a) 所示在工件上铣槽，为保证加工尺寸 A、B、C，需要将工件按图(b)所示在夹具中定位，底面限制 3 个自由度 $\vec{z}$、$\hat{x}$、$\hat{y}$ 以保证尺寸 A，侧面限制两个自由度 $\vec{x}$、$\hat{z}$ 保证尺寸 B，后面限制一个自由度 $\vec{y}$ 保证尺寸 C。

2) 不完全定位

工件在夹具中定位时，根据零件加工要求实际限制的自由度数少于 6 个的定位方法，称为不完全定位。如图 4.8(a) 所示为车床上加工通孔，根据加工要求不需要限制 $\vec{x}$ 和 $\hat{x}$ 两个自由

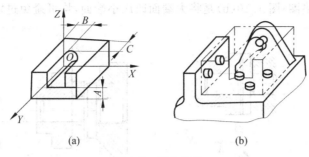

图 4.7 完全定位

度,故用三爪自定心卡盘夹持工件限制其余 4 个自由度,即可完成工件的加工;图 4.8(b)为磨削方体工件的上表面,要求保证尺寸 $h\pm\delta_H$,只需要底面定位限制 3 个自由度即可满足加工要求。

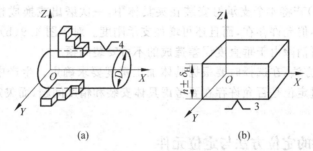

图 4.8 不完全定位

3) 欠定位

工件在夹具中定位时,根据零件的加工要求,应限制的自由度未被限制的定位方法称为欠定位。如图 4.7 所示的例子,若少了任何一个定位支承点,都会造成铣出的槽尺寸精度达不到要求。因此,欠定位在生产中是绝对不允许出现的。

4) 过定位

工件在夹具中定位时,只要有一个自由度同时被一个以上的定位元件重复限制,就称为过定位。过定位在某个自由度方向上增加了支承点数目,可以提高定位刚度和稳定性,但同时过定位也可能会造成工件无法安装或损坏定位元件,因此在生产中要进行具体分析。

如图 4.9(a)所示,4 个支承钉对工件底面进行定位,则 $\bar{z}$ 被两个支承钉同时限制,如果 4 个支承钉不在同一个平面内,在定位时会出现工件底面无法同时与 4 个支承顶面接触的情况,从而造成定位不稳,影响工件的加工精度。

图 4.9(b)所示为心轴与定位轴肩组合对工件进行定位,由于接触部分较长心轴限制 4 个自由度 $\bar{y}$、$\bar{z}$、$\hat{y}$、$\hat{z}$,定位轴肩限制 3 个自由度 $\bar{x}$、$\hat{y}$、$\hat{z}$,共限制了 7 个自由度,$\hat{y}$、$\hat{z}$ 被重复限制出现过定位。如果工件的内孔和端面垂直度不好,或者夹具的心轴与定位轴肩垂直度不好,则会造成工件无法顺利安装或者安装后心轴变形,因而不能保证工件的加工精度。

对上述两种过定位情况,必须采取一定措施保证加工精度和保护定位元件。生产中常用下面两种方法解决过定位问题。

(1) 改变定位元件结构,消除重复限制的自由度从而避免过定位。

如在图 4.9(a)中去掉一个支承钉;对图 4.9(b)的改进措施见图 4.10(a),是将工件与大端面之间加球面垫圈;图 4.10(b)是将大端面改成小端面,均可避免过定位。

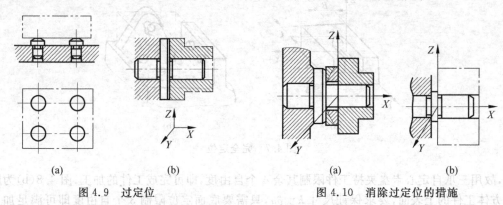

图 4.9 过定位　　　　　图 4.10 消除过定位的措施

(2) 合理应用过定位,提高工件定位基准之间或定位元件的工作表面之间的位置精度。例如,图 4.9(a)若将 4 个支承钉安装在夹具体中,一次磨出或换成整个一次磨出的平面定位,则过定位不但允许存在,而且还可增加支承刚度。对于图 4.9(b),提高工件和夹具的垂直度要求,即可消除由于垂直度误差造成的不可安装问题。

上述 4 种定位方法,在选择时要根据具体加工精度要求确定。生产中常用的是完全定位和不完全定位,过定位是否允许存在要考虑具体安装和精度问题,而欠定位则是一定不允许存在的。

4.2.3　工件的定位方法与定位元件

工件在夹具中要想获得正确定位,首先应正确选择定位基准,其次是选择合适的定位元件。工件的定位基准有各种形式,如平面、外圆、内孔等,对于这些表面,总是采用一定结构的定位元件对工件实现定位,常见的定位方式与定位元件限制自由度情况见表 4.1。

表 4.1　常见典型定位方式及定位元件所限制的自由度

定位基准	定位元件	定位简图	限制自由度
平面	支承钉		$\vec{z}\,\hat{x}\,\hat{y}$
平面	支承板		$\vec{z}\,\hat{x}\,\hat{y}$
外圆柱面	V 形块		$\hat{x}\,\vec{z}$ $\hat{x}\,\vec{z}$

续表

定位基准		定位元件	定位简图	限制自由度
外圆柱面		定位套		$\vec{x}\ \vec{z}$ $\hat{x}\ \hat{z}$
内孔面		心轴		$\vec{x}\ \vec{z}$ $\hat{x}\ \hat{z}$
		锥销		$\vec{x}\ \vec{z}\ \vec{y}$ $\hat{x}\ \hat{z}$
组合表面	两锥孔	固定顶尖		$\vec{x}\ \vec{y}\ \vec{z}$
		活动顶尖		$\hat{y}\ \hat{z}$
	外圆+锥孔	三爪自定心卡盘		$\hat{y}\ \hat{z}$
		活动顶尖		$\hat{y}\ \hat{z}$
	一面两外圆	支承板		$\vec{z}\ \hat{x}\ \hat{y}$
		固定V形块		$\vec{x}\ \vec{y}$
		活动V形块		$\hat{z}$
	一面两内孔	支承板		$\vec{z}\ \hat{x}\ \hat{y}$
		圆柱销		$\vec{x}\ \vec{y}$
		削边销		$\hat{z}$
	一面+锥孔	支承板		$\vec{z}\ \hat{x}\ \hat{y}$
		活动锥销		$\vec{x}\ \vec{y}$

1. 工件以平面定位及定位元件

在机械加工中,工件以平面为定位基准进行定位是最常用的一种定位方式,如箱体、机座、支架、板类零件等。常用的定位元件有固定支承、可调支承、自位支承及辅助支承。

1) 固定支承

这类支承高度尺寸固定、不能调整,一般装在夹具上后不再拆卸或调节。它分为支承钉和支承板两种。

支承钉的结构如图 4.11 所示。图(a)为平头支承钉,用于精基准定位;图(b)为球头支承钉,用于粗基准定位;图(c)为齿纹头支承钉,用于要求摩擦力较大的工件侧面定位。以上 3 种支承钉与夹具体的连接配合采用 H7/r6 或 H7/n6,又称固定式支承钉。由于支承钉在使用中不断磨损,使定位精度下降,甚至导致夹具报废,故而可采用可换式支承钉,其结构如图 4.11(d)所示。

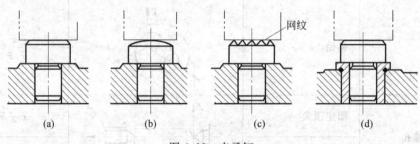

图 4.11 支承钉

支承板的结构如图 4.12 所示。图(a)为平面型支承板(A 型),结构简单但埋头螺钉处清理切屑比较困难,适用于侧面和顶面定位;图(b)为带斜槽型支承板(B 型),槽中可容纳切屑,清除切屑比较容易,适用于底面定位。

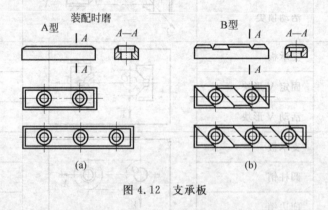

图 4.12 支承板

2) 可调支承

可调支承在高度方向上位置可以调节,多用于支承工件的粗基准表面,其结构形式如图 4.13 所示。一般每加工一批工件时,根据粗基准位置变化情况,拧动螺钉、螺栓调节高度,并以螺母锁紧防止松动。

3) 自位支承

自位支承是在定位过程中,可随工件定位基准位置变化而自动与之适应的多点接触的

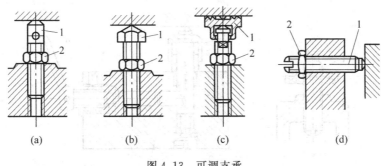

图 4.13 可调支承
1—调节支钉；2—锁紧螺母

浮动支承,其作用仍相当于一个定位支承,接触点数目的增加可提高工件的支承刚性和定位的稳定性。自位支承主要用于粗基准定位和工件刚性较差的情况,常用结构如图 4.14 所示,图(a)、(b)为双支承,图(c)为球面式三支承。

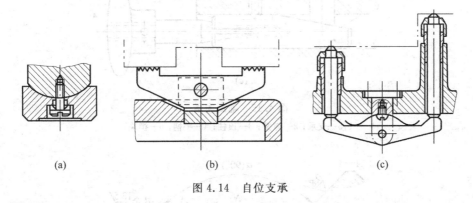

图 4.14 自位支承

4) 辅助支承

辅助支承不能限制工件的自由度,只起增加支承刚度的作用,避免工件因尺寸、形状或局部刚度不足,受力后变形而破坏定位。辅助支承必须在定位完成后进行调节、支承,图 4.15 为辅助支承的几种常用结构形式。

2. 工件以外圆定位及定位元件

工件以外圆定位在生产中十分常见,如轴类、套类零件等。常用的定位元件有 V 形块、定位套、半圆定位座及自动定心机构(详见 4.4.3 节)等。

1) V 形块

V 形块是最常用的外圆定位元件,定位时装卸方便,对中性好,常用于加工对称性较高的工件。其结构已经标准化,如图 4.16 所示。

图 4.17 为常用 V 形块简图,其中图(a)为短 V 形块,定位时限制两个自由度;图(b)、(c)为长 V 形块,定位时限制 4 个自由度。

V 形块有固定式和活动式之分。上述为固定 V 形块限制自由度的情况,活动 V 形块的应用见图 4.18,图(a)中的活动 V 形块可上下移动,与底面限制了自由度,如图(b)中的活动 V 形块限制 $\hat{z}$ 自由度,同时具有夹紧作用。

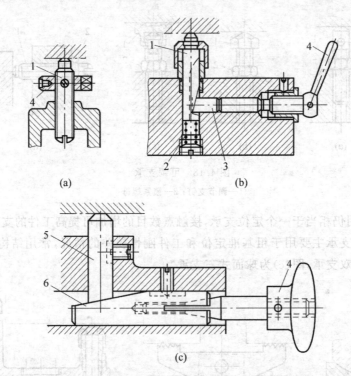

图 4.15 辅助支承
1,5—支承;2—弹簧;3—顶柱;4—手柄;6—楔块

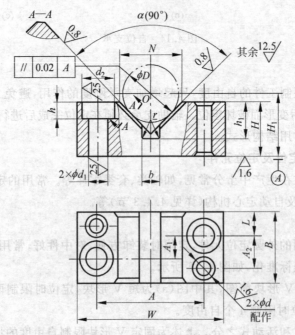

图 4.16 V形块标准结构

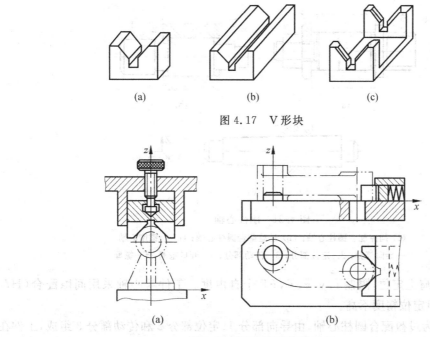

图 4.17　V 形块

图 4.18　活动 V 形块的应用

2) 定位套

图 4.19 所示为常用的两种定位套。定位时,把工件的定位基准直接放入定位套的限位基面中即可实现定位。为限制工件沿轴向的自由度,常与端面组合定位。当工件的定位端面较大时,定位套应设计得短些,以免造成过定位。

3) 半圆定位座

半圆定位座是将一个定位套分成两个半圆套,下面的半圆套固定在夹具体上,起定位作用;上面的半圆套装在可卸式或铰链式的盖上,起夹紧作用。其结构如图 4.20 所示。

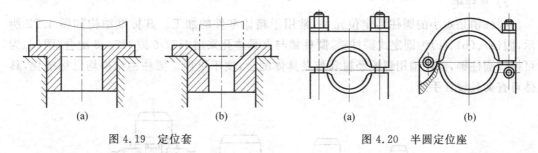

图 4.19　定位套　　　　　　图 4.20　半圆定位座

3. 工件以孔定位及定位元件

生产中,对套筒、法兰盘、拨叉类工件定位时常以圆孔为定位基准,此时可以采用的定位元件有心轴、圆柱销、圆锥销等。

1) 心轴

心轴的应用非常广泛,结构形式很多,如刚性心轴、弹性心轴、液性塑料心轴等。后面两种属于定心夹紧机构,这里主要介绍刚性心轴。常用的刚性心轴有 3 种,如图 4.21 所示。

图 4.21(a)为间隙配合圆柱心轴,由定位部分 2、传动部分 3、开口垫圈 4 和螺母 5 组成。

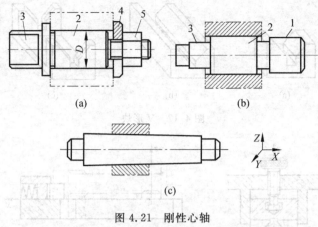

图 4.21 刚性心轴
(a) 间隙配合圆柱心轴；(b) 过盈配合圆柱心轴；(c) 小锥度心轴
1—导向部分；2—定位部分；3—传动部分；4—开口垫圈；5—螺母

工件在心轴和轴肩上定位，限制 $\vec{x},\vec{y},\vec{z},\hat{y},\hat{z}$ 5 个自由度。工件与心轴采用间隙配合（H7/e8），装卸方便，但定位精度不高。

图 4.21(b)为过盈配合圆柱心轴，由导向部分 1、定位部分 2 和传动部分 3 组成，工件在心轴上定位，限制 $\vec{y},\vec{z},\hat{y},\hat{z}$ 4 个自由度。心轴的定位部分和工件孔采用过盈配合（H7/r7），安装时需要用压力机压入，工件定位后没有间隙故定位精度很高，但工件压入压出装卸很不方便，而且可能会损坏工件和心轴的定位表面。

图 4.21(c)为锥形心轴，其锥度很小，一般为 1/5000～1/1000。工件在锥形心轴上定位，限制 $\vec{x},\vec{y},\vec{z},\hat{y},\hat{z}$ 5 个自由度。安装工件时，将工件楔紧在心轴上，楔紧后工件的孔有弹性变形，使工件孔与心轴在长度上产生紧配合，从而使工件不至于倾斜。加工时，靠楔紧在长度上的摩擦力带动工件，不需另外夹紧。锥形心轴在径向上与孔紧密配合，因此定心精度很高，但在轴向上位置变动较大，尺寸不易控制。

2) 圆柱销

圆柱销是短小的圆柱形定位元件，常用于箱体零件的加工。其标准结构如图 4.22 所示，图(a)、(b)、(c)为固定式圆柱销，圆柱销与夹具体孔采用 H7/r6 或 H7/n6 配合；图(d)为可换式圆柱销，圆柱销用螺栓经衬套与夹具体配合，便于更换。圆柱销结构均已标准化，具体可查夹具设计手册。

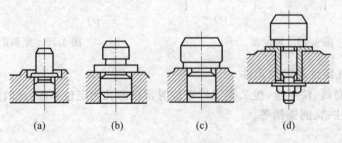

图 4.22 圆柱销

工件孔与销定位，限制的自由度随定位销与工件孔的配合长度不同而不同，当定位销长度与孔深基本相等时,接触长度长,认为是长销,可以限制工件的4个自由度;而定位销长度远小于孔深时,接触长度短,认为是短销,可限制工件的2个自由度。

3) 圆锥销

圆锥销常用于工件孔端定位,其结构如图4.23所示,图(a)用于粗基准,图(b)用于精基准,可限制工件的3个自由度。

4. 工件以组合表面定位及定位元件

在实际生产中,为满足工序加工要求,通常工件都采用两个或两个以上的面作为定位基准,即组合定位。如两顶尖孔、一面一孔、两外圆一端面以及一面两孔等组合情况(见表4.1)。

各种机器的变速箱、内燃机气缸体、连杆、盖板等零件在加工中常采用一面两孔定位,这种定位方式能使各工序的基准统一,减少基准转换误差,提高加工精度。一面两孔定位时所用的定位元件是支承板和两个定位销,如图4.24中支承板限制3个自由度,左边圆柱销1和右边圆柱销2各限制2个自由度,共限制了7个自由度,属于过定位。X方向移动自由度同时被两圆柱销重复限制,由于在X方向上工件两孔中心距和夹具两销中心距均存在制造误差,会造成工件无法安装。因此必须要采取一定措施消除过定位,解决工件的无法安装问题。

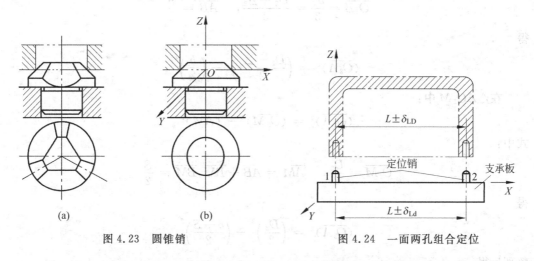

图4.23 圆锥销　　　　图4.24 一面两孔组合定位

解决这一问题有以下两种措施:

(1) 减小销2的直径,使其与孔2具有最小间隙,以补偿孔销的中心距偏差,使得工件可以顺利安装。但该方法会造成较大的转角误差,对定位精度的影响比较大,故在实际生产中并不常用。

(2) 将销2做成削边销(菱形销),消除了销2在X方向所限制的移动自由度,从而形成完全定位,解决了工件的安装问题。削边销具体结构、尺寸可查阅相关手册和资料。

下面重点介绍方法(2)中削边销尺寸的计算和该方法定位的设计步骤。

1) 削边销尺寸

销1与孔1的中心正好重合,当工件两孔中心距及偏差,两圆柱销中心距及偏差为(L_{Kmax}, L_{Xmin})时,工件处于装夹的最不利情况,必须将销子两边削去一部分,销子留下部分的尺寸b,可根据图4.25(b)所示的几何关系求得。设销子的直径d_2最大,孔2的直径D_2

最小,并保留装卸间隙 Δ_2,而以此来补偿定位中心距的变动量。

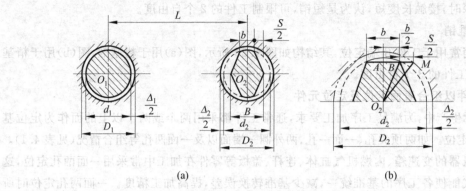

图 4.25 削边销的计算

在 $\triangle AO_2B$ 中:
$$(\overline{O_2A})^2 = (\overline{O_2B})^2 - (\overline{AB})^2$$

式中:
$$\overline{O_2B} = \frac{d_2}{2} = \frac{D_2 - \Delta_2}{2}, \quad \overline{AB} = \frac{b}{2}$$

得
$$(\overline{O_2A})^2 = \left(\frac{D_2 - \Delta_2}{2}\right)^2 - \left(\frac{b}{2}\right)^2$$

在 $\triangle AO_2M$ 中:
$$(\overline{O_2A})^2 = (\overline{O_2M})^2 - (\overline{AM})^2$$

式中:
$$\overline{O_2M} = \frac{D_2}{2}, \quad \overline{AM} = \overline{AB} + \overline{BM}, \overline{BM} = \frac{S}{2}$$

得
$$(\overline{O_2A})^2 = \left(\frac{D_2}{2}\right)^2 - \left(\frac{b+S}{2}\right)^2$$

整理后得
$$\left(\frac{D_2 - \Delta_2}{2}\right)^2 - \left(\frac{b}{2}\right)^2 = \left(\frac{D_2}{2}\right)^2 - \left(\frac{b+S}{2}\right)^2$$

$$D_2^2 - 2D_2\Delta_2 + \Delta_2^2 - b^2 = D_2^2 - b^2 - 2bS - S^2$$

由于 Δ_2^2, S^2 很小,故可忽略不计,得
$$b = \frac{D_2 \Delta_2}{S}$$

式中,S 为削边销 2 的补偿中心距偏差,而与定位孔 2 之间必须增大的间隙量,通常 $S = T_{L_K} + T_{L_X}$。

削边销宽度 b 越小,S 越大,则补偿中心距偏差的作用相应增大。但同时会造成削边销保留部分越窄,使用中越易磨损。因此一般宽度尺寸 b 可查表 4.2 确定。

表 4.2　削边销尺寸　　　　　　　　　　　　　　　　mm

d	>3～6	>6～8	>8～20	>20～25	>25～32	>32～40	>40～50
B	$d-0.5$	$d-1$	$d-2$	$d-3$	$d-4$	$d-5$	$d-6$
b_1	2	3	4	5	5	6	8
b	1	2	3	3	3	4	5

注：d 为削边销直径；b 为削边销宽度；d、B、b_1、b 参看图册。

2）一面两孔定位的设计步骤

(1) 确定两销中心距尺寸及公差。取两销中心距基本尺寸等于两孔中心距基本尺寸，两销中心距尺寸公差为两孔中心距尺寸公差的 $\frac{1}{5} \sim \frac{1}{3}$，即 $L_X = L_K = L$，$T_{L_X} = \left(\frac{1}{5} \sim \frac{1}{3}\right) T_{L_K}$。

(2) 确定圆柱销直径 d_1 尺寸及其公差带。圆柱销 1 的基本尺寸取与之配合的定位孔的最小极限尺寸，圆柱销直径公差带取 g6 或 f7。

(3) 确定削边销的宽度 b、直径 d_2 及其公差带。削边销的结构和尺寸在生产实际中已经标准化(标准数据见表 4.2)。削边销的宽度 b 通过查表确定；再由上面的公式求出 Δ_2，然后按 $d_2 = D_2 - \Delta_2$ 计算出削边销的直径 d_2；削边销直径尺寸的公差带取 h6 或 h7。

4.3　定位误差的分析与计算

确定了工件的定位方案并选择相应的定位元件后，还必须判断定位方案是否满足工序的加工精度要求，这时需要对该定位方案可能产生的定位误差进行分析与计算。

机械加工中，工件的加工误差是由以下几部分组成。

(1) 定位误差：工件在夹具中定位时产生的工序尺寸方向上的误差，以 Δ_D 表示。

(2) 与夹具有关的加工误差(除定位误差)：包括夹具在机床上的安装误差、刀具的对刀或导向误差、夹紧误差、夹具的磨损所引起的误差等，以 Δ_J 表示。

(3) 加工方法误差：除夹具外，与工艺系统其他一切因素有关的加工误差，以 Δ_G 表示。

显然上述三部分误差的总和应不超出工件允许的加工公差 T，即

$$\Delta_D + \Delta_J + \Delta_G \leqslant T \tag{4.1}$$

上式称为误差计算不等式，在本章中只讨论定位误差 Δ_D 的问题。对于某一定位方案，经分析计算其可能产生的定位误差，只要小于工件加工公差的 1/5～1/3，一般即认为此方案能满足该工序的加工精度要求。

4.3.1　定位误差及其产生原因

一批工件在夹具中定位时，由于工件本身的尺寸公差和夹具元件的制造误差，引起工序基准在工序尺寸方向上的最大位置变动量，称为定位误差，记作 Δ_D。定位误差由两部分组成：基准不重合误差和基准位移误差。

1. 基准不重合误差

工件定位时，由于定位基准与工序基准不重合所造成的工序基准的最大位置变动量，称

为基准不重合误差(Δ_B)。如图 4.26 所示,工件在夹具中以图(a)、(b)两种方式定位加工表面 1、2,要求保证尺寸 A 和 B,现分析工序尺寸 A 的定位误差。

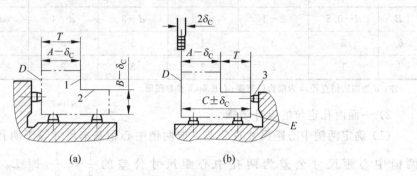

图 4.26 基准不重合误差

图 4.26(b)中工序尺寸 A 的工序基准为 D,定位基准为 E,基准不重合。加工时刀具是按照支承钉 3 的支承面(调刀基准)一次调整好而处于固定位置的,即调刀尺寸 T 对一批工件来说不变。由于工序基准和定位基准之间的尺寸 $C\pm\delta_C$ 在前工序中已加工好,故在本工序中,一批工件的工序基准 D 相对于定位基准 E 就会产生最大值为 $2\delta_C$ 的位置变动,此即为工序尺寸 A 的基准不重合误差。

若将定位方式改为图(a)所示,以工序基准 D 定位(基准重合),则调刀尺寸 T 就是这批工件的工序尺寸 A,即本工序中工序尺寸 A 的基准不重合误差为零。

2. 基准位移误差

图 4.27 中工件以孔径为 $D^{+\delta_D}_{\ 0}$ 的孔,在直径为 $d^{\ 0}_{-\delta_d}$ 的心轴上定位,铣上平面,工序尺寸为 $H^{+\Delta H}_{\ 0}$。由于孔和心轴(定位副)的直径均存在制造误差,另外为了安装方便,孔和心轴之间还留有必要的最小配合间隙 $\Delta_{\min}$。因此,当工件套在心轴上定位之后,孔中心(定位基准)和心轴中心(调刀基准)不可能重合(见图 4.27(b)),即定位基准相对于调刀基准发生位置变动。这种由于定位副本身的制造误差引起的定位基准在工序尺寸方向上的最大变动范围,称为基准位移误差(Δ_Y)。

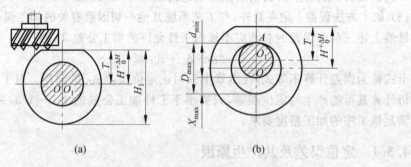

图 4.27 基准位移误差

当心轴水平放置时,工件孔与心轴始终保持上母线 A 单边接触(见图 4.27(b)),当孔径最大而心轴直径最小时,定位基准沿工序尺寸方向的位置变动量最大,即基准位移误差为

$$\Delta_Y = X_{\max} = \frac{D+\delta_D}{2} - \frac{d-\delta_d}{2} = \frac{\delta_D + \delta_d + \Delta_{\min}}{2} \qquad (4.2)$$

式中,Δ_{min}为最小孔径D和最大心轴直径d相配合时的最小间隙;D,d为定位孔和定位心轴的直径;δ_D,δ_d为定位孔和定位心轴的直径公差。

上例中,若心轴垂直放置,则工件孔与心轴可能在任意边接触,此时基准位移误差为

$$\Delta_Y = \delta_D + \delta_d + \Delta_{min} \tag{4.3}$$

在计算定位误差时,要注意误差的方向与工序尺寸的方向,当基准位移和基准不重合误差的方向与工序尺寸方向不同时,应将各误差向工序尺寸方向进行投影计算出其在工序尺寸方向上的分量。

3. 定位误差的计算

通常,定位误差可按以下两种方法进行分析计算。

1) 合成法

如前所述,工件在夹具中定位时产生的定位误差,是由上述两项误差Δ_B和Δ_Y所组成的,它们会同时引起工序基准在工序尺寸方向上发生变动,从而造成工序尺寸的变动,这种由于基准不重合和基准位移而引起的工序尺寸的最大变动范围即为定位误差Δ_D。计算时,先分别算出Δ_B与Δ_Y,然后将两者进行合成得到Δ_D。

当工序基准与定位基准重合时,$\Delta_B=0,\Delta_D=\Delta_Y$。

当工序基准与定位基准不重合时,如果工序基准不在定位基面上(即工序基准与定位基面为两个独立的表面),则Δ_B与Δ_Y为相互独立的误差因素,$\Delta_D=\Delta_B+\Delta_Y$。如图4.27中工序尺寸$H_1$的定位误差。

若工序基准在定位基面上,即Δ_B与Δ_Y为关联因素,$\Delta_D=\Delta_B\pm\Delta_Y$。其中正负号可按如下原则判断:定位基准与限位基面接触,定位基面尺寸由小变大(或由大变小),分析定位基准变动方向。定位基准不变,定位基面尺寸同样变化,分析工序基准的变动方向。Δ_Y(或定位基准)与Δ_B(或工序基准)的变动方向相同时,取"+"号;变动方向相反时,取"-"号。

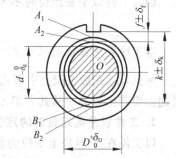

图4.28 定位误差的计算

例如图4.28所示,对于工序尺寸$k\pm\delta_k$,当定位孔直径由最小变为最大(心轴直径由最大变到最小)时,定位基准O向下移动;定位孔直径做同样的变化时,设定位基准位置不动,工序基准由B_1移至B_2,两者变动方向一致,故:

$$\Delta_D = \Delta_B + \Delta_Y = \frac{\delta_D}{2} + \left(\frac{\delta_D}{2}+\frac{\delta_d}{2}\right) = \delta_D + \frac{\delta_d}{2} \tag{4.4}$$

又如,对于工序尺寸$f\pm\delta_f$,在定位基准向下移动的同时,工序基准却向上由A_2移至A_1,两者变动方向相反,故:

$$\Delta_D = \Delta_Y - \Delta_B = \left(\frac{\delta_D}{2}+\frac{\delta_d}{2}\right) - \frac{\delta_D}{2} = \frac{\delta_d}{2} \tag{4.5}$$

2) 极限位置法

机械加工时,加工尺寸的大小取决于工序基准相对于刀具(或机床)的位置。例如,图4.27中的加工尺寸H由铣刀与工件内孔中心(工序基准)的相对位置决定,工序基准相

对于刀具的两个极限位置间的距离就是定位误差。因此计算定位误差时,可以按最不利情况,确定一批工件工序基准的两个极限位置,再根据几何关系求出两个极限位置间的距离,并将其投影到加工尺寸方向上,便可求出定位误差。

4.3.2 定位误差的计算实例

1. 工件以平面定位时的定位误差

工件以平面为基准进行定位时,定位元件常用支承钉或支承板,接触面相互接触较好,因此,工件的定位基准面总是在定位元件的定位表面上,不会发生偏移,故不存在基准位移误差,只存在基准不重合误差,即定位误差等于基准不重合误差。

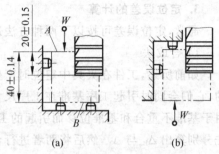

图 4.29 铣台阶面定位简图

【例 4.1】 如图 4.29 所示工件以 B 面定位铣平面,要求保证工序尺寸 20 ± 0.15 mm,试计算定位误差并分析能否保证加工要求。

解:加工尺寸 20 ± 0.15 mm 的工序基准是 A 面,定位基准是 B 面,两者不重合,故存在基准不重合误差,其大小等于工序基准与定位基准之间的联系尺寸 40 ± 0.14 mm 的误差。

$$\Delta_B = 0.28 \text{ mm}$$

因为工件以平面定位时不考虑基准位移误差,即 $\Delta_Y = 0$,所以

$$\Delta_D = \Delta_B = 0.28 \text{ mm}$$

本工序要求保证的尺寸 20 ± 0.15 mm,其公差为 $T=0.3$ mm,因此 $\Delta_D = 0.28$ mm $> \dfrac{T}{3}$。

可见,Δ_D 在加工误差中所占比重太大,留给其他加工误差的允许值过小,实际加工时极易超差而产生废品。故此方案不宜采用,若改为图(b)定位方式,则基准重合可使 $\Delta_D = 0$。

2. 工件以外圆定位时的定位误差

以工件在 V 形块上定位为例来分析计算工件以外圆定位时的定位误差,由于 V 形块是标准件,两支承面和夹角制造得比较精确,因此分析定位误差时一般不考虑 V 形块的制造误差。

【例 4.2】 工件以外圆为定位基准在 V 形块中定位,用铣刀加工圆柱面上一键槽,其工序尺寸分别为图 4.30 所示的 h_1、h_2、h_3,试分析各工序尺寸的定位误差。

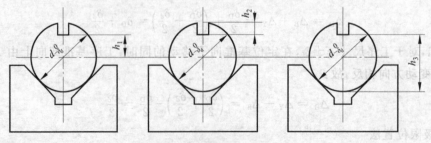

图 4.30 铣键槽工序尺寸简图

解：本题用两种方法计算各工序尺寸的定位误差。

1) 极限位置法

(1) 尺寸 h_1。

由图 4.31 可知，h_1 的工序基准 O 的两个极限位置是 O_1、O_2，则 h_1 的定位误差为

$$\Delta_{D1} = h''_1 - h'_1 = \overline{O_1O_2} = \overline{O_1B} - \overline{O_2B}$$

$$= \frac{\overline{O_1E}}{\sin \alpha/2} - \frac{\overline{O_2F}}{\sin \alpha/2}$$

式中

$$\overline{O_1E} = \frac{d}{2}, \quad \overline{O_2F} = \frac{d-\delta_d}{2}$$

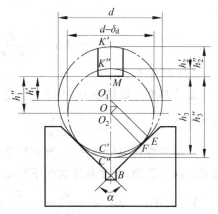

图 4.31　工件在 V 形块上定位时的极限位置

代入得

$$\Delta_{D1} = \frac{d}{2\sin \alpha/2} - \frac{d-\delta_d}{2\sin \alpha/2} = \frac{\delta_d}{2\sin \alpha/2} \tag{4.6}$$

(2) 尺寸 h_2。

由图 4.31 可知，h_2 的工序基准极限位置是 K'、K''，由几何关系得 h_2 的定位误差为

$$\Delta_{D2} = h''_2 - h'_2 = \overline{K'K''} = \overline{K'O_1} + \overline{O_1O_2} - \overline{K''O_2}$$

式中

$$\overline{K'O_1} = \frac{d}{2}, \quad \overline{K''O_2} = \frac{d-\delta_d}{2}$$

代入得

$$\Delta_{D2} = \frac{d}{2} + \frac{\delta_d}{2\sin \alpha/2} - \frac{d-\delta_d}{2} = \frac{\delta_d}{2}\left(\frac{1}{\sin \alpha/2} + 1\right) \tag{4.7}$$

(3) 尺寸 h_3。

由图 4.31 可知，h_3 的工序基准极限位置是 C'、C''，由几何关系得 h_3 的定位误差为

$$\Delta_{D3} = h''_3 - h'_3 = \overline{C'C''} = (\overline{MO_1} + \overline{O_1O_2} + \overline{O_2C''}) - (\overline{MO_1} + \overline{O_1C'})$$

$$= \overline{O_1O_2} + \overline{O_2C''} - \overline{O_1C'}$$

式中

$$\overline{O_1C'} = \frac{d}{2}, \quad \overline{O_2C''} = \frac{d-\delta_d}{2}$$

代入得

$$\Delta_{D3} = \frac{\delta_d}{2\sin \alpha/2} + \frac{d-\delta_d}{2} - \frac{d}{2} = \frac{\delta_d}{2}\left(\frac{1}{\sin \alpha/2} - 1\right) \tag{4.8}$$

2) 合成法

(1) 尺寸 h_1。

定位基准为圆柱轴心，工序基准也为圆柱轴心，两者重合，$\Delta_{B1} = 0$。

由图 4.32 可知，

$$\Delta_{Y1} = \overline{O_1O_2} = \frac{d}{2\sin \alpha/2} - \frac{d-\delta_d}{2\sin \alpha/2} = \frac{\delta_d}{2\sin \alpha/2}$$

故

$$\Delta_{D1} = \Delta_{Y1} = \frac{\delta_d}{2\sin\alpha/2}$$

(2) 尺寸 h_2。

定位基准为圆柱轴心,工序基准也为圆柱上母线轴心,两者不重合, $\Delta_{B2} = \frac{\delta_d}{2}, \Delta_{Y2} = \frac{\delta_d}{2\sin\alpha/2}$。

工序基准在定位基面上,当定位基面直径由大变小时,定位基准向下移动,工序基准也向下移动,方向相同,故

$$\Delta_{D2} = \Delta_{Y2} + \Delta_{B2} = \frac{\delta_d}{2\sin\alpha/2} + \frac{\delta_d}{2} = \frac{\delta_d}{2}\left(\frac{1}{\sin\alpha/2} + 1\right)$$

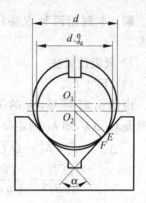

图 4.32 工件在 V 形块上定位时的基准位移误差

(3) 尺寸 h_3。

$$\Delta_{B3} = \frac{\delta_d}{2}, \quad \Delta_{Y3} = \frac{\delta_d}{2\sin\alpha/2}。$$

工序基准在定位基面上,当定位基面直径由大变小时,定位基准向下移动,而工序基准向上移动,方向相反,故

$$\Delta_{D3} = \Delta_{Y3} - \Delta_{B3} = \frac{\delta_d}{2\sin\alpha/2} - \frac{\delta_d}{2} = \frac{\delta_d}{2}\left(\frac{1}{\sin\alpha/2} - 1\right)$$

3. 工件以圆孔定位时的定位误差

当工件以圆孔在间隙配合圆柱心轴或定位销中定位时,由于工件孔和定位心轴都存在制造误差,两者又存在配合间隙,使得工件孔和心轴的中心线不重合,故定位基准将产生基准位移误差。

如图 4.27 所示,当心轴水平放置时,工件只做竖直方向上向下的移动,基准位移误差为 $\Delta_Y = \frac{\delta_D + \delta_d + X_{\min}}{2}$;而心轴竖直放置时,工件可在水平面内做任意方向上的移动,故基准位移误差为工件水平放置时的两倍,即 $\Delta_Y = \delta_D + \delta_d + X_{\min}$。

【例 4.3】 在套类零件上铣一键槽,要求保证尺寸:槽宽 $b = 12_{-0.043}^{0}, l = 20_{-0.21}^{0}, h = 34.8_{-0.16}^{0}$,心轴水平放置,定位方案如图 4.33 所示。工件外圆 $d_1 = \phi40_{-0.016}^{0}$,内孔 $D = \phi20_{0}^{+0.02}$,心轴 $d = \phi20_{-0.02}^{-0.007}$,计算工序尺寸 $b、l、h$ 的定位误差是多少?

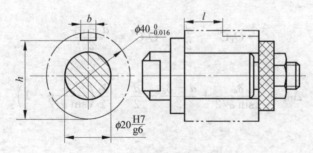

图 4.33 铣键槽定位误差计算

解:分别对各工序尺寸进行分析。

(1) 槽宽 $b = 12_{-0.043}^{0}$:由铣刀宽度决定,与定位无关。

(2) $l = 20_{-0.21}^{0}$：定位基准与工序基准重合，且为平面定位，故 $\Delta_D = 0$。

(3) $h = 34.8_{-0.16}^{0}$：定位基准为外圆下母线，工序基准为内孔中心，两者不重合，存在基准不重合误差，$\Delta_B = \dfrac{\delta_{d_1}}{2} = \dfrac{0.016}{2} = 0.008$。

由于心轴与定位孔是间隙配合，故存在基准位移误差

$$\Delta_Y = \frac{\delta_D + \delta_d + X_{\min}}{2} = \frac{0.02 + (0.02 - 0.007) + 0.007}{2} = 0.02$$

因此，定位误差为

$$\Delta_D = \Delta_B + \Delta_Y = 0.008 + 0.02 = 0.028 < \frac{T}{3} = \frac{0.16}{3}$$

由于 $\Delta_D = 0.028 < \dfrac{T}{3} = \dfrac{0.16}{3}$，故此方案能保证槽底位置尺寸 h。

4. 工件以组合表面定位时的定位误差

这里主要以一面两孔定位为例，分析工件以组合表面定位时的定位误差。工件以一面两孔定位时，可能产生的定位误差有位移误差和转角误差两种。

1) 位移误差

如图 4.34 所示，一面两孔定位时，工件孔 1 与圆柱销 1 的定位误差与单孔定位相似，由于存在配合间隙，工件孔 1 可在图示平面内的任意方向移动，其定位误差即为基准位移误差：

$$\Delta_{D1} = \Delta_Y = \delta_{D1} + \delta_{d1} + \Delta_{1\min} \tag{4.9}$$

式中，δ_{D1}、δ_{d1} 为工件孔 1、圆柱销 1 的公差；$\Delta_{1\min}$ 为孔 1 和销 1 的最小配合间隙。

削边销 2 不限制 $\bar{x}$ 自由度，只限制 $\bar{y}$ 自由度，所以孔 2 与削边销 2 的定位误差为

X 方向上：

$$\Delta_{D2X} = \Delta_{D1} = \delta_{D1} + \delta_{d1} + \Delta_{1\min} \tag{4.10}$$

Y 方向上：

$$\Delta_{D2Y} = \delta_{D2} + \delta_{d2} + \Delta_{2\min} \tag{4.11}$$

式中，δ_{D2}、δ_{d2} 为工件孔 2、削边销 2 的公差；$\Delta_{2\min}$ 为孔 2 和削边销 2 的最小配合间隙。

2) 转角误差

由于两定位孔和两定位销在 Y 方向上做上下错移，造成两孔中心连线产生倾斜误差，该误差以两孔中心连线的倾斜角 α 表示，如图 4.34 所示。当两孔最大两销最小，且孔间距和销间距都等于 L 时，倾斜角最大，即最大转角误差为

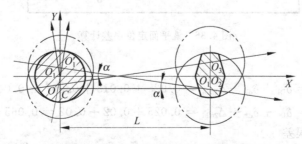

图 4.34 一面两孔定位的定位误差

$$\alpha = \pm \arctan \frac{\delta_{D1} + \delta_{d1} + \Delta_{1\min} + \delta_{D2} + \delta_{d2} + \Delta_{2\min}}{2L} \tag{4.12}$$

【例 4.4】 工件以一面两孔为定位基准在垂直放置的一面两销上定位铣 A 面,要求保证尺寸 $H = 60 \pm 0.15$ mm,如图 4.35 所示。已知:两定位基准孔直径 $D = \phi 12^{+0.025}_{0}$ mm,两孔中心距 $L_2 = 200 \pm 0.05$ mm,$L_1 = 50$ mm,$L_3 = 300$ mm,两个定位销的直径尺寸分别为 $d_1 = \phi 12^{-0.007}_{-0.020}$ mm,$d_2 = \phi 12^{-0.02}_{-0.04}$ mm。试计算此工序的定位误差。

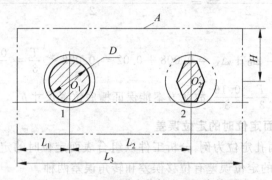

图 4.35 一面两孔定位铣平面工序简图

解: 尺寸 H 的定位基准与工序基准重合,$\Delta_B = 0$,故定位误差 $\Delta_D = \Delta_Y$。

由两定位销与两定位基准孔的直径尺寸可判断,销与孔为间隙配合,且最小配合间隙量分别为

$$\Delta_{1\min} = D_{\min} - d_{1\max} = 12 - (12 - 0.007) = 0.007 \text{ mm}$$
$$\Delta_{2\min} = D_{\min} - d_{2\max} = 12 - (12 - 0.02) = 0.02 \text{ mm}$$

工件在两定位销上定位时,相对于两销轴线 $O_1 O_2$,两定位孔轴线可以出现两个极限位置 $O'_1 O'_2$ 和 $O''_1 O''_2$,使工序尺寸 H 的工序基准 $O_1 O_2$ 发生偏转,引起定位误差,如图 4.36 所示。

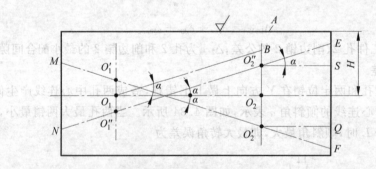

图 4.36 铣平面定位误差计算

由图得

$$\overline{O'_1 O''_1} = \delta_{D1} + \delta_{d1} + \Delta_{1\min} = 0.025 + 0.013 + 0.007 = 0.045 \text{ mm}$$
$$\overline{O'_2 O''_2} = \delta_{D2} + \delta_{d2} + \Delta_{2\min} = 0.025 + 0.02 + 0.02 = 0.065 \text{ mm}$$

H 的基准位移误差

$$\Delta_Y = EF = \overline{O'_2 O''_2} + \overline{ES} + \overline{QF} = \overline{O'_2 O''_2} + 2(L_3 - L_2 - L_1) \tan \alpha$$

其中

$$\tan\alpha = \overline{O_2B}/\overline{O_1O_2} = (\overline{O_2'O_2''}/2 + \overline{O_1'O_1''}/2)L_2 = (0.045/2 + 0.065/2)/200$$

代入上式,得到工序尺寸的定位误差:

$$\Delta_D = \Delta_Y = [0.065 + 2(300 - 200 - 50) \times (0.045/2 + 0.065/3)] = 0.093 \text{ mm}$$

4.4 工件在夹具中的夹紧

定位和夹紧是工件在夹具中安装时紧密联系的两个过程。安装工件时首先要解决的是定位,而夹紧则是保证定位稳定和加工精度的根本。夹紧是指通过一定的机构对工件施加夹紧力,以保证加工时工件不会因受到切削力、惯性力或离心力等的作用而发生振动或位移,从而保证加工质量和生产率。

4.4.1 夹紧装置的组成和要求

1. 夹紧装置的组成

夹紧装置结构复杂多样,就其组成来说,一般由动力装置、传力机构和执行件三部分组成。

(1) 动力装置是驱动夹具产生夹紧力进行夹紧的装置,通常是指动力夹紧装置中的气动、液动、电动等装置,如图4.37中的气缸1。手动夹紧装置中,夹紧力是由手工施加完成,故无动力装置。

(2) 传力机构用于将动力装置产生的作用力传递给末端执行件,以便对工件实施夹紧。根据需要,传力机构可以改变夹紧作用力的大小和方向,并具有一定的自锁性能。如图4.37中的弹簧销3、偏心轮4和调整螺钉5。

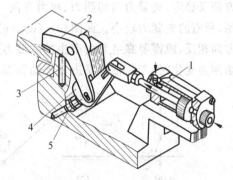

图4.37 夹紧装置组成示例
1—气缸(动力装置);2—压板(夹紧机构);
3—弹簧销;4—偏心轮;5—调整螺钉

(3) 执行件与工件表面直接接触,接受传动机构传递的作用力,具体执行夹紧任务。如图4.37中的压板2。

2. 夹紧装置的基本要求

(1) 夹紧过程可靠:要保证工件在定位过程中获得的正确位置。

(2) 夹紧设置适当:既要保证加工时工件不振动不移动,又要避免工件产生变形或损伤已加工表面。

(3) 夹紧装置结构简单、紧凑,便于制造和维修。

(4) 夹紧动作迅速,操作方便,安全省力。

4.4.2 夹紧力的确定

夹紧装置设计的关键就是正确选用夹紧力,即合理确定夹紧力的大小、方向和作用点。

1. 夹紧力方向

(1) 夹紧力的方向应垂直于主要定位面。如图4.38(a)所示工件以A、B面为定位基准镗孔,要求孔轴线垂直于 A 面。为此应选 A 面为主要定位基准,夹紧力 W 方向垂直于 A 面。当 $\alpha=90°$ 时的理想状态下,夹紧力也可以垂直于 B 面。但实际零件的 A 面与 B 面并不绝对垂直,如图(b)、(c)所示为 $\alpha<90°$ 和 $\alpha>90°$ 时,工件的 B 面均无法与夹具保持完全接触,加工出的孔轴线无法与 A 面垂直。

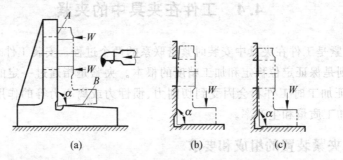

图 4.38 夹紧力方向与主要定位面的关系简图

(2) 夹紧力方向应尽量与重力、切削力、惯性力等方向一致。如图 4.39 所示为夹紧力 W、工件受到的切削力 F 和重力 G 三者关系的几种典型情况。图(a)、(b)所示工件装夹既方便又稳定,夹紧力与切削力、重力方向一致,此时切削力、重力与夹紧力共同起到夹紧的作用,所需的夹紧力较小。而图(c)、(d)、(e)、(f)所示的情况相对较差,夹紧力与切削力、重力方向相反,或需要靠夹紧力产生的摩擦力来克服切削力与重力,所需的夹紧力较大,而且当切削力变化时,工件很容易出现松动和振动,在实际生产中应尽量避免。

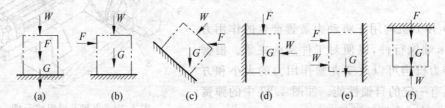

图 4.39 夹紧力方向与夹紧力大小的关系简图

2. 夹紧力作用点

(1) 夹紧力作用点应尽量正对着支承元件的位置,以保证工件定位稳定和避免工件变形。如图 4.40(a)、(b)所示,夹紧力作用于 1 点时,很容易使工件发生倾斜而破坏定位,故应作用于 2 点。

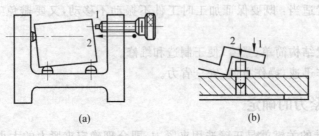

图 4.40 夹紧力作用点位置不正确

(2) 夹紧力应尽量作用于工件刚性好的部位,以减小夹紧变形。如图 4.41 所示,夹紧薄壁箱体时,夹紧力不应作用于箱体顶面(见图(a)),而应作用在刚性较好的凸边上(见图(b))。

(3) 夹紧力作用点应靠近工件加工面位置。如图 4.42 所示,夹紧力作用于 1 点,对工件产生的倾覆力矩较大,切削时易产生振动,故应作用于 2 点,或者同时作用于 1 点、2 点联合夹紧。

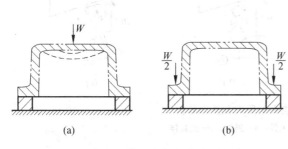
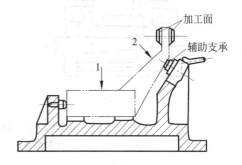

图 4.41 夹紧力作用点与夹紧变形的关系
(a) 不合理；(b) 合理

图 4.42 夹紧力作用点靠近加工面

3. 夹紧力大小

夹紧力的大小对于确定夹紧装置的结构尺寸,保证夹紧工件的可靠性等,都有很大的关系。

夹紧力的大小要适当。夹紧力太小,则无法抵抗切削力等的作用,影响装夹的可靠性；夹紧力过大,会引起工件变形,影响加工精度。

计算夹紧力,通常将夹具和工件看成一个刚性系统进行简化计算。然后根据工件受切削力、夹紧力(大型工件还应考虑重力,高速运动的工件还应考虑惯性力等)后处于静力平衡的条件,计算出理论夹紧力 W',再考虑上安全系数 K,得出实际所需的夹紧力 W,即 $W = KW'$。通常取 $K = 1.5 \sim 2.5$,在切削力与夹紧力方向相反时,取 $K = 2.5 \sim 3$。加工过程中切削力的作用点、方向和大小可能都在变化,估算夹紧力时应按最不利的情况考虑。

4.4.3 典型夹紧机构

生产中常用的典型夹紧机构有三种：斜楔夹紧机构、螺旋夹紧机构和偏心轮夹紧机构。其中,螺旋夹紧机构和偏心轮夹紧机构都可看做是斜楔夹紧机构的变型,下面以斜楔夹紧机构为例详细介绍其夹紧原理、结构特点和应用范围等。

1. 斜楔夹紧机构

1) 夹紧原理

图 4.43(a)所示为斜楔夹紧的钻孔夹具。夹紧时, Q 为作用于斜楔大端的原始作用力,由夹紧装置中的动力源产生,在 Q 力的作用下斜楔被推入工件和夹具之间,由斜面移动而产生压力把工件夹紧。若将 Q 力方向取反,则可将斜楔从夹具和工件之间撤出,从而卸下工件。

2) 夹紧力的计算

取斜楔为研究对象,进行受力分析,如图 4.43(b)所示。

夹紧时,斜楔上作用有外力 Q、工件的反作用力(即夹紧力) W 和摩擦力 F_1;夹具体的反作用力 N 和摩擦力 F_2。设 W 和 F_1 的合力为 R_1, N 和 F_2 的合力为 R_2。再将 R_2 分解为水

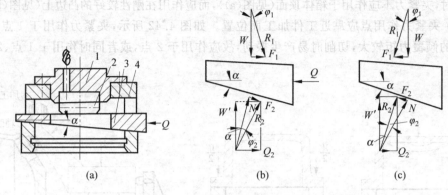

图 4.43 斜楔夹紧原理及受力分析
1—钻模板；2—工件；3—斜楔；4—夹具体

平方向的 Q_2 和竖直方向的 W'，则根据静力平衡条件可得：

水平方向：$Q=F_1+Q_2$　　竖直方向：$W=W'$

而

$$F_1 = W\tan\varphi_1, \quad Q_2 = W'\tan(\varphi_2+\alpha)$$

整理后得

$$W = \frac{Q}{\tan\varphi_1 + \tan(\varphi_2+\alpha)} \tag{4.13}$$

式中，W 为夹紧力；Q 为作用在斜楔上的外力；α 为斜楔的楔角；φ_1、φ_2 为斜楔与工件、夹具体之间的摩擦角。

3) 斜楔夹紧机构的特性

(1) 自锁特性

自锁，就是在撤去外力 Q 后，斜楔在摩擦力的作用下仍能对工件进行夹紧。如图 4.43(c) 所示，此时摩擦力 F_1、F_2 的方向与斜楔退出的方向相反。在斜楔将要退出而没有退出的临界状态下，合力 R_1 和 R_2 应大小相等方向相反并位于一条直线上，为了确保斜楔自锁，要求必须 $F_1 \geqslant Q_2$，即 $W\tan\varphi_1 \geqslant W\tan(\alpha-\varphi_2)$。故斜楔夹角的自锁条件是

$$\alpha \leqslant \varphi_1 + \varphi_2 \tag{4.14}$$

一般钢铁的摩擦系数 $f=0.1\sim0.15$，摩擦角 $\varphi_1=\varphi_2=\varphi=5°43'\sim8°32'$，故 $\alpha\leqslant(11°\sim17°)$ 即可实现自锁。通常为安全起见，取 $\alpha=6°\sim8°$。

(2) 增力特性

增力比 i_Q 为夹紧力 W 与作用力 Q 之比，则由夹紧力公式(4.13)可计算出增力比：

$$i_Q = \frac{W}{Q} = \frac{1}{\tan\varphi_1 + \tan(\varphi_2+\alpha)} \tag{4.15}$$

由摩擦角 $\varphi_1=\varphi_2=\varphi=5°43'\sim8°32'$ 和楔角 $\alpha=6°\sim8°$ 可知，$i_Q>1$。这说明在用斜楔夹紧时，施加一个较小的外力 Q，可以得到一个比 Q 大几倍的夹紧力 W。且当 Q 一定时，α 越小增力作用越大。

(3) 改变作用力方向

由图 4.43 可知，施加水平方向的外力 Q，可获得竖直方向上的夹紧力 W。这一特性可以大大扩大斜楔夹紧机构的应用范围。

(4) 夹紧行程

若斜楔水平方向移动 L,则在夹紧方向上工件移动距离(即夹紧行程)为 S,很明显 $S=L/\tan\alpha$,由于 α 角很小,$S\ll L$,夹紧时工作效率比较低。

这种单斜楔块夹紧机构夹紧力小,工作效率低,且操作也不方便,因此在实际生产中应用并不多,多数是将斜楔与其他机构联合起来使用。如图 4.44(a)所示为斜楔与螺纹夹紧机构联合使用的例子,转动螺杆推动斜楔 2 前移,通过螺钉顶起压板并夹紧工件 3。图 4.44(b)则是端面斜楔与杠杆组成的夹紧机构。

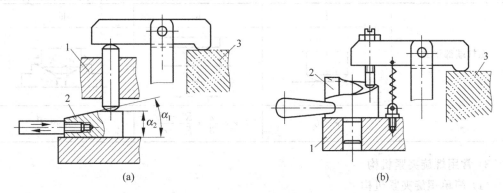

图 4.44 斜楔夹紧机构
1—夹具体;2—斜楔;3—工件

2. 螺旋夹紧机构

采用螺旋直接夹紧或与其他工件组合夹紧的机构称为螺旋夹紧机构。螺旋夹紧机构结构简单,增力大且自锁性好,因此在机床夹具中应用十分广泛。但由于其夹紧动作慢,多用于手动夹紧场合。

1) 夹紧原理

螺旋夹紧机构是斜楔夹紧机构的一种变型。螺旋实际上相当于一个包在圆柱体上的斜楔,它的夹紧过程是通过转动螺旋,使绕在圆柱体上的斜楔在高度上产生变化,从而实现对工件的夹紧。

2) 夹紧力计算

图 4.45 是夹紧状态下的螺杆的受力示意图,螺杆沿螺母下移,故可把螺旋夹紧看做滑块与斜楔的受力情况。以螺杆为研究对象,作用在螺杆手柄上的外力 Q 对螺杆的力矩为 $M_Q=QL$。工件对螺杆端面的反作用力(即夹紧力)W 和摩擦力 F_2;夹具体(螺母)对螺钉螺纹面的反作用力 R 和摩擦力 F_1。设 W 和 F_2 的合力为 R_2,R 和 F_1 的合力为 R'。再将 R' 分解为水平方向的 F' 和竖直方向的 W',则根据力矩平衡条件可得:

$$M_Q - M_{F_1} - M_{F_2} = 0$$

其中:$M_{F_1}=W'\tan(\alpha+\varphi_1)\cdot\dfrac{d_0}{2}$,$M_{F_2}=W\tan\varphi_2\cdot r'$,$W=W'$

代入上式得

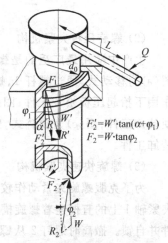

图 4.45 螺旋受力分析

$$W = \frac{QL}{\tan(\alpha + \varphi_1) \cdot \dfrac{d_0}{2} + r'\tan\varphi_2}$$

式中：W 为夹紧力；Q 为作用在斜楔上的外力；d_0 为螺纹中径；α 为螺纹升角；φ_1 为螺纹处摩擦角；φ_2 为螺杆端部与工件间的摩擦角；r' 为螺杆端部与工件的当量摩擦半径（见表 4.3）。

表 4.3　螺杆端部与工件的当量摩擦半径计算公式

螺杆端部形式	Ⅰ	Ⅱ	Ⅲ
r'	$r'=0$	$r' = \dfrac{2}{3} \cdot \dfrac{R^3 - r^3}{R^2 - r^2}$	$r' = R\cot\dfrac{\beta}{2}$

3）常用螺旋夹紧机构

（1）简单螺旋夹紧机构

图 4.46 所示为几种典型的简单螺旋夹紧机构，通过旋转螺母或手柄，使螺杆或压块靠近工件进行夹紧。

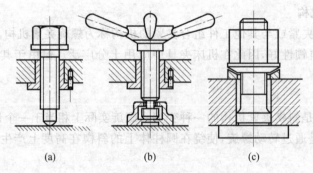

图 4.46　简单螺旋夹紧机构

（2）螺旋压板夹紧机构

生产中应用最广泛的是螺旋压板机构，图 4.47 所示为 3 种典型螺旋压板夹紧机构。图(a)为移动式，通过螺杆 1、螺母 2 和压板 4 夹紧工件，反向旋转螺母，即可在弹簧 6 的作用下抬起压板松开工件；图(b)为回转式，当螺栓 7 松开后，压板 4 可绕螺杆 8 旋转，以便装卸工件；图(c)为铰链式，螺母松开后，螺栓 7 翻离压板 4，压板即可逆时针翻转进行装卸工件。

（3）螺旋快速夹紧机构

为了克服螺旋夹紧动作较慢的缺点，可采用图 4.48 所示几种快速夹紧机构。图(a)中夹紧轴 1 上的直槽连着螺旋槽，先转动手柄 3，使压块迅速靠近工件，继而转动手柄，夹紧工件并自锁。撤离时螺钉 2 从螺旋槽转到直槽，松开工件，再沿直槽将螺杆快速退到图示位置，方便工件的装卸。图(b)中手柄 4 带动螺母旋转时，因手柄 5 的限制螺母不能右移，致使

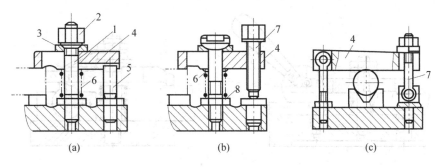

图 4.47 螺旋压板夹紧机构
(a)移动式；(b)回转式；(c)铰链式
1,8—螺杆；2—螺母；3—球型垫圈；4—压板；5—立柱；6—弹簧；7—螺栓

螺杆带动压块向左移动夹紧工件(图中所示为夹紧状态)。松开时，反向转动手柄 4，稍微松开后，即可转动手柄 5，为手柄 4 让出空间，螺杆 6 即可快速退出。图(c)为带有开口垫圈的螺母夹紧。螺母外径小于工件孔径，只要稍松螺母，抽出开口垫圈，工件即可穿过螺母取出。

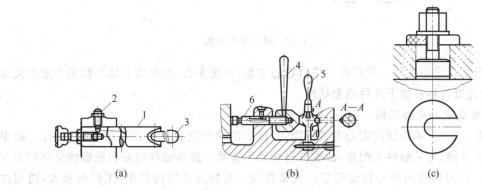

图 4.48 螺旋快速夹紧机构
1—夹紧轴；2—螺钉；3~5—手柄；6—螺杆

3. 偏心轮夹紧机构

偏心轮夹紧机构是一种利用圆形或曲线形偏心轮直接夹紧或与其他工件组合夹紧的机构。常用的偏心夹紧机构有两种：圆偏心夹紧机构和曲线偏心夹紧机构。由于曲线偏心轮制造困难，生产中多采用圆偏心夹紧机构。

圆偏心夹紧机构也是斜楔夹紧机构的一种变型，它可看成是斜楔包在圆盘上，因此圆偏心夹紧机构的结构比斜楔紧凑，夹紧迅速，但是夹紧行程小，自锁性能差，增力效果也远小于螺旋夹紧机构，所以多用于振动较小、所需夹紧力不大的场合，且往往与压板组成偏心压板夹紧机构应用。

图 4.49 所示为几种常见的偏心夹紧机构。图(a)、(b)用的是圆偏心轮，图(c)用的是偏心轴，图(d)用的是偏心叉。

4. 定心夹紧机构

定心夹紧机构是同时对工件进行定位和夹紧的机构。一般用于几何形状对称或有对中性加工要求的工件，其工作原理是定位和夹紧由同一元件完成，并利用元件间的等速移动或

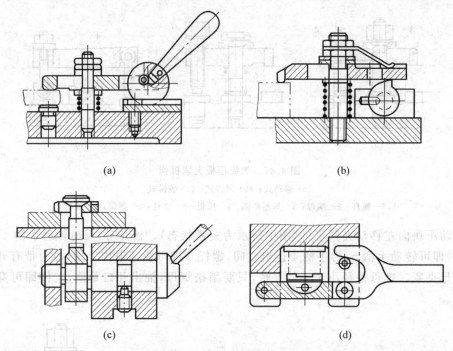

图 4.49 偏心夹紧机构

均匀变形实现定心夹紧。常用的三爪自定心卡盘、弹簧夹头、小锥度心轴等都属于定心夹紧机构,除此以外还有如下几种典型结构。

1) 螺旋定心夹紧机构

如图 4.50 所示是螺旋定心夹紧机构,螺杆 3 两端分别有旋向相反的螺纹,螺杆 3 的中间有环形卡槽,与叉形件 4 配合,故螺杆只转动不移动。旋转螺杆时左右旋螺纹分别带动 V 形块 1、2 同时等速向中心移动起定心夹紧作用。其特点是结构简单,工作行程大,通用性好,但由于螺旋副制造误差及调整误差的影响,定心精度低。螺旋定心夹紧机构适用于所需夹紧力大、定心精度要求不高的场合。

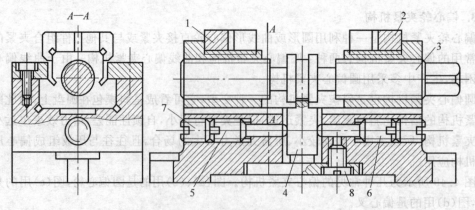

图 4.50 螺旋定心夹紧机构

1,2—V 形块;3—螺杆;4—叉形件;5~8—螺钉

2）斜楔滑柱式定心夹紧机构

图 4.51 所示是斜楔滑柱式定心夹紧机构,向左拉动拉杆 1 时,通过拉杆斜面的作用,在其圆周上等分布置的 3 个滑柱 2 沿径向同时等距离地向外张开,直至与工件孔壁接触,使工件自动定心夹紧;反之向右拉动拉杆,在弹簧 3 的作用下滑柱向中心收拢,工件被松开。滑柱的径向行程较大,所以夹紧范围较大且夹紧可靠,但定心精度不高,适用于内孔定心工件的粗加工。

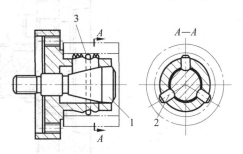

图 4.51　斜楔滑柱式定心夹紧机构
1—拉杆；2—滑柱；3—弹簧

3）弹性定心夹紧机构

图 4.52(a)所示为弹簧夹头,主要元件是一个带锥面的弹簧套筒 1,由夹爪 A、弹性部分 B 和导向部分 C 组成。拧紧螺母 2,在斜面作用下,夹爪收缩,将工件定心夹紧。松开螺母,夹爪弹性恢复,工件松开。弹簧夹头用于工件外圆定位,其结构简单,定心精度高,但对工件定位基准面要求较高。弹簧夹头结构简单,定心精度高,但弹性套筒变形量不大,故对工件定位基准有一定的精度要求。

图(b)为弹簧心轴结构,用于工件内孔定位,原理与弹簧夹头类似。

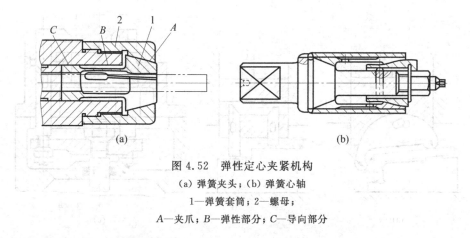

图 4.52　弹性定心夹紧机构
(a) 弹簧夹头；(b) 弹簧心轴
1—弹簧套筒；2—螺母；
A—夹爪；B—弹性部分；C—导向部分

4）液性塑料定心夹紧机构

图 4.53 所示为液性塑料心轴,工件在套筒 2 和 3 个支承钉 1 上定位,当拧动螺钉 5 时,推动柱塞 4 向左将压力传给液性塑料 3,再由不可压缩的液性塑料将压力均匀地传给薄壁套筒 2,迫使薄壁套筒 2 径向涨大,使工件自动定心夹紧。液性塑料心轴定心精度高,适用于精加工。

5. 联动夹紧机构

联动夹紧机构是为了满足加工需要而设置的一种对一个工件施加多个夹紧力或同时对几个工件夹紧的机构。这种夹紧机构操作简单,生产效率高,易于保证产品加工质量,但结构复杂,所需原始力较大,故设计时尽量简化其结构,使其经济合理。

1）单件多点联动夹紧机构

用一个原始作用力,通过一定的机构分散到一个工件的不同部位进行夹紧,这种机构称为单件多点夹紧机构。图 4.54(a)通过作用力 Q,使浮动压头 1 绕小轴中心线摆动,实现两

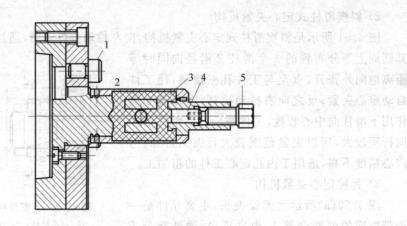

图 4.53 液性塑料定心夹紧机构
1—支承钉；2—薄壁套筒；3—液性塑料；4—柱塞；5—螺钉

个方向上的两点夹紧。图 4.54(b)是使浮动压头 1 在水平方向上移动，实现两点夹紧。图 4.54(c)是由拉杆 3 通过浮动摇板 4 带动 3 个勾头压板 2 同时夹紧工件。由上述 3 个例子可以看出，多点夹紧的特点是机构中必须有浮动元件。

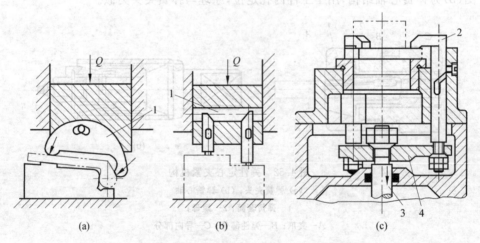

图 4.54 单件多点联动夹紧机构
1—浮动压头；2—勾头压板；3—拉杆；4—浮动摇板

2) 多件联动夹紧机构

用一个原始作用力，通过一定的机构实现对多个相同或不同的工件进行夹紧，这种机构称为多件联动夹紧机构。

图 4.55(a)是利用 3 个浮动压块对 4 个工件进行夹紧。每两个工件用一个浮动压块，工件多于两个时，浮动压块之间需要用浮动连接。图 4.55(b)是用液压介质代替浮动元件实现多件夹紧。

图 4.56 是一种多件对向联动夹紧机构，工作时圆偏心轮 1 带动拉杆 2，两个压板 3 同时夹紧工件。

图 4.57 是一种采用连续多件夹紧的结构示意图，这种夹紧机构工件本身作浮动，不需要其他浮动环节，结构比较简单。夹紧力是由工件依次传递到另一个工件的，一次可以夹紧

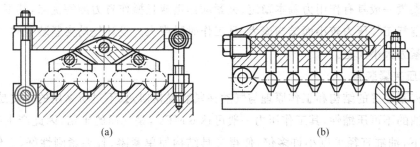

图 4.55 多件平行联动夹紧机构

很多工件。

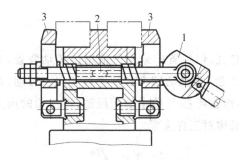

图 4.56 多件对向联动夹紧机构
1—圆偏心轮；2—拉杆；3—压板

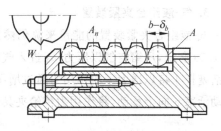

图 4.57 多件连续联动夹紧机构

4.4.4 夹紧动力源

为满足大批量生产中高效、省力、安全的要求，机床夹具多采用动力夹紧装置，如气动夹紧、液压夹紧、气-液组合夹紧、电磁夹紧和真空夹紧等。

1. 气动夹紧装置

气动夹紧装置是机床夹具中应用最广泛的一种动力夹紧方式，它的动力源是压缩空气，一般由压缩空气站集中供气，经过管路损失后进入到夹紧装置中的压力为 0.4～0.6 MPa。

典型的气动传动系统如图 4.58 所示，由气源提供的压缩空气经雾化器 1 与润滑油充分混合，经减压阀 2 调整至所需的工作压力，依次进入单向阀 3、分配阀 4，如需夹紧则压缩空气通过调速阀 5 后进入气缸 7 的左室，推动气缸活塞向右夹紧工件。如需松开工件，则压缩空气经分配阀直接进入气缸右室，推动活塞向左松开工件。

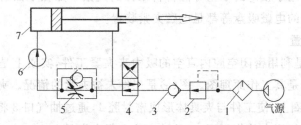

图 4.58 典型气压传动系统
1—雾化器；2—减压阀；3—单向阀；4—分配阀；5—调速阀；6—气压表；7—气缸

气动夹紧一般具有作用力基本稳定、夹紧动作迅速且操作省力的等优点,其不足之处是因为压缩空气工作压力较小而结构庞大,且工作时噪声大。设计气动夹紧装置时,气缸尺寸由所需夹紧力大小而定。

2. 液压夹紧装置

液压夹紧装置的结构和工作原理与气动夹紧装置相似,只不过所采用的介质是液压油。由于液压油的不可压缩性,其工作压力一般可达 6 MPa,是气压的十倍,因此产生同样作用力的情况下,油缸直径可以小许多倍,使得夹具结构简单紧凑;且夹紧刚性好,工作平稳可靠;噪音小,劳动条件好。液压夹紧装置特别适用于重切削和大型工件的多处夹紧。但是,若机床本身没有液压系统时,需要专门设置一套液压辅助装置,导致夹具成本大大增加,因此,液压夹紧的应用仍不如气动夹紧广泛。

3. 气-液组合夹紧装置

气-液组合夹紧装置的能量来源仍然是压缩空气,但装置中采用气液增压传动装置,如图 4.59 所示,压缩空气以压力 p_0 进入气缸 1 的 A 腔,推动活塞 3 和活塞杆 4 向左移动,此时活塞杆 4 将以增大了的作用力通过增压缸 2 传给密闭在 B 腔中的液压油,再由油的压力推动活塞 6 向上移动,将作用力传给夹具的夹紧机构对工件夹紧。

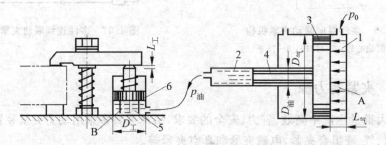

图 4.59 气-液组合夹紧工作原理

1—气缸;2—增压缸;3—活塞;4—活塞杆;5—工作缸;6—活塞

气-液组合夹紧装置综合了气动夹紧和液压夹紧的优点,又部分克服了它们的缺点,所以得到了充分的发展和应用。

4. 电磁夹紧装置

电磁夹紧装置是利用直流电通过一组线圈产生磁力线将工件夹紧。所产生的夹紧力不大但分布均匀,故适用于较薄的小型导磁材料工件的夹紧。如在平面磨床上用的磁力工作台,内外圆磨床上用的电磁吸盘等都是电磁夹紧装置。

5. 真空夹紧装置

真空夹紧装置是利用密闭空腔内真空的吸力来夹紧工件,实质上是利用大气压力压紧工件。图 4.60 所示是其工作原理图。图(a)是工件未被夹紧的情况。夹具体上有橡胶密封圈 2,工件放在密封圈上,使工件与夹具体形成密封腔 1,通过抽气口 3 将密封腔内的空气抽出成真空状态,在大气压力的作用下,工件被定位夹紧在夹具上。

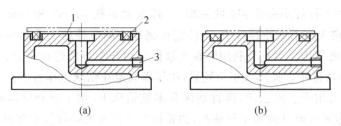

图 4.60 真空夹紧装置
1—密封腔;2—橡胶密封圈;3—抽气口

4.5 各类机床夹具

生产中应用的各类机床夹具都是由定位元件、夹紧装置、夹具体和其他元件等组成,但由于应用场合不同、被加工工件的形状和要求不同,夹具的元件结构和整体布局又有各自的特点。本节主要介绍钻床夹具、铣床夹具、车床夹具、数控机床夹具等几种常用夹具。

4.5.1 钻床夹具

钻床夹具又称为钻模,是用在钻床上进行钻孔、扩孔、铰孔的机床夹具。钻模除了具备定位元件和夹紧装置以外,还具有引导刀具的钻套和安装钻套的钻模板。

1. 钻模的结构形式

钻模的结构形式有很多,根据被加工孔的位置和夹具体的形式可分为以下几种。

1) 固定式钻模

如图 4.61 所示,钻模在加工过程中相对于工件的位置保持不变,称之为固定式钻模。

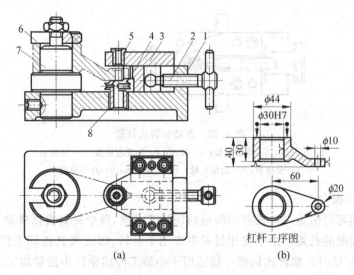

图 4.61 固定式钻模
1—夹具体;2—固定手柄压紧螺钉;3—钻模板;4—活动V形块;
5—钻套;6—开口垫圈;7—定位销;8—辅助支承

图 4.61 为加工杠杆小头孔 $\phi10$ 的钻模,工件以大头孔 $\phi30H7$ 和端面在定位销 7 上定位,用活动 V 形块 4 将小头外圆对中,工件定位完成后调节辅助支承 8 与杠杆小头孔底面接触起增加刚度的作用。大头端利用螺旋夹紧机构和开头垫圈进行夹紧,小头端的压紧螺钉 2 与活动 V 形块连接。夹具找正位置后,用压板固定在钻床工作台上。

固定式钻模可用于立式钻床、摇臂钻床和多轴钻床上,用于摇臂钻床时可加工平行孔系,用于立式钻床时一般只能加工单轴孔,如要加工平行孔系必须设置多轴头。

2) 回转式钻模

回转式钻模可按一定的分度要求绕某一固定轴转动,常用于加工同一圆周上的平行孔系或分布在圆周上的径向孔。这种钻模一般有立轴、卧轴和斜轴回转 3 种基本结构形式。

图 4.62 是卧轴回转式钻模,加工套筒径向 4 个等分孔。工件以内孔和端面为定位基准在心轴 7 和分度板 6 上定位,通过螺母 8 和开口垫圈 9 进行夹紧。分度板开有分度槽,钻孔时分度槽与安装在夹具体上的分度定位器 4 啮合。若要钻下一个孔,只需松开锁紧螺母 2,分度板连同工件转动分度,定位器重新落下与分度槽啮合,再拧紧螺母 2 即可。如此反复可完成 4 个等分孔的加工。

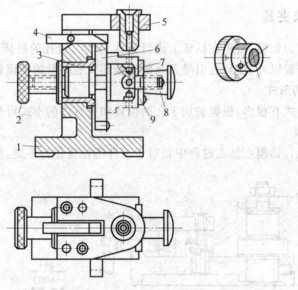

图 4.62 卧轴回转式钻模
1—夹具体;2—锁紧螺母;3—衬套;4—分度定位器;5—钻模板;
6—分度板;7—定位心轴;8—夹紧螺母;9—开口垫圈

3) 翻转式钻模

翻转式钻模可看做是一种没有回转轴的回转式钻模,整个夹具可以带动工件一起翻转,加工工件不同表面的孔系。由于使用过程中要用手翻转,因此夹具连同工件的质量不能太大,一般在 10 kg 以内。翻转式钻模一般适用于小型工件的单件小批量加工。

图 4.63 所示的翻转式钻模是用来加工工件中 4 个 $\phi12$ 的孔、2 个 $\phi6$ 的孔和 2 个 $\phi8$ 的孔。工件以 $\phi60H7$ 孔和底面在心轴 10 上定位,定位后装上钻模板 2,其上装有钻套 9 和转动垫圈 3,拧紧螺母 4 即可夹紧工件。钻完一组孔之后,将钻模翻转即可从 3 个方向上对工件进行钻孔。

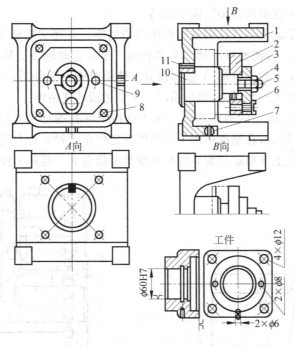

图 4.63 翻转式钻模

1—夹具体；2—可卸式钻模板；3—转动垫圈；4—夹紧螺母；5—销钉；
6—支点螺钉；7~9—固定钻套；10—定位心轴；11—固定销钉

4) 盖板式钻模

盖板式钻模没有夹具体，只有一块钻模板，钻模板上除了钻套还装有定位元件和夹紧装置，加工时，只要将钻模盖在工件上即可。如图 4.64 所示，工件以已加工好的内孔和端面定位，钻模板 4 靠滚花螺钉 2、钢球 3 和滑柱 5 组成的内胀器夹紧，锁圈 6 防止滑柱掉出。盖板式钻模结构简单轻巧，多用于大型工件的小孔加工，因其效率低不适宜于大批量生产。

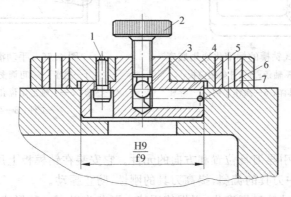

图 4.64 盖板式钻模

1—螺钉；2—滚花螺钉；3—钢球；4—钻模板；5—滑柱；6—锁圈；7—钻套

5) 滑柱式钻模

滑柱式钻模属于通用可调夹具，其结构已经标准化和规格化，设计时可直接选用。它由夹具体、滑柱、升降钻模板和锁紧机构等组成，钻模板可以沿滑柱升降，夹具可调操作方便，夹紧迅速,但钻孔的垂直度和孔距精度不太高。

图 4.65 所示为手动滑柱式钻模的标准化通用底座。升降钻模板 3 通过两根导柱 7 与夹具体 5 的导孔相连。转动操纵手柄 6,经斜齿轮 1 带动齿轮轴条 2 移动,可实现钻模板的升降,并通过斜齿轮 1 上的圆锥体 A 进行锁紧。使用时根据工件形状和加工要求的不同,配置相应的定位、夹紧元件和钻套,即可组成一个专用滑柱式钻模。

图 4.66 是将图 4.65 中的通用底座应用于杠杆零件孔的加工时组成的手动滑柱式钻模。工件 7 要求钻大端孔,在钻模中用上下两锥形定位套 5 和 6 对大端外圆进行定位,操纵手柄 8 使钻模板下降,上锥形定位套 5 便与下锥形定位套 6 一起对工件实现定心夹紧。

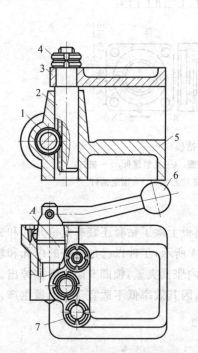

图 4.65　手动滑柱式钻模的标准化通用底座
1—斜齿轮;2—齿轮轴条;3—升降钻模板;
4—锁紧螺母;5—夹具体;6—操作手柄;7—导柱

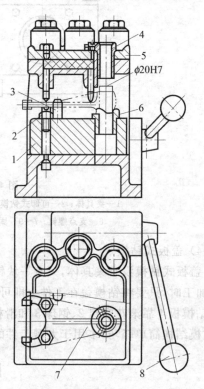

图 4.66　手动滑柱式钻模
1—底座;2—可调支承;3—挡块;
4—钻套;5—上锥形定位套;6—下锥形定位套;
7—工件;8—操作手柄

2. 钻套

钻套是用来确定引导刀具位置和方向的元件。它安装在钻模板上用来保证孔的位置精度,并防止加工过程中刀具的偏斜,提高刀具的刚性,防止振动。

钻套的结构和尺寸已经标准化,根据使用特点可分为以下 4 种形式。

(1) 固定钻套。固定钻套直接用过盈配合或过渡配合安装在钻模板上的相应孔中,如图 4.67(a)所示。使用固定钻套加工出的孔位置精度高,但磨损后不易更换,一般用于小批量生产中。

(2) 可换钻套。可换钻套直接与衬套配合并用钻套螺钉固定在钻模板上,如图 4.67(b)所示,多用于大批量生产。钻套磨损后,只需卸下钻套螺钉就可以更换,为了避免钻模板磨损,

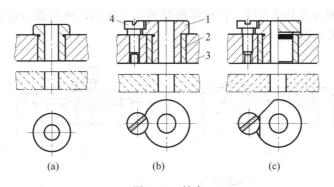

图 4.67 钻套
(a) 固定钻套；(b) 可换钻套；(c) 快换钻套
1—钻套；2—衬套；3—钻模板；4—钻套螺钉

在可换钻套和钻模板之间装有衬套。

(3) 快换钻套。当加工中需要频繁更换钻套以适应不同直径的刀具时，可以采用图 4.67(c) 所示的快换钻套。快换钻套的安装与可换钻套类似，但在其凸缘上除了有供钻套螺钉压紧用的肩台外，同时还铣有一平面，更换钻套时不需拧下钻套螺钉，只要将快换钻套旋转至平面位置，即可向上快速取出钻套。

(4) 特殊钻套。当工件的结构、形状和孔位置特殊时，需要采用特殊钻套。图 4.68 所示为几种特殊钻套，图(a)是在斜面上钻孔时用的特殊钻套；图(b)是在凹坑中钻孔时用的特殊钻套；图(c)是两个孔距离很近时采用的特殊钻套。可见，特殊钻套的结构需要根据具体加工条件进行设计。

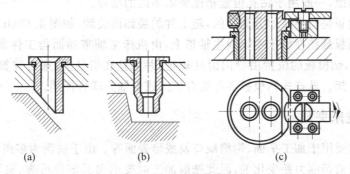

图 4.68 特殊钻套

钻套的结构和外径尺寸都已标准化，可参阅夹具设计手册进行确定。但钻套内孔的尺寸、公差需要设计人员进行确定，一般内孔与钻头应为间隙配合，内孔基本尺寸等于所导引刀具的最大极限尺寸。钻套高度 H 要适中，过高会增加磨损，过低则引导性能差，一般可取所钻孔径的 0.3~1.5 倍。钻套材料一般为 T10A 或 20 钢，渗碳淬火后硬度为 58~64 HRC，必要时可采用合金钢。

3. 钻模板

钻模板是用来安装钻套的模板，要求具有一定的强度和刚度，以防变形而影响钻套的位置与导引精度。钻模板按与夹具体的连接方式不同，可分为固定式、铰链式、可卸式和悬挂式等几种。

固定式钻模板与夹具体铸成一体或用螺钉销钉与夹具体连接在一起,如图4.69(a)所示,结构简单,钻孔精度高。

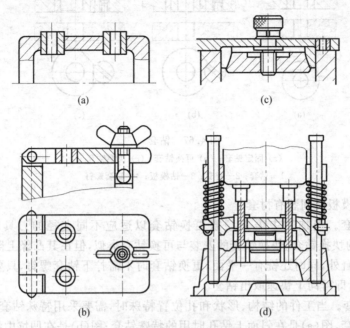

图 4.69　钻模板

铰链式钻模板与夹具体以铰链连接,如图4.69(c)所示,由于钻模板是悬臂的,且铰链部分存在活动间隙,一般用于钻孔位置精度要求不高的场合。

可卸式钻模板是与夹具体分离开的,随工件的装卸而装卸,如图4.69(b)所示。

悬挂式钻模板悬挂在机床主轴或主轴箱上,由机床主轴带动而与工件靠紧或离开。如图4.69(d)所示,钻模板的位置由导向滑柱确定,并悬挂在滑柱上,通过弹簧和横梁与机床主轴或主轴箱连接。悬挂式钻模板多与组合机床或多轴头联合使用。

4.5.2　铣床夹具

铣床夹具主要用于加工平面、沟槽缺口及成形表面等。由于铣削为多齿断续切削,切削力大且每个刀齿的切削力是变化的,因此铣削加工时要求夹具定位可靠、夹紧力足够大,夹具各部分要有足够的强度和刚度。

铣床夹具一般必须有确定刀具位置的对刀装置和夹具方向的定位键,以保证夹具与刀具、机床的相对位置。

1. 铣床夹具的结构和种类

按进给方式的不同,铣床夹具可分为直线进给式、圆周进给式和靠模式三种。

1) 直线进给式铣床夹具

直线进给式铣床夹具应用最多。根据夹具上同时装夹工件的数量,又可分为单件铣夹具和多件铣夹具。如图4.70所示为单件铣夹具,这种夹具每次只装夹一个工件,装卸时间长,生产率低,用于小批量生产。图4.71所示为多件铣床夹具,该夹具用于在小轴端面上铣一通槽。6个工件以外圆面在活动V形块2上定位,以一端面在支承钉6定位。活动V形块装在两根导向柱 7 上，V 形块之间用弹簧 3 分离。工件定位后，由薄膜式气缸 5 推动 V 形块 2 依次将工件夹紧。由对刀块 9 和定位键 8 来保证夹具与刀具和机床的相对位置。这类夹具生产率高，多用于生产批量较大的情况。

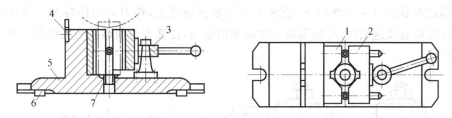

图 4.70　单件直线进给式铣床夹具

1,2—V 形块；3—偏心轮；4—对刀块；5—夹具体；6—定位键；7—支承套

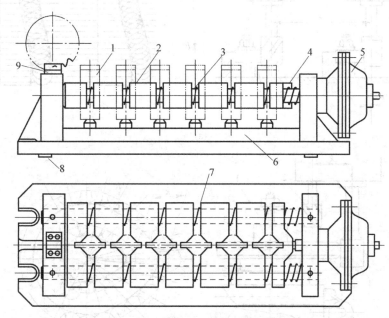

图 4.71　多件直线进给式铣床夹具

1—小轴；2—V 形块；3—弹簧；4—夹紧元件；5—薄膜式气缸；
6—支承钉；7—导向柱；8—定位键；9—对刀块

2) 圆周进给式铣床夹具

圆周进给式铣床夹具通常装在具有回转工作台的铣床上，一般采用连续进给，生产效率较高。如图 4.72 所示为简单的圆周进给式铣床夹具，回转工作台带动工件（拨叉）作圆周连续进给运动，将工件依次送入切削区，完成加工后离开切削区，在非加工位置可以进行装卸工件，这种加工方法使辅助时间与加工时间重合，大大缩短了工件的加工工时，提高了机床的加工效率。

3) 靠模式铣床夹具

靠模式铣床夹具是一种带有靠模的铣床夹具，适

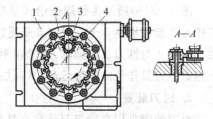

图 4.72　圆周进给式铣床夹具

1—夹具；2—回转式工作台；3—铣刀；4—工件

用于在专用或通用铣床上加工各种非圆曲面,扩大了机床的工艺用途。图4.73(a)所示为直线进给式靠模铣夹具示意图。靠模3与工件1分别装在夹具上,夹具安装在铣床工作台上,滚子滑座5与铣刀滑座6两者连为一体,且保持两者轴线间的距离k不变。该滑座组合件在重锤或弹簧拉力F的作用下,使滚子4压紧在靠模上,铣刀2则保持与工件接触。当工作台作纵向直线进给时,滑座则得一横向辅助运动,使铣刀仿照靠模的轮廓在工件上铣出所需的形状。

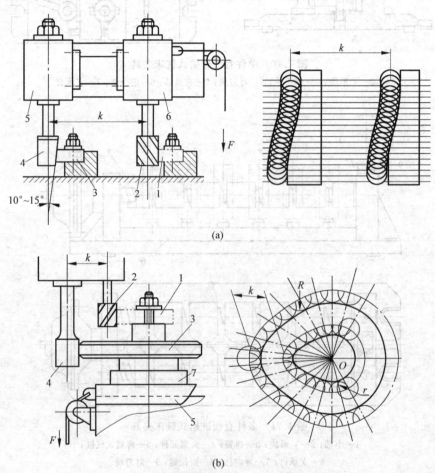

图4.73 靠模式铣床夹具

1—工件;2—铣刀;3—靠模;4—滚子;5—滑座;6—铣刀滑座;7—回转工作台

图4.73(b)所示为圆周进给式靠模铣床夹具示意图。夹具装在回转工作台7上,回转工作台7装在滑座5上。滑座5受重锤或弹簧拉力F的作用使靠模3与滚子4保持紧密接触。滚子4与铣刀2不同轴,两轴相距为k。当转台带动工件回转时,滑座也带动工件沿导轨相对于刀具作径向辅助运动,从而加工出与靠模外形相仿的成形面。

2. 对刀装置

对刀装置是用来确定刀具和夹具相对位置的装置。铣床夹具中的对刀装置主要由对刀块与塞尺组成。

1) 对刀块

图 4.74 所示为几种标准的对刀块结构。其中图(a)是圆形对刀块,用于加工水平面;图(b)是方形对刀块,用于加工相互垂直的平面;图(c)是直角对刀块,用于加工台阶或键槽时对刀;图(d)是侧装的直角对刀块,用途同图(c)。标准对刀块的结构和尺寸,可查阅夹具设计手册进行确定。

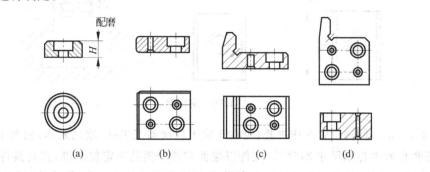

图 4.74 对刀块结构

2) 塞尺

使用对刀块对刀时,为免刀具与对刀块直接接触而损坏刀刃或造成对刀块过早磨损,一般需要在对刀块与刀具之间放置塞尺来校准它们之间的相对位置。塞尺的结构、尺寸已标准化,如图 4.75(a)、(b)、(c)所示为平塞尺,厚度为 1、2、3 mm;而图(d)所示为圆柱形塞尺。

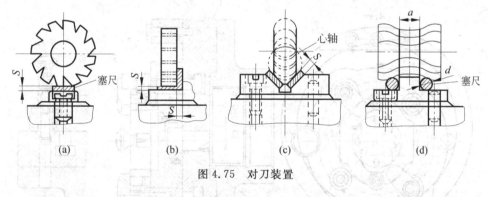

图 4.75 对刀装置

3. 定位键

铣床夹具通常通过定位键与铣床工作台上的 T 形槽配合,来保证夹具在机床上的正确位置。图 4.76 为定位键的两种标准结构,定位键的上半部分用沉头螺钉固定在夹具体底面的纵向槽中,下半部分与机床 T 形槽配合。一般使用两个定位键,两定位键的距离越远,定向精度越高。

4.5.3 车床夹具

车床夹具和磨床夹具比较相似,二者都是安装在机床主轴上,用来加工各种回转表面。夹具的主要类型也很近似,除了使用顶尖、三爪自定心卡盘、四爪单动卡盘、花盘等通用夹具外,常常需要按工件的加工要求设计心轴、弹簧夹头等专用夹具。

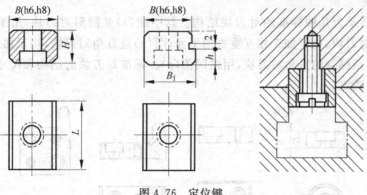

图 4.76 定位键

图 4.77 是一种转位式车床夹具,可在车床上依次加工工件(输油泵体)的两个 $\phi40^{+0.025}_{0}$ 孔,保证两孔的中心距尺寸 $34^{+0.2}_{0}$。工件以端面和两个销孔为定位基准,在夹具件 2 的端面和两定位销上定位,并采用机构紧凑的钩形压板夹紧。加工完一孔之后,松开两个螺母 3,拔出定位销 4,将件 2 绕轴 5 转位 180°,定位销 4 在弹簧的作用下弹入夹具体 1 的另一定位孔中,然后拧紧螺母 3,将件 2 紧固在夹具体 1 上,再加工另一孔。夹具体 1 以端面、止口在过渡盘 6 上定位,并用螺钉紧固。过渡盘以其内孔在机床主轴上定位,用螺纹与机床主轴连接并紧固。为使夹具旋转时平衡,装有平衡块 7。

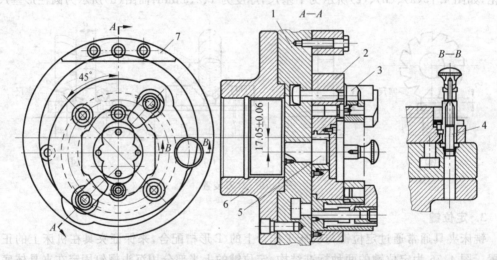

图 4.77 加工输油泵体两平行孔的车床花盘式夹具
1—夹具体;2—夹具件;3—螺母;4—定位销;5—轴;6—过渡盘;7—平衡块

图 4.78 是以齿形表面定位磨内孔的夹具,属于定心夹紧机构。当 Q 力使推杆 9 向右顶弹簧膜片盘 2 时,使其产生弹性变形,此时以密齿咬合并用螺钉 8 紧固在弹簧膜片盘上的卡爪 3 张开,在卡爪张开时装入工件 5。工件的一端面与保持架 4 接触实现轴向定位,同时连接在保持架上的滚柱 6 进入齿轮的齿槽中。当 Q 力去除后,弹簧膜片靠弹性恢复,使卡爪恢复原位,并通过滚柱 6 使工件得到定位、夹紧。

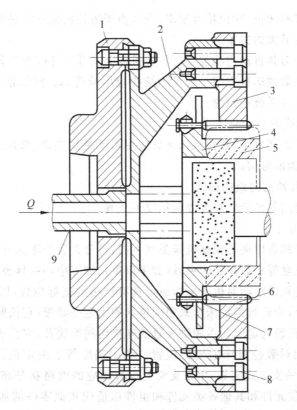

图 4.78 齿形表面定位磨内孔夹具
1—过渡盘；2—弹簧膜片盘；3—卡爪；4—保持架；5—工件；
6—滚柱；7—弹簧；8—螺钉；9—推杆

4.5.4 数控机床夹具

现代自动化生产中,数控机床的应用已越来越广泛。数控机床在加工时,工序系统的运动是由程序控制的,对机床、刀具、夹具和工件之间的相对位置要求非常严格,因此数控机床夹具必须适应数控机床高精度、高效率、多方向同时加工、数字程序控制及单件小批量生产的特点。

1. 数控机床夹具的基本要求

与普通机床夹具相比,数控机床夹具有其独特的特点,因此,对数控机床夹具提出了一系列新的要求。

(1) 数控机床夹具应推行标准化、系列化和通用化。

数控机床夹具的标准化、系列化和通用化,有利于夹具的商品化生产,有利于缩短生产准备周期,降低生产总成本。

(2) 积极发展组合夹具和拼装夹具,提高夹具的适应度。

数控机床加工的工件,常常是机动性和变化性较大的单件小批生产,因此积极发展柔性好、准备时间短的组合夹具、拼装夹具,适应生产多变化、准备周期短的需要,可以大大提高数控机床夹具对不同工件、不同装夹要求的较高适应性。

(3) 数控机床夹具要具备高精度、高刚度及良好的敞开性。

数控机床本身是一种高效能、高精度和高刚度的机床,因此对数控机床夹具也提出较高的定位安装精度要求和转位、对位精度要求,同时由于数控机床常常是粗、精加工一起进行,因此需要夹具提供足够大的夹紧力。

数控机床加工为刀具自动进给加工。数控机床夹具及工件应为刀具的快速移动和换刀等快速动作提供较宽敞的运行空间。夹具的结构应尽量简单、开敞,使刀具容易进入,以防刀具运动中与夹具工件系统相碰撞。

(4) 提高夹具的高效自动化水平。

为适应数控加工的高效率,数控机床夹具应尽可能使用气动、液压、电动等自动夹紧装置快速夹紧,以缩短辅助时间。

2. 数控机床夹具常见的结构形式

数控机床上可使用的机床夹具主要包括以下 3 种。

1) 数控机床通用夹具

数控机床上使用的通用夹具根据机床类别不同,可分为数控车床夹具(三爪自动定心卡盘、四爪单动卡盘、花盘等)、数控铣床夹具(如平口钳)、加工中心夹具等。

由于数控机床夹具要求相对机床坐标原点具有严格的坐标位置,以保证装夹的工件处于规定的坐标位置上,为此数控机床常采用网格状的固定基础板,它长期固定在数控机床工作台上,板上加工有精确的定位孔系和供夹紧或连接用的螺纹孔,它们成网格分布。网格状基础板预先调整好相对数控机床的坐标位置。利用基础板上的定位孔可装各种夹具,如图 4.79(a)所示为角铁支架式夹具。角铁支架上也有相应的网格状分布的定位孔和紧固螺孔,便于安装可换定位元件和其他各类元件和组件以适应相似零件的加工。当加工对象变换品种时,只需更换相应的角铁式夹具便可迅速转换为新零件的加工,不致使机床长期等工。图 4.79(b)是立方固定基础板。它安装在数控机床工作台的转台上,其 4 面都有网格分布的定位孔和紧固螺孔,上面可安装各类夹具的底板。当加工对象变换时,只需转台转位,便可迅速转换到加工新的零件用的夹具,十分方便。

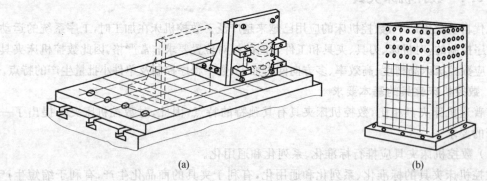

图 4.79 数控机床通用夹具简图

2) 组合夹具

组合夹具是由一套预先制好的各种不同形状、不同规格、不同尺寸、具有完全互换性和高耐磨性、高精度的标准元件及合件,按照不同工件的工艺要求,组装成加工所需的夹具。夹具用毕可拆卸,清洗后留待组装新的夹具。使用组合夹具加工的工件精度高,同时可缩短生产准备周期,元件能重复多次使用,并具有减少专用夹具数量等优点,所以近年来发展迅速,应用较广。组合夹具的主要缺点是体积较大,刚度较差,一次投资多,成本高。

根据组合夹具组装连接基面的形状,可将其分为槽系和孔系两大类。槽系组合夹具的连接基面为 T 形槽,元件由键和螺栓等元件定位紧固连接。孔系组合夹具的连接基面为圆柱孔组成的坐标孔系。

(1) 槽系组合夹具

按照尺寸系列,槽系组合夹具有小型、中型和大型三种,其主要参数见表 4.4。

表 4.4 槽系组合夹具的主要结构参数及性能

规格	槽宽/mm	槽距/mm	螺栓/(mm×mm)	螺钉/mm	支承件截面/(mm×mm)	工件最大尺寸/(mm×mm×mm)	使用范围
大型	16H7/h6	75	M16×1.5	M5	75×75 90×90	2500×2500×1000	重型机械
中型	12H7/h6	60	M12×1.5	M6	60×60	1500×1000×500	一般机械制造
小型	8H7/h6	30	M8×1.25	M3	30×30 22.5×22.5	500×250×250	仪器、仪表电子工业

图 4.80(b)所示为盘形零件钻径向孔工序图,图(a)为加工盘形零件钻径向孔的槽系组合夹具的分解图,图中标号表示组合夹具的 8 大类元件。各类元件的名称基本体现了其具体功能(详见表 4.5),其中其他件 7 常在组装中起辅助作用,合件表示在结构上由若干零件装配而成,但在组装中不能拆散。合件按其功能又分为定位合件、导向合件、分度合件等。图 4.80 中的件 8 为端齿分度盘合件,属分度合件。

表 4.5 槽系组合夹具的组成元件

组成元件	结构图	作用
基础件	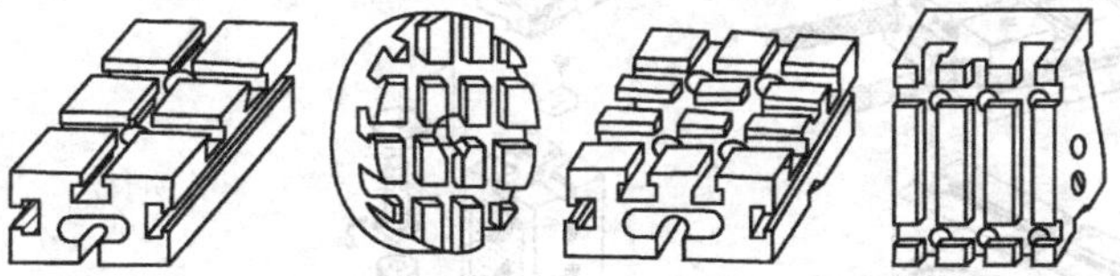	夹具体
支承件	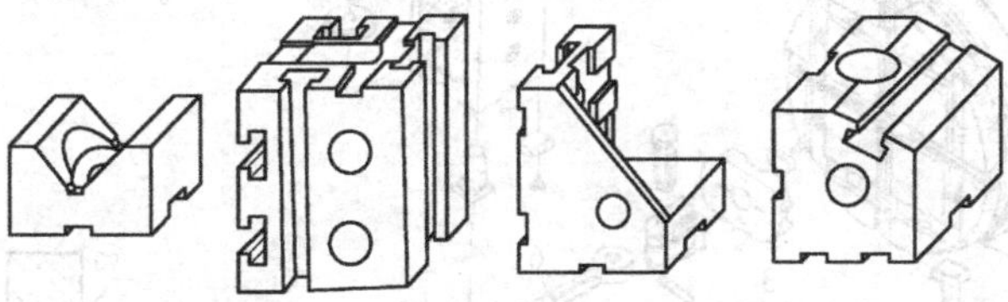	用作夹具体的支架或角架
定位件	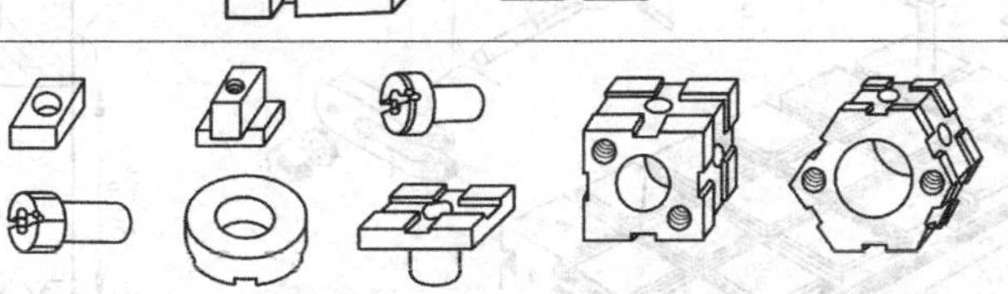	定位工件或确定元件之间的位置
导向件	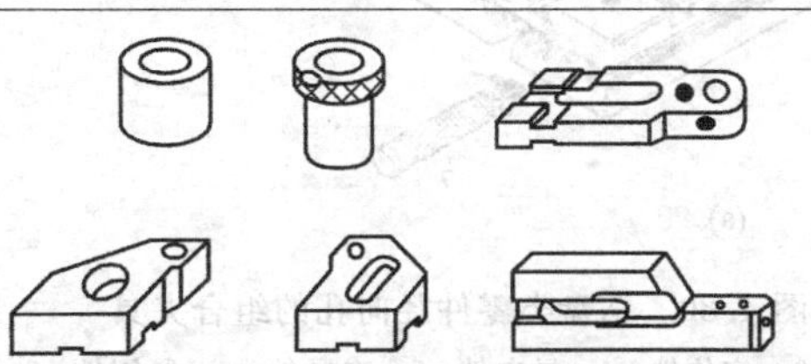	引导刀具

续表

组成元件	结构图	作用
夹紧件		夹紧工件
紧固件		压紧工件或夹紧元件
其他件		辅助元件
合件		完成特定动作或功能

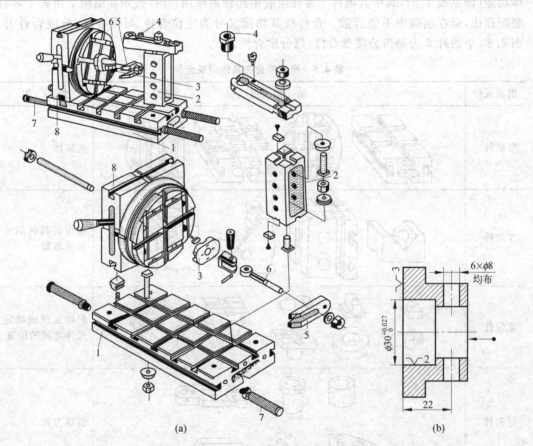

图 4.80 钻盘类零件径向孔的组合夹具
1—基础件；2—支承件；3—定位件；4—导向件；5—夹紧件；6—紧固件；7—其他件；8—合件

(2) 孔系组合夹具

与槽系组合夹具相似,孔系组合夹具也由 8 大类元件组成,如图 4.81 所示。元件与元件之间用两个销钉定位,一个螺钉紧固,元件上光孔的孔径精度为 H6,孔距误差为 ±0.01 mm,孔系组合夹具的定位精度较高,刚性比槽系组合夹具好,组装可靠,体积小,元件的工艺性好,成本低,但组装时元件的位置不能随意调节,常用偏心销钉或部分开槽元件进行弥补。

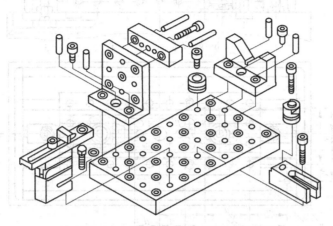

图 4.81 孔系组合夹具结构示意图

目前,许多发达国家都有自己的孔系组合夹具,我国一直以生产和使用槽系组合夹具为主,近年来也研制出了一些孔系组合夹具。

3) 拼装夹具

用专门的标准化、系列化的零部件拼装而成的夹具,称为拼装夹具。它是一种柔性化、模块化的夹具,通常由基础件和其他模块元件组成。所谓模块化是指将同一功能的单元,设计成具有不同用途或性能的,且可以相互交换使用的模块,以满足加工需要的一种方法。统一功能单元中的模块,是一组具有同一功能和相同连接要素的元件,也包括能增加夹具功能的小单元。拼装夹具加工对象十分明确,调整范围只限于本组内的工件。

图 4.82 所示为镗箱体孔的数控机床夹具,在工件 6 上镗削 A、B、C 三个孔。工件在液压基础平台 5 及 3 个定位销 3 上定位;通过基础平台内两个液压缸 8、活塞 9、拉杆 10、压板 11 将工件夹紧;夹具通过安装在基础平台底部的两个连接孔中的定位销 3 在机床 T 形槽中定位,并通过两个螺旋压板 10 固定在机床工作台上。可选基础平台上的定位孔 2 作夹具的坐标原点,与数控机床工作台上的定位孔 1 的距离分别为 x_0、y_0。3 个加工孔的坐标尺寸可用机床定位孔 1 作为零点进行计算编程,称固定零点编程;也可选夹具上方便的某一定位孔作为零点进行计算编程,称浮动零点编程。

拼装夹具有组合夹具的优点,比组合夹具有更好的精度和刚性,更小的体积和更高的效率。它的基础板和夹紧部件中常带有小型液压缸,更适合在数控机床上使用。

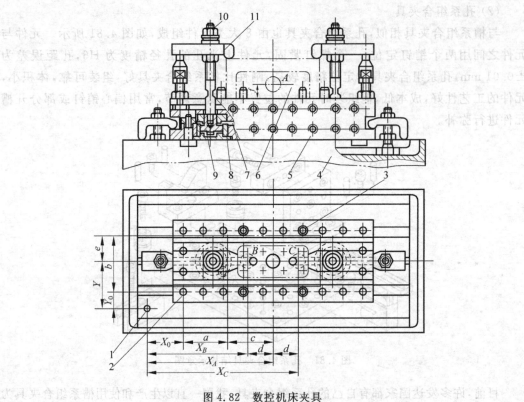

图 4.82 数控机床夹具

1,2—定位孔;3—定位销;4—数控机床工作台;5—夹具体;6—工件;
7—通油孔;8—液压缸;9—活塞;10—拉杆;11—压板

4.6 机床夹具的设计步骤与方法

作为工艺系统中的重要组成部分,机床夹具设计的质量好坏直接关系到零件的加工精度、生产效率、工人劳动强度等,因此,设计机床夹具应首先保证加工质量,同时兼顾生产效率高、劳动强度低以及经济性好等各方面。

机床夹具设计的一般步骤如下所述。

1. 收集与分析设计原始资料

(1)分析零件图和工序图。了解零件的结构特点、功用、生产类型、材料和技术要求,详细分析工件的加工工艺过程和本工序的加工要求,如工序尺寸、工序基准、已加工表面、待加工表面、工序加工精度等。

(2)了解零件的工艺规程。了解本工序所用机床、刀具、加工余量、切削用量、工时定额等。重点了解机床的规格、主要参数以及机床与夹具连接部分的尺寸,刀具的类型、主要结构尺寸等。

(3)熟悉夹具结构与标准。查阅夹具设计手册和图册等相关资料,了解夹具零部件标准和典型结构,作为夹具设计的参考。

2. 确定夹具的结构方案

在详细分析设计资料的基础上,进行夹具结构方案的设计:

(1) 利用六点定位原理,确定工件的定位方式并选择相应的定位元件;

(2) 进行对刀、引导装置的设计,确定引导元件和对刀装置;

(3) 根据设计要求确定夹具的夹紧方式并选择适宜的夹紧机构;

(4) 确定夹具中其他元件或装置的结构形式,如定向键、连接元件、分度装置等;

(5) 协调布局各装置、元件,确定夹具体结构尺寸。

在设计定位、对刀、夹紧等各部分结构和尺寸时,可能会出现多种方案,此时应画出草图进行分析比较,选取最合理的方案。

3. 绘制夹具总图

绘制夹具总图时应遵循国家制图标准,绘图比例尽量采用1∶1,以便使图形有良好的直观性。如工件尺寸大可用1∶2或1∶5的比例,尺寸小可用2∶1的比例。总图上的主视图,尽量选取与操作者正对的位置。

夹具装配图的绘制顺序是:把工件视为透明体,用双点画线画出工件轮廓外形和几个重要表面;围绕工件的几个视图依次绘出定位元件、导向元件、夹紧装置和其他元件、机构;画出夹具体及连接件,把夹具的各组成元件、装置连成一体;最后画出零件明细表和标题栏,写明夹具名称和零件明细内容。

4. 标注夹具上相关尺寸、配合和技术要求

在夹具总图上应标注外形尺寸、必要的装配、检验尺寸及其公差,制定主要元件、装置之间的相互位置精度要求、装配调整的要求等。

1) 应标注的尺寸及配合

(1) 工件与定位元件的联系尺寸:常指工件以孔在心轴或定位销上(或工件以外圆在内孔中)定位时,工件定位表面与夹具上定位元件间的配合尺寸及公差等级。

(2) 夹具与刀具的联系尺寸:用来确定夹具上对刀、导引元件位置的尺寸。对于铣、刨床夹具,是指对刀元件与定位元件的位置尺寸;对于钻、镗床夹具,则是指钻(镗)套与定位元件间的位置尺寸、钻(镗)套之间的位置尺寸以及钻(镗)套与刀具导向部分的配合尺寸等。

(3) 夹具与机床的联系尺寸:用于确定夹具在机床上正确位置的尺寸。对于车、磨床夹具,主要是指夹具与主轴端的连接尺寸;对于铣、刨床夹具,则是指夹具上的定向键与机床工作台上的T形槽的配合尺寸。

(4) 夹具内部的配合尺寸:与工件、机床、刀具无关,主要是为了保证夹具装配后能满足规定的使用要求。

(5) 夹具的外廓尺寸:一般指夹具最大外形轮廓尺寸。若夹具上有可动部分,应包括可动部分处于极限位置所占的空间尺寸。

上述尺寸中,若该尺寸(或精度)与工件的相应尺寸(或精度)有直接关系时,一般取工件尺寸或精度要求的1/5~1/2作为夹具上该尺寸的公差或精度要求;若没有直接关系,按照元件在夹具中的功用和装配要求,根据公差与配合国家标准来制定。

2) 应标注的技术要求

(1) 定位元件之间或定位元件与夹具体底面间的位置要求:其作用是保证工件加工面

与工件定位基准面间的位置精度。

(2) 定位元件与连接元件间的位置要求：如图 4.3 中，为保证拨叉两侧面与小头孔中心的垂直度要求，定位元件心轴的中心线必须与夹具定向键侧面垂直。

(3) 对刀元件与定位元件间的位置要求：如图 4.3 中对刀块的侧对刀面相对于两定向键侧面的平行度要求，是为了保证所铣平面与工件孔中心的垂直度。

(4) 定位元件与导向元件的位置要求：如图 4.83 所示，若要求所钻孔的轴心线与定位基准面垂直，必须以夹具上钻套轴线与定位元件工作表面 A 垂直及定位元件工作表面 A 与夹具体底 B 平行为前提。

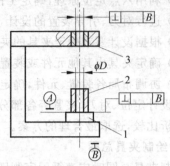

图 4.83　定位元件与导引元件之间的位置要求
1—定位元件；2—工件；3—导引元件

上述技术条件是保证工件相应的加工要求所必需的，其数值应取工件相应技术要求所规定数值的 $1/5 \sim 1/3$。

5. 绘制夹具零件图

夹具总图中的非标准件均应绘制零件图，零件图视图的选择尽量与夹具总图中的工作位置一致，其尺寸、公差和技术要求应注意满足夹具总图要求。

本章基本要求

1. 了解机床夹具在机械制造过程中的地位，掌握机床夹具的基本概念、分类、作用及组成。

2. 了解工件定位的基本概念，掌握工件定位的基本原理、定位方式及其定位元件的设计。

3. 了解定位误差的相关概念，理解定位误差的产生原因，掌握定位误差的计算方法并能结合实例进行分析计算。

4. 了解有关工件夹紧的相关概念，掌握基本夹紧机构的种类和特点，理解各种夹紧机构的夹紧原理。

5. 了解机床夹具的类型及典型机床夹具的设计，掌握典型机床夹具的结构特点和设计要点。

6. 了解机床夹具设计的主要步骤，掌握简单机床夹具的设计方法。

思考题与习题

1. 什么是机床夹具？机床夹具可分为哪几类？
2. 机床夹具的主要作用有哪些？
3. 为什么说定位不等于夹紧？

4. 什么是六点定位原理？工件的合理定位是否一定限制其在夹具中的 6 个自由度？

5. 不完全定位和过定位是否均不允许存在？为什么？

6. 工件定位有哪些定位方式？有哪些定位元件？

7. 什么是辅助支承？使用时应注意什么问题？举例说明辅助支承的应用。

8. 什么是自位支承（浮动支承）？它与辅助支承的作用有何不同？

9. 试述基准不重合误差、基准位移误差和定位误差的概念和产生原因。

10. 在夹具中对一个工件进行试切法加工时，是否存在定位误差？为什么？

11. 分析各种基本夹紧机构的优缺点及适用场合。

12. 列举用于数控机床的夹具。

13. 组合夹具有何特点？由哪些元件组成？

14. 什么叫拼装夹具？有何特点？

15. 为保证下图中的加工尺寸，试分析应限制的自由度。

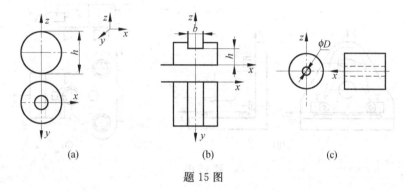

题 15 图

16. 根据六点定位原理分析题 16 图中各定位方案中各定位元件所消除的自由度。

17. 题 17 图分别为滚切齿轮(a)、加工连杆孔(b)时的定位方案。根据六点定位原理，试分析各个定位元件所消除的自由度。如果属于欠定位或过定位，请指出可能出现什么不良后果，并提出改进方案。

18. 试分析题 18 图中所示的夹紧力方向和作用点是否合理？如不合理，应如何改进？

19. 有一批直径为 $d \pm \frac{\delta_d}{2}$ 的轴类零件，欲钻中心孔，工件定位方案题 19 图所示，试计算加工后这批零件的中心孔与外圆可能出现的最大同轴度误差。

20. 加工一批工件如题 20 图所示，除了 A、B 处台阶面外，其余各表面均已加工合理，现在采用由题 20 图所示夹具定位方案加工 A、B 面，保证尺寸 30 ± 0.1 mm 和 60 ± 0.06 mm，试分析此定位方案产生的定位误差能否满足加工要求。

21. 如题 21 图所示零件及定位方案，已知 $d_1 = \phi 25_{-0.021}^{0}$，$d_2 = \phi 40_{-0.025}^{0}$ 两外圆同轴度公差为 $\phi 0.02$，V 形块夹角 $\alpha = 90°$。

试计算：

(1) 铣键槽时尺寸 A 及对称度的定位误差；

(2) 若键槽深度要求 $A = 34.8_{-0.17}^{0}$，键槽对称中心对 d_2 轴线的对称度公差为 $t = \phi 0.25$，问此定位方案可行否？

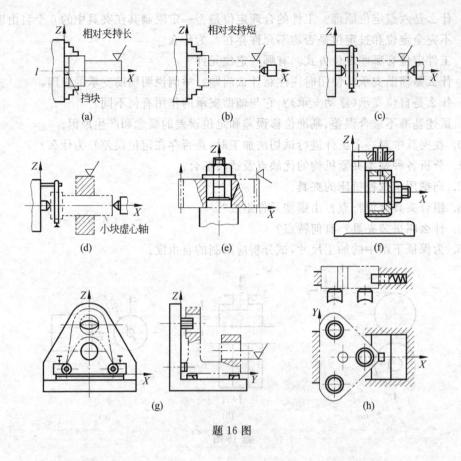

题 16 图

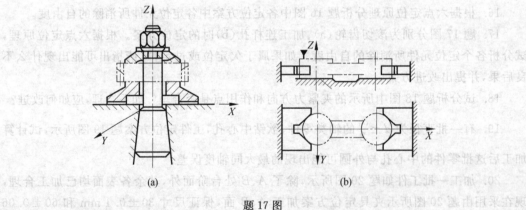

题 17 图

22. 如题 22 图所示的工件，除了 $12_{-0.11}^{0}$ 槽外其余表面均已加工合格，孔的直径为 $\phi16_{0}^{+0.02}$。现在需要设计铣槽夹具保证图示的位置要求，试进行夹具的定位方案的设计计算（请查阅有关手册）。

23. 综合分析题。题 23 图所示为支承块的零件图。

(1) 试分析所标注尺寸的设计基准：H、B、S、C、L、M 及三项位置精度。

(2) 如果其他表面都已加工，现用调整法钻两个孔，根据零件图的有关尺寸标注，试分

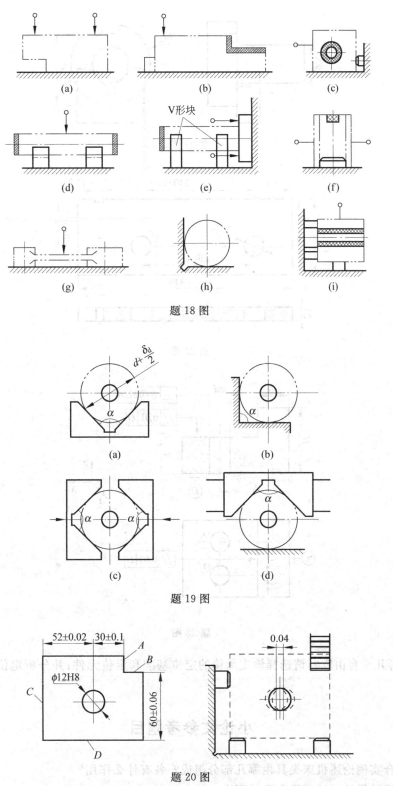

题 18 图

题 19 图

题 20 图

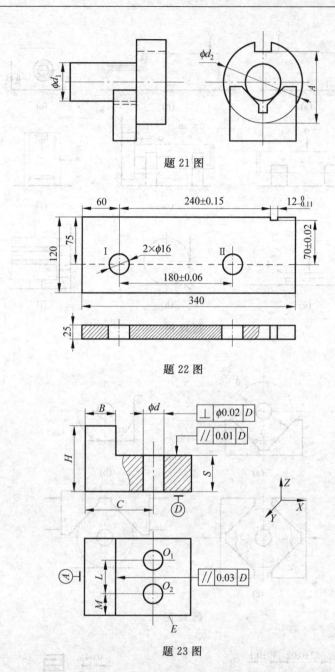

题 21 图

题 22 图

题 23 图

析需限制哪几个自由度？请选择该支承块的定位基准和定位元件；并分析定位元件所限制的自由度。

小论文参考题目

1. 结合实例论述机床夹具由哪几部分组成？各有什么作用？
2. 简述钻模的设计步骤和设计要点。

第5章 机械加工工艺规程设计

5.1 机械加工工艺过程基本概念

5.1.1 工艺规程及其作用

1. 工艺规程

工艺规程是在具体的生产条件下说明并规定工艺过程和操作方法的工艺文件。根据生产过程工艺性质的不同,有毛坯制造、零件机械加工、热处理、产品或部件的装配等不同的工艺规程。其中规定零件制造工艺过程和操作方法等的工艺文件称为机械加工工艺规程;用于规定产品或部件的装配工艺过程和装配方法的工艺文件是机械装配工艺规程。它们是依据科学理论和必要的工艺试验,在具体的生产条件下,通过对多种不同工艺过程的对比,确定的最合理或较合理的制造过程、方法,并按规定的形式书写成工艺文件来指导生产的文件。它体现了一个企业或部门的技术水平。按照工艺规程组织生产,可以保证产品的质量和较高的生产效率与经济效益。但随着科学技术的发展和生产的需要,工艺规程可按照企业的相关规定进行修订和更改。

机械加工工艺规程包括:工件加工工艺路线及所经过的车间和工段、各工序的内容及所采用的机床和工艺装备、工件的检验项目及检验方法、切削用量、工时定额及工人技术等级等内容。机械装配工艺规程包括装配工艺路线、装配方法、各工序的具体装配内容和所用的工艺装备、技术要求及检验方法等内容。

2. 机械制造工艺规程的作用

(1) 指导生产的主要技术文件。机械加工车间生产计划的编排、调度,工人的操作,零件的加工质量检验,加工成本的核算,都是以工艺规程为依据的。处理生产中的问题,也常以工艺规程作为共同依据。如处理质量事故,应按工艺规程来确定各有关单位、人员的责任。

(2) 生产准备工作的主要依据。车间要生产新零件时,首先要制订该零件的机械加工工艺规程,再根据工艺规程进行生产准备。如:新零件加工工艺中的关键工序的分析研究,准备所需的刀具、夹具、量具(外购或自行制造),专用工艺装备的设计和制造,机械负荷的调整,原材料及毛坯的采购或制造,新设备的购置或旧设备改装等均必须根据工艺规程作为基本依据。

(3) 新建机械制造厂(车间)的基本技术文件。新建(扩建)批量或大批量机械加工车间(工段)时,应根据工艺规程确定所需机床的种类和数量以及在车间的布置,再由此确定车间的面积大小、动力和吊装设备配置以及所需工人的工种、技术等级、数量等。

(4) 进行技术交流的重要文件。先进的工艺规程起着交流和推广先进经验的作用,能指导同类产品的生产,缩短工厂摸索和试制的过程。

5.1.2 机械加工工艺过程的基本组成

机械加工工艺过程是由一个个顺序排列的加工方法即工序组成。一个个排列的顺序加工又称为加工工艺路线。工序是组成加工工艺过程的基本单元,是指一个(或一组)工人,在一台机床(或一个工作地点),对同一工件(或同时对几个工件)所连续完成的那一部分工艺过程。工序又由装夹、工位、工步和进给组成。

(1) 装夹:在加工前将工件正确的安放在机床或夹具上然后进行夹紧的过程。我们将确定工件在机床上或夹具上占有正确位置的过程称为定位。保持工件定位后的位置在加工过程中不变的操作称为夹紧。一个工序中可进行多次装夹。

(2) 工位:为了减少工件装夹次数,避免装夹误差,加工中采用回转工作台或移动夹具,使工件在一次装夹中,分几个不同位置进行加工,每一个位置称为一个工位。

(3) 工步:在加工表面(或装配时的连接面)和加工(或装配)工具不变的情况下,所连续完成的那部分工序内容。为了提高生产率,有时用几把刀具同时加工几个表面,此时也应视为一个工步,称为复合工步。

(4) 进给:在每一工步内若被加工表面需切除的余量较大,可分几次切削,每次切削称为一次进给。一个工步可以包括一次进给或几次进给。

图 5.1 为一圆盘零件,其单件小批生产时的加工工艺过程如表 5.1 所示;成批生产时的加工工艺过程如表 5.2 所示。

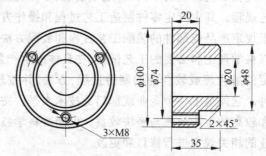

图 5.1 圆盘零件图

表 5.1 圆盘零件单件小批机械加工工艺过程

工序号	工序名称	工位	工步	工 序 内 容	设 备
1	车削	Ⅰ		(用三爪自定心卡盘夹紧毛坯小端外圆)	普通车床
			1	车大端端面	
			2	车大端外圆至 φ100	
			3	钻 φ20 孔	
			4	倒角	
		Ⅱ		(工件调头,三爪自定心卡盘夹紧毛坯大端外圆)	
			1	车小端端面,保证尺寸 35 mm	
			2	车小端外圆至 φ48,保证尺寸 20 mm	
			3	倒角	
2	钻削	Ⅲ		(用夹具装夹工件)	普通钻床
			1	依次加工 3 个 φ6.7 螺纹底孔	
			2	依次攻 3 个 M8 螺纹	
			3	在夹具中修去孔口的锐边及毛刺	

表 5.2 圆盘零件成批机械加工工艺过程

工序号	工序名称	工位	工步	工序内容	设备
1	车削	Ⅰ		（用三爪自定心卡盘夹紧毛坯小端外圆）	普通车床
			1	车大端端面	
			2	车大端外圆至 ϕ100	
			3	钻 ϕ20 孔	
			4	倒角	
2	车削	Ⅱ		（以大端端面及胀胎心轴定位夹紧）	普通车床
			1	车小端端面，保证尺寸 35 mm	
			2	车小端外圆至 ϕ48，保证尺寸 20 mm	
			3	倒角	
3	钻削	Ⅲ		（用钻床夹具装夹工件）	普通钻床
			1	依次加工 3 个 ϕ6.7 螺纹底孔	
			2	攻 3 个 M8 螺纹	
4	钳工		1	整修孔口的锐边及毛刺	手工

由表 5.1 可知，该零件的机械加工分车削和钻削两道工序。因为两者的操作工人、机床及加工的连续性均已发生了变化。在车削加工工序中，虽然含有多个加工表面和多种加工方法（如车、钻等），但其划分工序的要素未改变，故属同一工序。而表 5.2 分为 4 道工序。虽然工序 1 和工序 2 同为车削，但由于加工连续性已变化，因此应为两道工序；同样工序 4 修孔口锐边及毛刺，因为使用设备和工作地均已变化，因此也应作为另一道工序。依次加工 3 个 ϕ6.7 螺纹底孔需要 3 个工位。

5.1.3 工艺规程的类型及格式

将制订好的零（部）件的机械加工工艺过程按一定的格式（通常为表格或图表）和要求描述出来，作为指令性技术文件，即为机械加工工艺规程，包括机械加工工艺过程卡、机械加工工艺卡、机械加工工序卡、检验工序卡、机床调整卡等。

1. 机械加工工艺过程卡

为说明零件机械加工工艺过程，以工序为单位，简要地列出整个零件加工所经过的工艺路线（包括毛坯制造、机械加工和热处理等）的卡片称为机械加工工艺过程卡。它是制订其他工艺文件的基础，也是生产准备、编排作业计划和组织生产的依据。在这种卡片中，由于各工序的说明不够具体，故一般不直接指导工人操作，而多作为生产管理方面使用。但在单件小批生产中，由于通常不编制其他较详细的工艺文件，而就以这种卡片指导生产。机械加工工艺过程卡片如表 5.3 所示。

2. 机械加工工艺卡

机械加工工艺卡片是以工序为单位，详细地说明整个工艺过程。它是用来指导工人生产和帮助车间管理人员和技术人员掌握整个零件加工过程的一种主要技术文件，广泛用于成批生产的零件和重要零件的小批生产中。机械加工工艺卡片的内容包括零件的材料、质量、毛坯种类、工序号、工序名称、工序内容、工艺参数、操作要求以及采用的设备和工艺装备等。机械加工工艺卡片格式如表5.4所示。

表 5.3 机械加工工艺过程卡片

（工厂名）	机械加工工艺过程卡片	产品名称及型号		零件名称		零件图号			
		材料	名称	毛坯	种类	零件质量/kg	毛重		第 页
			牌号		尺寸		净重		共 页
			性能		每料件数		每台件数	每批件数	
工序号	工序内容			加工车间	设备名称及编号	工艺装备名称及编号		技术等级	时间定额/min
						夹具	刀具	量具	单件	准备—终结
更改内容										
编写		抄写			校对		审核		批准	

3. 机械加工工序卡

机械加工工序卡片是根据机械加工工艺卡片为一道工序制订的。它更详细地说明整个零件各个工序的要求，是用来具体指导工人操作的工艺文件。在这种卡片上要画工序简图，说明该工序每一工步的内容、工艺参数、操作要求以及所用的设备及工艺装备。一般用于大批大量生产的零件。机械加工工序卡片格式如表 5.5 所示。

工序简图（见图 5.2）可以清楚直观地表达出一道工序的工序内容，其绘制要求与零件图不同。工序卡片中工序简图的要求如下所述。

（1）工序简图可按比例缩小，用尽量少的投影视图表达。简图也可以只画出与加工部位有关的局部视图，除加工面、定位面、夹紧面、主要轮廓面，其余线条可省略，以必需、明了为度。

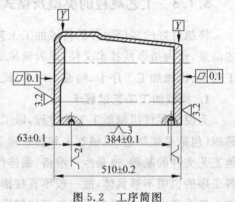

图 5.2 工序简图

（2）工序简图主视图应是本工序工件在机床上装夹的位置。例如，在卧式车床上加工的轴类零件的工序简图，其中心线要水平，加工端在右，卡盘夹紧端在左。

（3）工序简图中工件上本工序加工表面用粗实线表示，本工序不加工表面用细实线表示。

表 5.4 机械加工工艺卡片

机械厂	机械加工工艺卡片		产品名称及型号		喷射机 PZ-5B	毛坯		零件名称	铸件	料斗底座		零件图号		PZ-5B-03	
				名称	牌号	性能		种类	尺寸	零件质量/kg	毛重			第 页 共 页	
			材料	HT	200										
			同时加工零件数	每料件数				每台件数			每批件数	技术等级		工时定额	
														单件	准备—终结
工序	安装	工步	工序内容	背吃刀量/mm	切削用量			设备名称及型号	工装名称及编号						
					切削速度/(m/min)	转速/(r/s)	进给量/(mm/r)		夹具	刀具	量具				
Ⅰ	1	1	粗车外圆端面至 φ476,保证尺寸长 105$_{-0.46}^{0}$	3	36.6	0.4	1.1	卧式车床 C6140	专用夹具	专用外圆车刀	卡板				
		2	粗车 φ450 外圆,保证尺寸长 75$_{-0.46}^{0}$	3	39	0.4	1.1								
		3	粗车外圆 φ430	3	41.4	0.5	1.1								
Ⅱ	1	1	半精车 φ476 外圆	1	63	0.7	0.82	卧式车床	专用夹具	专用外圆车刀	塞规				
		2	半精车 φ450 外圆	1	68	0.8	0.82								
		3	半精车 φ430 外圆	1	67.8	0.8	0.82								
更改内容							抄写		校对		审核		批准		

表 5.5 机械加工工序卡片

机械加工工序卡片	产品型号	CA6140	零件图号		共（ ）页	第（ ）页
	产品名称	车床	零件名称	溜板箱	工序名称	材料牌号 HT150
			车间		工序号 19工序	粗镗各纵向孔 每台件数 一件
			毛坯种类 铸件		毛坯外形尺寸 540×216×284	每毛坯可制件数 同时加工件数 一件
			设备名称 组合机床		设备型号	设备编号 切削液 乳化液
			夹具编号		夹具名称 专用夹具	工序工时 准终 40 单件 3.0
			工位器具编号		工位器具名称	

工步号	工艺内容	工艺装备	主轴转速 /(r/min)	切削速度 /(m/min)	进给量 /(mm/r)	切削深度 /mm	进给次数	工步工时 机动	辅助
1	粗镗 φ42H7 孔至 φ39.9	镗刀 YG8,多用游标卡尺	316	40	0.4	1.7	1	2.4	1.7
	粗镗 φ40H7 孔至 φ37.9		316	40	0.4	1.7	1	2.4	1.7
	粗镗 φ90H7 孔至 φ87.9		144	40	0.875	1.7	1	2.4	1.7
	粗镗 φ60H7 孔至 φ57.4		144	26	0.875	1.7	1	2.4	1.7
	粗镗 φ36H7 孔至 φ33.9		327	35	0.39	1.7	1	2.4	1.7
	粗镗 φ45H7 孔至 φ42.9		316	42.6	0.40	1.7	1	2.4	1.7

		设计（日期）	审核（日期）	标准化（日期）	会签（日期）
描图					
描校					
底图号					
装订号					
标记	处数	更改文件号	签字	日期	
标记	处数	更改文件号	签字	日期	

(4) 工序简图中用规定的符号表示出工件的定位、夹紧情况。
(5) 工序简图中应标注本工序的工序尺寸及其公差,加工表面的表面粗糙度,以及其他本工序加工中应该达到的技术要求。

5.1.4 生产纲领、生产类型及其工艺特征

1. 生产纲领

生产纲领是指企业在计划期内应当生产产品的品种、规格及产量和进度计划。计划期通常为1年,所以生产纲领通常也称为年生产纲领,即年产量。

对于零件而言,产品的产量除了制造机器所需要的数量之外,还要包括一定的备品和废品,因此零件的生产纲领应按下式计算:

$$N = Qn(1+a\%)(1+b\%)$$

式中:N 为零件的年产量,件/年;Q 为产品的年产量,台/年;n 为每台产品中该零件的数量,件/台;$a\%$ 为该零件的备品率(备品百分率);$b\%$ 为该零件的废品率(废品百分率)。

2. 生产类型

生产类型是指企业(或车间、工段、班组、工作地)生产专业化程度的分类。

生产类型的划分主要根据产品的生产纲领,并考虑产品的体积、质量和其他特征来进行。

生产类型一般可分成单件生产、大量生产和成批生产。

单件生产是指生产的产品品种很多,同一产品的产量很小,各个工作地的加工对象经常改变,而且很少重复生产。

大量生产是指生产的产品数量很大,大多数工作地长期只进行某一工序的生产。

成批生产是指一年中分批轮流生产几种不同的产品,每种产品均有一定的数量,工作地的生产对象周期性地重复。每次投入或产出的同一产品(或零件)的数量称为批量。按批量的大小,成批生产可分为小批、中批和大批生产三种。小批生产的工艺特点接近于单件生产,常将两者合称为单件小批生产;大批生产的工艺特点接近大量生产,常合称为大批大量生产。

生产类型的划分,可根据生产纲领和产品的特点及零件的重量或工作地每月担负的工序数,参考表 5.6 确定。同一企业或车间可能同时存在几种生产类型,判断企业或车间的生产类型,应根据企业或车间占主导地位的产品的生产类型来确定。

表 5.6 各种生产组织类型的划分

生产类型	零件年生产纲领		
	重型机械	中型机械	轻型机械
单件生产	≤5	≤20	≤100
小批生产	>5～100	>20～200	>100～500
中批生产	>100～300	>200～500	>500～5000
大批生产	>3～1000	>500～5000	>5000～50 000
大量生产	>1000	>5000	>50 000

3. 各种生产类型的工艺特征

目前,常规的机械制造工艺基本上是在"批量法则"之下组织生产活动的,不同的生产类型有着不同的工艺特点,如表 5.7 所示。

表 5.7　各种生产类型的工艺特征

工艺过程特点	单件小批生产	成批生产	大批大量生产
工件互换性与装配方法	一般配对制造; 广泛采用调整或修配方法	大部分互换; 少数钳工修配	全部有互换性; 某些精度要求较高的配合件用分组选择装配法
毛坯的制造方法及加工余量	1. 型材锯床、热切割下料 2. 木模手工砂型铸造 3. 自由锻造 4. 弧焊(手工,通用焊机) 5. 冷作(旋压等) 加工余量大	1. 型材下料(锯、剪) 2. 砂型(手工、机器造型) 3. 模锻 4. 弧焊(专机),钎焊 5. 冲压 加工余量中等	1. 型材剪切 2. 金属模机器造型,压铸 3. 模锻生产线 4. 压焊、弧焊生产线 5. 多工位冲压,冲压生产线 加工余量小
机床设备及其布置形式	通用机床; "机群式"排列布置	部分通用机床和部分专用机床; "机群式"或生产线布置	广泛采用高生产率的专用机床及自动机床; 按流水线形式排列布置
夹具及工件装夹方法	通用夹具,或组合夹具; 部分找正装夹,部分夹具装夹	广泛采用夹具; 夹具装夹,部分划线找正装夹	广泛采用高效、专用夹具; 夹具装夹
刀具和量具	通用刀具和量具	部分采用通用刀具和量具; 部分采用专用刀具和量具	广泛采用高效率专用刀具和量具
对工人的技术要求	高	一般	对操作工人的技术要求较低,对调整工人的技术要求较高
工艺规程	简单工艺过程卡	有较详细工艺过程卡及部分关键工序的工序卡	有详细的工艺过程卡和工序卡

不同的生产类型具有不同的工艺特点,在制定工艺规程时,应首先确定生产类型,根据不同的生产类型的工艺特点,制定出合理的工艺规程。

随着市场经济体制的建立和科学技术的发展,人民的生活水平不断提高,市场需求的变化越来越快,产品的更新换代周期越来越短,大批大量生产方式已经越来越不适应市场对产品换代的需要。一种新产品在市场上能够为企业创造较高利润的"有效寿命周期"越来越短,迫使企业要不断地更新产品。传统的生产组织类型也正在发生深刻的变化。在这一新的概念下,生产组织的类型正向着"以社会市场需求为动力、以技术发展为基础"的柔性自动化生产方式转变。许多企业通过技术改造,使各种生产类型的工艺过程都向着柔性化的方向发展。传统的中小批生产向着多品种、小批量、灵活快速的方向发展,传统的大批量生产向着多品种、灵活高效的方向发展。

CAD/CAPP/CAM 技术、数控机床、柔性制造系统、柔性生产线等在企业中正得以迅速地应用。这些技术的应用将使产品的生产过程发生根本的变化。

5.2 机械加工工艺规程制订

5.2.1 工艺规程设计的原则及步骤

工艺规程设计的原则是：在保证产品质量的前提下，应尽量提高生产率和降低成本。应在充分利用本企业现有生产条件的基础上，尽可能采用国内外先进工艺技术和经验，并保证有良好的劳动条件。工艺规程应做到正确、完整、统一和清晰，所用术语、符号、计量单位、编号等都要符合相应标准。

工艺规程设计必须具备下列原始资料：

(1) 产品的装配图和零件的工作图。
(2) 产品验收的质量标准。
(3) 产品的生产纲领。
(4) 毛坯的生产条件或协作关系。
(5) 现有生产条件和资料。它包括工艺装备及专用设备的制造能力、有关机械加工车间的设备和工艺装备的条件、技术工人的水平以及各种工艺资料和技术标准等。
(6) 国内、外同类产品的有关工艺资料等。

在掌握上述资料的基础上，机械加工工艺规程设计的步骤主要是：

(1) 分析零件图和产品的装配图。
(2) 确定毛坯。
(3) 选择定位基准。
(4) 拟定工艺路线。
(5) 确定各工序的设备、刀具、量具和辅助工具。
(6) 确定各工序的加工余量，计算工序尺寸及公差。
(7) 确定各工序的切削用量和时间定额。
(8) 确定各主要工序的技术要求及检验方法。
(9) 进行技术经济分析，选择最佳方案。
(10) 填写工艺文件。

5.2.2 产品的零件图与装配图的分析

零件图和装配图是制订工艺规程最主要的原始资料，在制订工艺时，必须认真分析。首先根据装配图了解零件的作用，然后对零件的加工要求和结构工艺性进行分析。

1) 产品的零件图与装配图的分析

通过认真地分析与研究产品的零件图与装配图，熟悉产品的用途、性能及工作条件，明确零件在产品中的位置和功用，找出主要技术要求与技术关键，以便在制订工艺规程时，采取适当的措施加以保证。在对零件工作图进行分析时，应主要从下面三个方面进行。

(1) 零件图的完整性与正确性。在了解零件形状与各表面构成特征之后，应检查零件视图是否足够，尺寸、公差、表面粗糙度和技术要求的标注是否齐全、合理，重点要掌握主要表面的技术要求，因主要表面的加工确定了零件工艺过程的大致轮廓。

(2) 零件技术要求的合理性。零件的技术要求主要指精度(尺寸精度、形状精度、位置精度)、热处理及其他要求(如动、静平衡等)的标注等。要注意分析这些要求,在保证使用性能的前提下是否经济合理,在现有生产条件下能否实现等。

(3) 零件的选材是否恰当。零件的选材要立足国内,在能满足使用要求的前提下尽量选用我国资源丰富的材料。

2) 零件的结构工艺性分析

零件结构工艺性,是指所设计的零件在能满足使用要求的前提下制造的可行性和经济性。结构工艺性的问题比较复杂,它涉及毛坯制造、机械加工、热处理和装配等各方面的要求。表5.8中列举一些零件机械加工工艺性实例供参考。

表5.8 零件机械加工工艺性实例

工艺性内容	不合理的结构	合理的结构	说 明
1. 加工面积应尽量小	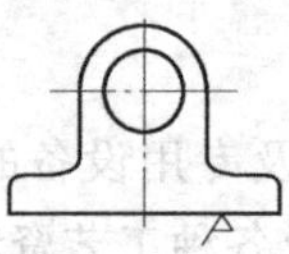	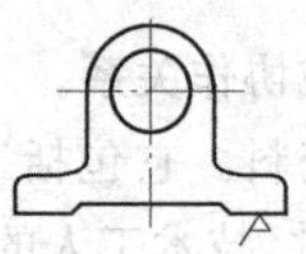	1. 减少加工量 2. 减少刀具及材料的消耗量
2. 钻孔的入端和出端应避免斜面出	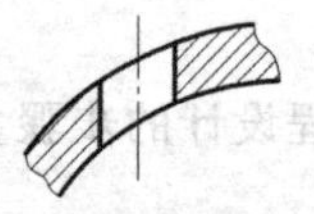	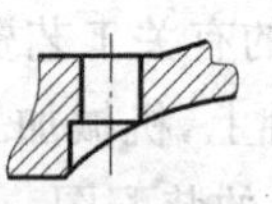	1. 避免钻头折断 2. 提高生产效率 3. 保证精度
3. 槽宽尺寸一致	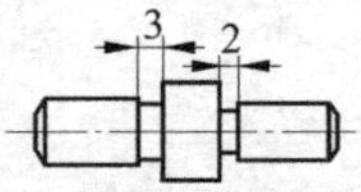	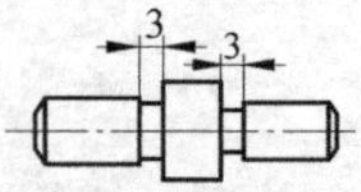	1. 减少换刀次数 2. 提高生产率
4. 键槽布置在同一方向上	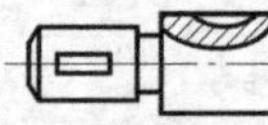	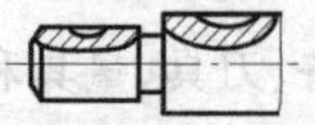	1. 减少调整次数 2. 保证位置精度
5. 孔的位置不能距离壁太近	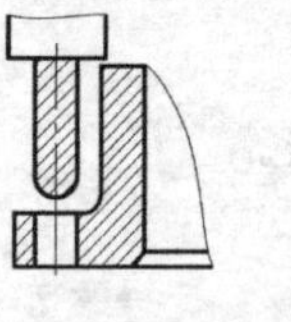	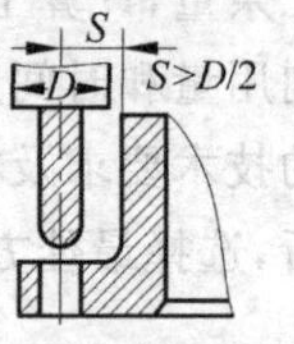 $S>D/2$	1. 可以采用标准刀具 2. 保证加工精度
6. 槽的底面不应与其他加工面重合	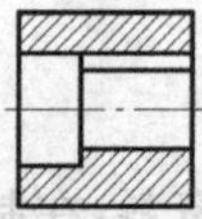	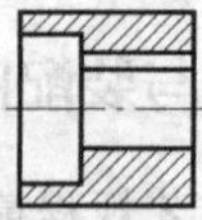	1. 便于加工 2. 避免损伤加工表面
7. 螺纹根部应有退刀槽	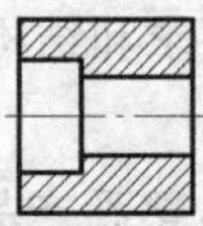	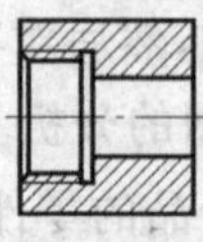	1. 避免损伤刀具条件 2. 提高生产率
8. 凸台表面位于同一平面上	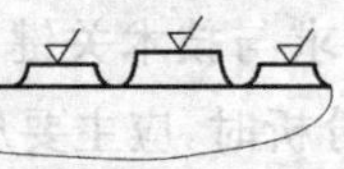	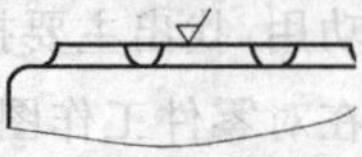	1. 生产率高 2. 易保证精度
9. 轴上两相接精加工表面间应设刀具越程槽	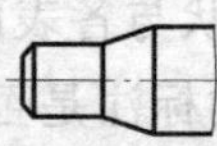	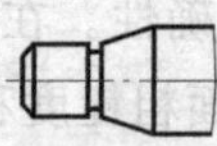	1. 生产率高 2. 易保证精度

5.2.3 毛坯的确定

毛坯制造是零件生产过程的一部分。根据零件（或产品）所要求的形状、尺寸等而制成的供进一步加工用的生产对象称为毛坯。毛坯选择是否合理不仅影响到毛坯本身的制造工艺和费用，而且对零件机械加工工艺、生产率和经济性也有很大的影响。因此选择毛坯时应从毛坯制造和机械加工两方面综合考虑，以求得到最佳效果。

1. 毛坯的种类及特点

毛坯的种类有轧制件、铸件、锻件、焊接件、冲压件、粉末冶金件和塑料压制件等。常用毛坯的特点及适用范围如表 5.9 所示。

表 5.9 常用毛坯的特点及适用范围

毛坯种类	制造精度	加工余量	原 材 料	工件尺寸	工件形状	机械性能	适用生产类型
型材	13 级以下	大	各种材料	小型	简单	较好	各种类型
型材焊接件	13 级以下	一般	钢材	大、中型	较复杂	有内应力	单件
砂型铸造	11～15	大	铸铁、铸钢、青铜	各种尺寸	复杂	差	单件小批
自由锻造	10～12	大	钢材为主	各种尺寸	较简单	好	单件小批
普通模锻	8～11	一般	钢、锻铝、铜等	中、小型	一般	好	中批、大批量
钢模铸造	8～11	较小	铸铝为主	中、小型	较复杂	较好	中批、大批量
精密锻造	7～10	较小	钢材、锻铝等	小型	较复杂	较好	大批量
压力铸造	8～10	小	铸铁、铸钢、青铜	中、小型	复杂	较好	中批、大批量
熔模铸造	7～9	很小	铸铁、铸钢、青铜	小型为主	复杂	较好	中批、大批量
冲压件	9～11	小	钢	各种尺寸	复杂	好	大批量
粉末冶金件		很小	铁基、铜基、铝基材料	中、小尺寸	较复杂	一般	中批、大批量
工程塑料件		较小	工程塑料	中、小尺寸	复杂	一般	中批、大批量

(1) 轧制件：主要包括各种热轧和冷拉圆钢、方钢、六角钢、八角钢等型材。热轧毛坯精度较低，冷拉毛坯精度较高。

(2) 铸件：适用于形状较复杂的毛坯。其制造方法主要有砂型铸造、金属型铸造、压力铸造、熔模铸造、离心铸造等。较常用的是砂型铸造，当毛坯精度要求较低、生产批量较小时，采用木模手工造型法；当毛坯精度要求较高、生产批量很大时，采用金属型机器造型法。铸件材料主要有铸铁、铸钢及铜、铝等有色金属。

(3) 锻件：锻件适用于强度要求高、形状较简单的毛坯。其锻造方法有自由锻和模锻两种。自由锻毛坯精度低、加工余量大、生产效率低，适用于单件小批量生产以及大型零件毛坯。模锻毛坯精度高、加工余量小、生产率高，适用于中批以上生产的中小型零件毛坯。常用的锻造材料为中、低碳钢及低合金钢。

(4) 焊接件：焊接件是将型材或板料等焊接成所需的毛坯，简单方便，生产周期短，但常需经过时效处理消除应力后才能进行机械加工。

(5) 其他毛坯：如冲压件、粉末冶金件和塑料压制件等。

2. 毛坯形状与尺寸的确定

当零件的精度和表面质量要求较高时，由于毛坯受制造技术限制，其某些表面需要留出一定的加工余量，以便通过机械加工的手段来达到要求。毛坯尺寸和零件图上相应的设计尺寸之差称为加工总余量(毛坯余量)。毛坯尺寸的公差称为毛坯公差。毛坯余量和毛坯公差的大小与毛坯的制造方法有关，生产中可参考有关工艺手册和标准确定。毛坯余量确定后，将毛坯余量附加在零件相应的加工表面上，即可大致确定毛坯的形状和尺寸。在毛坯制造、机械加工及热处理时，还有许多工艺因素会影响到毛坯的形状与尺寸，如工艺搭子(见图 5.3)、整体毛坯(见图 5.4)、一坯多件等。

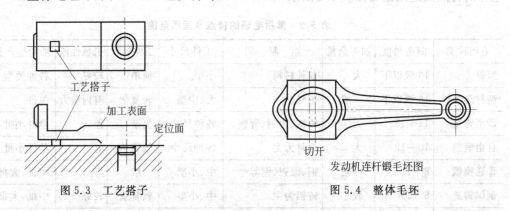

图 5.3 工艺搭子　　　图 5.4 整体毛坯

3. 选择毛坯时应考虑的因素

(1) 零件的材料及力学性能要求。某些材料由于其工艺特性决定了其毛坯的制造方法，例如，铸铁和有些金属只能铸造；对于重要的钢质零件为获得良好的力学性能，应选用锻件毛坯。

(2) 零件的结构形状与尺寸。毛坯的形状与尺寸应尽量与零件的形状和尺寸接近。不同的毛坯制造方法对结构和尺寸有不同的适应性。如：形状复杂和大型零件的毛坯多用铸造；薄壁零件不宜用砂型铸造；板状钢质零件多用锻造；轴类零件毛坯，如各台阶直径相差不大，可选用棒料，相差较大，宜用锻件；对于锻件，尺寸大时可选用自由锻，尺寸小且批量较大时可选用模锻。

(3) 生产纲领的大小。大批大量生产时，应选用精度和生产效率较高的毛坯制造方法，如模锻、金属型机器造型铸造等。单件小批生产时则应选用木模手工造型铸造或自由锻造。

(4) 现有生产条件。选择毛坯时，要充分考虑现有的生产条件，如毛坯制造的实际水平和能力、外协的可能性等。有条件时应积极组织地区专业化生产，统一供应毛坯。

(5) 充分考虑利用新技术、新工艺、新材料的可能性。为节约材料和能源，随着毛坯专业化生产的发展，精铸、精锻、冷轧、冷挤压等毛坯制造方法的应用将日益广泛，为实现少切屑、无切屑加工打下良好基础，这样，可以大大减少切削加工量甚至不需要切削加工，大大提高经济效益。

4. 毛坯-零件综合图

毛坯-零件综合图是简化零件图与简化毛坯图的叠加图。它表达了机械加工对毛坯的期望,为毛坯制造人员提供毛坯设计的依据,并标明毛坯和零件之间的关系。毛坯-零件综合图的内容主要包含毛坯结构形状、余量、尺寸及公差、机械加工选定的粗基准、毛坯组织、硬度、表面及内部缺陷等技术要求。毛坯-零件综合图示例如图 5.5 所示。在绘制毛坯-零件综合图时,应考虑分型面的选取、铸造时零件的哪一面朝下、最小铸出孔、最小锻出台阶等问题。

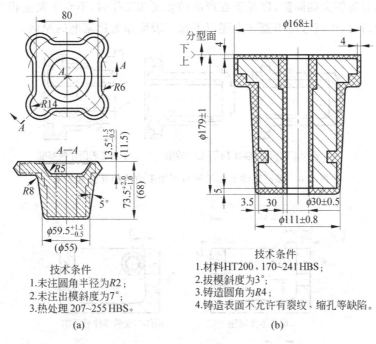

图 5.5 毛坯-零件综合图
(a) 锻件;(b) 铸件

图 5.5 中锻件以粗实线表示毛坯表面轮廓,以双点画线表示经切削加工后的零件表面;铸件用粗实线画零件轮廓,用细的交叉网线表示加工余量。

5.2.4 定位基准选择

在加工、测量和装配过程中需要使用基准作为依据。在加工中作为定位基准实际存在的定位基面有加工和未加工两种。未加工的定位基面称为粗基准,经加工的定位基面称为精基准。有时,为了便于安装和保证所需的加工精度,在工件上制出专用的表面作为辅助基准。定位基准的选择合理与否,将直接影响所制订的零件加工工艺规程的质量。基准选择不当,往往会增加工序,或使工艺路线不合理,或使夹具设计困难,甚至达不到零件的加工精度要求。

1. 粗基准的选择

粗基准的选择要保证用粗基准定位后,加工出的面有较高的精度,通过它作精基准定位时,可以使后续各加工表面具有较均匀的加工余量,并使不加工表面和加工表面间的尺寸、位置符合零件图要求。一般粗基准按下列原则选择。

1) 保证相互位置要求原则

首先以不加工面作为粗基准,保证工件上加工面与不加工面的相互位置要求,如图 5.6 所示,图示套筒法兰零件,表面为不加工表面,为保证镗孔后零件的壁厚均匀,应选表面作粗基准镗孔、车外圆、车端面。当零件上存在若干个不加工表面时,应选择与加工表面的相对位置有紧密联系的不加工表面作为粗基准,如图 5.7 中的 A 作为 C 面的粗基准,零件和箱壁表面之间具有足够大的间隙,以保证在产品的装配和工作时,不至于发生相互碰撞。当毛坯制造精度较高时,可以考虑不遵守上述以不加工表面作为粗基准的原则。

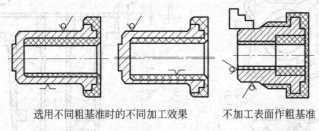

选用不同粗基准时的不同加工效果　　不加工表面作粗基准

图 5.6　保证工件上加工面与不加工面的相互位置要求

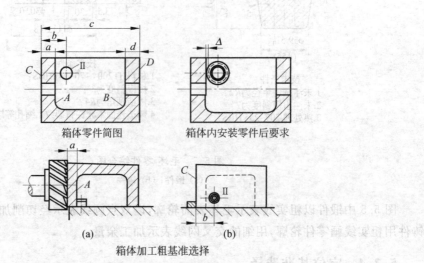

箱体零件简图　　　　箱体内安装零件后要求

(a)　　　　　　　　(b)

箱体加工粗基准选择

图 5.7　与加工表面的相对位置有紧密联系的不加工表面

2) 余量均匀分配原则

(1) 以余量最小的表面为粗基准,应保证各加工表面都有足够的加工余量。如图 5.8 所示,毛坯轴大小端外圆偏心 5 mm,若以大端为粗基准,则小端外圆加工余量不足,导致工件报废。所以应选择加工余量较小的小端外圆为粗基准。

(2) 以加工余量小而均匀的重要表面为粗基准,以保证该表面加工余量分布均匀、表面质量高。如图 5.9 所示,在床身零件中,导轨面是最重要的表面,它不仅精度要求高,而且要求导轨面具有均匀的金相组织和较高的耐磨性。由于在铸造床身时,导

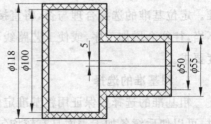

图 5.8　以余量最小的表面为粗基准

轨面是倒扣在砂箱的最底部浇铸成形的,导轨面材料质地致密,砂眼、气孔相对较少,因此要求加工床身时,导轨面的实际切除量要尽可能地小而均匀,故应选导轨面作粗基准加工床身底面,然后再以加工过的床身底面作精基准加工导轨面,此时从导轨面上去除的加工余量可较小而均匀。

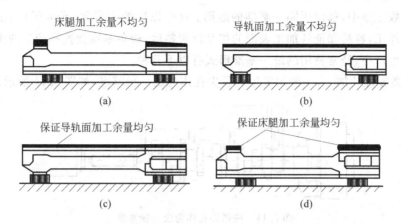

图 5.9 以加工余量小而均匀的重要表面为粗基准
(a) 以导轨面为粗基准加工床腿;(b) 以床腿为粗基准加工导轨面;
(c) 以床腿为精基准加工导轨面;(d) 以导轨面为精基准加工床腿

(3) 尽量选用面积较大、平整光滑的表面作粗基准,尽可能使加工表面的金属切除量总和最小,以提高生产效率,降低加工成本。

3) 便于工件装夹原则

应避免选用飞边、浇口、冒口或其他缺陷的表面作粗基准,以保证定位准确,夹紧可靠。

4) 粗基准一般不得重复使用原则

因为粗基准本身是毛坯表面,精度和表面粗糙度均较差,如果在两次装卡中重复使用同一粗基准,就会造成两次加工出的表面之间出现较大的位置误差。如图 5.10 所示的小轴加工,如重复使用 B 面加工 A 面、C 面,则 A 面和 C 面的轴线将产生较大的同轴度误差。

当以粗基准定位加工多个表面时,在加工出的表面中,应有一些表面便于作为后续加工的精基准,以保证后续工序不再使用粗基准定位。

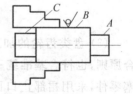

图 5.10 粗基准一般不得
重复使用原则
A、C—加工面;B—毛坯面

2. 精基准的选择

当以粗基准定位加工出了一些表面之后,在后续的加工中,就应以精基准作为主要定位基准。选择精基准时,主要考虑的问题是如何便于保证加工精度和装夹方便、可靠。为此应遵循以下原则。

1) 基准重合原则

应尽量选择加工表面的设计基准作为精基准,即谓基准重合原则,这样可避免由于基准不重合而产生的定位误差,还可以避免当设计基准和工序基准不重合而造成的尺寸换算误差。在对加工面位置尺寸和位置关系有决定性影响的工序中,特别是当位置公差要求较严时,一般不应违反这一原则,否则,将由于存在基准不重合误差,而增大加工难度。应用基准重合原则时,应注意具体条件。定位过程中产生的基准不重合误差,是在用调整法加工一批零件时产生的。若用试切法加工,直接保证设计要求,则不存在基准不重合误差。

2) 基准统一原则

在大多数工序中,都使用同一基准的原则。这样以后的大多数(或全部)工序均以它为精基准进行加工,容易保证各加工表面的相互位置精度,避免基准变换所产生的误差。

在实际生产中,经常使用的统一基准形式有以下几种。

(1) 轴类零件的加工,一般均采用两顶尖孔作为统一精基准,如图 5.11 所示。

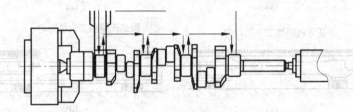

图 5.11　两顶尖孔作为统一精基准

(2) 箱体类零件的加工,一般采用一面两孔作为统一精基准,如图 5.12 所示。

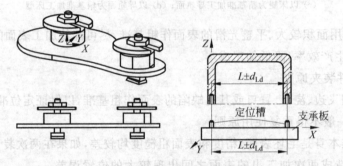

图 5.12　一面两孔作为统一精基准

(3) 盘类齿轮的加工,一般均采用内孔和一个端面作为统一精基准,这既符合基准重合原则,也符合基准统一原则,是最理想的定位基准选择方案,如图 5.13 所示。对于活塞零件,采用裙部止口面定位可以方便地加工活塞的其他表面,故选其为统一精基准。实际上,活塞止口面的圆孔并无功能要求,之所以对其进行加工,完全是为了作定位基准使用。

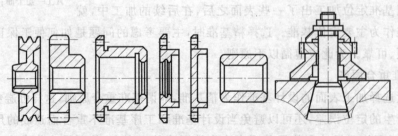

图 5.13　采用内孔和一个端面作为统一精基准

(4) 套类零件用一长孔和一止推面作统一精基准。

采用基准统一的主要优点如下：

(1) 工件上多数表面采用同一组定位基准定位加工，避免了基准转换所带来的误差，有利于保证这些表面间的位置精度。

(2) 由于多数工序采用的定位基准相同，因而所采用的定位方式和夹紧方法也就相同或相近，有利于使各工序所用夹具基本上统一，从而减少了夹具设计和制造所需的时间和费用，简化了生产准备工作。

(3) 为在一次装夹下有可能加工出更多的表面提供了有利条件。因而有利于减少零件加工过程中的工序数量，简化了工艺规程的制订。由于工件在加工过程中装夹的次数减少，不仅减少了多次装夹所带来的装夹误差和装卸工件的辅助时间，并且为采用高效率的专用设备和工艺装备创造了条件。

(4) 当采用的统一基准与设计基准不重合时，加工精度虽不如基准重合时那样容易保证，即增加了一个基准不重合误差，但对于加工表面较多、各加工表面都有各自的设计基准的较复杂的零件来说，采用基准统一原则要比采用基准重合原则（基准需要多次转换）优点更多一些。

采用基准统一原则应注意以下问题：

(1) 当采用基准统一原则无法保证加工表面的位置精度时，可考虑先采用基准统一原则进行粗、半精加工，最后再采用基准重合原则对个别重要表面进行精加工，这样兼顾了两个原则的优点，避开了其缺点。

(2) 基准统一原则经常用于加工内容较多的复杂零件。当工件上没有合适的表面作为统一的基准时，常在工件上加工出一组专供定位的基准面（辅助基准）。这些基准面有时是与设计基准重合的（如轴类零件的顶尖孔），有时则不相重合（如箱体加工时以一面两孔定位）。

(3) 作为统一基准的表面，由于在加工过程中多次使用，容易产生磨损而降低精度，以致影响定位的精度和可靠性，故应在使用过程中注意保护，必要时还要进行修整加工。

3) 互为基准、反复加工原则

对某些位置精度要求高的表面，可以采用互为基准、反复加工的方法来保证其位置精度，这就是互为基准的原则。

这种加工方案不仅符合基准重合原则，而且在反复加工的过程中，基准面的精度越来越高，加工余量亦逐步趋于小而均匀，因而最终可获得很高的相互位置精度。所以，一些同轴度或平行度等相互位置精度要求较高的精密零件在生产中经常采用这一原则。

4) 自为基准原则

对一些精度要求很高的表面，在精密加工时，为了保证加工精度，要求加工余量小而且均匀，这时可以用已经精加工过的表面自身作为定位基准，这就是自为基准的原则。

如图 5.14 所示的床身的导轨面精磨加工，就是以导轨面自身作为精基准，以保证磨削余量小而均匀，以利于提高导轨面的加工质量和磨削生产率。

有的加工方法，如浮动铰孔、拉孔、珩磨孔以及攻螺纹等，只有在加工余量均匀一致的情

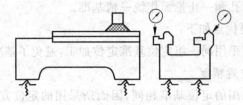

图 5.14 以导轨面自身作为精基准

况下,才能保证刀具的正常工作,一般采用刀具与工件相对浮动的方式来确定刀具与加工表面之间的正确位置。这些都是以加工表面本身作为定位基准的实例。

按自为基准原则加工时,只能提高加工表面本身的尺寸和形状精度,而不能提高其位置精度。加工表面与其他表面之间的位置精度,需由前面的有关工序来保证,或在后续工序中,采用以该加工表面作为定位基准对其他表面进行加工的办法来予以保证。

5) 便于装夹原则

所选择的精基准,尤其是主要定位面,应有足够大的面积和精度,以保证定位准确、可靠。同时还应使夹紧机构简单、操作方便。

3. 辅助基准的选择

为了满足工艺上的需要,在工件上专门设计和加工出来的定位基准称为辅助基准。

辅助基准主要用在工件上的重要工作表面不适宜选作定位基准的情况下。此时一般将零件上的一些本来不需加工的表面或加工精度要求较低的表面(如非配合表面),按较高精度加工出来,用作定位基准。常见的辅助基准有顶尖孔、一面两孔定位的定位孔、定位凸台、止口等。

4. 关于定位基准选择的几点说明

(1) 前面所谈到的粗、精基准选择的各项原则,每一条都只是突出强调了每一个方面的要求,具体应用时,可能会出现相互矛盾之处。这时,应根据具体情况,灵活运用上述各项原则,保证主要方面,兼顾次要方面,从整体上尽量使定位基准的选用更为合理。

(2) 在制定工艺规程时,选择定位基准应按一定的顺序进行,一般的选择顺序是:首先选定最终完成工件主要表面加工和保证主要技术要求所需的精基准;然后考虑为了可靠地加工出上述主要精基准,是否需要选择一些表面作为中间精基准,最后再结合选用粗基准所应解决的问题,考虑粗基准的选择。

(3) 作为定位基准的表面,应尽可能具有足够的长度和较大的面积,以保证工件装夹时具有较高的定位精度和较好的稳定性。

(4) 所选择的定位基准,应使工件在加工过程中受到夹紧力、切削力和工件本身重力等作用下,不会产生偏移或较大的变形。

5.2.5 工艺路线的拟定

拟定零件的机械加工工艺路线是制定工艺规程的一项重要工作,拟定工艺路线时需要解决的主要问题是,根据零件各表面的加工要求选择相应的加工方法,然后对加工阶段进行划分,安排合理的加工工序,同时确定工序的集中与分散程度。

1. 表面加工方法的选择

零件上的各种典型表面都有多种加工方法,每一种加工方法都有一定经济加工精度和表面粗糙度范围。图 5.15、图 5.16、图 5.17 表示了各种加工方法所能达到的经济加工精度和表面粗糙度,从中可以看出:

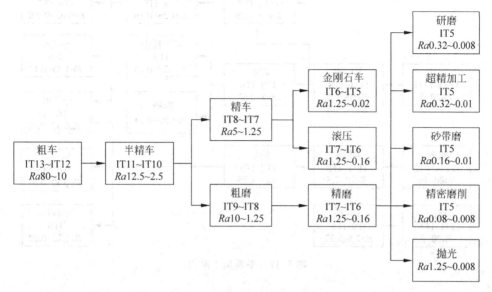

图 5.15 外圆表面的加工路线

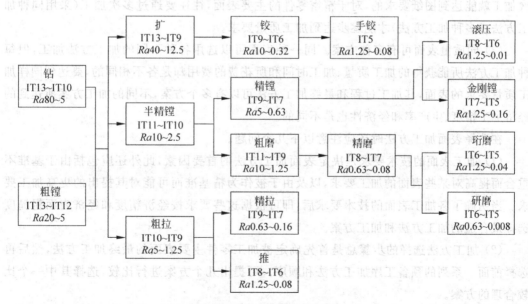

图 5.16 孔的典型加工路线

(1) 同种表面有多种方法。同一种表面可以选用各种不同的加工方法加工,但每种加工方法所能获得的加工质量、加工时间和所花费的费用却是各不相同的。工程技术人员的任务,就是要根据具体加工条件(生产类型、设备状况、工人的技术水平等)选用最适当的加工方法,加工出合乎图纸要求的机器零件。

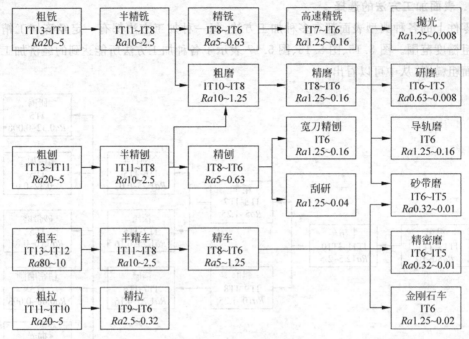

图 5.17 平面加工路线

(2) 高质量表面需要多次加工。具有一定技术要求的加工表面,一般都不是只通过一次加工就能达到图纸要求的,对于精密零件的主要表面,往往要通过多次加工(采用同种加工方法或多种加工方法)才能逐步达到加工质量要求。

(3) 同质量表面可有多种方案。同一种表面可以选用各种不同的加工方法加工,但每种加工方法所能获得的加工质量、加工时间和所花费的费用却是各不相同的,要达到同样加工质量要求的表面,其加工过程和最终加工方法可以有多个方案,不同的加工方案所达到的经济加工精度、生产率和经济性也是不同的。

在选择表面加工方法时还应注意以下几个问题。

(1) 加工表面的技术要求是决定表面加工方法的首要因素,此外还应包括由于基准不重合而提高对某些表面的加工要求,以及由于被作为精基准而可能对其提出的更高加工要求。当明确了各加工表面的技术要求后,即可根据这些要求按经济精度和经济表面粗糙度选择最合适的加工方法和加工方案。

(2) 加工方法选择的步骤总是首先确定被加工零件主要表面的最终加工方法,然后再选择前面一系列的预备工序加工方法和顺序。可提出几个方案进行比较,选择其中一个比较合理的方案。

如加工一个直径 $\phi25H7$ 和表面粗糙度 $Ra0.8\ \mu m$ 的孔,可有 4 种加工方案:①钻孔→扩孔→粗铰→精铰;②钻孔→粗镗→半精镗→磨削;③钻孔→粗镗→半精镗→精镗→精细镗;④钻→拉。

再根据零件加工表面的特点和产量等条件,确定采用其中一种加工方案。主要表面的加工方法选定以后,再选定各次要表面的加工方法。

(3) 在被加工零件各表面加工方法分别初步选定以后,还应综合考虑为保证各加工表面位置精度要求而采取的工艺措施。例如几个同轴度要求较高的外圆或孔,应安排在同一工序的一次装夹中加工,这时就可能要对已选定的加工方法作适当的调整。

(4) 选择加工方法要考虑到生产类型,即考虑生产率和经济性问题,在大批大量生产中,采用高效率的专用机床和组合机床及先进的加工方法。如加工内孔可采用拉床和拉刀;轴类件加工可采用半自动液压仿形车床。在单件小批生产中,一般采用通用机床和工艺设备进行加工。

(5) 选择加工方法应考虑零件结构、加工表面的特点和材料性质等因素。零件结构和表面特点不同,所选择的加工方法也不同。如位置精度要求较高的或大直径的孔,最好的加工方法是镗孔。考虑工件材料的选择,对淬硬工件应采用磨削加工;但对有色金属件的加工不宜用磨削,一般采用金刚镗或高速精细车削加工。

(6) 选择加工方法还要考虑本厂的现有设备等生产条件。应充分利用现有的设备,也应注意不断对原有设备和工艺技术的改造,逐步采用新技术和提高工艺水平。

(7) 在各表面加工方法选定以后,需要进一步确定这些加工方法在零件加工工艺路线中的顺序及位置,这与加工阶段的划分有关。

2. 加工阶段的划分

为了保证零件加工质量和合理使用设备、人力,一般把机械加工工艺分为粗加工、半精加工、精加工和光整加工阶段。

(1) 粗加工阶段:主要去除各加工表面的大部分余量,使毛坯在形状和尺寸上接近零件成品。因此,应采取措施尽可能提高生产率。同时要为半精加工阶段提供精基准,并留有充分均匀的加工余量,为后续工序创造有利条件。

(2) 半精加工阶段:减少粗加工阶段留下的误差,使加工面达到一定的精度,并保证留有一定的加工余量,为主要表面的精加工作准备,并完成一些精度要求不高表面的加工(如紧固孔的钻削,攻螺纹,铣键槽等)。一般安排在热处理之前进行。

(3) 精加工阶段:主要是保证零件的尺寸、形状、位置精度及表面粗糙度,这是相当关键的加工阶段。大多数表面至此加工完毕,达到图样规定的质量要求。也为少数需要进行精密加工或光整加工的表面做准备。

(4) 光整加工阶段:采用一些高精度的加工方法,如精密磨削、珩磨、研磨、金刚石车削等,以进一步提高表面的尺寸精度和降低表面粗糙度值为主,一般不用于提高形状精度和位置精度。

划分加工阶段的意义有以下几点。

(1) 有利于保证零件的加工质量。零件在粗加工时,由于要切除掉大量金属,因而会产生较大的切削力和切削热,同时也需要较大的夹紧力,在这些力和热的作用下,零件会产生较大的变形。而且经过粗加工后零件的内应力要重新分布,也会使零件发生变形。如果不划分加工阶段而连续加工,就无法避免和修正上述原因所引起的加工误差。加工阶段划分后,粗加工造成的误差,通过半精加工和精加工可以得到修正,并逐步提高零件的加工精度和表面质量,保证了零件的加工要求。

(2) 便于及时发现毛坯的缺陷,可以避免以后精加工的经济损失。毛坯上的各种缺陷(如气孔、砂眼、夹渣或加工余量不足等),在粗加工后即可被发现,便于及时修补或决定报废，以免继续加工后造成工时和加工费用的浪费。

（3）可以合理安排加工设备和操作工人，有利于延长精加工设备的寿命。粗加工一般要求功率大、刚性好、生产率高而精度不高的机床设备。而精加工需采用精度高的机床设备。划分加工阶段后就可以充分发挥粗、精加工设备各自性能的特点，避免以精干粗，做到合理使用设备。这样不但提高了粗加工的生产效率，而且也有利于保持精加工设备的精度和使用寿命。

（4）便于安排热处理。热处理工序使加工过程划分成几个阶段，如精密主轴在粗加工后进行去除应力的人工时效处理，半精加工后进行淬火，精加工后进行低温回火和冰冷处理，最后再进行光整加工。这几次热处理就把整个加工过程划分为粗加工、半精加工、精加工和光整加工阶段。

（5）精加工安排在最后，可防止或减少已加工表面的损伤。

在零件工艺路线拟订时，一般应遵守划分加工阶段这一原则，但具体应用时还要根据零件的情况灵活处理，例如对于精度和表面质量要求较低而工件刚性足够、毛坯精度较高、加工余量小的工件，可不划分加工阶段。又如对一些刚性好的重型零件，由于装夹吊运很费时，也往往不划分加工阶段而在一次安装中完成粗精加工。

还需指出的是，将工艺过程划分成几个加工阶段是对整个加工过程而言的，不能单纯从某一表面的加工或某一工序的性质来判断。例如工件的定位基准，在半精加工阶段甚至在粗加工阶段就需要加工得很准确，而在精加工阶段中安排某些钻孔之类的粗加工工序也是常有的。

3. 加工顺序的确定

复杂零件的机械加工要经过一系列的切削加工、热处理和辅助工序。因此在拟定工艺路线时，工艺人员要全面地把切削加工、热处理和辅助工序三者一起加以考虑。

1）切削加工工序的安排原则

（1）基准先行：零件加工一般多从精基准的加工开始，再以精基准定位加工其他表面。因此，首先应加工用作精基准的表面，以便为其他表面的加工提供可靠的基准表面，这是确定加工顺序的一个重要原则。如轴类零件先加工两端中心孔，然后再以中心孔作为精基准，粗、精加工所有外圆表面。齿轮加工则先加工内孔及基准端面，再以内孔及端面作为精基准，粗、精加工齿形表面。

（2）先粗后精：精基准加工好以后，整个零件的加工工序，应是粗加工工序在前，相继为半精加工、精加工及光整加工。在对重要表面精加工之前，有时需对精基准进行修整，以利于保证重要表面的加工精度，如主轴的高精度磨削时，精磨和超精磨削前都须研磨中心孔；精密齿轮磨齿前，也要对内孔进行磨削加工。

（3）先主后次：即先考虑主要表面的加工，后考虑次要表面的加工。根据零件的功用和技术要求，先将零件的主要表面和次要表面分开，然后先安排主要表面的加工，再把次要表面的加工工序插入其中。次要表面一般指键槽、螺孔、销孔等表面。这些表面一般都与主要表面有一定的相对位置要求，应以主要表面作为基准进行次要表面加工，所以次要表面的加工一般放在主要表面的半精加工以后、精加工以前一次加工结束。也有放在最后加工的，但此时应注意不要碰伤已加工好的主要表面。另外在安排好主要表面加工顺序后，常常从加工的方便与经济角度出发，安排次要表面的加工。例如，车床主轴箱体工艺路线，在加工作为定位基准的工艺孔时,可以同时方便地加工出箱体顶面上所有紧固孔,故将这些紧固孔安排在加工工艺孔的工序中进行加工。

(4) 先面后孔:对于箱体、底座、支架等类零件,平面的轮廓尺寸较大,又有孔或孔系。用平面作为精基准加工孔,比较稳定可靠,也容易加工,有利于保证孔的精度。如果先加工孔,再以孔为基准加工平面,则比较困难,加工质量也受影响。此外,在毛坯面上钻孔或镗孔,容易使钻头引偏或打刀,此时也应先加工面,再加工孔,可避免上述情况的发生。

2) 热处理工序的安排原则

热处理的目的在于提高材料的力学性能,改善工件材料的加工性能和消除内应力。热处理的目的不同,热处理工序的内容及其在工艺过程中所安排的位置不一样。热处理工艺可分为两大类:预备热处理和最终热处理。

(1) 预备热处理

预备热处理的目的是改善加工性能、消除内应力和为最终热处理准备良好的金相组织。其热处理工艺有退火、正火、时效、调质等。

① 退火和正火:用于经过热加工的毛坯。碳的质量分数高于 0.5% 的碳钢和合金钢,为降低其硬度易于切削,常采用退火处理;碳的质量分数低于 0.5% 的碳钢和合金钢,为避免其硬度过低切削时粘刀,而采用正火处理。退火和正火也能细化晶粒、均匀组织,为以后的热处理做准备。退火和正火常安排在毛坯制造之后、粗加工之前进行。

② 时效处理:主要用于消除毛坯制造和机械加工中产生的内应力。为减少运输工作量,对于一般精度的零件,在精加工前安排一次时效处理即可。但精度要求较高的零件(如坐标镗床的箱体等),应安排两次或数次时效处理工序。简单零件一般可不进行时效处理。除铸件外,对于一些刚性较差的精密零件(如精密丝杠),为消除加工中产生的内应力,稳定零件加工精度,常在粗加工、半精加工之间安排多次时效处理。有些轴类零件加工,在校直工序后也要安排时效处理。

③ 调质:在淬火后进行高温回火处理,它能获得均匀细致的回火索氏体组织,为以后的表面淬火和渗氮处理时减少变形做准备,因此调质也可作为预备热处理。由于调质后零件的综合力学性能较好,对某些硬度和耐磨性要求不高的零件,也可作为最终热处理工序。

(2) 最终热处理

最终热处理的目的是提高硬度、耐磨性和强度等力学性能。

① 淬火:有表面淬火和整体淬火。其中表面淬火因为变形、氧化及脱碳较小而应用较广,而且表面淬火还具有外部强度高、耐磨性好,而内部保持良好的韧性、抗冲击力强的优点。为提高表面淬火零件的机械性能,常需进行调质或正火等热处理作为预备热处理。其一般工艺路线为:下料→锻造→正火(退火)→粗加工→调质→半精加工→表面淬火→精加工。

② 渗碳淬火:适用于低碳钢和低合金钢,先提高零件表层的含碳量,经淬火后使表层获得高的硬度,而心部仍保持一定的强度和较高的韧性和塑性。渗碳分整体渗碳和局部渗碳。局部渗碳时对不渗碳部分要采取防渗措施(镀铜或镀防渗材料)。由于渗碳淬火变形大,且渗碳深度一般在 0.5~2 mm 之间,所以渗碳工序一般安排在半精加工和精加工之间。其工艺路线一般为:下料—锻造—正火—粗、半精加工—渗碳淬火—精加工。

对于局部渗碳零件的不渗碳部分,当采用加大余量后切除多余的渗碳层的工艺方案时,切除多余渗碳层的工序应安排在渗碳后、淬火前进行。

③ 渗氮处理:使氮原子渗入金属表面获得一层含氮化合物的处理方法。渗氮层可以提高零件表面的硬度、耐磨性、疲劳强度和抗蚀性。由于渗氮处理温度较低、变形小、且渗氮层较薄(一般不超过 0.6~0.7 mm),因此渗氮工序应尽量靠后安排,常安排在精加工之间进行。为减小渗氮时的变形,在切削后一般需进行消除应力的高温回火。

3) 辅助工序的安排原则

辅助工序包括工件的检验、去毛刺、清洗和涂防锈油等,其中检验工序是主要的辅助工序。

(1) 检验工序的安排

检验工序分加工质量检验和特种检验,它们是保证产品质量的有效措施之一,是工艺过程中不可缺少的内容。除了各工序操作者自检外,下列场合还应考虑单独安排检验工序:

① 零件从一个车间送往另一个车间的前后;
② 零件粗加工阶段结束之后;
③ 重要工序加工的前后;
④ 零件全部加工结束之后。

特种检验的种类很多,如用于检查工件内部质量的 X 射线检查、超声波探伤检查等,一般安排在工艺过程开始的时候进行;荧光检查和磁力探伤主要用来检查工件表面质量,通常安排在工艺过程的精加工阶段进行;密封性检验、工件的平衡及重要检测一般都安排在工艺过程的最后进行。

(2) 其他工序的安排

① 表面强化工序,如滚压、喷丸处理等,一般安排在工艺过程的最后。
② 表面处理工序,如发蓝、电镀等,一般安排在工艺过程的最后。
③ 探伤工序,如 X 射线检查、超声波探伤等,多用于零件内部质量的检查,一般安排在工艺过程的开始。磁力探伤、荧光检验等主要用于零件表面质量的检验,通常安排在该表面加工结束以后。
④ 平衡工序,包括动、静平衡,一般安排在精加工以后。

在安排零件的工艺过程中,不要忽视去毛刺、倒棱和清洗等辅助工序。在铣键槽、齿面倒角等工序后应安排去毛刺工序。零件在装配前都应安排清洗工序,特别在研磨等光整加工工序之后,更应注意进行清洗工序,以防止残余的磨料嵌入工件表面,加剧零件在使用中的磨损。

整个加工顺序的安排是一个比较复杂的问题,影响的因素也比较多,不是一成不变的,应全面、灵活掌握以上原则,并注意积累生产实践经验。

4. 工序集中与分散的确定

工序集中就是零件的加工集中在少数工序内完成,而每一道工序的加工内容却比较多,此时工艺路线短。工序分散则相反,整个工艺过程中工序数量多,而每一道工序的加工内容则比较少,此时工艺路线长。在拟订工艺路线时,工序是集中还是分散,即工序数量是多还是少,主要取决于生产规模和零件的结构特点及技术要求。在一般情况下,单件小批生产时,多将工序集中。大批大量生产时,既可采用多刀、多轴等高效率机床将工序集中,也可将工序分散后组织流水线生产;目前的发展趋势是倾向于工序集中。工序集中可分为机械集中和组织集中。机械集中是指采用技术上的措施集中,如采用多刃、多刀和多轴机床、自动机床等。组织集中是指采用人为的组织措施集中,如在普通车床上的顺序加工。

1) 工序集中的特点

(1) 有利于采用高生产率的专用设备和工艺装备,如采用多刀多刃、多轴机床、数控机床和加工中心等,从而大大提高生产率。

(2) 减少了工序数目,缩短了工艺路线,从而简化了生产计划和生产组织工作。

(3) 减少了设备数量,相应地减少了操作工人和生产面积。

(4) 减少了工件安装次数,不仅缩短了辅助时间,而且在一次安装下能加工较多的表面,也易于保证这些表面的相对位置精度。

(5) 专用设备和工艺装置复杂,生产准备工作和投资都比较大,尤其是转换新产品比较困难。

2) 工序分散的特点

(1) 设备和工艺装备结构都比较简单,调整方便,对工人的技术水平要求低。

(2) 可采用最有利的切削用量,减少机动时间。

(3) 设备数量多,操作工人多,占用生产面积大。

5.2.6 机床及工艺装备的选择

1. 机床的选择

当工件加工表面的加工方法确定以后,各工种所用机床类型就已基本确定。但每一类型的机床都有不同的形式,其工艺范围、技术规格、生产率及自动化程度等都各不相同。在合理选用机床时,除应对机床的技术性能有充分了解之外,还要考虑以下几点:

(1) 所选机床的精度应与工件加工要求的精度相适应;

(2) 所选机床的技术规格应与工件的尺寸相适应;

(3) 所选机床的生产率和自动化程度应与零件的生产纲领相适应;

(4) 机床的选择应与现场生产条件相适应,应充分利用现有设备,如果没有合适的机床可供选用,应合理地提出专用设备设计或旧机床改装的任务书,或提供购置新设备的具体型号。需要设计专用机床时,须提出设计任务书,说明保证零件加工质量的技术要求、生产率的要求以及与加工工序有关的数据等。

工艺装备选择是否合理,直接影响到工件的加工精度、生产率和经济性。因此,要结合生产类型、具体的加工条件、工件的加工技术要求和结构特点等方面选用。选择工艺装备主要考虑生产类型。

在中小批生产条件下,应首先考虑选用通用工艺装备(包括夹具、刀具、量具和辅具);在大批大量生产中,可根据加工要求设计制造专用工艺装备。

机床设备和工艺装备的选择不仅要考虑设备投资的当前效益,还要考虑产品改型及转产的可能性,应使其具有足够的柔性。

2. 夹具的选择

单件小批量生产中,应尽量选择通用夹具和组合夹具。采用成组工艺时,设计成组夹具。多品种中小批量生产可选用可调夹具或成组夹具。在大批量生产中,应根据工序要求设计专用夹具。夹具的精度应与工件的加工精度相适应。

3. 刀具的选择

一般应选用标准刀具,必要时可选择各种高生产率的复合刀具及其他一些专用刀具。刀具的类型、规格及精度应与工件的加工要求相适应。

4. 量具的选择

单件小批生产应选用通用量具,如游标卡尺、千分尺、千分表等。大批量生产应尽量选用效率较高的专用量具,如各种极限量规、专用检验夹具和测量仪器等。所选量具的量程和精度要与工件的尺寸和精度相适应。

5.2.7 切削用量的确定

切削用量既是机床调整前必须确定的重要参数,又直接影响到零件的加工质量、效率、生产成本。此处是指充分利用刀具切削性能和机床动力性能(功率、扭矩),在保证质量的前提下,获得高的生产率和低的加工成本的切削用量。因而选择切削用量时可按下面几个原则进行:

(1) 保证加工余量原则。

(2) 根据零件加工余量和粗、精加工要求,选定背吃刀量。

(3) 根据加工工艺系统允许的切削力,其中包括机床进给系统、工件刚度以及精加工时表面粗糙度要求,确定进给量 f。

(4) 根据刀具寿命(刀具耐用度),确定切削速度。

(5) 所选定的切削用量应该是机床功率允许的。

目前许多工厂是通过切削用量手册、实践总结或工艺试验来选定切削用量。

实际生产中,由于加工零件、使用机床、刀具和夹具等条件的变化,很难从实践经验、理论计算和手册资料中选出一组最合理的切削用量。可利用切削用量优化的方法,在确定加工条件下,综合考虑各个因素,通过计算机辅助设计,找出满足高效、低成本、高效益和达到表面质量要求的一组最佳切削用量参数。

5.2.8 时间定额的确定

时间定额就是在一定的生产条件下,规定生产一件产品或完成一道工序所消耗的时间。时间定额是安排作业计划、进行成本核算、确定设备数量、人员编制及规划生产面积的重要依据,是工艺规程的重要组成部分。合理的时间定额是调动工人积极性的重要手段,它一般是技术人员通过计算或类比的方法,或者通过对实际操作时间的测定和分析的方法进行确定的。在使用中,随着企业生产技术条件的不断改善和水平的不断提高,时间定额应定期进行修订,以保持定额的平均先进水平。

为了正确地确定时间定额,把完成一个工件的一道工序的时间称为单件时间。通常把工序消耗的单件时间 T_d 分为基本时间 T_m、辅助时间 T_a、布置工作地时间 T_s、休息和生理需求时间 T_r 及准备和终结时间 T_e。

(1) 基本时间 T_m:直接用于改变生产对象的尺寸、形状、相互位置,以及表面状态或材料性质等的工艺过程所消耗的时间。对于切削加工而言,基本时间是指切去材料所消耗的机动时间,包括真正用于切削加工的时间以及切入与切出时间。

(2) 辅助时间 T_a：为实现工艺过程而必须进行的各种辅助动作所消耗的时间。这里所说的辅助动作包括：装卸工件、开停机床、改变切削用量、测量工件以及进退刀等。

确定辅助时间的方法主要有两种：

① 在大批量生产中，将各辅助动作分解，然后采用实测或查表的方法确定各分解动作所需消耗的时间，并累加之。

② 在中小批生产中，按基本时间的一定百分比进行估算，并在实际生产中进行修改，使之趋于合理。

基本时间和辅助时间的总和称为作业时间，它是直接用于制造产品或零部件所消耗的时间。

(3) 布置工作地时间 T_s：为使加工正常进行，工人照管工作地（如更换刀具、润滑机床、清理切屑、收拾工具等）所消耗的时间。一般可按作业时间的 2%~7% 来估算。

(4) 休息和生理需要时间 T_r：工人在工作班内为恢复体力和满足生理上的需要所消耗的时间，可按作业时间的 2%~4% 来估算。

(5) 准备和终结时间 T_e：为生产一批产品或零部件，进行准备和结束工作所消耗的时间，包括：加工一批工件前熟悉工艺文件、准备毛坯、安装刀具和夹具、调整机床等准备工作，加工一批工件后拆下和归还工艺装备、发送成品等结束工作。

故单件生产时的单件时间：

$$T_d = = T_m + T_a + T_s + T_r$$

考虑准备和终结时间，因为准备终结时间对一批零件只消耗一次，零件批量 n 越大，则分摊到每个零件上的这部分时间越少，成批生产时的单件时间：

$$T_d = T_m + T_a + T_s + T_r + T_e/n$$

大批量生产中，由于 T_e/n 数值很小，常常忽略不记。计算得到的单件时间以 min 为单位填入工艺文件相应栏中。

5.3 工序尺寸和工艺尺寸链计算

工艺路线拟定以后，在进一步安排各个工序的具体内容时，由于加工的需要，在工序图或工艺规程中要标注一些专供加工使用的尺寸，这类尺寸被称为工序尺寸。工序尺寸的确定与工序的加工余量及加工过程有着密切的关系。

5.3.1 加工余量的确定

1. 加工余量的概念

加工余量是指使加工表面达到所需的精度和表面质量而应切除的金属层的厚度。加工余量分为工序余量和加工总余量两种。加工总余量是指毛坯尺寸与零件设计尺寸之差，也就是某加工表面上切除的金属层总厚度，即毛坯余量。工序（工步）余量是指相邻两工序（工步）的尺寸之差，也就是某道工序（工步）所切除的金属层厚度。工序（工步）余量有单边余量和双边余量之分。通常平面加工属于单边余量，回转面（外圆、内孔等）和某些对称平面（键槽等）加工属于双边余量。双边余量各边余量等于工序（工步）余量的一半。如图 5.18 所示,设某加工表面上道工序(工步)的尺寸为 a,本道工序(工步)的尺寸为 b,则本道工序(工步)的基本余量 Z_b 可用下式计算：

对于被包容表面
$$Z_b = a - b$$

对于包容表面
$$Z_b = b - a$$

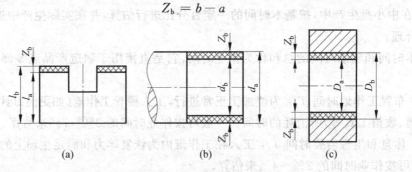

图 5.18 加工余量示意图
(a) 平面；(b) 被包容面；(c) 包容面

图 5.19 所示为内孔和外圆表面经多次加工时,加工总余量、工序余量与加工尺寸的分布图。由图可显然看出总余量与各工序余量之间的关系为

$$Z_\Sigma = \sum_{i=1}^{n} Z_i$$

式中：Z_i 为第 i 道工序的工序余量,mm；n 为该表面总加工的工序数。

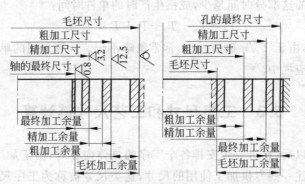

图 5.19 总加工余量与各工序余量之间的关系

由于工序尺寸有公差,故实际切除的余量是变化的,因此,加工余量又有公称余量、最大余量与最小余量及余量公差。各值的计算可参照表 5.10 进行。并且余量公差为前工序与本工序尺寸公差之和。

工序尺寸的公差带,一般规定在零件的入体方向,故对于被包容面(轴),基本尺寸即最大工序尺寸；而对于包容面(孔),基本尺寸是最小工序尺寸。毛坯尺寸的公差一般采用双向标注。在计算总余量时,第一道工序的公称余量不考虑毛坯尺寸的全部公差(毛坯的基本尺寸一般都注以双向偏差),而只用入体方向的偏差。

2. 影响加工余量的因素

加工余量选择的大小不但影响加工后的表面质量,而且与生产率和加工成本有着密切

表 5.10 加工余量计算

	被包容尺寸	包容尺寸
基本余量	$Z_b=a-b$	$Z_b=b-a$
最大余量	$Z_{max}=a_{max}-b_{min}$	$Z_{max}=b_{max}-a_{min}$
最小余量	$Z_{min}=a_{min}-b_{max}$	$Z_{min}=b_{min}-a_{max}$
平均余量	$Z_m=a_m-b_m$	$Z_m=b_m-a_m$
余量公差	$T_Z=Z_{max}-Z_{min}=T_a+T_b$	

的关系。因为若加工余量过大,会降低材料利用率,增加机械加工劳动量,增加机床负荷、能源消耗和刀具磨损等,而导致成本增加。此外,从毛坯表面切去过厚金属层会降低零件被加工表面的耐磨性。但若余量过小,又往往会使金属缺陷层或前一工序的加工误差尚未切除,就已达到了零件所规定的尺寸,不得不使工件报废,有时还会使刀具处于恶劣的工作条件,例如刀尖要直接切削夹砂外皮和冷硬层,加剧了刀具的磨损。所以必须合理地确定加工余量。

影响加工余量大小的主要因素有以下几个方面。

1) 上一工序产生的表面粗糙度 R_y(表面轮廓最大高度)和表面缺陷层深度 H_a。

工件表层结构如图 5.20 所示。本工序必须把前工序所形成的表面粗糙度层切去。此外,还必须把毛坯铸造冷硬层、锻造氧化层、脱碳层、切削加工残余应力层、表面裂纹、组织过度塑性变形或其他破坏层等全部切除。各种加工方法的 R_y 和 H_a 的数值可参照表 5.11 的实验数据。

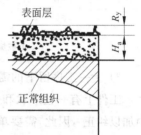

图 5.20 工件表层结构

表 5.11 各种加工方法的表面粗糙度 R_y 和表面缺陷层 H_a 的数值 μm

加工方法	R_y	H_a	加工方法	R_y	H_a
粗车内外圆	15~100	40~60	磨端面	1.7~15	15~35
精车内外圆	5~40	30~40	磨平面	1.5~15	20~30
粗车端面	15~225	40~60	粗刨	15~100	40~50
精车端面	5~54	30~40	精刨	5~45	25~40
钻	45~225	40~60	粗插	25~100	50~60
粗扩孔	25~225	40~60	精插	5~45	35~50
精扩孔	25~100	30~40	粗铣	15~225	40~60
粗铰	25~100	25~30	精铣	5~45	25~40
精铰	8.5~25	10~20	拉	1.7~35	10~20
粗镗	25~225	30~50	切断	45~225	60
精镗	5~25	25~40	研磨	0~1.6	3~5
磨外圆	1.7~15	15~25	超级加工	0~0.8	0.2~0.3
磨内圆	1.7~15	20~30	抛光	0.06~1.6	2~5

2) 加工前或上工序的尺寸公差 T_a。

在加工表面上存在着各种几何形状误差,如平面度、圆度、同轴度等,这些误差的总和一般不超过上工序的尺寸公差 T_a,如图 5.21 所示。所以当考虑加工一批零件时,为了纠正这些误差,应将 T_a 记入本工序的加工余量中。T_a 的数值可以从工艺手册中按加工经济精度查得。

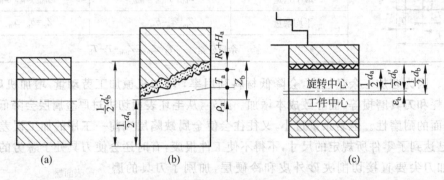

图 5.21　影响加工余量的因素

(a) 被加工零件；(b) 前工序误差与表面质量；(c) 本工序安装误差

3) 上一工序留下的需要单独考虑的形位误差 ρ_a

工件上有一些形状和位置误差不包括在尺寸公差的范围内,但这些误差又必须在加工中加以纠正,因此,需要单独考虑它们对加工余量的影响。

属于这一类的误差有轴心线的弯曲、偏移、偏斜以及平行度、垂直度等误差。如图 5.22 所示,一根长轴在粗加工后或热处理后产生了轴心线弯曲,弯曲量为 δ。如果这根轴不进行校直而继续加工,则直径上的加工余量至少增加 2δ 才能保证该轴在加工后消除

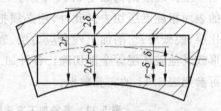

图 5.22　轴线弯曲造成的余量不均匀

弯曲的影响。对于精密轴类零件,考虑到有内应力变形问题,不允许采用校直工序,一般都用留余量的方法保证零件位置精度的要求。表 5.12 列举了各项位置精度对加工余量的影响。

表 5.12　各项位置精度对加工余量的影响

位置精度	简　图	加工余量	位置精度	简　图	加工余量
对称度		$2e$	轴心线偏心(e)		$2e$

续表

位置精度	简图	加工余量	位置精度	简图	加工余量
位置度	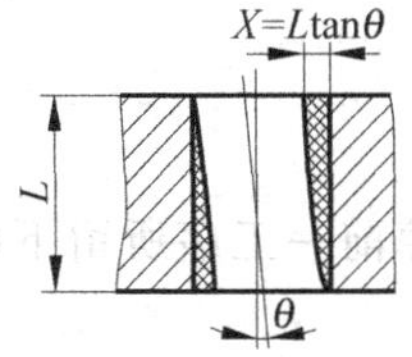 $X=L\tan\theta$	$x=L\tan\theta$	平行度 (a)	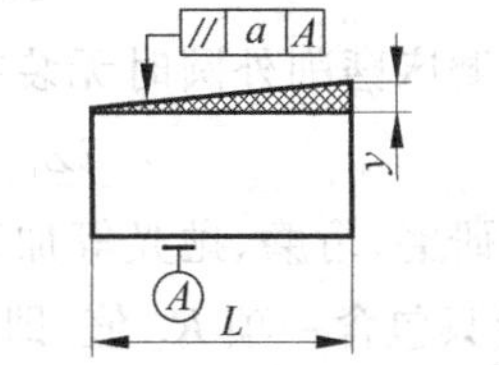	$y=aL$
	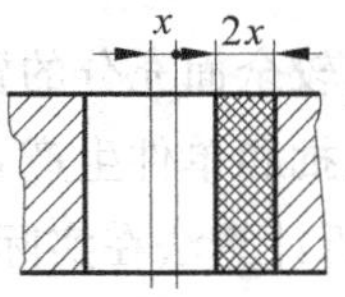 x $2x$	$2x$	垂直度 (b)	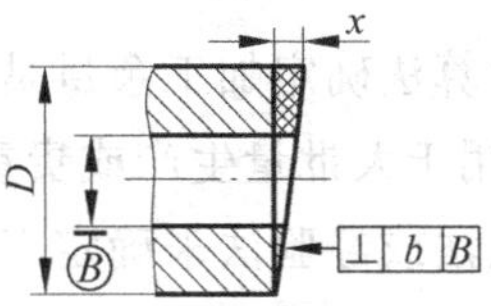	$x=bD$

4) 本工序的装夹误差 ε_b

装夹误差包括定位误差和夹紧误差,它会影响切削刀具与被加工表面的相对位置,使加工余量不够。如图 5.21 所示为用三爪自定心卡盘夹持工件外圆磨削内孔,若三爪自定心卡盘本身定心不准确,致使工件轴心线与机床旋转中心线偏移了一个 e 值,这时为了保证加工表面所有缺陷及误差都能切除,就需要将磨削余量加大 $2e$。夹紧误差一般可由有关资料查得,而定位误差则按定位方法进行计算。由于这两项误差都是向量,故装夹误差是它们的向量和。由于上工序各表面间相互位置的空间偏差 ρ_a 与本工序的装夹误差 ε_b 在空间可能有不同方向,因此二者也为向量和。

5) 其他特殊因素

对于需要热处理的工件,当热处理后变形较大时,加工余量应适当增加,淬火件的磨削余量一般比不淬火件的大。

3. 确定加工余量大小的方法

1) 经验估计法

经验估计法是根据工艺人员的经验确定加工余量的方法。为了防止余量不够而产生废品,所估余量一般偏大。此法常用于单件小批生产。

2) 查表修正法

查表修正法是以生产实践和实验研究所积累的关于加工余量的资料数据为基础,并结合实际加工情况进行修订来确定加工余量的,生产中应用较为广泛。

3) 分析计算法

在影响因素清楚、统计分析资料齐全的情况下,可以采用分析计算法,建立以下的工序余量计算关系式。

(1) 加工外圆和孔时:
$$2Z_b = T_a + 2(H_y + H_a) + 2|\rho_a + \varepsilon_b|$$

(2) 加工平面时:
$$Z_b = T_a + (H_y + H_a) + |\rho_a + \varepsilon_b|$$

采用分析计算法时应根据所采用的加工方法的特点,将计算式合理简化,如:

(1) 采用浮动镗刀镗孔或浮动铰刀铰孔或拉刀拉孔,由于这些加工方法不能纠正位置误差,故式简化为

$$2Z_b = T_a + 2(H_y + H_a)$$

(2) 无心磨床磨削外圆时无装夹误差,故可简化为

$$2Z_b = T_a + 2(H_y + H_a + \rho_a)$$

(3) 对于研磨、珩磨、抛光等加工方法,其主要任务是去掉前一工序所留下的表面痕迹,因而最小余量只包含一项 R_y 值,即

$$Z_b = H_y$$

用分析计算法确定加工余量是最经济合理的,但需要有比较全面充分的资料,且计算过程较复杂,多用于大批量生产或贵重材料零件的加工。对于成批和单件生产,目前大部分工厂都采用查表法或经验法来确定工序余量和总余量。所以分析计算法在实际生产中应用并不广泛。

5.3.2 工序尺寸及其公差的确定

由于零件上要求保证的设计尺寸一般要经过几道工序的加工才能得到,因而工序尺寸是零件在加工过程中各工序应保证的加工工艺尺寸,所以合理确定工序尺寸及其公差是保证加工精度的重要基础,计算工序尺寸是工艺规程制订的主要工作之一。通常有以下几种情况:

(1) 基准重合时的情况:在加工过程中基准面没有变换的情况。此时工序尺寸的确定比较简单。在决定了各工序余量和工序所能达到的经济精度之后,就可以由最后一道工序开始往上推算。步骤如下:

① 确定各工序加工余量;

② 从最终加工工序开始,即从设计尺寸开始,逐次加上(对于被包容面)或减去(对于包容面)每道工序的加工余量,可分别得到各工序的基本尺寸;

③ 除最终加工工序取设计尺寸公差外,其余各工序按各自采用的加工方法所对应的加工经济精度确定工序尺寸公差;

④ 除最终加工工序按图纸标注公差外,其余各工序按入体原则标注工序尺寸的上、下偏差;

⑤ 一般毛坯余量(即总余量)已事先确定,故第 1 道加工工序的加工余量由毛坯余量(总余量)减去后续各半精加工和精加工的工序余量之和而求得。

【例 5.1】 某主轴箱体主轴孔的设计要求为 $\phi100H7$,$Ra = 0.8\ \mu m$。其加工工艺路线为:毛坯→粗镗→半精镗→精镗→浮动镗。试确定各工序尺寸及其公差。

解:从机械工艺手册查得各工序的加工余量和所能达到的精度,具体数值见表 5.13 中的第 2、3 列,计算结果见表 5.13 中的第 4、5 列。

(2) 基准面在加工时经过转换的情况:在复杂零件的加工过程中,常出现定位基准与工序基准不重合或在加工过程中需要多次的转换工艺基准的情况,因而引起工序基准、定位基准或测量基准与设计基准不重合。工序尺寸的计算需要借助对尺寸链分析和计算,并对工序余量进行验算以校核工序尺寸及其上下偏差。其方法见工艺尺寸链计算。

表 5.13　工序尺寸及公差计算

工序名称	工序余量	工序的经济精度	工序基本尺寸	工序尺寸及公差
浮动镗	0.1	H7($^{+0.035}_{0}$)	100	$\phi 100^{+0.035}_{0}$, $Ra=0.8\ \mu m$
精镗	0.5	H9($^{+0.087}_{0}$)	100−0.1=99.9	$\phi 99.9^{+0.087}_{0}$, $Ra=1.6\ \mu m$
半精镗	2.4	H11($^{+0.22}_{0}$)	99.9−0.5=99.4	$\phi 99.4^{+0.22}_{0}$, $Ra=6.3\ \mu m$
粗镗	5	H13($^{+0.54}_{0}$)	99.4−2.4=97	$\phi 97^{+0.54}_{0}$, $Ra=12.5\ \mu m$
毛坯孔	8	(±1.2)	97−5=92	$\phi 92\pm 1.2$

(3) 孔系坐标尺寸：通常孔系的坐标尺寸在零件图上已标注清楚。当未标注清楚时，需要运用尺寸链原理，解平面尺寸链方法进行计算。

5.3.3　工艺尺寸链计算

1. 工艺尺寸链的概念

在零件的加工和装配过程中，经常遇到一些相互联系的尺寸组合。如图 5.23 所示，零件图上标注的设计尺寸为 A_1 和 A_0。工件上尺寸 A_1 已加工好，现以底面 1 定位，用调整法加工台阶面 3，直接保证尺寸 A_2。显然，尺寸 A_1 和 A_2 确定以后，在加工中未直接保证的尺寸 A_0 也就随之确定。尺寸 A_0、A_1 和 A_2 构成了一个尺寸封闭图形，这种由相互联系的尺寸按一定顺序首尾相接排列成的尺寸封闭图形就称为尺寸链。由此可见，尺寸链的主要特征表现为以下几点。

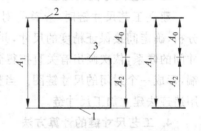

图 5.23　加工尺寸链示意图

(1) 封闭性：尺寸链中各尺寸的排列呈封闭形式，没有封闭的不能成为尺寸链。

(2) 关联性：尺寸链中任何一个直接获得的尺寸及其变化，都将影响间接获得或间接保证的那个尺寸及其精度的变化，彼此之间具有特定的函数关系，并且间接保证的尺寸的精度必然低于直接获得的尺寸的精度。

(3) 封闭环的单一性：尺寸链反映了其中各个环所代表的尺寸之间的关系，这种关系是客观存在的，不是人为构造的。根据封闭环的特性，对于每一个尺寸链，只能有一个封闭环。

尺寸链按应用场合分设计尺寸链、工艺尺寸链和装配尺寸链。

2. 尺寸链的组成

尺寸链中的每一个尺寸称为尺寸链的环。各尺寸环按其形成的顺序和特点，可分为封闭环和组成环。

(1) 封闭环：在零件加工过程或机器装配过程中最终形成的环(或间接得到的环)。由于封闭环是尺寸链中最后形成的一个环，所以在加工或装配未完成之前，它是不存在的。在工艺尺寸链中，封闭环必须在加工顺序确定后才能判断，当加工顺序改变时，封闭环也随之改变。在装配尺寸链中，封闭环就是装配的技术要求，比较容易确定。在设计尺寸链中未标注的尺寸是最后形成的一个环，因此是设计封闭环。

(2) 组成环：除封闭环以外的其他环。对于工艺尺寸链来说，组成环的尺寸一般是通过加工直接得到的。对于设计尺寸链来说，组成环的尺寸一般是设计要求严格的尺寸。

组成环按其对封闭环的影响又可分为增环和减环。

① 增环(A_i)：若其他组成环不变，某组成环的变动引起封闭环随之同向变动，则该环为增环。

② 减环(A_j)：若其他组成环不变，某组成环的变动引起封闭环随之异向变动，则该环为减环。

在分析、计算尺寸链时，正确地判断封闭环以及增环、减环是十分重要的。通常先给封闭环任定一个方向画上箭头，然后沿此方向环绕尺寸链依次给每一组成环画出箭头，凡是组成环尺寸箭头方向与封闭环箭头方向相反的，均为增环；相同的则为减环。如图 5.24 中 A_2、A_3 为增环，A_1 为减环。根据上述定义，利用尺寸链图即可迅速判断组成环的性质，凡与封闭环箭头方向相同的环即为减环，而凡与封闭环箭头方向相反的环即为增环。

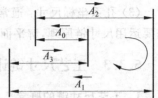

图 5.24 增环、减环的判断
A_0 封闭环；A_1 减环；A_2、A_3 增环

3. 工艺尺寸链的建立

建立工艺尺寸链时，应首先对工艺过程和工艺尺寸进行分析，确定间接保证精度的尺寸，并将其定为封闭环，然后再从封闭环出发，按照零件表面尺寸间的联系，依次画出有关直接得到的尺寸作为组成环，直到尺寸的终端回到封闭环的另一端，形成一个封闭的尺寸链图。当整个工艺过程中有着复杂的基准转换和尺寸关系时，常使用追迹法建立加工尺寸链。

4. 工艺尺寸链的计算方法

工艺尺寸链的计算方法有两种：极值法和概率法。目前生产中一般采用极值法，概率法主要用于批量大的自动化及半自动生产，当尺寸链的环数较多时，即使生产批量不大也宜用概率法。

工艺尺寸链的极值法计算是考虑最不利的极端情况。例如，当尺寸链各增环均为最大极限尺寸 $A_{i\max}$（相应地为上偏差 ES_i），而各减环均为最小极限尺寸 $A_{j\min}$（相应地为下偏差 EI_j）时，封闭环有最大极限尺寸 $A_{0\max}$（相应地为上偏差 ES_0）。这种计算方法比较保守，但计算比较简单、可靠，因此应用较为广泛。其缺点是当封闭环公差较小、组成环数目较多时，会使组成环的公差过于严格。

1) 极值法尺寸链计算的基本公式

(1) 封闭环的基本尺寸

封闭环的基本尺寸等于各组成环尺寸的代数和，即

$$A_\Sigma = \sum_{i=1}^{m} \vec{A}_i - \sum_{j=m+1}^{n-1} \overleftarrow{A}_j \tag{5.1}$$

式中：A_Σ 为封闭环的尺寸；$\vec{A}_i$ 为增环的基本尺寸；$\overleftarrow{A}_j$ 为减环的基本尺寸；m 为增环的环数；n 为包括封闭环在内的尺寸链的总环数。

(2) 封闭环的极限尺寸

封闭环的最大极限尺寸等于所有增环的最大极限尺寸之和减去所有减环的最小极限尺寸之和；封闭环的最小极限尺寸等于所有增环的最小极限尺寸之和减去所有减环的最大极

限尺寸之和。故极值法也称为极大极小法。即

$$A_{\sum \max} = \sum_{i=1}^{m}\vec{A}_{i\max} - \sum_{j=m+1}^{n-1}\overleftarrow{A}_{j\min} \tag{5.2}$$

$$A_{\sum \min} = \sum_{i=1}^{m}\vec{A}_{i\min} - \sum_{j=m+1}^{n-1}\overleftarrow{A}_{j\max} \tag{5.3}$$

(3) 封闭环的上偏差 ES($A_\sum$) 与下偏差 EI($A_\sum$)

封闭环的上偏差等于所有增环的上偏差之和减去所有减环的下偏差之和,即

$$\mathrm{ES}(A_\sum) = \sum_{i=1}^{m}\mathrm{ES}(\vec{A}_i) - \sum_{j=m+1}^{n-i}\mathrm{EI}(\overleftarrow{A}_j) \tag{5.4}$$

封闭环的下偏差等于所有增环的下偏差之和减去所有减环的上偏差之和,即

$$\mathrm{EI}(A_\sum) = \sum_{i=1}^{m}\mathrm{EI}(\vec{A}_i) - \sum_{j=m+1}^{n-i}\mathrm{ES}(\overleftarrow{A}_j) \tag{5.5}$$

(4) 封闭环的公差 $T(A_\sum)$

封闭环的公差等于所有组成环公差之和,即

$$T(A_\sum) = \sum_{i=1}^{n-i}T(A_i) \tag{5.6}$$

由式(5.6)可得出以下结论:在零件设计时,应尽量选择最不重要的尺寸作封闭环。由于封闭环是加工中最后自然得到的,或者是装配的最终要求,不能任意选择。因此,为了减小封闭环的公差,就应当尽量减少尺寸链中组成环的环数。对于装配尺寸链可通过改变结构设计、减少零件数目来减少组成环的环数;对于工艺尺寸链则可通过改变加工工艺方案来改变工艺尺寸链,从而减少尺寸链的环数。

(5) 计算封闭环的竖式

计算封闭环时还可列竖式进行解算,解算时应用口诀:增环上下偏差照抄;减环上下偏差对调、反号。即:

环的类型	基本尺寸	上偏差 ES	下偏差 EI
增环 $\vec{A}_1$	$+A_1$	ES_{A1}	EI_{A1}
$\vec{A}_2$	$+A_2$	ES_{A2}	EI_{A2}
减环 $\overleftarrow{A}_3$	$-A_3$	$-\mathrm{EI}_{A3}$	$-\mathrm{ES}_{A3}$
$\overleftarrow{A}_4$	$-A_4$	$-\mathrm{EI}_{A4}$	$-\mathrm{ES}_{A4}$
封闭环 $A_\sum$	$A_\sum$	$\mathrm{ES}_{A\sum}$	$\mathrm{EI}_{A\sum}$

2) 工艺尺寸链的计算

(1) 正计算:根据已知组成环,求封闭环,即根据各组成环的基本尺寸和公差(或偏差),来计算封闭环的基本尺寸及公差(或偏差)。正计算主要用于审核图纸,验证设计的正确性以及验证工序图上所标注的工艺尺寸及公差是否能满足设计图上相应的设计尺寸及公差的要求。正计算的结果是唯一的。

(2) 反计算:已知封闭环,求组成环的计算方法,即根据设计要求的封闭环基本尺寸、公差(或偏差)以及各组成环的基本尺寸,反过来计算各组成环的公差(或偏差)。它常用于产品设计、加工和装配工艺计算等方面。反计算的解不是唯一的。它有一个优化问题,即如

何把封闭环的公差合理地分配给各个组成环。

反计算时,封闭环公差的分配方法有以下3种。

① 按公差值法分配:将封闭环的公差值平均分配给各个组成环,即每个组成环的公差值均相等。此方法比较方便,但只适用于各组成环尺寸及加工难易程度相差不大的情况等。

② 按等精度法分配:按同一精度等级来分配各组成环的公差,即每个组成环的精度等级均相等。

③ 按经济精度分配:将封闭环的公差按照各组成环的经济精度公差值进行分配,然后加以适当调整,使各组成环公差值之和等于或小于封闭环公差值。这种方法从工艺上考虑是比较合理的。

(3) 中间计算:根据已知封闭环及部分组成环,求其余组成环的计算方法,即根据封闭环及部分组成环的基本尺寸及公差(或偏差),来计算尺寸链中余下的一个或几个组成环的基本尺寸及公差(或偏差)。它在工艺设计中应用较多,如基准的换算、工序尺寸的确定等。其解可能是唯一的,也可能不唯一。

3) 工艺尺寸链的分析与解算实例

(1) 余量尺寸的校核

【例5.2】 材料为45钢的法兰盘零件上有一个$\phi 50$ mm圆孔,表面粗糙度为$Ra1.6\ \mu m$;需淬硬,毛坯为锻件。孔的机械加工工艺过程是粗镗→半精镗→热处理→磨孔。加工过程中,使用同一基准完成该孔的各次加工,即基准不变。在分析中可忽略不同装夹中定位误差对加工精度的影响。根据切削手册查得在半精镗工序中的直径余量$Z_1 = 1.0$ mm。试验算半精镗工序的加工余量是否合理。

解:由有关工序尺寸与加工余量构成的加工尺寸链如图5.25所示。

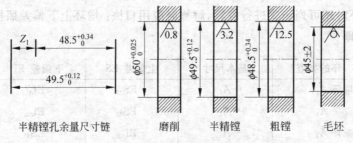

半精镗孔余量尺寸链　　磨削　半精镗　粗镗　毛坯

图5.25 工序尺寸计算

根据此余量尺寸链,可以计算出半精镗工序的最大、最小加工余量,即余量尺寸链的封闭环的极限尺寸:

$$Z_{1\max} = 49.62 - 48.5 = 1.12 \text{ mm};$$
$$Z_{1\min} = 49.5 - 48.84 = 0.66 \text{ mm}。$$

结果表明,最小加工余量处于$(1/3 \sim 2/3)Z_1$范围内,故所确定的工序尺寸能保证半精镗工序有适当的加工余量。

应用:零件上的内孔、外圆和平面的加工多属于这种情况。当表面需要经过多次加工时,各次加工的尺寸及其公差取决于各工序的加工余量及所采用的加工方法所能达到的经济加工精度。因此,确定各工序的加工余量和各工序所能达到的经济加工精度后,就可以计算出各工序的尺寸及公差。然后利用有关工序尺寸的加工余量尺寸链进行分析计算,验算各工序的加工余量,校核最小加工余量是否足够,最大加工余量是否合理。

(2) 定位基准与设计基准不重合时的尺寸换算

【例 5.3】 图 5.26(a)所示为一设计图样的简图,图(b)为相应的零件尺寸链。A、B 两平面已在上一工序中加工好,且保证了工序尺寸 $50_{-0.16}^{0}$ mm 的要求。本工序中采用 B 面定位来加工 C 面,调整机床时,需按尺寸 A_2 进行(见图(c))。C 面的设计基准是 A 面,与其定位基准不重合,故需进行尺寸换算。

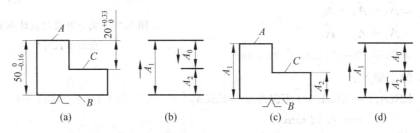

图 5.26 定位基准与设计基准不重合时的尺寸

解:① 确定封闭环:设计尺寸 $20_{0}^{+0.33}$ mm 是本工序加工后间接保证的,故为封闭环 A_0。

② 查明组成环:根据组成环的定义尺寸 A_1 和 A_2 均对封闭环产生影响,故 A_1、A_2 为该尺寸链的组成环。

③ 绘制尺寸链图及判别增、减环:工艺尺寸链如图 5.26 所示,其中 A_1 为增环,A_2 为减环。

④ 计算工序尺寸及偏差。

由 $A_0 = \vec{A}_1 - \overleftarrow{A}_2$

得 $\overleftarrow{A}_2 = \vec{A}_1 - A_0 = (50 - 20)$ mm $= 30$ mm

由 $EI(A_0) = EI(\vec{A}_1) - ES(\overleftarrow{A}_2)$

得 $ES(\overleftarrow{A}_2) = EI(\vec{A}_1) - EI(A_0) = (-0.16 - 0)$ mm $= -0.16$ mm

由 $ES(A_0) = ES(\vec{A}_1) - EI(\overleftarrow{A}_2)$

得 $EI(\overleftarrow{A}_2) = ES(\vec{A}_1) - ES(A_0) = (0 - 0.33)$ mm $= -0.33$ mm

故,所求工序尺寸为 $A_2 = 30_{-0.33}^{-0.16}$ mm。

⑤ 验算。根据题意及工艺尺寸链图可知增环的公差为 0.16 mm,封闭环的公差为 0.33 mm,由计算知工序尺寸(减环)的公差为 0.17 mm。

根据公式 $T(A_0) = T(\vec{A}_1) + T(\overleftarrow{A}_2)$,得 $0.33 = (0.16 + 0.17)$ mm,故计算正确。

应用:在零件加工过程中有时为方便定位或加工,选用不是设计基准的几何要素作定位基准,在这种定位基准与设计基准不重合的情况下,需要通过尺寸换算,改注有关工序尺寸及公差,并按换算后的工序尺寸及公差加工,以保证零件的原设计要求。

(3) 测量基准与设计不重合时的尺寸换算

【例 5.4】 如图 5.27(a)所示零件: $A_1 = 70_{-0.07}^{-0.02}$,$A_2 = 60_{-0.04}^{0}$,$A_3 = 20_{0}^{+0.19}$。因 A_3 不便测量,试重新标出测量尺寸及其公差。

解：因 A_3 不便测量，在加工过程中通过测量内孔大孔的深度尺寸 A_4 和尺寸 A_1、A_2 来间接保证尺寸 A_3，所以尺寸 A_3 为封闭环，作出尺寸链如图 5.27(b)所示。

从尺寸链图中知：A_4 为增环，A_1 为减环，A_2 为增环。

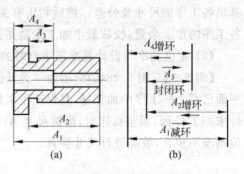

图 5.27 测量基准与设计不重合时的尺寸计算

① A_4 的基本尺寸：

$$\vec{A_3} = \vec{A_2} + \vec{A_4} - \overleftarrow{A_1}$$

$$\vec{A_4} = \overleftarrow{A_1} + \vec{A_3} - \vec{A_2}$$

$$= 70 + 20 - 60 \text{ mm} = 30 \text{ mm}$$

② A_4 的上偏差：

$$\text{ES}(\vec{A_4}) = \text{EI}(\overleftarrow{A_1}) + \text{ES}(\vec{A_3}) - \text{ES}(\vec{A_2}) = (-0.07) + (+0.19) - 0$$

$$= +0.12 \text{ mm}$$

③ A_4 的下偏差：

$$\text{EI}(\vec{A_3}) = \text{EI}(\vec{A_2}) + \text{EI}(\vec{A_4}) - \text{ES}(\overleftarrow{A_1})$$

$$\text{EI}(\vec{A_4}) = \text{ES}(\overleftarrow{A_1}) + \text{EI}(\vec{A_3}) - \text{EI}(\vec{A_2}) = (-0.02) + 0 - (-0.04) = +0.02 \text{ mm}$$

利用竖式验算：

尺寸	性质	基本尺寸	上偏差	下偏差
A_4	增环	30	+0.12	+0.02
A_2	增环	60	0	−0.04
A_1	减环	−70	+0.07	+0.02
A_3	封闭环	20	+0.19	0

计算结果正确，故：$A_4 = 30^{+0.12}_{+0.02}$ mm

(4) 从尚需继续加工的表面上标注的工序尺寸计算

【例 5.5】 如图 5.28 所示为齿轮内孔的局部简图，设计要求为：孔径 $\phi 40^{+0.05}_{0}$ mm，键槽深度尺寸为 $43.6^{+0.34}_{0}$ mm。其加工顺序为：①镗内孔至 $\phi 39.6^{+0.1}_{0}$ mm；②插键槽至尺寸 A；③热处理，淬火；④磨内孔至 $\phi 40^{+0.05}_{0}$ mm。试确定插键槽的工序尺寸 A。

解：先列出尺寸链，如图 5.28(b)所示。要注意的是，当有直径尺寸时，一般应考虑用半径尺寸来列尺寸链。因最后工序是直接保证 $\phi 40^{+0.05}_{0}$ mm，间接保证 $43.6^{+0.34}_{0}$ mm，故 $43.6^{+0.34}_{0}$ mm 为封闭环，尺寸 A 和 $20^{+0.025}_{0}$ mm 为增环，$\phi 19.8^{+0.05}_{0}$ mm 为减环。

利用竖式计算可得：

基本尺寸	上偏差(ES)	下偏差(EI)
20	+0.025	0
A	ES(A)	EI(A)
−19.8	0	−0.05
43.6	+0.34	0

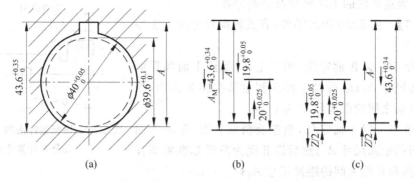

图 5.28 从尚需继续加工的表面上标注的工序尺寸计算

因 $A=43.4$ mm,$\mathrm{ES}(A)=+0.315$ mm,$\mathrm{EI}(A)=+0.050$ mm,得
$$A = 43.4^{+0.315}_{+0.050} \text{ mm}$$
按入体原则标注为 $A=43.45^{+0.265}_{0}$ mm。

另外,尺寸链还可以列成图 5.28(c)所示的形式,引进了半径余量 $Z/2$。图 5.28(c)左图中 $Z/2$ 是封闭环,右图中的 $Z/2$ 则认为是已经获得的,而 $43.6^{+0.34}_{0}$ mm 是封闭环。其计算结果与尺寸链图 5.28(b)相同。

(5) 保证应有渗碳或渗氮层深度时工艺尺寸及其公差的计算

【例 5.6】 如图 5.29(a)所示某零件内孔,材料为 38CrMoAlA,孔径为 145 mm,内孔表面需要渗氮,渗氮层深度为 0.3~0.5 mm。其加工过程为:①粗磨内孔至 $\phi144.76^{+0.04}_{0}$ mm;②渗氮,深度 t_1;③磨内孔至 $\phi145^{+0.04}_{0}$ mm,并保证渗层深度 $t_0=0.3\sim0.5$ mm。试求渗氮时的深度 t_1。

解: 由题意可知,磨后保证的渗碳层深度 0.3~0.5 mm 是间接获得的尺寸,显然 $t_0=0.3\sim0.5=0.3^{+0.2}_{0}$ 为封闭环,$72.38^{+0.02}_{0}$ 为增环,$72.5^{+0.02}_{0}$ 为减环。

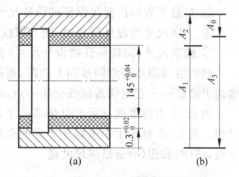

图 5.29 保证应有渗碳或渗氮层深度时工艺尺寸及其公差的计算

利用竖式计算,t_1 的求解如下:

基本尺寸	上偏差(ES)	下偏差(EI)
t_1	BAS	BAX
72.38	+0.02	0
−72.5	0	−0.02
0.3	+0.2	0

所以,$t_1=0.42^{+0.18}_{+0.02}$ mm,即渗层深度为 0.44~0.6 mm。

(6) 图解追踪法的工序尺寸及公差计算

图 5.30 图标追踪法的工序尺寸及公差计算零件

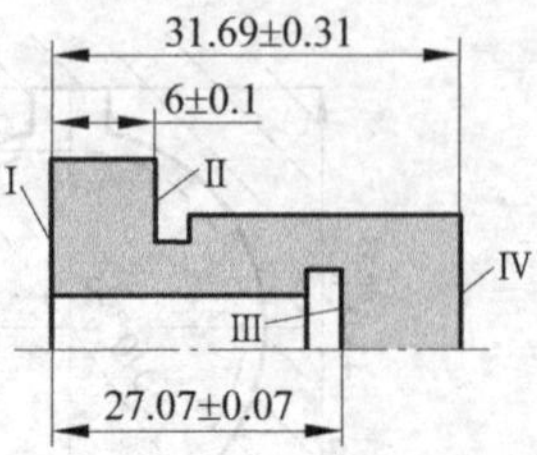

【例 5.7】 图 5.30 所示零件,有关轴向尺寸加工工序如下:

① 工序 10:以Ⅳ面定位,粗车Ⅰ面,保证Ⅰ面和Ⅳ面之间的距离尺寸 A_1;然后以Ⅰ面为测量基准粗车Ⅲ面,保证Ⅰ面和Ⅲ面之间的距离尺寸 A_2;

② 工序 20:以Ⅰ面定位,粗车及精车Ⅱ面,保证Ⅰ面和Ⅱ面之间的距离尺寸 A_3;然后以Ⅱ面为测量基准粗车Ⅳ面,保证Ⅱ面和Ⅳ面之间的距离尺寸 A_4;

③ 工序 30:以Ⅱ面定位,精车Ⅰ面,保证Ⅰ面和Ⅱ面之间的距离尺寸 A_5;同时保证设计尺寸 31.69±0.31;再以Ⅰ面为测量基准精车Ⅲ面,保证Ⅰ面和Ⅲ面之间的设计尺寸 $A_6=27.07\pm0.07$;

④ 工序 50:用靠火花磨削法磨削Ⅱ面,控制余量 $Z_7=0.1\pm0.02$,同时保证设计尺寸 6±0.1。

试确定各工序尺寸、公差和余量。

解:① 画尺寸联系图,按适当的比例画出工件简图,给加工面编号,并向下引线。

② 按加工顺序和规定符号自上而下标出工序尺寸和余量——用带圆点的箭线表示工序尺寸,箭头指向加工面,圆点表示测量基准;余量按入体原则标注。注:靠火花磨削余量视为工序尺寸,也用带圆点的箭线表示。

③ 在最下方画出间接保证的设计尺寸,两边均为圆点。

④ 工序尺寸为设计尺寸时,用方框框出,以示区别。

⑤ 结果尺寸(间接保证的设计尺寸)和余量是尺寸链的封闭环。

然后沿封闭环两端同步向上追踪,遇箭头拐弯,逆箭头方向横向追踪,遇圆点向上折,继续向上追踪……直至两追踪线交于一点,追踪路径所经工序尺寸为尺寸链的组成环。

图 5.31 中的虚线显示了以结果尺寸 R_2 为封闭环的尺寸链(又称为结果尺寸链)的追踪过程。图 5.32 显示了用追踪法得到的全部 5 个尺寸链,其中图(a)、图(b)、图(c)为余量尺寸链,图(d)和图(e)是结果尺寸链。

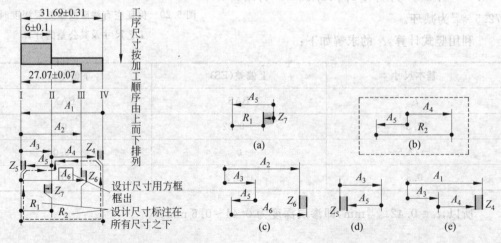

图 5.31 图标追踪法的工序尺寸及公差计算

图 5.32 尺寸链

⑥ 初拟各工序尺寸公差。如果工序尺寸是设计尺寸,则该工序的公差取图纸所标注的公差。对于中间工序尺寸,其公差可按加工经济精度或根据工厂实际情况给出。靠火花磨削余量公差取决于操作工人的技术水平,通常根据现场情况而定。本例中取 $Z_7 = 0.1 \pm 0.02$ mm。初拟公差列入工序公差一栏的"初拟"一项中。

⑦ 校核结果尺寸公差,修正"初拟"工序尺寸公差。根据已建立的尺寸链和初拟的工序尺寸公差,可以计算出作为封闭环的结果尺寸公差。若该值小于或等于设计公差,则所拟公差可以肯定。否则,需对所拟公差加以修正。修正的原则之一是首先考虑缩小公共环的公差;原则之二是考虑加工实际可能性,优先压缩那些压缩后不会给加工带来很大困难的组成环公差。对修正后的公差,需重新进行校核,若不符合要求,还需进行修正,直至所有结果尺寸公差均得到满足为止。

例如,在本例中用初拟工序尺寸公差通过图 5.32(d) 和 (e) 的尺寸链,求结果尺寸 R_1 和 R_2 的公差(采用极值算法),结果均超差。考虑到工序尺寸 A_5 是结果尺寸链的公共环,首先压缩其公差,例如压缩到 ± 0.08 mm。压缩后再代入上述两个尺寸链中计算,R_1 不再超差,但 R_2 仍超差。又考虑到图 (e) 尺寸链中工序尺寸 A_4 的公差较容易压缩,故将 A_4 的公差压缩至 ± 0.23 mm。再校核,R_1 和 R_2 均不再超差。于是工序尺寸公差肯定下来。修正后的公差记入工序公差一栏中"修正后"一项中去。

⑧ 计算工序余量公差和平均余量。各工序尺寸公差确定以后,即可由余量尺寸链计算出余量公差(或余量变动量),记入余量公差一栏中。余量公差求出后,再根据最小余量可求出平均余量,记入平均余量一栏中。

⑨ 计算中间工序平均尺寸。在各尺寸链中首先找出只有一个未知数的尺寸链,并解出此未知数。例如,在图 5.32(d) 尺寸链中,R_1 为已知,Z_7 为靠磨余量,也是已知的,只剩下 A_5 一个未知数。解此尺寸链,可求出的 A_5 平均尺寸。在图 (e) 尺寸链中,R_2 为已知,A_5 求出后也变为已知,于是可解出 A_4。如此进行下去,可解出全部未知的工序尺寸。至此,各工序尺寸、公差及余量已全部确定,并按平均尺寸和对称偏差形式给出(为便于计算,全部尺寸均以平均尺寸和对称偏差形式给出)。有时为了符合生产上的习惯,也可将求出的工序尺寸及公差按入体原则标注成极限尺寸和单向偏差的形式,如计算表 5.14 中最后一栏所示。

表 5.14 图标追踪法的工序尺寸及公差计算结果

	工序公差 $\pm \frac{1}{2} T_i$		余量公差 $\pm \frac{1}{2} T_{zi}$	最小余量 $Z_{i\min}$	平均余量 Z_{iM}	平均尺寸 A_{iM}	单向偏差形式标注 A_i
	初拟	修正后					
A_1	±0.5					34	34.5_{-1}^{0}
A_2	±0.3					26.7	$26.4_{0}^{+0.6}$
A_3	±0.1	±0.23	±0.83	1	1.83	6.58	$6.68_{-0.2}^{0}$
A_4	±0.3					25.59	$25.82_{-0.46}^{0}$
A_5	±0.1	±0.08	±0.18	0.3	0.48	6.1	$6.18_{-0.16}^{0}$
A_6	±0.07		±0.55	0.3	0.85	27.07	$27_{0}^{+0.14}$
Z_7	±0.02		±0.02	0.08	0.1		
R_1	±0.1					6	
R_2	±0.31					31.69	

5.4 工艺规程(方案)的技术经济分析

制定加工工艺规程,除了保证加工质量、生产效率外,还应有较高或最优的经济效果。设计某一零件的机械加工工艺规程时,一般可以拟订出几种不同的方案,它们都能达到零件图上规定的各项技术要求,但其生产成本却不尽相同。对工艺过程方案进行技术经济分析,就是要选出既能符合技术标准要求,又具有较好技术经济效果的最佳工艺方案。评价加工方案经济效益的指标有:劳动生产率、成本指标、投资指标、投资回收期和其他指标。

5.4.1 劳动生产率分析

劳动生产率是指工人在单位时间内制造的合格产品的数量或制造单件产品所消耗的劳动时间。劳动生产率是一项综合性的技术经济指标。提高劳动生产率,必须正确处理好质量、生产率和经济性三者之间的关系。应在保证质量的前提下,提高生产率、降低成本。劳动生产率提高的措施很多,涉及到产品设计、制造工艺和组织管理等多方面,这里仅就通过缩短单件时间来提高机械加工生产率的工艺途径作一简要分析。由单件时间组成,可知从以下几个方面提高劳动生产率。

1. 缩短基本时间

在大批大量生产时,由于基本时间在单位时间中所占比重较大,因此通过缩短基本时间即可提高生产率。缩短基本时间的主要途径有以下几种:

(1) 提高切削用量。增大切削速度、进给量和背吃刀量,都可缩短基本时间,但切削用量的提高受到刀具耐用度和机床功率、工艺系统刚度等方面的制约。随着新型刀具材料的出现,切削速度得到了迅速的提高,目前硬质合金车刀的切削速度可达 200 m/min,陶瓷刀具的切削速度达 500 m/min。近年来出现的聚晶人造金刚石和聚晶立方氮化硼刀具切削普通钢材的切削速度达 900 m/min。

在磨削方面,近年来发展的趋势是高速磨削和强力磨削。国内生产的高速磨床和砂轮磨削速度已达 60 m/s,国外已达 90~120 m/s;强力磨削的切入深度已达 6~12 mm,从而使生产率大大提高。

(2) 采用多刀同时切削。

(3) 多件加工。这种方法是通过减少刀具的切入、切出时间或者使基本时间重合,从而缩短每个零件加工的基本时间来提高生产率。多件加工的方式有以下 3 种:①顺序多件加工;②平行多件加工;③平行顺序多件加工。

(4) 减少加工余量。采用精密铸造、压力铸造、精密锻造等先进工艺提高毛坯制造精度,减少机械加工余量,以缩短基本时间,有时甚至无需再进行机械加工,这样可以大幅度提高生产效率。

2. 缩短辅助时间

辅助时间在单件时间中也占有较大比重,尤其是在大幅度提高切削用量之后,基本时间显著减少,辅助时间所占比重就更高。此时采取措施缩减辅助时间就成为提高生产率的重要方向。缩短辅助时间有两种不同的途径,一是使辅助动作实现机械化和自动化,从而直接缩减辅助时间;二是使辅助时间与基本时间重合,间接缩短辅助时间。

(1) 直接缩减辅助时间。采用专用夹具装夹工件,工件在装夹中不需找正,可缩短装卸工件的时间。大批大量生产时,广泛采用高效气动、液动夹具来缩短装卸工件的时间。单件小批生产中,由于受专用夹具制造成本的限制,为缩短装卸工件的时间,可采用组合夹具及可调夹具。

此外,为减小加工中停机测量的辅助时间,可采用主动检测装置或数字显示装置在加工过程中进行实时测量,以减少加工中需要的测量时间。主动检测装置能在加工过程中测量加工表面的实际尺寸,并根据测量结果自动对机床进行调整和工作循环控制,例如磨削自动测量装置。数显装置能把加工过程或机床调整过程中机床运动的移动量或角位移连续精确地显示出来,这些都大大节省了停机测量的辅助时间。

(2) 间接缩短辅助时间。为了使辅助时间和基本时间全部或部分地重合,可采用多工位夹具和连续加工的方法。

3. 缩短布置工作地时间

布置工作地时间,大部分消耗在更换刀具上,因此必须减少换刀次数并缩减每次换刀所需的时间。提高刀具的耐用度可减少换刀次数。而换刀时间的减少,则主要通过改进刀具的安装方法和采用装刀夹具来实现。如采用各种快换刀夹、刀具微调机构、专用对刀样板或对刀样件以及自动换刀装置等,以减少刀具的装卸和对刀所需时间。例如在车床和铣床上采用可转位硬质合金刀片刀具,既减少了换刀次数,又可减少刀具装卸,对刀和刃磨的时间。

4. 缩短准备与终结时间

缩短准备与终结时间的途径有二:第一,扩大产品生产批量,以相对减少分摊到每个零件上的准备与终结时间;第二,直接减少准备与终结时间。扩大产品生产批量,可以通过零件标准化和通用化实现,并可采用成组技术组织生产。

5.4.2 工艺成本分析

生产成本是指生产一件产品或一个零件所需费用总和。工艺成本是生产成本中与工艺过程直接有关的部分,在生产成本中占 60%~75% 的费用。因而在评价加工方案经济效益时通常只需考虑与工艺方案有关的生产费用,即工艺成本。

1. 工艺成本的组成

(1) 可变费用:与年产量有关且与之成比例的费用,记为 V。可变费用包括材料费 V_M,机床工人工资及工资附加费 V_P,机床使用费 V_E,普通机床折旧费 V_D,刀具费 V_C,通用夹具折旧费 V_F 等,即

$$V = V_M + V_P + V_E + V_D + V_C + V_F$$

(2) 不变费用:与年产量的变化没有直接关系的费用,记为 S。不变费用包括调整工人工资及工资附加费 S_P,专用机床折旧费 S_D,专用夹具折旧费 S_F 等,即

$$S = S_P + S_D + S_F$$

零件全年工艺成本(式中 N 为零件年产量)为 $E = VN + S$。

零件单件工艺成本为 $E_d = V + S/N$。

2. 最佳生产纲领分析

全年工艺成本 E 和年产量 N 成线性关系,如图 5.33 所示。它说明全年工艺成本的变化 ΔE 与年产量的变化 ΔN 成正比;又说明 S 为投资定值,不论生产多少,其值不变。

单件工艺成本 E_d 与年产量 N 呈双曲线关系，如图 5.34 所示。在曲线的 A 段，N 很小，设备负荷也低，即单件小批生产区，单件工艺成本 E_d 就很高，此时若产量 N 稍有增加（ΔN）将使单件成本迅速降低（ΔE_d）。在曲线 B 段，N 很大，即大批大量生产区。此时曲线渐趋水平，年产量虽有较大变化，而对单件工艺成本的影响却很小。

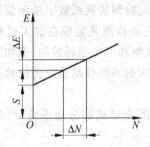 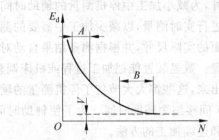

图 5.33 全年工艺成本与生产纲领 N 的关系　　图 5.34 单件工艺成本与零件年生产量 N 的关系

这说明对于某一个工艺方案，当 S 值（主要是专用设备费用）一定时，就应有一个与此设备能力相适应的产量范围。产量小于这个范围时，由于 S/N 比值增大，工艺成本就增加。这时采用这种工艺方案显然是不经济的，应减少使用专用设备数，即减少 S 值来降低工艺成本。当产量超过这个范围时，由于 S/N 比值变小，这时就需要投资更大而生产率更高的设备，以便减少 V 而获得更好的经济效益。

3. 工艺方案的经济性评价

制定加工工艺规程时，往往要提出多个不同方案，并对不同方案的经济效果进行分析比较。通常利用 $E-N$、E_d-N 关系曲线来进行技术经济分析，一般有两种情况。

（1）当两种（或两种以上）工艺方案投资相近或均采用现有设备及工装时，那么工艺成本即可作为衡量各个方案经济效果的依据。

若年产量 N 为一定数时，设两种不同工艺方案的全年工艺成本分别为

$$E_1 = N_1 \times V_1 + S_1, \quad E_2 = N_2 \times V_2 + S_2$$

通过计算后，进行比较，选其小者。当年产量变化时，可根据上述公式用图解法进行比较。

当两种工艺方案只有较少的工序不同时，可对这些工序的单件工艺成本进行分析、对比，得出临界年产量，合理选取经济方案 1 或 2，如图 5.35 所示。当计划年产量 $N<N_k$ 时，宜采用第二方案；当 $N>N_k$ 时，则第一方案较经济。N_k 称为对比方案的临界年产量。

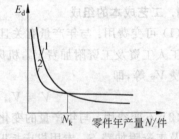

图 5.35 当两种工艺方案只有较少的工序不同时的单件工艺成本比较

当两种工艺方案有较多的工序不同时，可对这些工序的全年工艺成本进行分析、对比，如图 5.36(a) 所示，两条直线交点的横坐标便是 N_k 值，则第一方案较经济。若两条直线不相交（见图 5.36(b)），则不论年产量如何，方案 1 总是比较优的。

（2）当两种（或两种以上）工艺方案投资相差较大时，单纯比较工艺成本通常是难以评定其经济性的，因此常采用比较投资回收期方法确定最优方案。

回收期可用下式求得

$$\tau = \frac{F_2 - F_1}{S_{Y1} - S_{Y2}} = \frac{\Delta F}{\Delta S}$$

式中：τ 为投资回收期；ΔF 为基本投资差额；ΔS 为全年生产费用节约额。

显然回收期越短，则经济效果越好。一般回收期 τ 应满足以下要求：回收期应小于所采用设备的使用年限；回收期应小于市场对该产品的需要年限；回收期应小于国家规定的标准回收期，例如新机床的标准回收期为 4～6 年，新夹具的标准回收期为 2～3 年。考虑投资回收期的临界年产量 N_{CC} 如图 5.37 所示，得：

$$N_{CC} = \frac{C_{N2} - C_{N1} + \Delta S}{C_{V1} - C_{V2}}$$

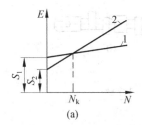
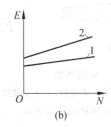
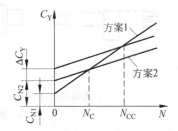

图 5.36　当两种工艺方案较多的工序不同时的全年工艺成本比较

图 5.37　考虑投资回收期的临界年产量 N_{CC}

5.5　制订机械加工工艺规程设计实例

生产实际中，零件的结构千差万别，但其基本几何构成不外是外圆、内孔、平面、螺纹、齿面、曲面等。很少有零件是由单一典型表面所构成，往往是由一些典型表面复合而成，其加工方法较单一典型表面加工复杂，是典型表面加工方法的综合应用。下面介绍轴类零件和齿轮零件的典型加工工艺。

5.5.1　轴类零件的加工工艺分析

1. 轴类零件的功用与结构特点

轴类零件是长度大于直径的回转体类零件的总称。它是机器中的主要零件之一，通常用于支承传动件（齿轮、皮带轮等）和传递扭矩。构成轴类零件的表面要素主要有圆柱面、圆锥面、螺纹表面、花键、沟槽等。根据轴上的表面类型和结构特征不同，轴可分为光轴（见图 5.38(a)）、空心轴（见图 5.38(b)）、半轴（见图 5.38(c)）、阶梯轴（见图 5.38(d)）、花键轴（见图 5.38(e)）、十字轴（见图 5.38(f)）、偏心轴（见图 5.38(g)）、曲轴（见图 5.38(h)）、凸轮轴（见图 5.38(i)）等，如图 5.38 所示。若按轴的长度和直径之比（长径比）来分又可分为刚性轴（$L/d \leqslant 12$）和挠性轴（$L/d > 12$）两类。

2. 轴类零件的技术要求

轴类零件通常是由支承轴颈支承在机器的机架或箱体中，实现运动传递和动力传递的功能。轴类零件的设计和制造质量对其技术性能和经济性有重要影响。轴类零件的技术要

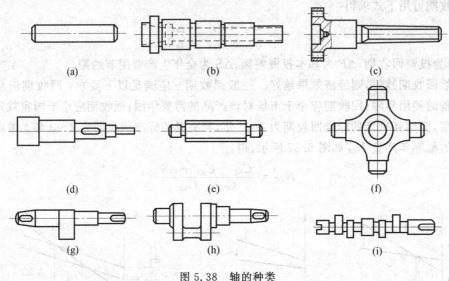

图 5.38 轴的种类
(a) 光轴；(b) 空心轴；(c) 半轴；(d) 阶梯轴；(e) 花键轴；(f) 十字轴；
(g) 偏心轴；(h) 曲轴；(i) 凸轮轴

求主要有以下几个方面：

(1) 尺寸精度和形状精度。轴的支承轴颈和配合轴颈的尺寸精度和形状精度是轴的主要技术要求之一，它将影响轴的回转精度和配合精度，对精度要求高的轴要同时规定轴的直径尺寸精度和形状精度。

(2) 位置精度。轴的支承轴颈之间的径向跳动不仅影响轴承的寿命，而且影响轴的回转精度；配合轴颈对支承轴颈的径向跳动会影响齿轮的传动精度和噪声。因此，轴类零件的配合轴颈相对于支承轴颈都有相应的位置精度要求。

(3) 表面粗糙度。为了保证轴与轴承、传动元件正确可靠的配合，对轴的支承轴颈和配合轴颈都应提出一定的表面粗糙度要求。一般地，轴的支承轴颈的表面质量要求最高，其次是配合轴颈或工作面。

为保证轴能可靠地传递动力和运动，除了正确的结构设计外，还应正确地选择材料及毛坯类型、热处理方法，对有些轴类还有表面硬度和必要的表面处理要求（如发蓝或镀铬），这些因素都对轴的加工过程有一定的影响。

3. 轴类零件的典型工艺路线

轴类零件的主要加工表面是回转表面，也还有常见的特形表面，因此针对各种精度等级和表面粗糙度要求，按经济精度选择加工方法，对普通精度的轴类零件加工，其典型的工艺路线如下：毛坯及其热处理→预加工→车削外圆→铣键槽（花键槽、沟槽）→热处理→磨削→终检。

轴类零件的预加工是指切削加工的准备工序，即切削加工之前的工艺过程，如铸造、锻造毛坯的清理，棒料毛坯的冷、热校直等。

4. 轴类零件加工的定位基准和装夹

由于轴的主要表面均为回转表面，这些表面的设计基准一般都是轴的中心线（支承轴颈的中心线），轴上其他表面（如花键、重要的轴向定位端平面、螺纹表面等）的设计基准一般也选用中心线作为设计基准。在加工过程中,为便于保证轴上各表面间的位置精度要求,按基准重合原则应优先选择中心线作为定位基准。中心线不仅可作为车削和磨削支承表面和配合表面时的定位基准,也可用作其他加工工序的定位基准和检验基准,所以选择轴的中心线作为定位基准既符合基准重合原则,也符合基准统一原则。

用中心线作为定位基准一般有以下几种装夹方式。

1) 以工件的两中心孔定位装夹

一般以重要的外圆面(支承轴颈表面)作为粗基准定位,加工出中心孔,再以轴两端的中心孔为定位精基准加工其他表面,并尽可能实现一次安装加工多个表面,即做到基准重合、基准统一、互为基准。中心孔常常被用作工件加工中统一的定位基准和检验基准,它自身质量非常重要,其准备工作也相对复杂。例如车床主轴的加工中常常以支承轴颈定位,车(钻)中心孔;再以中心孔定位,精车外圆;以外圆定位,粗磨锥孔;以中心孔定位(此时需要用锥堵,如图 5.39 所示),精磨外圆;最后以支承轴颈外圆定位,精磨(刮研或研磨)锥孔,使锥孔的各项精度达到要求。

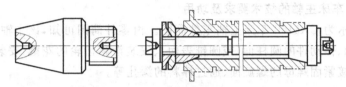

图 5.39 锥堵和锥套心轴

2) 以外圆和中心孔定位(一夹一顶)装夹

用两中心孔定位虽然定心精度高,但刚性差,尤其是加工较重的工件时不够稳固,切削用量也不能太大。粗加工时,为了提高零件的刚度,可采用轴的外圆表面和一中心孔作为定位基准来加工。这种定位方法能承受较大的切削力矩,是轴类零件最常见的一种定位方法。

3) 以两个外圆柱表面定位装夹

在加工空心轴的内孔时(例如:机床主轴上莫氏锥度的内孔加工),不能采用中心孔作为定位基准,可用轴上的两个外圆柱表面作为定位基准。例如加工车床主轴时,常以两支承轴颈(或装配基准)为定位基准,可保证内孔相对支承轴颈的同轴度要求,消除基准不重合而引起的位置误差。

4) 以带有中心孔的锥堵定位装夹

在加工空心轴的外圆表面时,往往采用带中心孔的锥堵或锥套心轴作为定位元件,如图 5.39 所示。

锥堵或锥套心轴应具有较高的精度,锥堵和锥套心轴上的中心孔既是其本身制造的定位基准,又是空心轴外圆精加工的基准。因此必须保证锥堵或锥套心轴上锥面与中心孔有较高的同轴度。在装夹中应尽量减少锥堵的安装次数,减少重复安装误差。实际生产中,锥堵安装后,中途加工一般不得拆下和更换,直至加工完毕。

5. 轴类零件的检验

1) 加工中的检验

自动测量装置,作为辅助装置安装在机床上。这种检验方式能在不影响加工的情况下,根据测量结果,主动地控制机床的工作过程,如改变进给量,自动补偿刀具磨损,自动退刀、停车等,使之适应加工条件的变化,防止产生废品,故又称为主动检验。主动检验属在线检测,即在设备运行、生产不停顿的情况下,根据信号处理的基本原理,掌握设备运行状况,对生产过程进行预测预报及必要调整。在线检测在机械制造中的应用越来越广。

2)加工后的检验

单件小批生产中,尺寸精度一般用外径千分尺检验;大批大量生产时,常采用光滑极限量规检验,长度大而精度高的工件可用比较仪检验。表面粗糙度可用粗糙度样板进行检验;要求较高时则用光学显微镜或轮廓仪检验。圆度误差可用千分尺测出的工件同一截面内直径的最大差值之半来确定,也可用千分表借助 V 形块来测量,若条件许可,可用圆度仪检验。圆柱度误差通常用千分尺测出同一轴向剖面内最大与最小值之差的方法来确定。主轴相互位置精度检验一般以轴两端顶尖孔或工艺锥堵上的顶尖孔为定位基准,在两支承轴颈上方分别用千分表测量。

5.5.2 CA6140 车床主轴的工艺过程分析

1. CA6140 车床主轴的技术要求及功用

图 5.40 所示为 CA6140 车床主轴零件简图。由零件简图可知,该主轴呈阶梯状,其上有安装支承轴承、传动件的圆柱面(或圆锥表面)、安装滑移齿轮的花键、安装卡盘及顶尖的内外圆锥面、连接紧固螺母的螺旋面、通过棒料的深孔等。

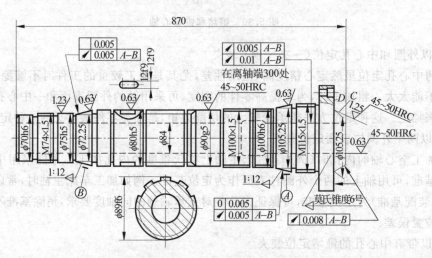

图 5.40 CA6140 车床主轴零件简图

主轴各主要组成表面的作用及技术要求分析如下:

(1)支承轴颈。主轴两个支承轴颈 A、B 圆度公差为 0.005 mm,径向跳动公差为 0.005 mm;而支承轴颈 1:12 锥面的接触率≥70%;表面粗糙度为 Ra0.4 mm;支承轴颈尺寸公差等级为 IT5。因为主轴支承轴颈是用来安装支承轴承,是主轴部件的装配基准面,所以它的制造精度直接影响到主轴部件的回转精度。

(2)端部锥孔。主轴端部内锥孔(莫氏 6 号)对支承轴颈 A、B 的跳动在轴端面处公差为 0.005 mm,离轴端面 300 mm 处公差为 0.01 mm;锥面接触率≥70%;表面粗糙度为 Ra0.4 μm;硬度要求 45~50 HRC。该锥孔是用来安装顶尖或工具锥柄的,其轴心线必须与两个支承轴颈的轴心线严格同轴,否则会使工件(或工具)产生同轴度误差。

(3) 端部短锥和端面。头部短锥 C 和端面 D 对主轴两个支承轴颈 A、B 的径向圆跳动公差为 0.008 mm;表面粗糙度为 $Ra0.8~\mu m$。它是安装卡盘的定位面。为保证卡盘的定心精度,该圆锥面必须与支承轴颈同轴,而端面必须与主轴的回转中心垂直。

(4) 空套齿轮轴颈。空套齿轮轴颈对支承轴颈 A、B 的径向圆跳动公差为 0.015 mm。由于该轴颈是与齿轮孔相配合的表面,对支承轴颈应有一定的同轴度要求,否则引起主轴传动齿轮啮合不良,当主轴转速很高时,还会影响齿轮传动平稳性并产生噪声。

(5) 螺纹。主轴上螺纹表面的误差是造成压紧螺母端面跳动的原因之一,所以应控制螺纹的加工精度。当主轴上压紧螺母的端面跳动过大时,会使被压紧的滚动轴承内环的轴心线产生倾斜,从而增大主轴的径向圆跳动。

2. 主轴加工的要点与措施

主轴加工的主要问题是如何保证主轴支承轴颈的尺寸、形状、位置精度和表面粗糙度,主轴前端内、外锥面的形状精度、表面粗糙度以及它们对支承轴颈的位置精度。

1) 定位基准的选择

合理的选择定位基准,是保证加工表面间位置精度的先决条件。由于主轴各表面间的位置精度要求高,正确合理地选择定位基准对保证主轴的位置精度是至关重要的。其定位基准选择的主要思路是尽可能地遵循基准重合、基准统一和互为基准等重要原则,并在一次装夹中尽可能加工出较多的表面。因此,主轴加工过程中优先选用主轴两端的顶尖孔作为精基准面。用顶尖孔定位,还能在一次装夹中将许多外圆表面及其端面加工出来,有利于保证加工面间的位置精度。主轴在粗车之前就应先加工出顶尖孔。

为了保证支承轴颈与主轴内锥面的同轴度要求,宜按互为基准的原则选择基准面。如车小端 1:20 锥孔和大端莫氏 6 号内锥孔时,以与前支承轴颈相邻而又是用同一基准加工出来的外圆柱面为定位基准面(因支承轴颈系外锥面不便装夹);在精车各外圆(包括两个支承轴颈)时,以前、后锥孔内所配锥堵的顶尖孔为定位基准;在粗磨莫氏 6 号内锥孔时,又以两圆柱面为定位基准面;粗、精磨两个支承轴颈的 1:12 锥面时,再次用锥堵顶尖孔定位;最后精磨莫氏 6 号锥孔时,直接以精磨后的前支承轴颈和另一圆柱面定位。定位基准每转换一次,都使主轴的加工精度提高一步。

2) 加工方法的选择

加工表面的尺寸精度、形状精度和表面粗糙度主要取决于其所采用的加工方法。

主轴支承轴颈的尺寸精度、形状精度以及表面粗糙度要求,可以采用精密磨削方法保证,磨削前应提高精基准的精度。

保证主轴前端内、外锥面的形状精度、表面粗糙度同样应采用精密磨削的方法。为了保证外锥面相对支承轴颈的位置精度,以及支承轴颈之间的位置精度,通常采用组合磨削法,即在一次装夹中,用多片砂轮同时加工这些表面。机床上有两个独立的砂轮架,精磨在两个工位上进行;工位Ⅰ精磨前、后轴颈锥面;工位Ⅱ用角度成形砂轮,磨削主轴前端支承面和短锥面。

主轴锥孔相对于支承轴颈的位置精度是靠采用支承轴颈 A、B 作为定位基准,将被加工主轴装夹在磨床工作台上磨削主轴锥孔来保证的。以支承轴颈作为定位基准加工内锥面,符合基准重合原则。在精磨前端锥孔之前,应使作为定位基准的支承轴颈 A、B 达到一定的精度。主轴锥孔的磨削一般采用专用夹具,如图 5.41 所示。夹具由底座、支架及浮动夹头等部分组成,两个支架固定在底座上,作为工件定位基准面的两段轴颈放在支架的两个V形块上,V形块镶有硬质合金,以提高耐磨性,并减少对工件轴颈的划痕,工件的中心高应正好等于磨头砂轮轴的中心高,否则将会使锥孔母线呈双曲线,影响内锥孔的接触精度。后端的浮动卡头用锥柄装在磨床主轴的锥孔内,工件尾端插于弹性套内,用弹簧将浮动卡头外壳连同工件向左拉,通过钢球压向镶有硬质合金的锥柄端面,限制工件的轴向窜动。采用这种连接方式,可以保证工件支承轴颈的定位精度不受内圆磨床主轴回转误差的影响,也可减少机床本身振动对加工质量的影响。

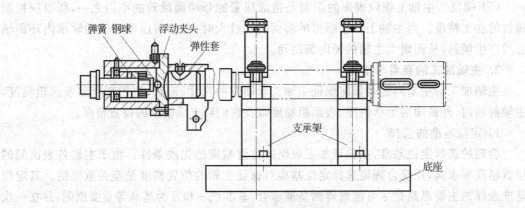

图 5.41 主轴锥孔的磨削专用夹具

主轴外圆表面的加工,应该以顶尖孔作为统一的定位基准。但在主轴的加工过程中,随着通孔的加工,作为定位基准面的中心孔消失,工艺上常采用带有中心孔的锥堵塞到主轴两端孔中,如图 5.39 所示,让锥堵的顶尖孔起附加定位基准的作用。

3) CA6140 车床主轴主要加工表面加工工序的安排

CA6140 车床主轴主要加工表面是 $\phi 75h5$、$\phi 80h5$、$\phi 90g5$、$\phi 105h5$ 轴颈,两支承轴颈及大头锥孔。它们加工的尺寸公差等级在 IT6～IT5 之间,表面粗糙度为 $Ra0.8\sim 0.4$ mm。为保证这些表面的加工精度,主轴加工工艺过程可划分为 3 个加工阶段,即粗加工阶段(包括铣端面、加工顶尖孔、粗车外圆等),半精加工阶段(包括半精车外圆,钻通孔,车锥面、锥孔,钻大头端面各孔,精车外圆等)和精加工阶段(包括精铣键槽,粗、精磨外圆、锥面、锥孔等)。

在机械加工工序中间尚需插入必要的热处理工序,这就决定了主轴加工各主要表面总是循着以下顺序进行加工:粗车→调质(预备热处理)→半精车→精车→淬火-回火(最终热处理)→粗磨→精磨。

综上所述,主轴主要表面的加工顺序安排如下:外圆表面粗加工(以顶尖孔定位)→外圆表面半精加工(以顶尖孔定位)→钻通孔(以半精加工过的支承轴颈定位)→锥孔粗加工(以半精加工过的支承轴颈定位,加工后配锥堵)→外圆表面精加工(以锥堵顶尖孔定位)→锥孔精加工(以精加工后的支承轴颈定位)。

当主要表面加工顺序确定后,将非主要表面的加工工序合理地穿插入主要表面加工顺序中即可。对主轴来说非主要表面指的是螺孔、键槽、螺纹等。这些表面加工一般不易出现废品,所以尽量安排在后面工序进行,主要表面加工一旦出了废品,非主要表面就不需加工了,这样可以避免浪费工时。但这些表面也不能放在主要表面精加工后,以防在加工非主要表面过程中损伤已精加工过的主要表面。

对凡是需要在淬硬表面上加工的螺孔、键槽等,都应安排在淬火前加工。非淬硬表面上螺孔、键槽等一般在外圆精车之后、精磨之前进行加工。主轴螺纹,因它与主轴支承轴颈之间有一定的同轴度要求,所以安排在以非淬火-回火为最终热处理工序之后的精加工阶段进行,这样半精加工后残余应力所引起的变形和热处理后的变形,就不会影响螺纹的加工精度。

3. CA6140 车床主轴的加工工艺过程

表 5.15 列出了 CA6140 车床主轴的加工工艺过程,其生产条件为生产类型—大批生产;材料牌号—45 钢;毛坯种类—模锻件。

表 5.15 大批生产 CA6140 车床主轴工艺过程

序号	工序名称	工序内容	定位基准	设备
1	备料			
2	锻造	模锻		立式精锻机
3	热处理	正火		
4	锯头			
5	铣端面钻中心孔		毛坯外圆	中心孔机床
6	粗车外圆		顶尖孔	多刀半自动车床
7	热处理	调质		
8	车大端各部	车大端外圆、短锥、端面及台阶	顶尖孔	卧式车床
9	车小端各部	仿形车小端各部外圆	顶尖孔	仿形车床
10	钻深孔	钻 $\phi48$ mm 通孔	两端支承轴颈	深孔钻床
11	车小端锥孔	车小端锥孔(配 1:20 锥堵,涂色法检查接触率≥50%)	两端支承轴颈	卧式车床
12	车大端锥孔	车大端锥孔(配莫氏 6 号锥堵,涂色法检查接触率≥30%)、外短锥及端面	两端支承轴颈	卧式车床
13	钻孔	钻大头端面各孔	大端内锥孔	摇臂钻床
14	热处理	局部高频淬火($\phi90g5$、短锥及莫氏 6 号锥孔)		高频淬火设备
15	精车外圆	精车各外圆并切槽、倒角	锥堵顶尖孔	数控车床
16	粗磨外圆	粗磨 $\phi75h5$、$\phi90g5$、$\phi105h5$ 外圆	锥堵顶尖孔	组合外圆磨床
17	粗磨大端锥孔	粗磨大端内锥孔(重配莫氏 6 号锥堵,涂色法检查接触率≥40%)	前支承轴颈及 $\phi75h5$ 外圆	内圆磨床
18	铣花键	铣 $\phi89f6$ 花键	锥堵顶尖孔	花键铣床
19	铣键槽	铣 12f9 键槽	$\phi80h5$ 及 M115 mm 外圆	立式铣床
20	车螺纹	车三处螺纹(与螺母配车)	锥堵顶尖孔	卧式车床
21	精磨外圆	精磨各外圆及 E、F 两端面	锥堵顶尖孔	外圆磨床
22	粗磨外锥面	粗磨两处 1:12 外锥面	锥堵顶尖孔	专用组合磨床

续表

序号	工序名称	工序内容	定位基准	设备
23	精磨外锥面	精磨两处1∶12外锥面、D端面及短锥面	锥堵顶尖孔	专用组合磨床
24	精磨大端锥孔	精磨大端莫氏6号内锥孔(卸堵,涂色法检查接触率≥70%)	前支承轴颈及$\phi75h5$外圆	专用主轴锥孔磨床
25	钳工	端面孔去锐边倒角,去毛刺		
26	检验	按图样要求全部检验	前支承轴颈及$\phi75h5$外圆	专用检具

5.5.3 圆柱齿轮加工

1. 圆柱齿轮加工概述

齿轮是机械工业应用广泛的传动零件,它按规定的速比传递运动和动力,在各种机器和仪器中应用非常普遍。

齿轮的结构形状按使用场合和要求不同变化,图5.42是常用圆柱齿轮的结构形式,其分为:盘形齿轮(图(a)为单联,图(b)为双联,图(c)为三联)、套筒齿轮(图(d))、齿条(图(e))、扇形齿轮(图(f))、连轴齿轮(图(g))、装配齿轮(图(h))和内齿轮(图(i))。

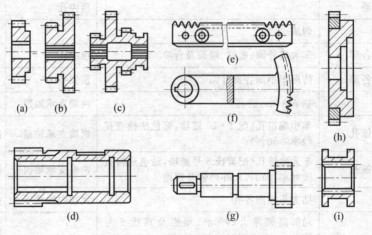

图5.42 常用圆柱齿轮的结构形式

2. 圆柱齿轮的精度要求

齿轮自身的精度影响其使用性能和寿命,通常对齿轮的制造提出以下精度要求。

(1)运动精度。确保齿轮准确的传递运动和恒定的传动比,要求最大转角误差不能超过相应的规定值。

(2)工作平稳性。要求传动平稳,振动、冲击、噪声小。

(3)齿面接触精度。为保证传动中载荷分布均匀,齿面接触要求均匀,避免局部载荷过大、应力集中等造成过早磨损或折断。

(4)齿侧间隙。要求传动中的非工作面留有间隙以补偿温升、弹性形变和加工装配的误差并利于润滑油的储存和油膜的形成。

3. 齿轮材料、毛坯和热处理

1) 材料选择

根据使用要求和工作条件选取合适的材料,普通齿轮选用中碳钢和中碳合金钢,如40、45、50、40MnB、40Cr、45Cr、42SiMn、35SiMn2MoV 等;要求高的齿轮可选取 20Mn2B、18CrMnTi、30CrMnTi、20Cr 等低碳合金钢;对于低速轻载的开式传动可选取 ZG40、ZG45 等铸钢材料或灰口铸铁;非传力齿轮可选取尼龙、夹布胶木或塑料。

2) 齿轮毛坯的选择

毛坯的选择取决于齿轮的材料、形状、尺寸、使用条件、生产批量等因素,常用的毛坯种类有以下几种。

(1) 铸铁件:用于受力小、无冲击、低速的齿轮;

(2) 棒料:用于尺寸小、结构简单、受力不大的齿轮;

(3) 锻坯:用于高速重载齿轮;

(4) 铸钢坯:用于结构复杂、尺寸较大不宜锻造的齿轮。

3) 齿轮热处理

在齿轮加工工艺过程中,热处理工序的位置安排十分重要,它直接影响齿轮的力学性能及切削加工的难易程度。一般在齿轮加工中有两种热处理工序。

(1) 毛坯的热处理:为了消除锻造和粗加工造成的残余应力、改善齿轮材料内部的金相组织和切削加工性能,在齿轮毛坯加工前后通常安排正火或调质等预热处理。

(2) 齿面的热处理:为了提高齿面硬度、增加齿轮的承载能力和耐磨性而进行的齿面高频淬火、渗碳淬火、氮碳共渗和渗氮等热处理工序。一般安排在滚齿、插齿、剃齿之后,珩齿、磨齿之前。

4. 圆柱齿轮齿面(形)加工方法

1) 齿轮齿面加工方法的分类

按齿面形成的原理不同,齿面加工可以分为以下两类方法。

(1) 成形法:用与被切齿轮齿槽形状相符的成形刀具切出齿面的方法,如铣齿、拉齿和成形磨齿等。

(2) 展成法:齿轮刀具与工件按齿轮副的啮合关系作展成运动切出齿面的方法,工件的齿面由刀具的切削刃包络而成,如滚齿、插齿、剃齿、磨齿和珩齿等。

2) 圆柱齿轮齿面加工方法选择

齿轮齿面的精度要求大多较高,加工工艺复杂,选择加工方案时应综合考虑齿轮的结构、尺寸、材料、精度等级、热处理要求、生产批量及工厂加工条件等。常用的齿面加工方案见表 5.16。

表 5.16 齿面加工方案

齿面加工方案	齿轮精度等级	齿面粗糙度 $Ra/\mu m$	适用范围
铣齿	9级以下	6.3~3.2	单件修配生产中,加工低精度的外圆柱齿轮、齿条、锥齿轮、蜗轮
拉齿	7级	1.6~0.4	大批量生产7级内齿轮;外齿轮拉刀由于制造复杂,故较少用

齿面加工方案	齿轮精度等级	齿面粗糙度 $Ra/\mu m$	适用范围
滚齿	8～7 级	3.2～1.6	各种批量生产中，加工中等质量外圆柱齿轮及蜗轮
插齿	9～7 级	1.6	各种批量生产中，加工中等质量的内、外圆柱齿轮、多联齿轮及小型齿条
滚（或插）齿→淬火→珩齿	7 级	0.8～0.4	用于齿面淬火的齿轮
滚齿→剃齿	7～6 级	0.8～0.4	主要用于大批量生产
滚齿→剃齿→淬火→珩齿	7～6 级	0.4～0.2	用于齿面淬火的齿轮
滚（插）齿→淬火→磨齿	6～3 级	0.4～0.2	用于高精度齿轮的齿面加工，生产率低，成本高
滚（插）齿→磨齿	6～3 级	0.4～0.2	

5. 圆柱齿轮零件的加工工艺过程

1) 工艺过程示例

圆柱齿轮的加工工艺过程一般应包括以下内容：齿轮毛坯加工、齿面加工、热处理工艺及齿面的精加工。

在编制齿轮加工工艺过程中，常因齿轮结构、精度等级、生产批量以及生产条件的不同，而采用各种不同的方案。

图 5.43 所示为一直齿双联圆柱齿轮的简图，表 5.17 列出了该齿轮机械加工工艺过程。

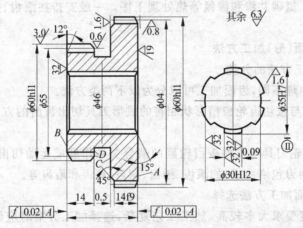

齿号	I	II	齿号	I	II
模数	2	2	基节偏差	±0.016	±0.016
齿数	28	42	齿形公差	0.017	0.018
精度等级	7GK	7JL	齿向公差	0.017	0.017
公法线长度变动量	0.039	0.024	公法线平均长度	21.360−0.05	27.60−0.05
齿圈径向跳动	0.050	0.042	跨齿数	4	5

图 5.43　直齿双联圆柱齿轮简图

表 5.17 直齿圆柱齿轮加工工艺过程

工序号	工序名称	工 序 内 容	定位基准
1	锻造	毛坯锻造	
2	热处理	正火	
3	粗车	粗车外形、各处留加工余量 2 mm	外圆和端面
4	精车	精车各处,内孔至 $\phi84.8$,留磨削余量 0.2 mm,其余至尺寸	外圆和端面
5	滚齿	滚切齿面,留磨齿余量 0.25~0.3 mm	内孔和端面 A
6	倒角	倒角至尺寸(倒角机)	内孔和端面 A
7	钳工	去毛刺	
8	热处理	齿面:52HRC	
9	插键槽	至尺寸	内孔和端面 A
10	磨平面	靠磨大端面 A	内孔
11	磨平面	平面磨削 B 面	端面 A
12	磨内孔	磨内孔至 $\phi85H5$	内孔和端面 A
13	磨齿	齿面磨削	内孔和端面 A
14	检验	终结检验	

从表 5.17 中可以看出,编制齿轮加工工艺过程大致可划分如下几个阶段。

(1) 齿轮毛坯的形成:锻件、棒料或铸件。

(2) 粗加工:切除较多的余量。

(3) 半精加工:车,滚、插齿面。

(4) 热处理:调质、渗碳淬火、齿面高频淬火等。

(5) 精加工:精修基准、精加工齿面(磨、剃、珩、研齿和抛光等)。

2) 工艺过程分析

(1) 定位基准的选择

对于齿轮定位基准的选择常因齿轮的结构形状不同,而有所差异。带轴齿轮主要采用顶尖定位,孔径大时则采用锥堵。顶尖定位的精度高,且能做到基准统一。带孔齿轮在加工齿面时常采用以下两种定位、夹紧方式。

① 以内孔和端面定位:即以工件内孔和端面联合定位,确定齿轮中心和轴向位置,并采用面向定位端面的夹紧方式。这种方式可使定位基准、设计基准、装配基准和测量基准重合,定位精度高,适于批量生产;但对夹具的制造精度要求较高。

② 以外圆和端面定位:工件和夹具心轴的配合间隙较大,用千分表校正外圆以决定中心的位置,并以端面定位;从另一端面施以夹紧。这种方式因每个工件都要校正,故生产效率低;它对齿坯的内、外圆同轴度要求高,而对夹具精度要求不高,故适于单件、小批量生产。

(2) 齿轮毛坯的加工

齿面加工前的齿轮毛坯加工,在整个齿轮加工工艺过程中占有很重要的地位,因为齿面加工和检测所用的基准必须在此阶段加工出来;无论从提高生产率,还是从保证齿轮的加工质量,都必须重视齿轮毛坯的加工。

在齿轮的技术要求中,应注意齿顶圆的尺寸精度要求,因为齿厚的检测是以齿顶圆为测量基准的,齿顶圆精度太低,必然使所测量出的齿厚值无法正确反映齿侧间隙的大小。所以,在这一加工过程中应注意下列3个问题:

① 当以齿顶圆直径作为测量基准时,应严格控制齿顶圆的尺寸精度;
② 保证定位端面和定位孔或外圆相互的垂直度;
③ 提高齿轮内孔的制造精度,减小与夹具心轴的配合间隙。

(3) 齿端的加工

齿轮的齿端加工有倒圆、倒尖、倒棱和去毛刺等方式。倒圆、倒尖后的齿轮在换挡时容易进入啮合状态,减少撞击现象。倒棱可除去齿端尖边和毛刺。倒圆时,铣刀高速旋转,并沿圆弧作摆动,加工完一个齿后,工件退离铣刀,经分度再快速向铣刀靠近加工下一个齿的齿端。齿端加工必须在齿轮淬火之前进行,通常都在滚(插)齿之后、剃齿之前安排齿端加工。

本章基本要求

应牢牢把握住机械加工工艺过程设计的基本原理、原则和方法(如选择定位基准的原则,选择加工方法的原则,工序划分及工序顺序安排的原则,确定余量的原则和方法,工序尺寸及公差的确定方法,工艺尺寸链原理及应用等),并通过一定的实践掌握制订机械加工工艺规程的步骤和方法。

思考题与习题

1. 什么是机械制造工艺过程?机械制造工艺过程主要包括哪些内容?
2. 什么是生产纲领?如何确定企业的生产纲领?
3. 某机床厂年产 X5132 型立式升降台铣床 600 台,已知机床主轴的备品率为 8%,废品率为 3‰,试求该主轴零件的年生产纲领,并说明它属于哪一种生产类型,其工艺过程有何特点?
4. 什么是生产类型?如何划分生产类型?各生产类型都有什么工艺特点?
5. 试指出题 5 图中在结构工艺性方面存在的问题,并提出改进意见。
6. 试为题 6 图所示 3 个零件选择粗、精基准。其中图(a)是齿轮,$m=2,z=37$,毛坯为热轧棒料;图(b)是液压油缸,毛坯为铸铁件,孔已铸出;图(c)是飞轮,毛坯为铸件。均为批量生产。
7. 选择表面加工方法的依据是什么?为什么对加工质量要求较高的零件在拟定工艺路线时要划分加工阶段?
8. 工序的集中或分散各有什么优缺点?
9. 在粗、精加工中如何选择切削用量?
10. 试述机械加工过程中安排热处理工序的目的及其安排顺序。
11. 安排箱体类零件的工艺时,为什么一般要依据"先面后孔"的原则?

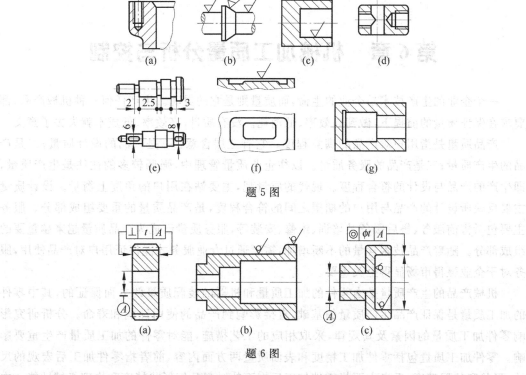

题 5 图

题 6 图

12. 为什么制定工艺规程时要"基准先行"？精基准要素确定后，如何安排主要表面和次要表面的加工？

13. 什么是毛坯余量？影响工序余量的因素有哪些？确定余量的方法有哪几种？抛光、研磨等光整加工的余量如何确定？

14. 加工如题 14 图所示一轴及其键槽，图纸要求轴径为 $\phi 30_{-0.032}^{0}$，键槽深度尺寸为 $26_{-0.3}^{0}$mm，有关加工过程如下：①半精车外圆至 $\phi 30.6_{-0.1}^{0}$mm；②铣键槽至尺寸 A_1；③热处理；④磨外圆至 $\phi 30_{-0.032}^{0}$mm，加工完毕。求工序尺寸 A_1。

题 14 图

15. 什么叫时间定额？单件时间定额包括哪些方面？举例说明各方面的含义。

16. 什么叫工艺成本？工艺成本由哪几部分组成？如何对不同工艺方案进行技术经济分析？

小论文参考题目

1. 剖析目前机械加工工艺的发展趋势。
2. 说明基准统一原则在箱体加工过程中的体现。
3. 说明降低机械加工成本，提高生产效率的有效措施。
4. 说明毛坯质量对机械加工过程的影响。

第6章 机械加工质量分析与控制

一个企业的生产技术是企业的生命,而质量则是它的灵魂。生产任何一种机械产品,都要求在保证质量的前提下,做到高效率、低消耗。没有质量,高效率、低成本就失去了意义。

产品质量是指用户对产品的满意程度。它有三层含意:一是产品的设计质量;二是产品的生产质量;三是产品的服务质量。以往企业质量管理中,强调较多的往往是生产质量,即生产的产品与设计的符合程度。现代的质量观,主要站在用户的角度上衡量。设计质量主要反映所设计的产品与用户的期望之间的符合程度,是产品质量的重要组成部分。服务主要包括售前服务、售后服务及培训、维修、安装等,服务质量已成为产品质量越来越重要的组成部分。随着产品技术含量的不断增加,需要通过专业服务才能保证用户对产品使用,服务对于企业赢得市场显得至关重要。

机械产品的生产质量是由零件的加工质量和机器的装配质量两方面保证的,其中零件的加工质量是保证产品生产质量的基础,直接影响到产品的使用性能和寿命。分析研究影响零件加工质量的因素及其规律,采取相应的工艺措施,能对零件的加工质量产生重要影响。零件加工质量包括零件加工精度和表面质量两方面内容,前者指零件加工后宏观的尺寸、形状和位置精度,后者主要指零件加工后表面的微观几何形状精度和物理机械性能。本章将讨论这两方面的内容。

6.1 机械加工精度概述

6.1.1 加工精度与加工误差

加工精度是指零件加工后的实际几何参数(尺寸、形状和表面间的相互位置)与理想几何参数的接近程度。实际值越接近理想值,加工精度就越高。生产实践证明,在零件加工过程中,由于受到各种不同因素的影响,任何一种加工方法不管多么精密,都不可能把零件加工得绝对精确,与理想值完全相符,总会有大小不同的偏差,这种偏差被称之为加工误差。从机器的使用要求来说,只要误差值不影响机器的使用性能,就允许误差值在一定范围内变动,也就是允许有一定的加工误差存在。

一般情况下,零件的加工精度越高则加工成本相对越高,生产效率相对越低。设计人员应根据零件的使用要求,合理地规定零件所允许的加工误差,即公差。工艺人员则应根据设计要求、生产条件等采取适当的工艺方法,以保证加工误差不超过容许范围,即保证加工后获得的零件的实际几何参数落在公差带内,并在此前提下尽量提高生产效率和降低成本。

零件的加工精度包含三方面的内容,即尺寸精度、形状精度和位置精度,这三者之间是有联系的。通常形状公差限制在位置公差内,而位置公差一般限制在尺寸公差之内。当尺寸精度要求高时,相应的位置精度、形状精度也要求高。但形状精度或位置精度要求高时,相应的尺寸精度不一定要求高,这要根据零件的功能要求来决定。

每种加工方法在不同的工作条件下,所能达到的加工精度会有所不同。加工经济精度是指在正常加工条件下(采用符合质量标准的设备、工艺装备和标准技术等级的工人,不延长加工时间)所能达到的加工精度。

6.1.2 获得加工精度的方法

1. 获得尺寸精度的方法

1) 试切法

试切法是通过试切、测量、调整、再试切,反复进行直到被加工尺寸达到要求为止的加工方法。试切法的加工效率低,劳动强度大,但它不需要复杂的装置,加工精度主要取决于工人的技术水平和测量方法,故常用于单件小批量生产,特别是新产品试制中。

2) 调整法

调整法是按工件预先规定的尺寸调整好机床、刀具、夹具和工件之间的相对位置,并在一批工件的加工过程中保持这个位置不变,以保证获得一定尺寸精度的加工方法。调整法广泛采用行程挡块、行程开关、靠模、凸轮或夹具等来保证加工精度。这种方法加工效率高,加工精度稳定可靠,无须操作工人有很高的技术水平,且劳动强度较小,广泛应用于成批、大量和自动化生产中。

3) 定尺寸刀具法

定尺寸刀具法是用刀具的相应尺寸来保证工件被加工表面尺寸的方法,如钻孔、铰孔、拉孔、攻螺纹、用镗刀块加工内孔等。影响加工精度的主要因素有刀具的尺寸精度、刀具与工件的位置精度等。定尺寸刀具法操作简便,生产效率高,加工精度也较稳定,可用于各种生产类型。

4) 自动控制法

自动控制法是用由尺寸测量装置、进给装置和控制系统所组成的自动控制系统,在加工过程中自动完成工件尺寸的测量、刀具的补偿调整和切削加工等一系列动作,从而自动获得所要求尺寸精度的一种加工方法。如数控机床就是通过数控装置、测量装置及伺服驱动机构来控制刀具或工作台按设定的规律运动,从而保证零件加工的尺寸精度。自动控制法加工质量稳定,生产率高,加工柔性好,能适应多品种生产,是目前机械制造的发展方向。

2. 获得形状精度的方法

1) 轨迹法

轨迹法是依靠刀具与工件的相对运动轨迹来获得加工表面形状的加工方法。刀具刀尖的运动轨迹取决于刀具和工件的相对成形运动,因而所获得的形状精度取决于成形运动的精度。普通的车削、铣削、刨削、磨削均属于轨迹法。

2) 成形法

成形法是利用成形刀具对工件进行加工来获得加工表面形状的加工方法。成形刀具代替一个成形运动,所获得的形状精度取决于刀具的形状精度和其他成形运动精度。如用成形刀具或砂轮的车、铣、刨、磨、拉削等均属于成形法。

3) 展成法

展成法是利用工件和刀具作展成切削运动来获得加工表面形状的加工方法。被加工表面是工件和刀具作展成切削运动过程中所形成的包络面,刀刃形状必须是被加工面的共轭曲线。所获得的形状精度取决于刀具的形状精度和展成运动精度。如滚齿、插齿、磨齿、滚花键等均属于展成法。

3. 获得位置精度的方法

工件加工表面之间的位置精度，主要取决于工件的装夹方式及其定位精度。在一次装夹中完成加工的工件表面间的位置精度，主要取决于机床的几何精度；而在多次装夹中完成加工的工件表面间的位置精度不仅受到机床本身的几何精度的影响，还受到工件的定位精度的影响。零件的相互位置精度的获得，有直接找正法、划线找正法和夹具装夹法。

6.1.3 工艺系统的原始误差

机械加工中，由机床、夹具、刀具和工件等组成的系统，称为工艺系统。工艺系统各环节间相互位置相对于理想状态产生的偏移，即工艺系统的误差，称为原始误差。原始误差会在加工中以不同的程度和方式反映为零件的加工误差，是加工误差产生的根源。保证和提高加工精度的方法就是首先要掌握工艺系统中各种原始误差的物理、力学本质，以及它们对加工精度影响的基本规律，通过原始误差和加工误差之间的定性与定量关系分析，从而掌握控制加工误差的方法和途径。

在工艺系统的诸多原始误差中，一部分与工艺系统的初始状态有关，另一部分与切削过程有关。按照这些原始误差性质进行归类如图 6.1 所示。

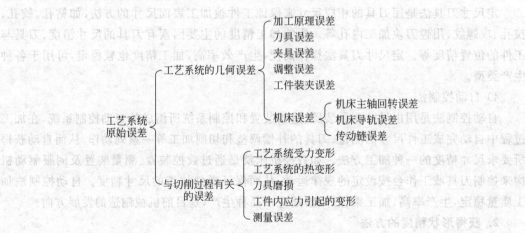

图 6.1 工艺系统原始误差

6.1.4 研究机械加工精度的方法

研究机械加工精度的方法主要有分析计算法和统计分析法。分析计算法是在掌握各原始误差对加工精度影响规律的基础上，分析工件加工中所出现的误差可能是哪一个或哪几个主要原始误差所引起的，并找出原始误差与加工误差之间的影响关系，进而通过估算来确定工件加工误差的大小，再通过试验测试来加以验证。统计分析法是以生产中一批工件的实测结果为基础，用数理统计方法进行数据处理，从中找出加工误差产生和分布的规律，进而控制加工质量的方法。统计分析法用于大批大量生产中，主要是研究各种原始误差综合影响条件下加工误差的变化规律。

上述两种方法常常结合起来应用。可先用统计分析法寻找加工误差产生的规律，初步判断产生加工误差的可能原因,然后运用分析计算法进行分析、试验,找出影响工件加工精度的主要原因。

6.2 工艺系统原始误差对加工精度的影响

6.2.1 工艺系统的几何误差对加工精度的影响

1. 加工原理误差

加工原理误差也称为理论误差,是由于采用了近似的成形运动或近似的切削刃轮廓所产生的加工误差。原理误差在被加工表面上多表现为形状误差。例如齿轮滚刀,一方面,由于制造上的困难,用阿基米德或法向直廓基本蜗杆代替渐开线基本蜗杆来形成滚刀的齿形,造成滚刀切削刃存在形状误差(切削刃不是渐开线);另一方面,由于在滚切过程中只对工件齿面进行了有限次的切削,被加工齿形是由许多微小折线段形成的,与理论上的光滑渐开线有差异。即,滚齿加工产生的齿轮齿面不是渐开线齿面,存在形状误差。

又如在模数丝杠中,必须使工件和车刀之间有准确的螺旋运动联系,但由于模数螺纹的导程 $t=\pi m$(m 为模数),而 π 是一个无限小数,无论是在传统的普通齿轮加工机床上用配换齿轮来得到导程值,还是在数控齿轮加工机床上,都只能采用近似值,由此产生的丝杠螺距误差就是一种原理误差。

在实际生产中,采用近似的成形运动或近似的切削刃轮廓,虽然会带来加工原理误差,但可以简化机床或刀具的结构,降低生产成本,提高生产率。因此只要能将这种加工原理误差控制在允许的范围内,在实际生产中仍可广泛使用。

2. 机床误差

加工中,刀具相对工件的成形运动通常都是通过机床完成的。工件的加工精度在很大程度上取决于机床的精度。机床本身存在着制造误差,而且在长期生产使用中逐渐扩大,从而使被加工零件的精度降低。对工件加工精度影响较大的机床误差有:主轴回转误差、导轨误差和传动链误差。

1) 机床主轴的回转误差

机床主轴是装夹工件或刀具的基准,并将运动和动力传给工件或刀具。主轴的回转精度是机床精度的一项主要指标,对工件加工表面的几何精度和表面质量有很大影响。随着机床主轴回转速度的提高,对主轴回转误差要求也更加严格。

主轴回转误差是指主轴的实际回转轴线相对其平均回转轴线,在规定的测量平面内的变动量。变动量越小,主轴的回转精度越高。主轴回转误差可以分解为 3 种基本形式。

(1) 端面圆跳动(轴向窜动):瞬时回转轴线沿平均回转轴线方向的轴向运动,如图 6.2(a)所示。它主要

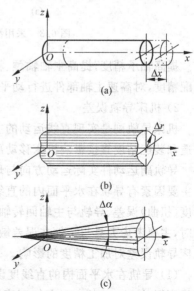

图 6.2 主轴回转误差的基本形式

影响端面形状和轴向尺寸精度。

(2) 径向圆跳动：瞬时回转轴线沿平行于平均回转轴线方向的径向运动，如图 6.2(b) 所示。它主要影响圆柱面的圆度和圆柱度。

(3) 角度摆动：瞬时回转轴线与平均回转轴线成一倾斜角度，交点位置固定的运动，如图 6.2(c) 所示。在不同横截面内，轴心运动轨迹相似，它主要影响圆柱面和端面加工的形状精度。

实际加工中的主轴回转误差是上述的三种基本形式误差的合成。因此主轴不同横截面上轴线的运动轨迹既不相同，也不相似，造成主轴的实际回转轴线对其平均回转轴线的"漂移"。

造成主轴回转误差的主要因素是主轴支撑轴颈的误差、轴承的误差、轴承的间隙、箱体支撑孔的误差、与轴承相配合零件的误差以及主轴刚度和热变形等。对于不同类型的机床，其影响因素也各不相同。对于工件回转类机床（如车床、外圆磨床等），若机床主轴采用滑动轴承结构，由于切削力的方向不变，主轴回转时作用在支撑上的作用力方向也不变化，主轴的轴颈被压向轴承内孔某一固定部位，此时，主轴的支撑轴颈的圆度误差影响较大，将直接反映为主轴径向圆跳动 Δ，而轴承孔圆度误差影响较小，如图 6.3(a) 所示。对于刀具回转类机床（如钻床、镗床、铣床等），切削力方向随主轴旋转而变化，主轴轴颈总是以某一固定部位与轴承孔内表面不同部位接触，此时，主轴支撑轴颈的圆度误差影响较小，而轴承孔的圆度误差影响较大，将直接反映为主轴径向圆跳动 Δ，如图 6.3(b) 所示。

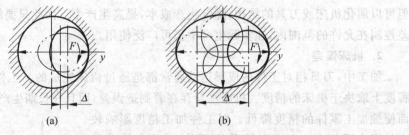

图 6.3 采用滑动轴承时影响主轴回转误差的原因

提高轴承精度，提高主轴轴颈、箱体支撑孔及与轴承相配合零件有关表面的加工精度和装配精度，对高速主轴部件进行动平衡，对滚动轴承进行预紧，均可提高机床主轴回转精度。

2) 机床导轨误差

机床导轨副是实现直线运动的主要部件，是机床中确定各主要部件位置关系的基准，其制造和装配精度直接影响机床移动部件的直线运动精度，造成加工表面的形状误差。

导轨副运动件实际运动方向与理论运动方向的偏离程度称为导向误差。影响导向误差的主要因素有导轨在水平面内的直线度误差、导轨在垂直面内的直线度误差、前后导轨的平行度（扭曲）误差、导轨与主轴回转轴线的平行度误差。分析导轨导向误差对加工精度的影响时，主要考虑刀具与工件在误差敏感方向上的相对位移。下面以卧式车床导轨为例分析机床导轨误差对加工精度的影响。

(1) 导轨在水平面内的直线度误差。如图 6.4(a) 所示，若卧式车床导轨在水平面内有直线度误差 Δ_1，Δ_1 的方向在加工表面的误差敏感方向上，对加工精度的影响较大，车外圆时，引起加工表面的圆柱度误差为 $\Delta R=\Delta_1$，如图 6.5(a) 所示。

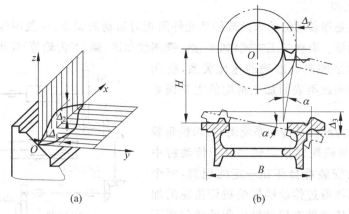

图 6.4 卧式车床导轨直线度误差和前后导轨平行度误差

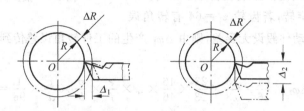

图 6.5 车外圆时的导向误差引起的加工误差

(2) 导轨在垂直面内的直线度误差。如图 6.4(a)所示，若卧式车床导轨在垂直面内有直线度误差 Δ_2，Δ_2 的方向在加工表面的非误差敏感方向上，也会使车刀在水平面内发生位移，如图 6.5(b)所示，使工件半径产生误差 $\Delta R \approx \dfrac{\Delta_2^2}{2R}$。设 $\Delta_2 = 0.1$ mm，$R = 20$ mm，则 $\Delta R = 0.01/40 = 0.00025$ mm，由此可知，导轨在垂直面内的直线度误差对加工精度影响很小，当 $2R \geqslant 5$ mm 时，可忽略不计。

(3) 前后导轨的平行度误差（扭曲）。车床两导轨的平行度误差（扭曲），使前、后导轨在纵向不同位置有不同的高度差，由于这种误差的作用，使得切削过程中，车床溜板沿导轨纵向移动时发生倾斜，从而使刀尖相对于工件产生摆动，造成加工表面的圆柱度误差。

如图 6.4(b)所示，导轨间在垂直方向有平行度误差 Δ_3，将使工件与刀具的正确位置在误差敏感方向产生 $\Delta_y \approx (H/B) \times \Delta_3$ 的偏移量，使工件半径产生 $\Delta R = \Delta_y$ 的误差，对加工精度影响较大，所以导轨扭曲量引起的加工误差是不可忽略的。

(4) 导轨与主轴回转轴线的平行度误差。若车床导轨与主轴回转轴线仅在水平面内有平行度误差，因在加工表面的误差敏感方向上，对加工精度的影响比较大，加工的内外圆柱面会产生圆柱度误差。车床导轨与主轴回转轴线在垂直面内的平行度误差，因在非误差敏感方向上，对加工精度影响较小，可忽略不计。

造成机床导轨误差的主要原因有机床导轨制造误差、安装误差和磨损误差。提高机床导轨、溜板的制造精度及安装精度，采用耐磨合金铸铁、镶钢导轨、贴塑导轨、滚动导轨、静压导轨、导轨表面淬火等措施提高导轨的耐磨性，正确安装机床和定期检修等措施均可提高导轨的导向精度。

3) 传动链误差

传动链误差是指传动链始末两端传动元件间相对运动的误差,一般用传动链末端元件的转角误差来衡量。有些加工方式(如车、磨、铣螺纹和滚、插、磨齿轮等)要求机床传动链能保证刀具与工件之间具有准确的速比关系,机床传动链误差是影响这类表面加工精度的主要误差来源之一。

图 6.6 所示为滚齿机传动系统图,被切齿轮装夹在工作台上,与蜗轮同轴回转。由于传动链中各传动件制造与安装都会存在一定的误差,每个传动件的误差都将通过传动链影响被切齿轮的加工精度。由于各传动件在传动链中所处的位置不同,它们对工件加工精度的影响程度亦不相同。

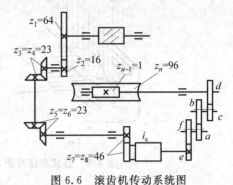

图 6.6 滚齿机传动系统图

设滚刀轴均匀旋转,若齿轮 $z_1 = 64$ 有转角误差 $\Delta\varphi_1$,而其他各传动件假设无误差,则由 $\Delta\varphi_1$ 产生的工件转角误差传到蜗轮时的转角误差 $\Delta\varphi_{1n}$ 为

$$\Delta\varphi_{1n} = \Delta\varphi_1 \times \frac{64}{16} \times \frac{23}{23} \times \frac{23}{23} \times \frac{46}{46} \times i_c \times \frac{e}{f} \times \frac{a}{b} \times \frac{c}{d} \times \frac{1}{96} = K_1 \Delta\varphi_1 \quad (6.1)$$

式中:K_1 为 z_1 到工作台的传动比,反映了齿轮 z_1 的转角误差对终端工作台传动精度的影响程度,称为误差传递系数。同理,第 j 个传动元件有转角误差 $\Delta\varphi_j$,则该转角误差通过相应的传动链传递到工作台的转角误差为 $\Delta\varphi_{jn} = K_j \Delta\varphi_j$,$K_j$ 为第 j 个传动件的误差传递系数。

由于所有的传动件都有可能存在误差,因此各传动件对工件精度影响的和 $\Delta\varphi_\Sigma$ 为各传动元件所引起的末端元件转角误差的叠加。

$$\Delta\varphi_\Sigma = \sum_{j=1}^{n} \Delta\varphi_{jn} = \sum_{j=1}^{n} K_j \Delta\varphi_j \quad (6.2)$$

分析上式可知,提高传动元件的制造精度和装配精度,减少传动件数,尽可能采用降速传动,均可减小传动链误差。

3. 刀具误差

刀具误差对加工精度的影响,根据刀具的种类不同而异。一般刀具,如普通车刀、单刃镗刀、刨刀及端面铣刀等的制造误差对加工无直接影响;定尺寸刀具,如钻头、铰刀、键槽铣刀及拉刀等的尺寸误差直接影响加工工件的尺寸精度;成形刀具(如成形车刀、成形铣刀及齿轮刀具等)的制造误差将直接影响被加工表面的形状精度。

刀具的磨损,除了对切削性能、加工表面质量有不良影响外,也直接影响加工精度。例如用成形刀具加工时,刀具刃口的不均匀磨损将直接复映在工件上,造成形状误差;在加工较大表面(一次走刀需较长时间)时,刀具的尺寸磨损会严重影响工件的形状精度;车削细长轴时,刀具的逐渐磨损会使工件产生锥形的圆柱度误差;用调整法加工一批工件时,刀具的磨损会扩大工件尺寸的分散范围。

4. 夹具误差与装夹误差

夹具误差主要包括:定位元件、刀具导向件、分度机构、夹具体等的制造误差;夹具装后,以上各种元件工作面之间的相对位置误差;夹具使用过程中工作表面的磨损。夹具误差将直接影响工件加工表面的位置精度或尺寸精度。

工件的装夹误差是指定位误差和夹紧误差,将直接影响工件加工表面的位置精度或尺寸精度。定位误差的讨论见第4章。夹紧误差的讨论见本章夹紧力对加工精度的影响。

5. 调整误差

在机械加工的各个工序中,需要对机床、夹具及刀具进行调整。调整误差的来源,视不同加工方法而异。

1) 试切法

单件小批量生产中,通常采用试切法加工。引起调整误差的因素有:测量误差、机床进给机构的位移误差及试切时与正式切削时切削层厚度不同的影响。

2) 调整法

采用调整法对工艺系统进行调整时,除了上述影响试切法调整误差的因素外,影响调整误差的因素还有:用定程机构调整时,调整误差取决于行程挡块、靠模及凸轮等机构的制造精度和刚度以及与其配合使用的控制元器件的灵敏度;用样件或样板调整时,调整误差取决于样件或样板的制造、安装和对刀精度。

6.2.2 工艺系统的受力变形对加工精度的影响

1. 工艺系统的刚度

切削加工时,由机床、刀具、夹具和工件组成的工艺系统,在切削力、夹紧力以及重力的作用下,将产生相应的变形。这种变形将破坏刀具和工件在静态下调整好的相互位置,并会使切削成形运动所需要的正确几何关系发生变化,从而造成加工误差。

如图6.7(a)所示,在车细长轴时,工件在切削力的作用下发生弯曲变形,使加工后的轴出现中间粗两头细的腰鼓形的圆柱度误差。图6.7(b)所示,在内圆磨床上以横向进给磨孔(横磨)时,由于内圆磨头主轴弯曲变形,磨出的孔会出现圆柱度误差(锥度)。由此可见,工艺系统的受力变形是一项主要的原始误差,不仅影响工件的加工精度,还影响表面质量和生产率的提高。

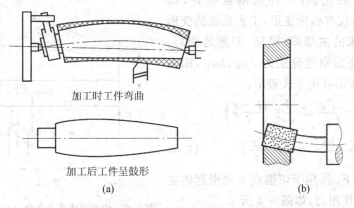

图 6.7 工艺系统受力变形引起的加工误差
(a) 工件变形引起的加工误差;(b) 砂轮轴变形引起的加工误差

工艺系统在外力作用下产生变形的大小,不仅和外力的大小有关,而且和工艺系统抵抗外力使其变形的能力(即工艺系统的刚度)有关。由于工艺系统存在误差敏感方向,从影响加工精度的角度出发,工艺系统的刚度 k 被定义为:垂直作用于工件加工表面(加工误差敏感方向)的径向切削分力 F_y 与工艺系统在该方向上的变形 $y_{系统}$ 之比,即

$$k_{系统} = F_y/y_{系统} \tag{6.3}$$

由于工艺系统各个环节在外力作用下都会产生变形,故工艺系统在误差敏感方向的总变形 $y_{系统}$ 应是各个组成环节在同一位置处误差敏感方向变形的叠加:

$$y_{系统} = y_{机床} + y_{刀具} + y_{夹具} + y_{工件} \tag{6.4}$$

根据刚度的定义,有

$$k_{机床} = \frac{F_y}{y_{机床}}, \quad k_{刀具} = \frac{F_y}{y_{刀具}}, \quad k_{夹具} = \frac{F_y}{y_{夹具}}, \quad k_{工件} = \frac{F_y}{y_{工件}}$$

带入式(6.4)得

$$\frac{1}{k_{系统}} = \frac{1}{k_{机床}} + \frac{1}{k_{刀具}} + \frac{1}{k_{夹具}} + \frac{1}{k_{工件}} \tag{6.5}$$

即工艺系统刚度的倒数等于系统各组成环节刚度的倒数之和。因此,当已知工艺系统各组成环节的刚度,即可求得工艺系统刚度。对于工件和刀具,一般来说都是一些简单构件,可用材料力学理论近似计算,如车刀的刚度可以按悬臂梁计算;用三爪自定心卡盘夹持工件,工件的刚度可以按悬臂梁计算;用两顶尖装夹轴类工件的刚度可以按简支梁计算等;对于机床和夹具,由于结构比较复杂,通常用实验法测定其刚度。

2. 工艺系统受力变形对加工精度的影响

1)切削力对加工精度的影响

在加工过程中,刀具相对于工件的位置是不断变化的,也就是说,切削力的作用点位置和切削力的大小是在变化的。同时,工艺系统在各作用点上的刚度一般是不相同的,因此,工艺系统受力变形随加工方法、工件的安装方式不同而变化。

(1) 切削力作用点位置变化引起的工件形状误差

现以车床顶尖间加工光轴为例来说明。假定车削粗而短的光轴,工件的刚度很好,即 $y_{工件} \approx 0$,则此时仅有机床变形,工艺系统的变形 $y_{系统}$ 取决于车床的主轴箱、尾座、刀架的变形。若主轴箱和尾座的刚度分别为 $k_{主轴}$、$k_{尾座}$,则主轴箱和尾座的变形可用下式表示:

$$y_{主轴} = \frac{F_A}{k_{主轴}} = \frac{F_p}{k_{主轴}}\left(\frac{l-x}{l}\right)$$

$$y_{尾座} = \frac{F_B}{k_{尾座}} = \frac{F_p}{k_{尾座}}\left(\frac{x}{l}\right) \tag{6.6}$$

式中,F_A、F_B 为 F_p 作用于切削点 x 处引起的主轴箱、尾座处的作用力,如图6.8所示。

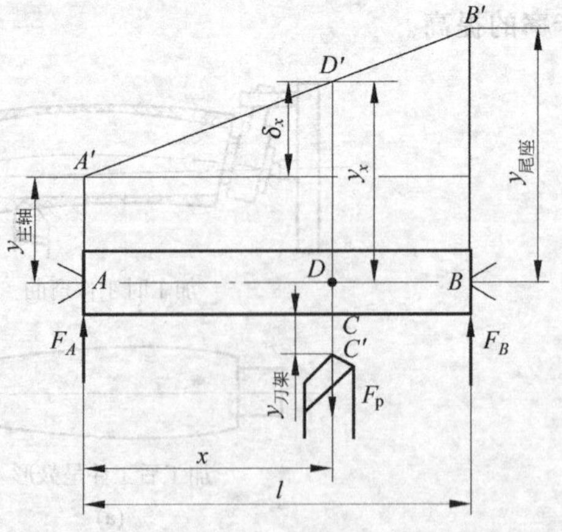

图6.8 切削力作用点变化引起的工艺系统变形

由图6.8所示的几何关系可得

$$y_x = y_{主轴} + \delta_x = \frac{F_p}{k_{主轴}}\left(\frac{l-x}{l}\right) + \left[\frac{F_p}{k_{尾座}}\left(\frac{x}{l}\right) - \frac{F_p}{k_{主轴}}\left(\frac{l-x}{l}\right)\right] \times \frac{x}{l}$$

$$= \left(\frac{x}{l}\right)^2 \frac{F_p}{k_{尾座}} + \left(\frac{l-x}{l}\right)^2 \frac{F_p}{k_{主轴}} \tag{6.7}$$

若刀架的刚度为 $k_{刀架}$，F_p 作用于切削点 x 处引起的刀架的变形为 $y_{刀架}$，则按上述条件切削工艺系统的总变形即为工艺系统变形 $y_{系统}$：

$$y_{系统} = y_x + y_{刀架} = F_p\left[\frac{1}{k_{刀架}} + \left(\frac{x}{l}\right)^2 \frac{1}{k_{尾座}} + \left(\frac{l-x}{l}\right)^2 \frac{1}{k_{主轴}}\right] \tag{6.8}$$

系统刚度：

$$k_{系统} = \frac{F_p}{y_{系统}} = \frac{1}{\frac{1}{k_{刀架}} + \left(\frac{x}{l}\right)^2 \frac{1}{k_{尾座}} + \left(\frac{l-x}{l}\right)^2 \frac{1}{k_{主轴}}} \tag{6.9}$$

若主轴箱刚度、尾座刚度、刀架刚度已知，则通过式(6.9)可算得刀具在任意位置处工艺系统的刚度。如果要知道最小变形量发生在何处，只需将式(6.8)中的 $y_{系统}$ 对 x 求导，令其为零，即可求得。变形大的地方(刚度小)切除的金属层薄；变形小的地方(刚度大)切除的金属层厚，机床受力变形使加工出来的工件产生两端粗、中间细的鞍形圆柱度误差。可以证明，当主轴箱刚度与尾座刚度相等时，工艺系统刚度在工件全长上的差别最小，工件在轴截面内几何形状误差最小。

如果考虑工件刚度，则工件本身的变形在工艺系统的总变形中就不能忽略了。如在两顶尖间车削细长轴，将工件看成简支梁，其切削点 x 处工件的变形量为

$$y_{工件} = \frac{F_p}{3EI} \frac{(l-x)^2 x^2}{l} \tag{6.10}$$

由式(6.10)可知，工件的变形也是随受力点位置而变化的。变形大的地方(刚度小)切除的金属层薄；变形小的地方(刚度大)切除的金属层厚。所以，工件的受力变形使加工出来的工件产生两端细、中间粗的腰鼓形圆柱度误差。

此时式(6.8)、式(6.9)应该写成：

$$y_{系统} = y_x + y_{刀架} + y_{工件}$$

$$= F_p\left[\frac{1}{k_{刀架}} + \left(\frac{x}{l}\right)^2 \frac{1}{k_{尾座}} + \left(\frac{l-x}{l}\right)^2 \frac{1}{k_{主轴}} + \frac{(l-x)^2 x^2}{3EIl}\right] \tag{6.11}$$

$$k_{系统} = \frac{F_p}{y_{系统}} = \frac{1}{\frac{1}{k_{刀架}} + \left(\frac{x}{l}\right)^2 \frac{1}{k_{尾座}} + \left(\frac{l-x}{l}\right)^2 \frac{1}{k_{主轴}} + \frac{(l-x)^2 x^2}{3EIl}} \tag{6.12}$$

(2) 切削力大小变化引起的加工误差

在切削加工中，毛坯余量和材料硬度的不均匀，会引起切削力大小的变化。工艺系统由于受力大小的不同，变形的大小也相应发生变化，从而产生加工误差。

如图 6.9 所示，车削有椭圆形状误差的毛坯 A。让刀具调整到图上双点画线位置，由图可知，在毛坯椭圆长轴方向上的背吃刀量为 a_{p1}，短轴方向上的背吃刀量为 a_{p2}。由于背吃刀量不同，切削力不同，工艺系统产生的让刀变形也不同，对应于 a_{p1} 产生的让刀为 y_1，对应于 a_{p2} 产生的让刀为 y_2，故加工出来的工件 B 仍

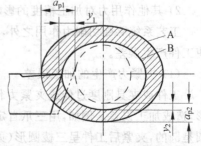

图 6.9 毛坯形状误差的复映

然存在椭圆形状误差。由于毛坯存在圆度误差 $\Delta_{毛}=a_{p1}-a_{p2}$，因而引起了工件的圆度误差 $\Delta_{工}=y_1-y_2$，且 $\Delta_{毛}$ 愈大，$\Delta_{工}$ 愈大，这种现象称为加工过程中的毛坯误差复映现象。$\Delta_{工}$ 与 $\Delta_{毛}$ 的比值 ε 称为误差复映系数，它是误差复映程度的度量：

$$\varepsilon = \frac{\Delta_{工}}{\Delta_{毛}} \tag{6.13}$$

由工艺系统刚度的定义可知：

$$\Delta_{工} = y_1 - y_2 = \left(\frac{F_{y_1}}{k_{系统}} - \frac{F_{y_2}}{k_{系统}}\right)$$

$$\varepsilon = \frac{\Delta_{工}}{\Delta_{毛}} = \frac{y_1 - y_2}{a_{p_1} - a_{p_2}} = \frac{F_{y_1} - F_{y_2}}{k_{系统}(a_{p_1} - a_{p_2})} \tag{6.14}$$

式中，F_y 为径向切削力，由式(2.49)，可知 $F_y = C_{F_y} a_p^{X_{F_y}} f^{Y_{F_y}} v_c^{Z_{F_y}} K_{F_y}$，有关符号的物理意义参见式(2.49)有关说明。

在一次走刀中，工件材料的力学特性、进给量及其他切削条件基本不变，令 $C_{F_y} f^{Y_{F_y}} \times v_c^{Z_{F_y}} K_{F_y} = C$，$C$ 为常数，在车削加工中，$X_{F_y} \approx 1$，故有

$$F_y = Ca_p \tag{6.15}$$

由此可知，$F_{y_1} = C(a_{p_1} - y_1)$，$F_{y_2} = C(a_{p_2} - y_2)$。

因 y_1、y_2 相对于 a_{p1}、a_{p2} 小很多，可忽略不计，则有 $F_{y_1} = Ca_{p_1}$，$F_{y_2} = Ca_{p_2}$，代入式(6.14)得

$$\varepsilon = \frac{F_{y_1} - F_{y_2}}{k_{系统}(a_{p_1} - a_{p_2})} = \frac{C(a_{p_1} - a_{p_2})}{k_{系统}(a_{p_1} - a_{p_2})} = \frac{C}{k_{系统}} \tag{6.16}$$

分析式(6.16)可知，ε 与 $k_{系统}$ 成反比，这表明工艺系统刚度越大，误差复映系数越小，加工后复映到工件上的误差值就越小。

尺寸误差（包括尺寸分散）和形位误差都存在复映现象。如果我们知道了某加工工序的复映系数，就可以通过测量毛坯的误差值来估算加工后工件的误差值。

增加走刀次数，可大大降低工件的复映误差。设每次走刀的误差复映系数为 ε_1、ε_2、…、ε_n，由于工艺系统必须有足够大的刚度以保证 $\Delta_{工}<\Delta_{毛}$，因而 ε 总是小于 1，且

$$\Delta_{工1} = \varepsilon_1 \Delta_{毛}, \quad \Delta_{工2} = \varepsilon_2 \Delta_{工1} = \varepsilon_1 \varepsilon_2 \Delta_{毛}, \quad \cdots, \quad \Delta_{工n} = \varepsilon_1 \varepsilon_2 \varepsilon_3 \cdots \varepsilon_n \Delta_{毛}$$

所以，n 次走刀加工后的总误差复映系数 ε_Σ 为

$$\varepsilon_\Sigma = \varepsilon_1 \varepsilon_2 \varepsilon_3 \cdots \varepsilon_n \ll 1$$

在实际生产中，可以根据已知加工条件，估算出加工后的估计误差或根据工件的公差值与毛坯误差值确定走刀次数。但走刀次数太多，会降低生产率。

2) 其他作用力对加工精度的影响

工艺系统除受切削力作用之外，还会受到夹紧力、惯性力、传动力、重力等的作用，也会使工件产生误差。

(1) 夹紧力产生的加工误差

工件或夹具刚度过低或夹紧力作用方向、作用点选择不当，都会使工件或夹具产生变形，造成加工误差。例如，用三爪自定心卡盘装夹薄壁套筒镗孔时，夹紧前薄壁套筒的内外圆是圆的，夹紧后工件呈三棱圆形（见图 6.10(a)）；镗孔后，内孔呈圆形（见图 6.10(b)）；但松开三爪自定心卡盘后，外圆弹性恢复为圆形，所加工孔变成为三棱圆形（见图 6.10(c)），

使镗孔孔径产生加工误差。为减少由此引起的加工误差,可在薄壁套筒外面套上一个开口薄壁过渡环(见图 6.10(d)),使夹紧力沿工件圆周均匀分布。

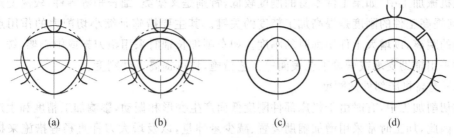

图 6.10 夹紧误差示例

(2) 惯性力产生的加工误差

在工艺系统中,由于存在不平衡构件,在高速切削过程中就会产生离心力。离心力 Q 在每一转中不断地改变方向,它在加工误差敏感方向上分力的方向与切削力方向有时相同,有时相反,从而引起受力变形的变化,使工件产生形状误差,加工后呈心脏线形。

在实际生产中,为了减少惯性力,常采用对重平衡方法,或通过降低转速减少由惯性力引起的加工误差。

(3) 传动力产生的加工误差

在车、磨轴类工件时,常采用单爪拨盘带动工件旋转。传动力和惯性力一样,在每一转中它的方向在不断地变化,它在 y 方向上的分力有时和 F_y 相同,有时相反,因而造成工艺系统受力变形发生变化,引起的加工误差同惯性力相似。对于形状精度要求高的工件,传动力的影响是不可忽视的,为了减少其影响,在精密磨削时常采用双拨爪的拨盘来传动工件。

(4) 重力产生的加工误差

在加工中,机床部件或工件产生移动时,其重力作用点的变化会使相应零件产生弹性变形。如大型立车、龙门铣床、龙门刨床等,其主轴箱或刀架在横梁上面移动时,由于主轴箱的重力使横梁的变形在不同位置是不同的,因而造成加工误差,这时工件表面将成中凹形。为了减少这种影响,有时将横梁导轨面做成中凸形。当然,提高横梁本身的刚度是根本措施。

3. 减少工艺系统受力变形的措施

减少工艺系统的受力变形,是提高加工精度的有效措施之一。可以从两个方面入手,一方面提高工艺系统的刚度,另一方面应尽量减小载荷及其变化。

1) 提高工艺系统的刚度

提高工艺系统刚度应从提高其各组成部分薄弱环节的刚度入手,这样才能取得事半功倍的效果。提高工艺系统刚度的主要途径有以下几种。

(1) 提高接触刚度

由于部件的接触刚度低于实体零件本身刚度,所以提高接触刚度是提高工艺系统刚度的关键。常用的方法是改善工艺系统主要零件接触面的配合质量,如机床导轨副、锥体与锥孔、顶尖与中心孔等配合面采用刮研与研磨,以提高配合表面的形状精度,减小表面粗糙度,使实际接触面积增加,从而有效地提高接触刚度。提高接触刚度的另一措施是在接触面间预加载荷,这样可以消除配合面间的间隙,增加接触面积,减少受力后的变形。如机床主轴部件轴承常采用预加载荷的办法进行调整。

(2) 提高工件刚度

在机械加工中,如果工件本身的刚度较低,特别是叉架类、细长轴等零件,较易变形。此时,如何提高工件的刚度是提高加工精度的关键。其主要措施是缩小切削力的作用点到支承之间的距离,以增大工件切削时的刚度。如车削细长轴时采用跟刀架或中心架,铣削叉架类零件采用辅助支承或增设工艺表面等工艺措施,均可提高工件刚度。

(3) 提高机床部件的刚度

在切削加工中,有时由于机床部件刚度低而产生变形和振动,影响加工精度和生产率的提高。因此,加工时常采用增加辅助装置、减少悬伸量,以及增大刀杆直径等措施来提高机床部件的刚度。

(4) 合理装夹工件以减少夹紧变形

改变夹紧力的方向、让夹紧力均匀分布等都是减少夹紧变形的有效措施。

2) 减少切削力及其变化

改善毛坯制造工艺、合理选择刀具的几何参数、增大前角和主偏角、合理选择刀具材料、对工件材料进行适当的热处理以改善材料的加工性能,都可使切削力减小。例如,为控制和减小切削力的变化幅度,应尽量使一批工件的材料性能和加工余量保持均匀。

6.2.3 工件内应力对加工精度的影响

工件内应力是指没有外部载荷作用时工件内部存在的应力,也称残余应力。内应力产生的本质原因是工件加工过程中的金属内部不均匀的体积变化。当工件的外界条件发生变化时,如环境温度的变化、切削加工、受到撞击等,会引起内应力的重新分布,使工件产生相应的变形,从而破坏工件原有的精度。下面就产生内应力的几种外部来源及其特点加以分析。

1. 热加工过程中产生的内应力

在铸、锻、焊、热处理等加工过程中,由于各部分冷热收缩不均匀以及金相组织转变引起的体积变化,使工件内部产生了相当大的内应力。具有内应力的工件由于热加工后内应力暂时处于相对平衡的状态,在短时期内看不出有什么变化,但在切削去除某些表面部分后,就打破了这种平衡,内应力重新分布,零件出现了明显的变形。

图 6.11(a)表示一个内、外壁厚相差较大的铸件。在浇铸后,它的冷却过程大致如下:由于壁 A 和壁 C 比较薄,散热较快,所以冷却较快;壁 B 较厚,冷却较慢。当壁 A 和壁 C 从塑性状态冷却到弹性状态时,壁 B 的温度还比较高,尚处于塑性状态。所以壁 A 和壁 C 收缩时壁 B 不起阻挡变形的作用,铸件内部不产生内应力。当壁 B 也冷却到弹性状态时,壁 A 和壁 C 的温度已经降低很多,收缩速度变得很慢,但这时壁 B 收缩较快,就受到了壁 A 和壁 C 的阻碍。因此壁 B 受到了拉应力,壁 A 和壁 C 受到压应力,形成了相互平衡状态。如果在铸件壁 C 上开一个缺口,如图 6.11(b)所示,则壁 C 的压应力消失,铸件在壁 A 和壁 B 的内应力作用下,壁 A 膨胀,壁 B 收缩,发生弯曲变形,直至内应力重新分布达到新的平衡为止。推广到一般情况,各种铸件都难免产生冷却不均匀而形成的内应力。铸件的外表面总比中心部分冷却得快。特别是机床床身,为了提高导轨面的耐磨性,常采用局部激冷工艺使它冷却更快一些,以获得较高的硬度,这样在床身内部所形成的内应力就更大,当粗加工

刨去一层金属后,引起了内应力的重新分布而产生弯曲变形。由于这个新的平衡过程需要一段较长时间才能完成,因此尽管导轨经过粗加工去除了这个变形的大部分,但床身内部组织在继续转变,合格的导轨面渐渐地就丧失了原有的精度。为了克服这种内应力重新分布而引起的变形,特别是对大型和精度要求高的零件,一般在铸件粗加工后先进行时效处理,然后再精加工。

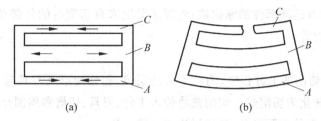

图 6.11 铸件内应力引起的变形

2. 对细长轴进行冷校直带来的内应力

存在弯曲变形的细长轴类工件,常用冷校直的方法消除工件的变形,如图 6.12(a)所示。在校正过程中,工件截面上的应力分布如图 6.12(b)所示,工件外层金属发生塑性变形,而里层金属仅发生弹性变形。当撤去外载荷后,由于内层金属的弹性恢复,使工件内部应力重新分布,如图 6.12(c)所示。

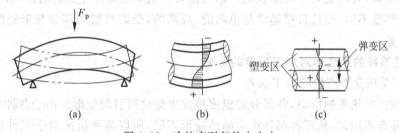

图 6.12 冷校直引起的内应力

冷校直能够消除工件的弯曲变形,但使工件内部产生内应力。当继续切削加工时,外层金属被切除后使原有的应力平衡被打破,加工后的工件在其内应力重新平衡的过程中会产生新的弯曲变形。生产中高精度的细长轴类零件不允许采用冷校直,可采用热校直方法消除弯曲变形。

3. 切削加工中产生的内应力

工件表面在切削力和切削热作用下,也会出现不同程度的塑性变形和金相组织的变化而引起局部体积的变化,从而产生内应力。一般情况下,表层受压应力,里层产生平衡的拉应力,但当受到切削热的作用时,可能会出现相反的情况。存在内应力的零件,即使在常温下,其内应力也会缓慢而不断地变化,直到内应力消失为止。在内应力的变化过程中,零件的形状将逐渐改变,使原有的加工精度逐渐消失。因此,对于精度要求较高的零件,粗加工后,需要做消除应力处理。

6.2.4 工艺系统受热变形对加工精度的影响

工艺系统在热作用下产生的局部变形,会破坏刀具与工件的正确位置关系,使工件产生加工误差。热变形对加工精度影响较大,特别是在精密加工和大件加工中,热变形所引起的加工误差通常会占到工件加工总误差的 40%~70%。随着高精度、高效率及自动化加工技术的发展,工艺系统热变形问题日益突出。

1. 工艺系统的热源

工艺系统的热源可以分为两大类,即内部热源和外部热源。内部热源指的是切削过程中产生的切削热以及运动部件的摩擦热;外部热源则来自切削时的外部条件,如环境温度、阳光、灯光的热辐射等。

1) 内部热源

(1) 切削热。切削加工过程中,消耗于切削层弹、塑性变形及刀具与工件、切屑间摩擦的能量,绝大部分转化为切削热。切削热将传入工件、刀具、切屑和周围介质,它是工艺系统中工件和刀具热变形的主要热源,具体讨论详见第 2 章。

(2) 摩擦热和动力装置能量损耗发出的热。机床运动部件(如轴承、齿轮、导轨等)为克服摩擦所做机械功转变的热量,机床动力装置(如电动机、液压马达等)工作时因能量损耗发出的热,它们是机床热变形的主要热源。

2) 外部热源

外部热源主要是指周围环境温度与热辐射。外部热源的热辐射及环境温度的变化对机床热变形的影响,有时也是不可忽视的。靠近窗口的机床受到日光照射的影响,上下午的机床温升和变形就不同,而且日照通常是单向的、局部的,受到照射的部分与未经照射的部分之间就有温差。

2. 工艺系统的热变形对加工精度的影响

1) 机床受热变形产生的加工误差

机床受内、外热源的影响,各部分的温度将发生变化而引起变形。由于各种机床的结构不同,热量分布不均匀,从而各部件产生的热变形不同,所以各种机床对于工件加工精度的影响方式和影响结果也各不相同。

对于车、铣、钻、镗类机床,主轴箱中的齿轮、轴承的摩擦发热以及主轴箱中油池的发热是其主要热源,使主轴箱及与其相结合的床身或立柱的温度升高而产生较大的热变形。图 6.13 所示为常见的几种机床的热变形趋势。

对于龙门刨床、导轨磨床等大型机床,由于床身较长,如导轨面与底面间稍有温差,就会产生较大的弯曲变形,故床身的热变形是影响加工精度的主要因素,摩擦热和环境温度是其主要热源。例如一台长 12 m、高 0.8 m 的导轨磨床的床身,若导轨面与床身底面温差为 1℃ 时,其弯曲变形量可达 0.22 mm。床身上下表面产生温差的原因,不仅是由于工作台运动时导轨面摩擦发热所致,环境温度的影响也是主要原因。例如在夏天,地面温度一般低于车间室温,因此床身中凸;冬天则地面温度高于车间室温,因此床身中凹。

2) 工件热变形引起的加工误差

机械加工过程中,使工件产生热变形的热源主要是切削热。对于精密零件,环境温度变化和日光、取暖设备等外部热源对工艺系统的局部辐射等也不容忽视。

在加工轴类零件的外圆时,切削热传入工件,可以认为在全长上及其圆周方向上热量分布较均匀,主要引起工件直径和长度的变化。

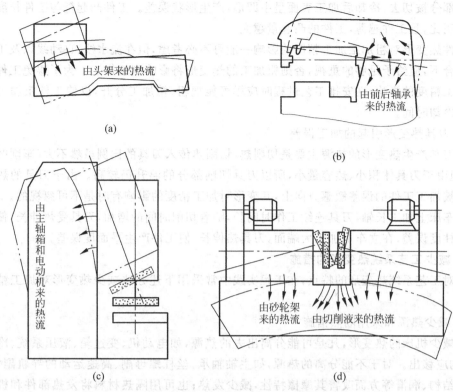

图 6.13 几种机床的热变形趋势
(a) 车床；(b) 铣床；(c) 平面磨床；(d) 双端面磨床

直径上的热变形量（扩大量）：$\Delta D = \alpha D \Delta t$ （6.17）

长度上的热变形量（伸长量）：$\Delta L = \alpha L \Delta T$ （6.18）

式中，α 为工件材料的热膨胀系数；ΔT 为工件的温升。

工件受热均匀的情况下，其热变形主要影响工件的尺寸精度，有时也会引起形状误差。例如，当工件在两固定顶尖上定位加工外圆柱表面时，其伸长量可能使工件因受压而弯曲，从而使工件产生圆柱度误差。一般来说，工件的热变形在精加工中比较突出，特别是长度尺寸大而精度要求高的零件。精密丝杠的螺纹磨削就是一个典型例子。若加工 6 级精度的丝杠，长度 $L = 3$ m，$\alpha = 12 \times 10^{-6}$，每磨一次温升为 3℃，则丝杠的伸长量 $\Delta L = 12 \times 10 \times 3000 \times 3 = 0.108$ mm。而 6 级精度的丝杠的螺距累积误差在全长上不允许超过 0.2 mm，热变形是其加工精度的重要影响因素。

在磨削或铣削薄片状零件时，由于工件单边受热，工件两边受热不均匀而产生翘曲，如图 6.14 所示。上、下表面间的温差将导致工件中部凸起，加工

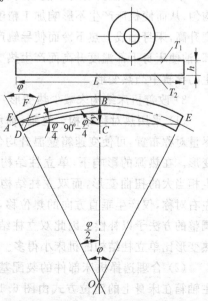

图 6.14 不均匀受热引起的热变形

中凸起部分被切去,冷却后加工表面呈中凹形,产生形状误差。工件凸起量与工件长度上的平方成正比,且工件越薄,工件的凸起量越大。

工件热变形对粗加工加工精度的影响一般可不必考虑,但在流水线、自动线以及工序集中的场合下,应给予足够的重视,否则粗加工的热变形将影响到精加工。为了避免工件热变形对加工精度的影响,在安排工艺过程时应尽可能把粗、精加工分开,以使工件粗加工后有足够的冷却时间。

3) 刀具热变形引起的加工误差

使刀具产生热变形的热源主要是切削热,切削热传入刀具的比例虽然不大(车削时约为5%),但由于刀具体积小、热容量小,所以刀具切削部分的温升仍较高。由于刀具的热伸长一般在被加工工件的误差敏感方向上,其变形对加工精度的影响有时是不可忽视的。

在车床上加工长轴,刀具连续工作时间长,随着切削时间的增加,刀具受热伸长,使工件产生圆柱度误差;在立车上加工大端面,刀具热伸长,使工件产生平面度误差。

3. 减少工艺系统热变形的措施

针对工艺系统热变形的特点,在工程实践中常采用下述办法减少热变形对加工精度的影响。

1) 减少热源和采用隔热措施

为减少机床的热变形,凡是可能分离出去的热源,如电动机、变速箱、液压系统、冷却系统等,均应移出。对于不能分离的热源,如主轴轴承、丝杠螺母副、高速运动的导轨副等,则可以从结构、润滑等方面改善其摩擦特性,减少发热;也可用隔热材料将发热部件和机床大件(如床身、立柱等)隔离开来。对于发热量大的热源,如果既不能从机床内移出,又不便隔热,则可采用冷却措施,如增加散热面积或使用强制式的风冷、水冷、循环润滑等,控制机床的局部温升和热变形。

2) 用热补偿方法减少热变形

单纯的减少温升有时不能收到满意的效果,可采用热补偿的方法使机床的温度场比较均匀,从而使机床产生不影响加工精度的均匀变形。例如平面磨床,磨削热使磨床床身的温度升高,床身形成上热下冷而使导轨产生中凸的热变形;若将液压系统的油池设计在床身底部,油使床身下部温度升高而产生热变形,使导轨产生中凹的热变形,以补偿由于磨削热产生的导轨中凸热变形。

3) 改善机床结构来减少热变形

(1) 采用热对称结构。将轴、轴承、传动齿轮尽量对称布置,可使变速箱壁温升均匀,减少箱体变形。在热源的影响下,单立柱结构的机床会产生相当大的扭曲变形,而双立柱结构的机床由于左右对称,仅产生垂直方向的热位移,很容易通过调整的方法予以补偿。因此双立柱结构的机床的热变形比单立柱结构的机床小得多。

(2) 合理选择机床部件的装配基准。将车床主轴箱在床身上的定位方式由图 6.15(a)所示的方式改为图 6.15(b)所示方式,可使误差敏感方向

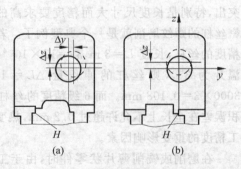

图 6.15 主轴箱体装配基准不同时的热变形

(y向)的热伸长量尽量小,以减少工件的加工误差。

4) 使工艺系统尽快达到热平衡状态

由热变形规律可知,大的热变形发生在机床开动后的一段时间内,当达到热平衡后,热变形趋于稳定,此后加工精度才有保证。因此在精加工前可先使机床空运转一段时间(机床预热),等达到热平衡时再开始加工,加工精度比较稳定。也可在机床的适当部位设置控制热源,人为地给机床加热,使之较快达到热平衡状态,然后进行加工。基于同样原因,精密机床应尽量避免中途停车。

5) 控制环境温度

精密机床一般安装在恒温车间,以控制环境温度的变化对机床热变形的影响。恒温室平均温度一般为20℃,其恒温精度一般控制在±1℃,精密级为±0.5℃。

6.3 加工误差统计分析

前面对产生加工误差的主要因素分别进行了分析,即采用单因素分析法。然而,在生产实际中,工件的加工误差是多种原始误差影响的综合结果,而且其中的不少因素对加工误差的影响是随机的和无法确定的,因而采用单因素分析法往往难以找出影响加工误差的因素和其变化规律。在很多情况下还必须运用数理统计的方法对加工误差数据进行处理和分析,从中找出影响加工误差的主要因素和发现误差变化规律,从而获取解决问题的方法和途径。

6.3.1 加工误差的分类

按照在加工一批工件时的误差表现形式,加工误差可分为系统性误差、随机性误差两大类。

1. 系统性误差

在顺序加工一批工件中,其加工误差的大小和方向都保持不变,或者按一定规律变化,统称为系统性误差。前者称为常值系统性误差,后者称变值系统性误差。

例如,加工原理误差,机床、刀具、夹具的制造误差,工艺系统在均值切削力下的受力变形引起的加工误差等均与加工时间无关,其大小和方向在一次调整中也基本不变,因此都属于常值系统性误差。而由于刀具的磨损、工艺系统的热变形引起的加工误差则是变值系统性误差。常值系统性误差如果确知大小和方向,可以通过调整加以消除;变值系统性误差,在掌握了它的变化规律后,可采用自动补偿的方法予以消除。

2. 随机性误差

在顺序加工一批工件时,加工误差的大小和方向都是随机变化的,这些误差称为随机性误差。例如,由于加工余量不均匀、材料硬度不均匀等原因引起的加工误差,工件的装夹误差、测量误差和由于内应力重新分布引起的变形误差等均属随机性误差。随机性误差是造成工件加工尺寸波动的主要原因。

虽然引起随机性误差的因素很多,它们的作用情况又是错综复杂的,但可以通过分析随机性误差的统计规律,对工艺过程进行控制。工件加工误差统计分析的方法主要有分布图法和点图法两类。

6.3.2 分布图分析法

1. 实际分布图

由于各种误差因素的影响,同一道工序所加工出来的一批工件的加工尺寸也是在一定范围内变化的,其最大和最小加工尺寸称为尺寸的分散范围。如果按一定的尺寸间隔将这一分散范围划分成若干个尺寸区间(尺寸组),以每个区间的宽度(组距)为底,以每个区间内的工件数(频数)为纵向高度画出一个个矩形,即得到直方图。如果以每个区间的中点(组中值)为横坐标,以区间的频数为纵坐标,得到相应的点,将这些点用直线连接起来就成为分布折线图。

直方图和折线图统称为实际分布图,在生产中是通过抽取样本后分析绘制而成,也称实验分布图。当加工零件数量增加,组距减到很小,折线就非常接近于曲线,称为实验分布曲线。

2. 正态分布

大量的试验、统计分析表明,当一批工件总数极多,加工中的误差是由许多相互独立的因素引起的,同时这些因素中又都没有任何优势的倾向时,则其尺寸分布曲线呈正态分布。也就是说,若系统中不存在明显的变值系统性误差,同时常值系统性误差保持不变,引起随机误差的多种因素的作用都微小,且在数量级上大致相等,则加工所得的尺寸将接近正态分布(见图 6.16)。正态分布曲线的数学关系式为

$$y = \frac{1}{\sigma\sqrt{2\pi}} e^{-\frac{(x-\bar{x})^2}{2\sigma^2}} \tag{6.19}$$

式中:y 为概率密度,工件分布在单位尺寸宽度上的概率;x 为工件尺寸;$\bar{x}$ 为一批工件的尺寸的平均值,它表示加工尺寸的分布中心,有

$$\bar{x} = \frac{1}{n}\sum_{i=1}^{n} x_i \tag{6.20}$$

式(6.19)中,σ 为一批零件样本的均方差,6σ 表示这批零件样本加工尺寸的分布范围,有

$$\sigma = \sqrt{\frac{\sum_{i=1}^{n}(x_i - \bar{x})^2}{n}} \tag{6.21}$$

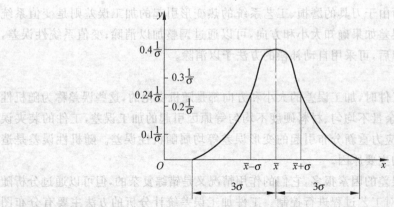

图 6.16 正态分布曲线

从正态分布图上可看出下列特征：

(1) 曲线以 $x=\bar{x}$ 直线为轴左右对称，靠近 $\bar{x}$ 的工件尺寸出现概率较大，远离 $\bar{x}$ 的工件尺寸出现的概率较小；

(2) 工件尺寸 $x>\bar{x}$ 和 $x<\bar{x}$ 的概率相等。

(3) 分布曲线与横坐标所围成的面积包括全部零件数（100%），故其面积等于1；其中 $x-\bar{x}=\pm 3\sigma$（即在 $\bar{x}\pm 3\sigma$）范围内的面积占 99.73%，即 99.73% 的工件尺寸落在 $\pm 3\sigma$ 范围内，工件尺寸落在 $\pm 3\sigma$ 范围之外的工件数量可忽略不计。因此，取正态分布曲线的分布范围为 $\pm 3\sigma$。

$\pm 3\sigma$（或 6σ）的概念，在研究加工误差时应用很广，是一个很重要的概念。6σ 的大小代表某种加工方法在一定条件（如毛坯余量，切削用量，正常的机床、夹具、刀具等）下所能达到的加工精度，所以在一般情况下，应该使所选择的加工方法的标准偏差 σ 与公差带宽度 T 之间具有下列关系：

$$6\sigma \leqslant T \tag{6.22}$$

考虑到系统性误差及其他因素的影响，应当使 6σ 小于公差带宽度 T，方可保证加工精度。

在正态分布曲线中，各特征参数对曲线的影响如下：$\bar{x}$ 只影响曲线的位置，而不影响曲线的形状，如图 6.17(a)所示；σ 只影响曲线的形状，而不影响曲线的位置，如图 6.17(b)所示。σ 越大，曲线越平坦，尺寸就越分散，精度就越差，因此，σ 的大小反映了机床加工精度的高低，$\bar{x}$ 的大小反映了机床调整位置的不同。

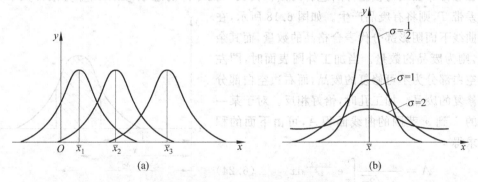

图 6.17　$\bar{x}$ 和 σ 对正态分布的影响

3. 分布图分析法的应用

1) 判别加工误差的性质和状态

假如加工过程中无变值系统性误差的影响，那么其尺寸分布应服从正态分布，这是判别加工误差性质的基本方法。如果实际分布与正态分布基本相符，加工过程中没有变值系统性误差（或影响很小），这时可进一步根据是否与公差带中心重合来判断是否存在常值系统性误差。如实际分布与正态分布有较大出入，可根据直方图初步判断变值系统性误差是何种类型。

2) 确定各种加工方法所能达到的加工精度

由于各种加工方法在随机因素影响下所得的加工尺寸服从正态分布规律，因而可以在多次统计的基础上，为某一种加工方法求得其标准偏差 σ 值。然后按尺寸分布范围 6σ 的规律,可确定各种加工方法所能达到的加工精度。

3) 计算工序能力系数和判别工艺等级

所谓工序能力,就是工序处于稳定状态时,加工误差正常波动的范围。对于正态分布来说,随机变量在 6σ 范围内的概率为 99.73%,所以一般取工序能力为 6σ。工件的加工公差 T 与工序能力 6σ 的比值称为工序能力系数 C_p,即:

$$C_p = T/6\sigma \tag{6.23}$$

当工件公差 T 为定值,σ 越小 C_p 就越大,就有可能允许工件尺寸误差的分散范围在公差带内作适当的窜动或波动。根据工序能力系数的大小,可将工序能力分为 5 级,见表 6.1。一般情况下,工序能力 C_p 等级不应低于二级。

表 6.1 工序能力等级

工序能力系数	工序等级	说 明
$C_p > 1.67$	特级	工艺能力过高,可以允许有异常波动,不一定经济
$1.67 \geqslant C_p > 1.33$	一级	工艺能力足够,可以允许有一定的异常波动
$1.33 \geqslant C_p > 1.00$	二级	工艺能力勉强,必须密切注意
$1.00 \geqslant C_p > 0.67$	三级	工艺能力不足,可能出现少量不合格品
$0.67 \geqslant C_p$	四级	工艺能力很差,必须加以改进

4) 估算合格品率和废品率

正态分布曲线与横坐标所包含的面积代表一批零件的总数,如果尺寸分散带大于零件的公差带 T,则将有废品产生。如图 6.18 所示,在正态曲线下面阴影部分代表合格品的数量,而其余部分,则为废品的数量。当加工外圆表面时,图左边的空白部分为不可修复的废品,而右边空白部分为可修复的废品。加工孔时,恰好相反。对于某一规定的 $\bar{x}$ 到 x 范围的曲线面积 A,可由下面的积分式求得

$$A = \frac{1}{\sigma\sqrt{2\pi}} \int_{\bar{x}}^{x} e^{-\frac{(x-\bar{x})^2}{2\sigma^2}} dx \tag{6.24}$$

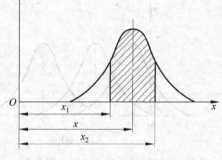

图 6.18 用正态分布曲线估量废品率

对这一公式的直接积分比较困难,现在一般通过变量代换将它转换为标准正态分布,即 $\bar{x}=0,\sigma=1$ 的正态分布,再通过标准正态分布的积分表查表求得。具体方法如下:

令

$$z = (x - \bar{x})/\sigma \tag{6.25}$$

则

$$y = \frac{1}{\sigma\sqrt{2\pi}} e^{-\frac{(x-\bar{x})^2}{2\sigma^2}} = \frac{1}{\sigma\sqrt{2\pi}} e^{-\frac{z^2}{2}} \tag{6.26}$$

有

$$A = \Phi(z) = \frac{1}{\sigma\sqrt{2\pi}} \int_{\bar{x}}^{x} e^{-\frac{(x-\bar{x})^2}{2\sigma^2}} dx = \int_{0}^{z} \frac{1}{\sqrt{2\pi}} e^{-\frac{z^2}{2}} dz \tag{6.27}$$

各种不同 z 值的 $\Phi(z)$ 值见表 6.2。查表可求得 $\bar{x}$、x 之间阴影部分的面积,从而求得这一范围内工件占总体样本的比例。

表 6.2 标准正态分布积分表($z=|x-\bar{x}|/\sigma$)

z	$\Phi(z)$	z	$\Phi(z)$	z	$\Phi(z)$	z	$\Phi(z)$	z	$\Phi(z)$
0.00	0.0000	0.26	0.1023	0.52	0.1985	1.05	0.3531	2.60	0.4953
0.01	0.0040	0.27	0.1064	0.54	0.2054	1.10	0.3643	2.70	0.4965
0.02	0.0080	0.28	0.1103	0.56	0.2123	1.15	0.3749	2.80	0.4974
0.03	0.0120	0.29	0.1141	0.58	0.2190	1.20	0.3849	2.90	0.4981
0.04	0.0160	0.30	0.1179	0.60	0.2257	1.25	0.3944	3.00	0.498 65
0.05	0.0199								
0.06	0.0239	0.31	0.1217	0.62	0.2324	1.30	0.4032	3.20	0.499 31
0.07	0.0279	0.32	0.1255	0.64	0.2389	1.35	0.4115	3.40	0.499 66
0.08	0.0319	0.33	0.1293	0.66	0.2454	1.40	0.4192	3.60	0.499 841
0.09	0.0359	0.34	0.1331	0.68	0.2517	1.45	0.4265	3.80	0.499 928
0.10	0.0398	0.35	0.1368	0.70	0.2580	1.50	0.4332	4.00	0.499 968
0.11	0.0438	0.36	0.1406	0.72	0.2642	1.55	0.4394	4.50	0.499 997
0.12	0.0478	0.37	0.1443	0.74	0.2703	1.60	0.4452	5.00	0.499 999 97
0.13	0.0517	0.39	0.1480	0.76	0.2764	1.65	0.4505	—	—
0.14	0.0557	0.39	0.1517	0.78	0.2823	1.70	0.4554	—	—
0.15	0.0596	0.40	0.1554	0.80	0.2881	1.75	0.4599	—	—
0.16	0.0636	0.41	0.1591	0.82	0.2939	1.80	0.4641	—	—
0.17	0.0675	0.42	0.1628	0.84	0.2995	1.85	0.4678	—	—
0.18	0.0714	0.43	0.1664	0.86	0.3051	1.90	0.4713	—	—
0.19	0.0753	0.44	0.1700	0.88	0.3106	1.95	0.4744	—	—
0.20	0.0793	0.45	0.1736	0.90	0.3159	2.00	0.4772	—	—
0.21	0.0832	0.46	0.1772	0.92	0.3212	2.10	0.4821	—	—
0.22	0.0871	0.47	0.1808	0.94	0.3264	2.20	0.4861	—	—
0.23	0.0910	0.48	0.1844	0.96	0.3315	2.30	0.4893	—	—
0.24	0.0948	0.49	0.1879	0.98	0.3365	2.40	0.4918	—	—
0.25	0.0987	0.50	0.1915	1.00	0.3413	2.50	0.4938	—	—

【例 6.1】 在车床上加工一批轴,要求外径为 $\phi 32_{-0.025}^{-0.009}$ mm,加工抽样后测量计算得到 $\bar{x}=31.986$ mm,$\sigma=0.002$ mm,加工尺寸呈正态分布。试计算合格品率与废品率。

解：该批工件的最大值为

$x_{max} = \bar{x} + 3\sigma = 31.986 + 3 \times 0.002 = 32.992 \text{ mm} > 32.991 \text{ mm}$，将产生不合格品

该批工件的最小值为

$x_{min} = \bar{x} - 3\sigma = 31.986 - 3 \times 0.002 = 31.980 \text{ mm} > 31.975 \text{ mm}$，没有超出要求

对应于公差带上下极限位置的 z 值为

$$z_{上} = \frac{|31.991 - 31.986|}{0.002} = 2.5, \quad z_{下} = \frac{|31.975 - 31.986|}{0.002} = 5.5$$

合格品率 G 为

$$G = \Phi(z_{上}) + \Phi(z_{下}) = 0.4938 + 0.5 = 0.9938$$

所以，合格品率为 99.38%，废品率为 0.62%。

产生不合格品的原因是存在常值系统性误差，即尺寸分布中心与公差带中心不重合，即调整机床时将尺寸调得偏大了。这种不合格品是可以修复的，本例中不存在不可修复的不合格品。

4. 分布图分析法的缺点

应用分布图分析工艺过程是有前提条件的，即工艺过程是稳定的。一个稳定的工艺过程，必须同时具有均值变化不显著和标准差变化不显著两个特点。如果工艺过程不稳定，用分布图分析得到的结果将与实际存在较大的差距。同时，分布图法分析还存在以下不足：

(1) 不能反映误差的变化趋势。当加工中随机误差和变值系统性误差同时存在，由于没有考虑一批工件加工的先后顺序，故不能反映误差变化的趋势，因此也很难区别变值系统性误差与随机误差的影响。

(2) 由于必须等一批工件加工完毕后，才能得出分布情况，因此不能在加工过程中及时提供控制加工精度的资料。

6.3.3 点图分析法

对于一个不稳定的工艺系统来说，要解决的问题是如何在工艺过程的进行中，不断地进行质量指标的主动控制。工艺过程一旦出现被加工件的质量指标有超过所规定的不合格品率趋向时，能够及时调整工艺系统或者采取其他相应的工艺措施，使工艺过程得以继续进行。对于一个稳定的工艺过程，也应该进行质量指标的主动控制，使稳定的工艺过程一旦出现不稳定的趋势时，能够及时发现并采取措施，使工艺过程继续稳定地进行下去。点图分析法能够反映加工误差指标随时间变化的情况，因此，它既可以用于正常稳定的工艺系统，也可以用于不稳定的工艺过程，是全面质量管理中用以控制产品加工质量的主要方法之一，在实际生产中应用很广。

1. $\bar{X}$-R 点图

点图分析法所采用的样本是顺序小样本，即每隔一定时间抽取样本容量 $n = 5 \sim 10$ 的一个小样本，计算出各小样本的算术平均值 $\bar{X}$ 和极差 R：

$$\bar{X} = \frac{1}{n}\sum_{i=1}^{n} x_i \tag{6.28}$$

$$R = x_{max} - x_{min} \tag{6.29}$$

以各组序号为横坐标,各组的 $\bar{X}$ 和 R 分别作为纵坐标,得到各组号对应的各点值并作图,得到 $\bar{X}$-R 点图,如图 6.19 所示。

$\bar{X}$ 点图表示了加工过程中分布中心的位置及其变化趋势,反映系统性误差对加工过程的影响。R 点图表示了瞬时分散范围,反映出加工过程中分散范围的变化趋势,即随机误差的影响。

2. 点图分析法的应用

由于加工过程中有随机误差的存在,因而任何一批零件的加工尺寸都有波动性,其平均值 $\bar{X}$、极差值 R 也具有波动性。如果加工误差主要是随机性误差且系统误差的影响很小,那么这种波动属于正常波动,加工工艺是稳定的。假如加工中存在着影响较大的变值系统性误差或随机性误差有较大幅度的波动,那么这种波动属于异常波动,这个加工工艺就被认为是不稳定的。

要判别加工过程的尺寸波动是否属于正常,需要分析 $\bar{X}$ 点图和 R 点图中点的波动和分布规律。根据概率论和数理统计的基本原理,在 $\bar{X}$-R 点图上设置平行于横坐标的中心线及上下控制线即可得到图 6.20 所示的 $\bar{X}$-R 控制图。

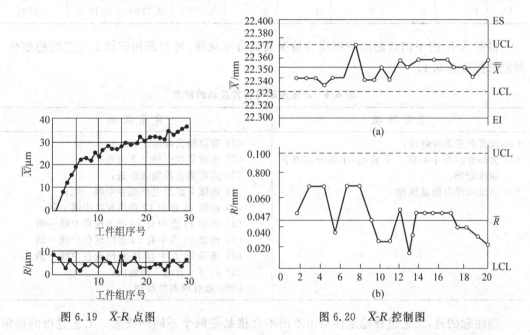

图 6.19　$\bar{X}$-R 点图　　　　图 6.20　$\bar{X}$-R 控制图

在 $\bar{X}$ 点图上有 5 根控制线,$\bar{\bar{X}}$ 是样本平均值的均值线,ES、EI 是加工工件公差带的上、下极限,UCL、LCL 是样本均值 $\bar{X}$ 的上、下控制线;在 R 点图上有 3 根控制线,$\bar{R}$ 是样本极差 R 的均值线,UCL、LCL 是样本极差的上、下控制线。

$\bar{X}$ 点图的均值线:

$$\bar{\bar{X}} = \frac{1}{k}\sum_{i=1}^{k}\bar{x}_i \tag{6.30}$$

$\bar{X}$ 的上控制线:

$$\mathrm{UCL} = \bar{\bar{X}} + A\bar{R} \tag{6.31}$$

$\bar{X}$ 的下控制线:

$$LCL = \overline{\overline{X}} - A\overline{R} \qquad (6.32)$$

R 点图的中心线：

$$\overline{R} = \frac{1}{k}\sum_{i=1}^{k} R_i \qquad (6.33)$$

$\overline{R}$ 的上控制线：

$$UCL = D_1 \overline{R} \qquad (6.34)$$

$\overline{R}$ 的下控制线：

$$LCL = D_2 \overline{R} \qquad (6.35)$$

A、D_1、D_2 为系数，见表 6.3，k 为抽检的组数。

表 6.3 系数 A、D_1、D_2

n	2	3	4	5	6	7	8	9	10
A	1.8806	1.0231	0.7285	0.5768	0.4833	0.1193	0.3726	0.3367	0.3082
D_1	1.2581	2.5742	2.2810	2.1145	2.0039	1.9242	1.8611	1.8162	1.7768
D_2	0	0	0	0	0	0.0758	0.1369	0.1838	0.2232

根据 $\overline{X}$-R 图中的点超出控制线的情况及其分布规律，可判断相应加工工艺的稳定性，判定依据见表 6.4。

表 6.4 正常波动与异常波动的标志

正常波动	异常波动
(1) 没有点超出控制线； (2) 大部分点在中心线上下波动，小部分点在控制线附近； (3) 点波动没有明显规律	(1) 有点超出控制线； (2) 点密集在中线上下附近； (3) 点密集在控制线附近； (4) 连续 7 点以上出现在中线一侧； (5) 连续 11 点中 10 点出现在中线一侧； (6) 连续 14 点中有 12 点出现在中线一侧； (7) 连续 17 点中有 14 点出现在中线一侧； (8) 连续 20 点中有 16 点出现在中线一侧； (9) 点有上升或下降倾向； (10) 点有周期性波动

须注意的是，工艺过程稳定性与出不出不合格品是两个不同的概念。工艺过程的稳定性用 $\overline{X}$-R 图判断，而工件是否合格则用公差来衡量，两者之间没有必然联系。例如，某一工艺过程是稳定的，但误差较大，若用这样的工艺过程来制造精密零件，会出现大量不合格品。客观存在的工艺过程与人为规定的零件公差之间如何正确地匹配，即是前面所介绍的工序能力系数的选择问题。

【例 6.2】 在无心外圆磨床上磨削直径为 $\phi 52^{+0.016}_{-0.014}$ mm 的等直径销轴，现按时间顺序先后抽检 12 个样组，每组取样 5 件，共抽取样件数 $n=60$。将比较仪按 $\phi 51.986$ 调整零位，测得的样件偏差数据列于表 6.5。试画出其 $\overline{X}$-R 图，并判断该工序工艺过程是否稳定。

表 6.5 工件实测数据

抽样组号		工件尺寸偏差/μm											
		1	2	3	4	5	6	7	8	9	10	11	12
工件序号	1	2	20	14	6	16	16	10	18	22	18	28	30
	2	8	8	8	10	20	10	18	28	16	26	26	34
	3	12	6	−2	10	16	12	16	18	12	24	32	30
	4	12	12	8	12	18	20	12	20	16	24	28	38
	5	18	8	12	10	20	16	26	18	12	24	28	36
$\sum x$		52	54	40	48	89	74	82	102	78	116	142	168
$\overline{X}_i$		10.4	10.8	8	9.5	18	14.8	16.4	20.4	15.6	23.2	28.4	33.6
R_i		16	14	16	6	4	10	16	10	10	8	6	8

解：（1）计算各样组的平均值 $\overline{X}_i$ 和极差 R_i，列于表 6.5 中。

（2）计算 $\overline{X}$-R 图控制线，分别为

$\overline{X}$ 点图的中心线：

$$\overline{\overline{X}} = \frac{\sum_{i=1}^{12}\overline{X}_i}{12} = 17.43$$

R 点图的中心线：

$$\overline{R} = \frac{\sum_{i=1}^{12}R_i}{12} = 10.33$$

$\overline{X}$ 点图的上控制线：

$$\text{UCL} = \overline{\overline{X}} + A\overline{R} = 17.43 + 0.5768 \times 10.33 = 23.4$$

$\overline{X}$ 点图的下控制线：

$$\text{LCL} = \overline{\overline{X}} - A\overline{R} = 17.43 - 0.5768 \times 10.33 = 11.5$$

R 点图的上控制线：

$$\text{UCL} = D_1\overline{R} = 2.1145 \times 10.33 = 21.8$$

R 点图的下控制线：

$$\text{LCL} = D_2\overline{R} = 0$$

（3）根据以上结果作出 $\overline{X}$-R 图，如图 6.21 所示。

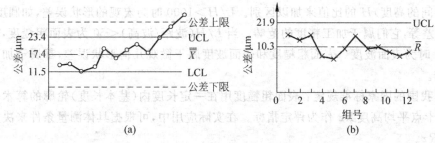

图 6.21 控制图

(4) 判断工艺过程稳定性。由图 6.21 可以看出,在整个加工过程中,极差 R 没有超出控制范围且在 $\bar{R}$ 线上下小范围内波动,说明工艺过程的瞬时分布范围自始至终比较稳定,即随机误差因素比较稳定且不是影响加工误差的主要因素。由 $\bar{X}$ 控制图可以看出,工件直径尺寸逐渐增大,说明该工艺过程有变值系统误差(砂轮直径因磨耗而减小,导致工件直径逐渐增大);在第 11 组"抽样"中的 $\bar{X}_{11}$ 超出上控制线,而第 12 组"抽样"的 $\bar{X}_{12}$ 甚至超出了公差带的上限。如果再不对机床进行调整,将会大量出现废品。

结论:该加工过程随机误差因素的影响较弱,但存在变值系统误差且使工件尺寸逐渐增大,加工工件的数量在达到一定值时,工件实际尺寸会超出工件的上偏差造成不合格品。本例中在第 11 抽样组工件的实际尺寸就达到了 $\bar{X}$ 控制图的上控制线,而在第 12 抽样组时实际尺寸超出了公差带的上限,出现了不合格品,因此,在完成第 11 抽样组的加工后,应立即重新调整机床,以防止不合格品的出现。

6.4 机械加工表面质量

零件的机械加工质量不仅指加工精度,还有表面质量。产品的工作性能,尤其是它的可靠性、耐久性等,在很大程度上取决于其主要零件的表面质量。深入探讨和研究机械加工表面质量,掌握机械加工中各种工艺因素对表面质量影响的规律,并应用这些规律控制加工过程,对提高表面质量、保证产品质量具有重要意义。

6.4.1 机械加工表面质量概述

加工表面质量指的是机械加工后零件表面层的微观几何特征和受加工过程的影响而发生在表面层材料内部的组织结构和性能变化的情况。

机械加工后的表面,由于加工方法原理的近似性和加工表面是通过弹塑性变形而形成的,不可能是理想的光滑表面,总存在一定的微观几何形状偏差;表面层材料在加工时受到切削力、切削热及其他因素的影响,使原有的内部组织结构和物理、化学及力学性能发生了变化。这些情况均对加工表面质量造成一定的影响。机械加工表面质量包含三个方面的内容:表面粗糙度、波度和表面层的物理机械性能。

1. 加工表面的几何特征

加工后的工件表面几何形状,总是以"峰"和"谷"交替出现的形式偏离其理想的光滑表面,其偏差又有宏观、微观之分(见图 6.22),一般以波距(峰与峰或谷与谷间的距离)L 和波高(峰、谷间的高度)H 的比值来加以区别。$L/H>1000$ 时为宏观的形状误差,如圆度误差、圆柱度误差等,它们属于加工精度的范畴。当 L/H(波距/波高)<50 为表面粗糙度,$L/H=50\sim1000$ 时为表面波度。表面粗糙度和表面波度属于微观几何形状误差,都属于加工表面质量范畴。

根据我国的国家标准规定:表面粗糙度用在一定长度内(基本长度)轮廓的算术平均偏差 Ra 或十点平均高度 Rz 作为评定指标。在实际应用中,可根据具体测量条件来决定采用 Ra 还是 Rz。

2. 加工表面层物理力学性能的变化

表面层材料的物理力学性能,包括表面层的冷作硬化、残余应力以及金相组织的变化。

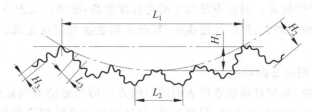

图 6.22 表面粗糙度、波度与宏观形状误差

1) 表面层的冷作硬化

机械加工过程中表面层金属产生强烈的塑性变形,使晶格扭曲、畸变,晶粒间产生剪切滑移,晶粒被拉长,这些都会使表面层金属的硬度增加,塑性减小,统称为冷作硬化。

2) 表面层残余应力

机械加工过程中由于切削变形和切削热等因素的作用在工件表面层材料中产生的内应力,称为表面层残余应力。在铸、锻、焊、热处理等加工过程产生的内应力与这里介绍的表面残余应力的区别在于前者是在整个工件上平衡的应力,它的重新分布会引起工件的变形;后者则是在加工表面材料中平衡的应力,它的重新分布不会引起工件变形,但它对机器零件表面质量有重要影响。

3) 表面层金相组织变化

机械加工过程中,在工件的加工区域,温度会急剧升高,当温度升高到超过工件材料金相组织变化的临界点时,就会发生金相组织变化。例如磨削淬火钢件时,常会出现回火烧伤、退火烧伤等金相组织变化,将严重影响零件的使用性能。

6.4.2 机械加工表面质量对机器使用性能的影响

1. 表面质量对耐磨性的影响

1) 表面粗糙度对耐磨性的影响

零件的耐磨性主要与摩擦副的材料、热处理状态、表面质量和使用条件有关。在其他条件相同的情况下,零件的表面质量对零件的耐磨性有重要影响。当摩擦副的两个接触表面存在表面粗糙度时,只是在两个表面的凸峰处接触,实际接触面积远小于理论接触面积,相互接触的凸峰受到非常大的单位应力,使实际接触处产生弹塑性变形和凸峰之间的剪切破坏,使零件表面在使用初期产生严重磨损。

适当的表面粗糙度可以有效地减轻零件的磨损,但表面粗糙度值过低,也会导致磨损加剧。因为表面特别光滑,存储润滑油的能力变得很差,金属分子的吸附力增大,难以获得良好的润滑条件,紧密接触的两表面便会发生分子黏合现象而咬合起来,导致磨损加剧。因此,接触面的表面粗糙度有一个最佳值,如图 6.23 所示。表面粗糙度的最佳值与零件的工作情况有关,工作载荷加大时,初期磨损量增大,表面粗糙度最佳值也加大。

2) 表面层加工硬化对耐磨性的影响

表面层的加工硬化使零件表面层金属的显微硬度提

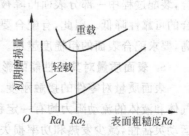

图 6.23 表面粗糙度与初期磨损量的关系

高,故一般可使耐磨性提高。但也不是加工硬化程度愈高,耐磨性就愈高。过分的加工硬化将引起表面层金属脆性增大、组织过度疏松,甚至出现裂纹和表层金属的剥落,从而使耐磨性下降。

3) 表面纹理对耐磨性的影响

在轻载运动副中,两相对运动零件表面的刀纹方向均与运动方向相同时,耐磨性好;两者的刀纹方向均与运动方向垂直时,耐磨性差,这是因为两个摩擦面在相互运动中,切去了妨碍运动的加工痕迹。但在重载时,两相对运动零件表面的刀纹方向均与相对运动方向一致时容易发生咬合,磨损量反而大;两相对运动零件表面的刀纹方向相互垂直,且运动方向平行于下表面的刀纹方向,磨损量较小。

2. 表面质量对零件疲劳强度的影响

表面粗糙度对零件的疲劳强度影响很大。在交变载荷作用下,表面粗糙度的凹谷部位容易产生应力集中,出现疲劳裂纹,加速疲劳破坏。零件上容易产生应力集中的沟槽、圆角等处的表面粗糙度,对疲劳强度的影响更大。减小零件的表面粗糙度,可以提高零件的疲劳强度。加工表面粗糙度的纹理方向对疲劳强度也有较大影响,当其方向与受力方向垂直时,疲劳强度将明显下降。

零件表面存在一定的冷作硬化,可以阻碍表面疲劳裂纹的产生,缓和已有裂纹的扩展,有利于提高疲劳强度;但冷作硬化强度过高时,可能会产生较大的脆性裂纹反而降低疲劳强度。

表面层的残余应力对疲劳强度也有较大影响。若表面层的残余应力为压应力,则可部分抵消交变载荷引起的拉应力,延缓疲劳裂纹的产生和扩展,从而提高零件的疲劳强度;若表面层的残余应力为拉应力,则易使零件在交变载荷作用下产生裂纹而降低零件的疲劳强度。实验表明,零件表面层的残余应力不相同时,其疲劳强度可能相差数倍至数十倍。

3. 表面质量对零件抗腐蚀性能的影响

大气中所含的气体和液体与零件接触时会凝聚在零件表面上使表面腐蚀。零件表面粗糙度越大,加工表面与气体、液体接触面积越大,腐蚀作用就越强烈。加工表面的冷作硬化和残余应力,使表层材料处于高能位状态,有促进腐蚀的作用。减小表面粗糙度,控制表面的加工硬化和残余应力,可以提高零件的抗腐蚀性能。

4. 表面质量对零件配合性质的影响

表面粗糙度值的大小将影响配合表面的配合质量。粗糙度值大的表面由于其初期耐磨性差,初期磨损量加大。对于间隙配合,使间隙增大,破坏了要求的配合性质。对于过盈配合,装配过程中一部分表面凸峰被挤平,实际过盈量减小,减小了配合件间的连接强度,使配合的可靠性降低。因此,有配合要求的表面一般都要求有适当小的表面粗糙度,配合精度越高,要求配合表面的粗糙度越小。

5. 表面质量对其他性能的影响

表面质量对零件的接触刚度,结合面的导热、导电、导磁性能,密封性,光的反射与吸收,气体和液体的流动阻力均有一定程度的影响。如对于滑动零件,恰当的表面粗糙度能提高运动灵活性,减少发热和功率损失;对于液压油缸和滑阀,较大的表面粗糙度值会影响其密封性;对于两个相互接触的表面,表面粗糙度越大,接触刚度越小。

由以上分析可以看出,表面质量对零件的使用性能有重大影响。提高表面质量对保证零件的使用性能、提高零件寿命是很重要的。

6.4.3 影响表面粗糙度的因素

1. 切削加工中影响表面粗糙度的因素

切削加工时影响表面粗糙度的因素主要有三个方面：几何因素、物理因素和工艺系统振动。

1）刀具几何形状及切削运动的影响

切削加工时表面粗糙度的值主要取决于切削面积的残留高度。残留面积的形状是刀具几何形状的复映。残留面积的高度 H 受刀具的几何角度和切削用量大小的影响，如图 6.24 所示。

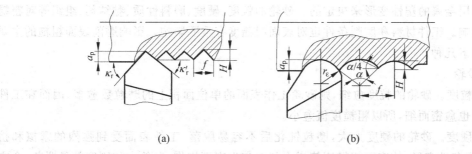

图 6.24 车削时的残留面积

对于刀尖圆弧半径 $r_\varepsilon = 0$ 的刀具，工件表面残留面积的高度：

$$H = \frac{f}{\cot \kappa_r + \cot \kappa_r'} \tag{6.36}$$

对于刀尖圆弧半径 $r_\varepsilon \neq 0$ 的刀具，工件表面残留面积的高度：

$$H \approx \frac{f^2}{8 r_\varepsilon} \tag{6.37}$$

式中，H 为残留面积高度；f 为进给量；κ_r 为主偏角；κ_r' 为副偏角；r_ε 为刀尖圆弧半径。减小 f、κ_r、κ_r' 及增大 r_ε，均可减小残留面积的高度 H 值。

2）物理因素的影响

切削加工后表面粗糙度的实际轮廓形状一般都与纯几何因素所形成的理想轮廓有较大的差别，如图 6.25 所示。实际工作表面的粗糙度比按照残留面积计算值要大得多，说明在切削中还存在着与被加工材料的性质及切削机制有关的物理因素的影响，即切削过程中刀具刃口圆角及刀具后刀面的挤压与摩擦使金属材料发生塑性变形，使理想残留面积挤歪或沟纹加深，因而进一步增加了表面粗糙度。工件材料韧性愈好，金属的塑性变形愈大，加工表面就愈粗糙。加工脆性材料时，塑性变形很小，其切屑呈碎粒状，由于切屑的崩碎而在加工表面留下许多麻点，使表面粗糙。

图 6.25 加工后表面实际轮廓和理论轮廓

当采用中等或中等偏低的切削速度切削塑性材料时,在前刀面上容易形成硬度很高的积屑瘤,它可以代替刀具进行切削,但状态极不稳定,积屑瘤生成、长大和脱落将严重影响加工表面的表面粗糙度值。另外,在切削过程中由于切屑和前刀面的强烈摩擦作用以及撕裂现象,还可能在加工表面上产生鳞刺,使加工表面的粗糙度增加。

3) 动态因素——振动的影响

在加工过程中,工艺系统有时会发生振动,即在刀具与工件间出现的除切削运动之外的另一种周期性的相对运动。振动的出现会使加工表面出现波纹,增大加工表面的粗糙度,强烈的振动还会使切削无法继续下去。

2. 磨削加工中影响表面粗糙度的因素

与切削加工时表面粗糙度的形成过程一样,磨削加工表面粗糙度的形成也是由几何因素和表面层金属的塑性变形来决定的。砂轮的粒度、硬度、磨料性质、黏结剂、组织等对粗糙度均有影响。工件材料和磨削条件也对表面粗糙度有重要影响。影响磨削表面粗糙的主要因素有以下几种。

1) 砂轮

(1) 粒度。砂轮的粒度愈细,则砂轮工作表面的单位面积上的磨粒数愈多,因而在工件上的刀痕也愈密而细,所以粗糙度值愈小。

(2) 硬度。砂轮的硬度太大,磨粒钝化后不容易脱落,工件表面受到强烈的摩擦和挤压,加剧了塑性变形,使表面粗糙度值增大甚至产生表面烧伤;砂轮太软则磨粒易脱落,会产生不均匀磨损现象,影响表面粗糙度。因此,砂轮的硬度应适中。

(3) 砂轮的修整。修整导程和修整深度愈小,修出的磨粒的微刃数量越多,修出的微刃的等高性也愈好,因而磨出的工件表面粗糙度值也就愈小。

2) 磨削用量

提高磨削速度,增加了工件单位面积上的磨削磨粒数量,使刻痕数量增大,同时塑性变形减小,因而表面粗糙度减小。高速切削时塑性变形减小是因为高速下塑性变形的传播速度小于磨削速度,材料来不及变形所致。磨削深度与工件速度增大时,将使塑性变形加剧,因而使表面粗糙度值增大。为了提高磨削效率,通常在开始磨削时采用较大的磨削深度,然后采用小的磨削深度和光磨,以减少表面粗糙度值。

3) 工件材料

一般讲,太硬、太软、韧性大的材料都不易磨光。太硬的材料使磨粒易钝,磨削时的塑性变形和摩擦加剧,使表面粗糙度增大,且表面易烧伤并发生裂纹而使零件报废。铝、铜合金等较软的材料,由于塑性较大,在磨削时磨屑易堵塞砂轮,使表面粗糙度增大。韧性大、导热性差的耐热合金易使磨粒早期崩落,使砂轮表面不平,导致磨削表面粗糙度值增大。

4) 切削液及其他

磨削时切削温度高,热的作用占主导地位,因此切削液的作用十分重要。采用切削液可以降低磨削区温度,减少烧伤,冲去脱落的磨粒和磨屑,可以避免划伤工件,从而降低表面粗糙度。但必须合理选择冷却方法和切削液。

磨削工艺系统的刚度、主轴回转精度、砂轮的平衡、工作台运动的平衡性等方面,都将影响砂轮与工件的瞬时接触状态,从而影响表面粗糙度。

6.4.4 影响加工表面层物理力学性能的因素

在切削加工中,工件由于受到切削力和切削热的作用,使表面层金属的物理机械性能产生变化,最主要的变化是表面层金属显微硬度的变化、金相组织的变化和残余应力的产生。由于磨削加工时所产生的塑性变形和切削热比切削加工时更严重,因而磨削加工后加工表面层上述三项物理机械性能的变化比切削加工更大。下面主要讨论加工表面层上述三方面的变化而导致的表面层物理力学性能的变化。

1. 加工表面的冷作硬化

机械加工过程中表面层的金属因受到切削力的作用而产生塑性变形,使晶格扭曲、畸变,晶粒间产生剪切滑移,晶粒被拉长和纤维化,甚至破碎,这些都会使表面层金属的硬度和强度提高,这种现象称为加工硬化(或称为冷作硬化或强化)。表面层材料的硬化程度主要以冷硬层的深度、表面层的显微硬度以及硬化程度 N 表示,N 定义为

$$N = \frac{HV - HV_0}{HV_0} \times 100\% \tag{6.38}$$

式中,HV 是加工后表面层的显微硬度;HV_0 是加工前表面层的显微硬度。

影响冷作硬化大小的主要因素有以下几种。

(1) 刀具。切削刃钝圆半径较大时,对表层金属的挤压作用增强,塑性变形加剧,导致加工硬化增强。刀具后刀面磨损增大,后刀面与被加工表面的摩擦加剧,塑性变形增大,导致加工硬化增强。

(2) 切削用量。切削速度增大,刀具与工件的作用时间缩短,塑性变形不充分,加工硬化层深度减小。同时因切削速度的提高使切削温度增加,弱化作用加大,故表面冷硬程度也随之减小。增加进给量 f,切削力增大,使塑性变形加大,因而冷作硬化程度随之增加。但 f 太小时,由于刀具刃口圆角对工件的挤压次数增多,硬化程度反而增大。

(3) 工件材料。工件材料的塑性越大,切削加工中的塑性变形就越大,加工硬化现象就越严重。

2. 表面层材料金相组织变化

在机械加工中,由于切削热的作用,在工件的加工区及其邻近区域产生了一定的温升。当温度超过金相组织变化的临界点时,金相组织就会发生变化。切削加工时,切削热大部分被切屑带走,因此影响较小,多数情况下,表层金属的金相组织没有质的变化。但在磨削加工时,磨削速度高,切除金属所消耗的功率远大于切削加工,消耗的能量大部分转化为热能,传给工件表面,使工件温度升高。当温升达到相变临界点时,表层金属就会发生金相组织变化,从而使表面层强度和硬度降低,产生残余应力,甚至出现微观裂纹,这种现象被称为磨削烧伤。

1) 磨削烧伤的形式

以淬火钢为例来分析磨削烧伤。

(1) 回火烧伤。如果磨削区的温度未超过淬火钢的相变温度(一般中碳钢为 720℃),但已超过马氏体的转变温度(一般中碳钢为 300℃),工件表层金属的回火马氏体组织将转变成硬度较低的回火组织(索氏体或托氏体),这种烧伤称为回火烧伤。

(2) 退火烧伤。如果磨削区温度超过了淬火钢的相变温度,而磨削区域又无切削液进

入,表层金属将产生退火组织,表面硬度将急剧下降,这种烧伤称为退火烧伤。

(3) 淬火烧伤。如果磨削区温度超过了相变温度,再加上切削液的急冷作用,表层金属发生二次淬火,使表层金属出现二次淬火马氏体组织,其硬度比原来的回火马氏体的高,但很薄,只有几个微米厚,在它的下层,因冷却较慢,出现了硬度比原先的回火马氏体低的回火组织(索氏体或托氏体),这种烧伤称为淬火烧伤。

2) 影响磨削烧伤的工艺因素

磨削烧伤与温度有十分密切的关系,因此一切影响温度的因素都在一定程度上对烧伤有影响,所以研究磨削烧伤问题可以从磨削时的温度入手。

(1) 磨削用量

磨削深度增加时,温度随之升高,易产生烧伤,故磨削深度不能选得太大。一般在生产中常在精磨时逐渐减少磨削深度,以便逐渐减小热变质层,并能逐步去除前一次磨削形成的热变质层。最后再进行若干次无进给磨削,这样可有效地避免表面层的热烧伤。

工件的纵向进给量增大,砂轮与工件的表面接触时间相对减少,因而热的作用时间较短,散热条件得到改善,不易产生磨削烧伤。为了弥补纵向进给量增大而导致表面粗糙的缺陷,可采用宽砂轮磨削。

工件线速度增大时磨削区温度会上升,但热的作用时间却减少了。因此,为了减少烧伤而同时又能保持高的生产率,应选择较大的工件线速度和较小的磨削深度,同时为了弥补工件线速度增大而导致表面粗糙度值增大的缺陷,一般在提高工件速度的同时应提高砂轮的速度。

(2) 砂轮

选择砂轮时,一般不用硬度太高的砂轮,以保证砂轮在磨削过程中具有良好的自锐能力。同时磨削时砂轮应不致产生粘屑堵塞现象。

选择磨料时,要考虑它对切削不同材料工件的适应性。立方氮化硼砂轮其磨粒的硬度和强度虽然低于金刚石,但热稳定性好,且与铁元素的化学惰性高,磨削钢件时不产生粘屑,磨削力小,磨削热也较低,能磨出较高的表面质量。因此是一种很好的磨料,适用范围也很广。

砂轮的结合剂也会影响磨削表面质量。选用具有一定弹性的橡胶结合剂或树脂结合剂砂轮磨削工件时,当由于某种原因而导致磨削力增大时,结合剂的弹性能够使砂轮做一定的径向退让,从而使磨削深度自动减小,以缓和磨削力突增而引起的烧伤。

(3) 冷却

采用适当的冷却润滑方法,可有效避免或减少烧伤,降低表面粗糙度值。由于砂轮的高速回转,表面产生强大的气流,使冷却润滑液很难进入磨削区,如何将冷却润滑液送到磨削区内,是提高磨削冷却润滑的关键。常用的冷却方法有高压大流量冷却、喷雾冷却、内冷却等。常用的冷却润滑液有切削油、乳化油、乳化液和苏打水。

3. 表面层残余应力

机械加工中工件表面层组织发生变化时,在表面层及其与基体材料的交界处就会产生互相平衡的弹性应力。这种应力即为表面层的残余应力。引起表面层残余应力的原因有以下几个方面。

(1) 冷态塑性变形。在切削力的作用下,工件加工表面受到刀具后刀面的挤压和摩擦后,产生拉伸塑性变形;里层应力较小,处于弹性变形状态下。切削力去除后,里层金属趋向复原,但受到已产生塑性变形的表面层的限制,回复不到原状,因而在表面层产生残余压应力,里层产生残余拉应力。

(2) 热态塑性变形。在切削或磨削过程中,工件表面层的温度比里层高,表面层的热膨胀大,但受到里层金属的阻碍,使得表面层金属产生塑性变形。加工后零件冷却至室温时,表面层金属的收缩又受到里层金属的牵制,因而表面层产生残余拉应力,里层产生残余压应力。

(3) 局部金相组织变化。在切削或磨削过程中,若工件表面层金属温度高于材料的相变温度,将引起金相组织的变化。由于不同的金相组织具有不同的密度,因而表面层金相组织的变化造成了其体积的变化,这种变化受到基体金属的限制,从而在工件表面层产生残余应力。当金相组织的变化使表面层金属的体积膨胀时,表面层金属产生残余压应力,反之,则产生残余拉应力。

必须指出,实际加工后表面层的残余应力是上述三方面原因综合作用的结果。在一定条件下,其中某一种或两种原因可能起到主导作用。例如:在切削加工中,如果切削热不高,表面层中没有产生热态塑性变形,而是以冷态塑性变形为主,此时表面层将产生残余压应力;切削热较高以致在表面层中产生热态塑性变形时,由热态塑性变形产生的拉应力将与冷态塑性变形产生的压应力相互抵消一部分;磨削时一般因磨削热较高,常以相变和热态塑性变形产生的拉应力为主,所以表面层常带有残余拉应力。

6.4.5 提高机械加工表面质量的方法

提高表面质量的工艺途径大致可以分为两类:一是着重减小加工表面的粗糙度值;另一类是着重改善工件表面的物理力学性能,以提高其表面质量。

1. 降低表面粗糙度的加工方法

减少表面粗糙度值的加工方法相当多,其共同特征在于保证微薄的金属切削层。

(1) 可提高尺寸精度的精密加工方法。这类加工方法都要求极高的系统刚度、定位精度、极锐利的切削刃和良好的环境条件,常用的有金刚石超精密切削、超精密磨削和镜面磨削,具体参见第 3 章和第 8 章的有关内容。

(2) 光整加工方法。在一般情况下,用切削、磨削难以经济地获得很低的表面粗糙度值,此外应用这些方法时对工件形状也有种种限制。因此,在精密加工中常用粒度很细的油石、磨料等作为工具对工件表面进行微量切削、挤压和抛光,以有效地减小加工表面的粗糙度值,这类加工方法统称为光整加工,详见第 3 章和第 8 章的有关内容。光整加工不要求机床有很精确的成形运动,故对所用设备和工具的要求较低。

2. 改善表面物理力学性能的加工方法

表面层的物理力学性能对零件的使用性能及寿命影响很大,如果在最终工序中不能保证零件表面获得预期的表面质量要求,则应在工艺过程中增设表面强化工序来保证零件的表面质量。表面强化工艺包括化学处理、电镀和表面机械强化等几种。

1) 表面机械强化

表面机械强化是指通过对工件表面进行冷挤压加工,使零件表面层金属发生冷态塑性变形,从而提高其表面硬度并在表面层产生残余压应力的无屑光整加工方法。采用表面强化工艺还可以降低零件的表面粗糙度值。这种方法工艺简单、成本低,在生产中应用十分广泛,用得最多的是喷丸强化、滚压加工和液体磨料强化。

(1) 喷丸强化是利用压缩空气或离心力将大量直径为 0.4～4 mm 的珠丸高速打击零件表面,使其产生冷硬层和残余压应力,可显著提高零件的疲劳强度。珠丸可以采用铸铁、砂石以及钢铁制造。喷丸强化工艺可用来加工各种形状的零件,加工后零件表面的硬化层深度可达 0.7 mm,表面粗糙度值 Ra 可由 3.2 μm 减小到 0.4 μm,使用寿命可提高几倍甚至几十倍。

(2) 滚压加工,如图 6.26 所示,是在常温下通过淬硬的滚压工具(滚轮或滚珠)对工件表面施加压力,使其产生塑性变形,将工件表面上原有的波峰填充到相邻的波谷中,从而减小了表面粗糙度值,并在其表面产生了冷硬层和残余压应力,使零件的承载能力和疲劳强度得以提高。

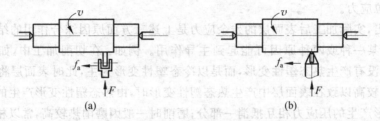

图 6.26 滚压加工
(a) 滚轮滚压;(b) 滚珠滚压

(3) 液体磨料强化是利用液体和磨料的混合物高速喷射到已加工表面,以强化工件表面,提高工件的耐磨性、抗蚀性和疲劳强度的一种工艺方法。如图 6.27 所示,液体和磨料在 400～800 Pa 压力下,经过喷嘴高速喷出,射向工件表面,借磨粒的冲击作用,碾压加工表面,工件表面产生塑性变形,变形层仅为几十微米。加工后的工件表面具有残余压应力,提高了工件的耐磨性、抗蚀性和疲劳强度。

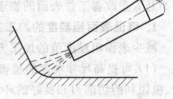

图 6.27 液体磨料强化工艺

2) 化学热处理

常用渗碳、渗氮或渗铬等方法,使表层变为密度较小(即比容较大)的金相组织,从而产生残余压应力。其中渗铬后,工件表层出现较大的残余压应力,一般大于 300 MPa;表层下一定深度出现残余拉应力,通常不超过 20～50 MPa。渗铬表面强化性能好,是目前用途最为广泛的一种化学强化工艺方法。

6.5　机械加工过程中的振动

机械振动是指工艺系统或系统的某些部分沿直线或曲线并经过其平衡位置的往复运动。工艺系统一旦发生机械振动,会破坏工件与刀具之间的正常的运动轨迹,使加工表面产生振痕,将严重影响零件的表面质量和使用性能。低频振动增大波度,高频振动增加表面粗糙度;振动导致的动态交变载荷使刀具极易磨损(甚至崩刃);振动会导致机床、夹具的零件连接松动,增大间隙,降低刚度和精度,并缩短使用寿命;振动还可能发出震耳噪音,污染工作环境;为了避免发生振动或减小振动,有时不得不降低切削用量,致使机床、刀具的工作性能得不到充分发挥,限制了生产效率的提高。因此,研究机械加工过程中的振动,探索抑制、消除振动的措施是十分必要的。

机械振动也有可利用的一面。如在振动切削、磨削、研抛中,合理利用机械振动可减少切削过程中的切削力和切削热,从而提高加工精度和表面质量,延长刀具寿命。

6.5.1 机械振动的基本概念

从支持振动的激振力来分,可以将机械振动分为自由振动、强迫振动和自激振动三大类。

1. 自由振动

当系统受到初始干扰力而破坏了其平衡状态后,仅靠弹性恢复力来维持的振动称为自由振动。振动的频率就是系统的固有频率,振形取决于振动系统的质量和刚度。在切削过程中,由于材料硬度不均或工件表面有缺陷,工艺系统就会发生这种振动,但由于阻尼作用,振动会迅速衰减,因而对机械加工的影响不大。

2. 强迫振动

强迫振动是一种由工艺系统内部或外部周期性干扰力持续作用下,系统被迫产生的振动。由于有外界周期性干扰力作能量补充,所以振动能够持续进行。只要外界周期性干扰力存在,振动就不会因阻尼而停止。强迫振动的频率等于外界周期性干扰力的频率或它的整数倍。

3. 自激振动

系统在没有受到外界周期性干扰力(激振力)作用下产生的持续振动称为自激振动。维持这种振动的交变力是由振动系统在自身运动中激发出来的。

6.5.2 机械加工过程中的强迫振动

1. 机械加工中产生强迫振动的原因

强迫振动的振源由来自机床外部的机外振源和机床内部的机内振源两大类。

1) 机外振源

机外振源与机床的周边环境有关,影响因素较多,如其他机床、设备的振动等,但它们都是通过地基传给机床的,从而引起工艺系统的振动。机外振源可通过加设隔振地基来隔离。

2) 机内振源

机内振源主要来自于机床内部的运动部件,主要有以下几种。

(1) 机床高速旋转件不平衡引起的振动。例如联轴节、带轮、卡盘等由于形状不对称、材质不均匀或其他原因造成的质量偏心,主轴与轴承间的间隙过大、主轴轴颈的圆度、轴承制造精度不够,均会产生离心力而引起强迫振动。

(2) 机床传动机构缺陷引起的振动。如齿轮的周节误差和周节累积误差,会使齿轮传动的运动不均匀,从而使整个部件产生振动;皮带接头太粗而使皮带传动的转速不均匀,也会产生振动。

(3) 切削过程中的冲击引起的振动。在有些切削过程中,刀具在切入工件或切出工件时,或加工断续表面时出现的断续切削现象所产生的冲击力,也会引起强迫振动。

(4) 往复运动部件的惯性力引起的振动。具有往复运动部件的机床,当运动部件换向时的惯性力及液压系统中液压件的冲击现象都会引起强迫振动。

2. 强迫振动的特点

(1) 强迫振动的稳态过程是简谐运动,只要干扰力存在,其不会被衰减;去除了干扰力,振动停止。

(2) 强迫振动的频率等于干扰力的频率。

(3) 在干扰力频率不变的情况下,干扰力的幅值越大,强迫振动的幅值将随之增大;阻尼越小,振幅越大,增加阻尼,能有效地减少振幅。

(4) 强迫振动的频率如果等于系统的固有频率,将产生共振,此时,较小的激振力会引起很大的振动响应。

3. 查找强迫振动振源的方法

查找振源的基本途径是测量和分析振动频率,并与可能成为振源的环节所产生的干扰力的频率相比较,必要时,可针对具体环节进行测试和验证。

测定振动频率最简单的方法是数出工件表面的波纹数,然后根据切削速度计算出振动频率 f。测量振动频率较常用的方法是在机床上适当部位,如靠近刀具或工件处安装加速度计测定其振动信号,然后计算所测信号的功率谱,检测出可能淹没于随机信号中的周期信号。

空运转试验是寻找机内强迫振源的一种简单而有效的方法。其方法是首先使机床处于工件加工前的静止状态(即装夹好工件和刀具、调整好机床位置、选择好切削用量等),然后在不进行切削的前提下,先后逐次开动机床所有的运动部件,同时测量机床各有关部件的振动位移,列表记录这些振动位移数据,观察并分析这些数据的变化,即可找出强迫振动的振源。

4. 减小强迫振动的途径

(1) 消除振源。可通过提高机床的制造和装配精度,以消除工艺系统内部的振动源。如机床中高速回转的零件要进行静平衡和动平衡(如磨床的砂轮、电动机的转子等);提高齿轮的制造和装配精度,或采用对振动和动平衡不敏感的高阻尼材料制造齿轮,以减少齿轮啮合所造成的振动。

(2) 隔振。对于某些动力源(如电动机、油泵等),最好与机床分开,以达到隔振的目的;机床采用防振地基,隔绝相邻机床的振动影响;精密机械、仪器采用空气垫等隔振。

(3) 提高系统刚度和阻尼。如采用刮研各零部件之间的接触表面,以增加各种部件间的连接刚度;利用跟刀架、缩短工件或刀具装夹时的悬伸长度等方法以增加工艺系统的刚度。可采用内阻尼较大的材料,或者采用"薄壁封砂"结构,即将型砂、泥芯封闭在床身空腔内,来增大机床结构的阻尼,如图 6.28 所示;在某些场合下,牺牲一些接触刚度,如在接触面间垫以塑料、橡皮等物质,增加接合处的阻尼,提高系统的抗振性。

(4) 调整振源频率。如调整刀具或工件的转速,使激振力频率偏离工艺系统的固有频率。

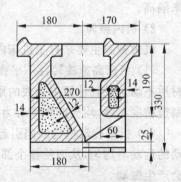

图 6.28 薄壁封砂结构床身

6.5.3 机械加工过程中的自激振动

切削加工时,在没有周期性外力(相对于切削过程而言)作用下,由系统内部激发反馈产生的周期性振动,称为自激振动,简称为颤振,其振动频率与系统的固有频率相近。

1. 自激振动的特点

与强迫振动相比,自激振动具有以下特征。

(1) 机械加工中的自激振动是在没有周期性外力(相对于切削过程而言)干扰下所产生的振动运动,这一点与强迫振动有原则区别。维持自激振动的能量来自机床电动机,电动机除了供给切除切屑的能量外,还通过切削过程把能量输给振动系统,使机床系统产生振动运动。

(2) 自激振动的频率接近于系统的某一固有频率,或者说,颤振频率取决于振动系统的固有特性。这一点与强迫振动根本不同,强迫振动的频率取决于外界干扰力的频率。

(3) 自由振动受阻尼作用将迅速衰减,而自激振动却不因有阻尼存在而衰减为零。

(4) 但维持自激振动的不是外加激振力的作用,而是由系统自身引起的交变力作用,系统若停止运动,交变力也随之消失,自激振动也就停止了。

2. 自激振动产生的原因

既然没有周期性外力的作用,那么激发自激振动的交变力是怎样产生的呢?用传递函数的概念来分析,机床加工系统是一个由振动系统和调节系统组成的闭环系统,如图 6.29 所示。激励机床系统产生振动运动的交变力是由切削过程产生的,而切削过程同时又受机床系统振动运动的控制,机床系统的振动运动一旦停止,动态切削力也就随之消失。自激振动系统维持稳定振动的条件为在一个振动周期内,从能源机构经调节系统输入到振动系统的能量,等于系统阻尼所消耗的能量。

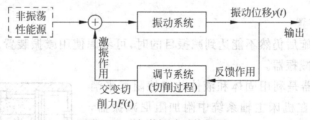

图 6.29 自激振动系统框图

如果切削过程很平稳,即使系统存在产生自激振动的条件,也因切削过程没有交变的动态切削力,使自激振动不可能产生。但是,在实际加工过程中,偶然的外界干扰(如工件材料硬度不均、加工余量有变化等)总是存在的,这种偶然性外界干扰所产生的切削力的变化,作用在机床系统上,会使系统产生振动运动。系统的振动运动将使工件与刀具间的相对位置发生周期性变化,使切削过程产生维持振动的动态切削力。如果工艺系统不存在自激振动的条件,这种偶然性的外界干扰,将因工艺系统存在阻尼而使振动运动逐渐衰减。如果工艺系统存在产生自激振动的条件,就会使机床加工系统产生持续的振动运动。

经过对自激振动的研究,人们从不同的侧面出发,形成了多种关于自激振动机理的理论,如负摩擦自振原理、再生效应自振原理和振型耦合自振原理等,在此不再赘述。

3. 消除自激振动的途径

1) 合理选择与切削过程有关的参数

由于自激振动的形成是与切削过程本身密切相关的,所以可以通过合理选择切削用量、刀具几何角度等途径来抑制自激振动。

(1) 合理选择切削用量。在车削过程中,当切削速度 v 在 20～60 m/min 范围时,自激振动的振幅增加很快;而当 v 超过此范围以后,振动又会逐渐减弱。通常切削速度 v 在 50～60 m/min 时稳定性最低,最容易产生自激振动,所以可以选择高速或低速切削以避免自激振动。关于进给量 f,通常当 f 较小时振幅较大,随着 f 的增大,振幅反会减小,所以可以在加工粗糙度要求的许可条件下,选取较大的进给量以避免自激振动。切削深度 a_p 愈大,切削力愈大,愈易产生振动。

(2) 合理选择刀具的几何参数。适当地增大前角 γ_o 和主偏角 κ_r,能减小切削力而减小振动。后角 α_o 可尽量取小,但精加工中由于切深 a_p 较小,刀刃不容易切入工件,而且 a_p 过小时,刀具后刀面与加工表面的摩擦可能过大,这样反而容易引起自激振动。通常在刀具的主后刀面下磨出一段 α_o 角为负的窄棱面,具有很好的抗振性。

2) 提高工艺系统本身的抗振性

(1) 提高机床的抗振性。提高机床的抗振性,不仅能减小强迫振动,同时能够显著降低自激振动。除采用薄壁封砂结构床身外,高精度的车床和磨床,为了提高刚性、抗振性和热稳定性,其床身趋向于应用人造花岗岩。

(2) 提高刀具的抗振性。需要刀具具有高的弯曲与扭转刚度、高的阻尼系数,因此可改善刀杆等的惯性矩、弹性模量和阻尼系数。例如硬质合金虽有高弹性量,但阻尼性能较差,因而可以和钢组合使用构成组合刀杆,就能发挥钢和硬质合金两者的优点。

(3) 提高工件安装时的刚性。主要是提高工件的弯曲刚性,如加工细长轴时,用中心架或跟刀架来提高工件的抗振性能;当用细长刀杆加工孔时,要采用中间导向支承来提高刀具的抗振性能等。

3) 采用减振装置

在采用上述措施后仍然不能达到减振目的时,可考虑使用减振装置。常用减振装置有阻尼减振器和冲击减振器。

(1) 阻尼减振器是利用固体和液体的摩擦阻尼来消耗振动的能量。如在机床主轴系统中附加阻尼减振器,它相当于间隙很大的滑动轴承,通过阻尼套和阻尼间隙中的粘性油的阻尼作用来减振。

(2) 冲击减振器如图 6.30 所示,是由一个与振动系统刚性相连的壳体 2 和一个在壳体内自由冲击的质量块 1 所组成的。当系统振动时,自由质量块反复冲击振动系统,消耗振动的能量,以达到减振效果。

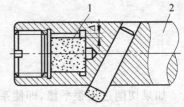

图 6.30　冲击减振器
1—质量块；2—壳体

本章基本要求

1. 深入理解和掌握加工精度、加工误差(系统误差和随机误差)、原始误差、机床误差(主要是主轴回转误差和导轨误差)、工艺系统刚度等基本概念。

2. 学会具体分析各种原始误差对加工误差的影响,尤其是主轴回转误差和导轨误差、工艺系统受力、受热变形而产生的加工误差。

3. 熟悉了解内应力的成因，能正确判别由于内应力重新分布所引起的工件变形方向。

4. 结合实验学会采用加工误差的单因素分析法和统计分析法分析实际加工精度问题，懂得寻求解决方法。

5. 理解和掌握表面质量的基本概念；熟悉了解机械加工表面质量对机器使用性能的影响；熟悉了解表面粗糙度、表面波纹度、表面冷作硬化、表面残余应力以及磨削烧伤、磨削裂纹的成因及其影响因素。

6. 学会对生产现场中发生的一些表面质量问题从理论上作出解释，学会分析表面质量的方法，能采取改善表面质量的工艺措施，解决生产实际问题。

7. 熟悉了解机械加工过程中强迫振动和自激振动的特征；深入了解机床加工系统产生自激振动的机理，熟悉了解控制机械加工振动的途径。

思考题与习题

1. 什么是加工精度？表面质量中包括哪些内容？
2. 车床床身导轨在垂直平面内及水平面内的直线度对车削圆轴类零件的加工误差有什么影响？影响程度各有何不同？
3. 试分析在车床上加工时产生下述误差的原因：
(1) 在车床上镗孔时，引起被加工孔圆度误差和圆柱度误差。
(2) 在车床三爪自定心卡盘上镗孔时，引起内孔与外圆同轴度误差、端面与外圆垂直度误差。
4. 在车床上用两顶尖装夹工件车削细长轴时，出现题4图所示误差是什么原因？分别采用什么办法来减少或消除？
5. 已知某车床部件刚度 $k_{主轴}=44\,500$ N/mm，$k_{刀架}=13\,330$ N/mm，$k_{尾座}=30\,000$ N/mm，$k_{刀具}$ 很大，加工一个刚度很大的粗短外圆轴，若切削力 $F_y=420$ N，试求工件加工后的形状误差和尺寸误差。
6. 为什么提高工艺系统刚度首先要从提高薄弱环节的刚度下手？试举例说明。
7. 什么是误差复映？误差复映系数的大小和哪些因素有关？
8. 在车床或磨床上加工相同尺寸及相同精度的内、外圆柱面时，加工内孔表面的进给次数往往多于外圆表面，试分析其原因。
9. 试举例说明在机械加工过程中，工艺系统受力变形、热变形、磨损和内应力对零件的加工精度产生怎样的影响？各应采取什么措施来克服这些影响？
10. 题10图所示的框架铸件，铸造后用立铣刀铣断壁3后，由于毛坯中的内应力要重新分布，工件形状将产生怎样的变化？

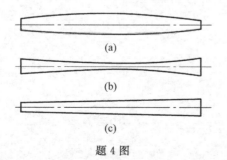

题4图

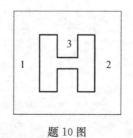

题10图

11. 简述分布图法和点图法在分析加工误差规律中的作用有何不同。
12. 车一批外圆尺寸要求为 $\phi 20_{-0.1}^{0}$ mm 的轴。已知：外圆尺寸按正态分布，均方根偏差 $\sigma=0.025$ mm，分布曲线中心比公差带中心大 0.03 mm。试计算加工这批轴的合格品率及不合格品率。
13. 在均方根 $\sigma=0.02$ mm 的某自动车床上加工一批 $\phi 10\pm 0.1$ mm 的小轴外圆，问：
    (1) 这批工件的尺寸分散范围多大？
    (2) 这台机床的工序能力系数多大？
    (3) 如果这批工件数 $n=100$，分组间隙 $\Delta x=0.02$ mm，试画出这批工件以频数为纵坐标的理论分布曲线。
14. 如何利用 $\bar{X}$-R 点图来判断加工工艺是否稳定？
15. 影响表面粗糙度的主要工艺因素有哪些？有何改进措施？
16. 机械加工中，造成零件表面层的加工硬化和残余应力的原因是什么？主要影响因素有哪些？
17. 什么是回火烧伤、淬火烧伤和退火烧伤？为什么磨削加工时，容易产生烧伤？
18. 在外圆磨床上磨削光轴外圆时，加工表面产生了明显的振痕，有人认为是因电动机转子不平衡引起的，有人认为是因砂轮不平衡引起的，怎样判别哪一种说法是正确的？
19. 简述机械加工中强迫振动、自激振动的特点。

小论文参考题目

1. 试论述目前国内外机械加工精度研究现状及发展趋势。
2. 分析表面加工质量的主要影响因素及目前国内外采取的主要控制措施。

第 7 章　机械装配工艺规程设计

7.1　机械装配概述

7.1.1　装配的概念

任何机器都由许多零件和部件组成,按规定的技术要求,将零件或部件进行配合和连接,使之成为半成品或成品的工艺过程称为装配。装配是产品制造过程中的最后一个阶段,产品的质量最终由装配来保证。常见的装配工作包括：清洗、连接、校正、调整、配作、平衡、油漆和包装等。

清洗是用清洗剂清除产品或工件上的油污、灰尘等脏物,以保证产品质量、延长产品使用寿命。常用清洗的方法有擦洗、浸洗、喷洗和超声波清洗等。

常见的装配连接有两种：一种为可拆卸连接,如螺纹连接、键连接和销钉连接等,其中以螺纹连接应用最广;另一种是不可拆卸的连接,如焊接、铆接和过盈连接等。过盈连接常用于轴和孔的配合,可使用压装、热装和冷装等方法来实现。

校正指在装配过程中对相关零、部件的相互位置的找正、找平和相应的调整工作。如在普通车床总装配中,床身安装水平及导轨扭曲的校正、床头箱主轴中心与尾座套筒中心等高的校正等。

调整指在装配过程中对相关零、部件的相互位置进行具体调整的工作。其中除了配合校正工作调节零、部件的位置精度外,为保证零、部件的运动精度,还需调整运动副之间的间隙。

配作是以已加工件为基准,加工与其相配的另一工件,或将两个(或两个以上)工件组合在一起进行加工的方法。

平衡是对于转速较高、运转平稳性要求高的机械(如精密磨床、电机、内燃机等),为防止回转零、部件内部质量分布不均、静力和力偶不平衡引起振动而必须进行的工作。常有静平衡法与动平衡法两种。前者主要用于直径较大且长度短的零件(如叶轮、飞轮和皮带轮等);后者用于长度较长的零件(如电机转子和机床主轴等)。

机械产品装配完后,应按产品的有关技术标准和规定,对产品进行全面检验和必要的试验工作,经检验和试验合格后,对产品进行包装出厂。

7.1.2　装配的组织形式

装配的组织形式主要取决于产品结构的特点(尺寸大小与质量等)和生产批量。装配组织形式确定后,也就相应地确定了装配方式,诸如运输方式、工作地的布置等。

装配的组织形式可分为固定式装配和移动式装配两种。固定式装配是将产品或部件的全部装配工作安排在一个固定的场地(或叫工作地)上进行,产品的位置不变,装配过程所需的零、部件都集中在场地附近,由一组工人来完成装配过程。

移动式装配是将产品或部件置于装配线上,通过连续或间歇的移动使其顺序经过各装配工作地以完成全部装配工作,分为强迫节奏和自由节奏两种,一般多用于大批大量生产,对批量很大的定型产品还可采用自动装配线进行装配。

7.1.3 装配精度

1. 装配精度的概念

机械产品的装配精度是指装配后实际达到的精度。机床装配精度的主要内容包括:零部件间的尺寸、相对位置精度、运动精度和接触精度。

零部件间的尺寸精度反映了装配中各有关零部件的尺寸和装配精度的关系。相对位置精度反映了装配中各有关零部件的相对位置精度和装配精度的关系。运动精度是指回转精度和传动精度,回转精度是指机器回转部件的径向跳动和轴向窜动,例如主轴、回转工作台的回转精度,通常都是重要的装配精度。传动精度是指机器传动件之间的运动关系。例如转台的分度精度、滚齿时滚刀与工件间的运动比例、车削螺纹时车刀与工件间的运动关系都反映了传动精度。接触精度是指两配合表面、接触表面间达到规定的接触面积大小与接触点分布情况。它影响接触刚度和配合质量的稳定性。如锥体配合、齿轮啮合和导轨面之间均有接触精度要求。

2. 装配精度与零件精度的关系

机器和部件是由零件装配而成的。显然,零件的精度特别是关键零件的加工精度对装配精度有很大影响。例如,在普通车床装配中,要满足尾座移动对溜板移动的平行度要求,该平行度主要取决于床身上溜板移动导轨 A 与尾座移动导轨 B 之间的平行度以及导轨面间的接触精度,如图 7.1 所示。可见,该装配精度主要是由基准件床身上导轨面之间的位置精度保证的。

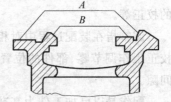

图 7.1 床身导轨简图

一般而言,多数的装配精度和与它相关的若干个零件的加工精度有关。如主轴定心轴颈的径向跳动,主要取决于滚动轴承内径相对于外径的径向跳动、主轴定心轴颈相对于主轴支承轴颈(装配基准)的径向跳动以及其他结合件(如锁紧螺母)精度的影响。这时,就应合理地规定和控制这些相关零件的加工精度,在加工条件允许时,它们的加工误差累积起来,应能满足装配精度的要求。这样做能简化装配工作,使之成为简单的结合过程,对于大批大量生产是很必要的。

当遇到有些要求较高的装配精度时,如果完全靠相关零件的制造精度来直接保证,则零件的加工精度将会很高,给加工带来较大困难。如图 7.2 所示普通车床床头和尾座两顶尖的等高度要求,主要取决于主轴箱 1、尾座 2、尾座底板 3 和床身 4 等零部件的加工精度。该装配精度很难由相关零部件的加工精度直接保证。在生产中,常按较经济的精度来加工相关零部件,而在装配时则采用一定的工艺措施(如选择、修配和调整等措施)从而形成不同的装配方法来保证装配精度。本例中,采用修配底板 3 的工艺措施保证装配精度,这样做,虽然增加了装配的劳动量,但从整个产品制造的全局分析,还是经济可行的。

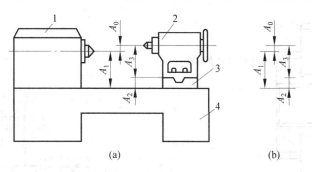

图 7.2 主轴箱主轴与尾座套筒中心线等高结构示意图
1—主轴箱；2—尾座；3—尾座底板；4—床身

由此可见，装配时由于采用不同的工艺措施，从而形成不同的装配方法，在这些装配方法中装配精度与零件的加工精度具有各不相同的关系。

7.1.4 装配系统图与装配单元

组成机器的最小单元是零件，无论多么复杂的机器都是由许多零件所构成的。为了设计、加工和装配的方便，将机器分成部件、组件、套件等组成部分，它们都可以形成独立的设计单元、加工单元和装配单元。

1. 装配系统图

装配系统图表示了装配工艺过程，是一个很重要的装配工艺文件，是由基准零件开始，沿水平线自左向右进行装配。一般将零件画在上方，把套件、组件、部件画在下方，其排列的次序就是装配的次序，如图 7.3 所示。图中的每一方框表示一个零件、套件、组件或部件，每个方框分为三个部分，上方为名称，下左方为编号，下右方为数量。

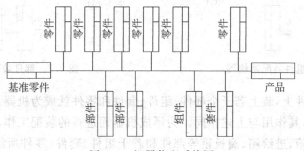

图 7.3 机器装配系统图

2. 装配单元

在一个基准零件上，装上一个或若干个零件就构成了一个套件，它是最小的装配单元。每个套件只有一个基准零件，它的作用是连接相关零件和确定各零件的相对位置。为套件而进行的装配工作称为套装。图 7.4 所示的双联齿轮就是一个由小齿轮 1 和大齿轮 2 所组成的套件，小齿轮 1 是基准零件。这种套件主要是考虑加工工艺或材料问题，分成几件制造，再套装在一起，在以后的装配中，就可作为一个零件，一般不再分开。图 7.5 所示为套件装配系统图，是一个由 3 个零件组成的套件。

图 7.4 套件双联齿轮　　　　图 7.5 套件装配系统图

在一个基准零件上，装上一个或若干个套件和零件就构成一个组件。每个组件只有一个基准零件，它连接相关零件和套件，并确定它们的相对位置。为形成组件而进行的装配称之为组装。有时组件中没有套件，由一个基准零件和若干零件所组成，它与套件的区别在于组件在以后的装配中可拆，而套件在以后的装配中一般不再拆开，可作为一个零件。图 7.6 所示为组件装配系统图。

在一个基准零件上，装上若干个组件、套件和零件就构成部件，同样，一个部件只能有一个基准零件，由它来连接各个组件、套件和零件，决定它们之间的相对位置。为形成部件而进行的装配工作称之为部装。图 7.7 所示为部件装配系统图。

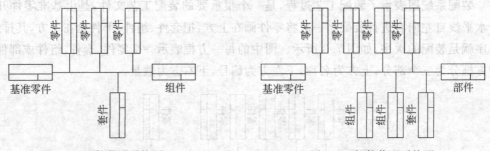

图 7.6 组件装配系统图　　　　图 7.7 部件装配系统图

在一个基准零件上，装上若干个部件、组件、套件和零件就成为机器。同样，一台机器只能有一个基准零件，其作用与上述相同。为形成机器而进行的装配工作，称之为总装。如一台车床就是由主轴箱、进给箱、溜板箱等部件和若干组件、套件、零件所组成，而床身就是基准零件。图 7.3 所示为机器装配系统图。

7.2　产品结构的装配工艺性

机器结构的装配工艺性对机器的整个生产过程有较大影响，是评价机器设计的指标之一，在一定程度上决定了装配过程周期长短、耗费劳动量大小、成本高低以及机器使用质量的优劣等。

机器结构的装配工艺性是指机器结构装配过程中使相互连接的零部件不用或少用修配和机械加工，用较少的劳动量，花费较少的时间按产品的设计要求顺利地装配起来的性能。

根据机器的装配实践和装配工艺的需要,对机器结构的装配工艺性提出下述基本要求。

(1) 机器结构应能分成独立的装配单元。为了最大限度地缩短机器的装配周期,有必要把机器分成若干独立的装配单元,如组件、部件等,以便使许多装配工作同时进行,它是评定机器结构装配工艺性的重要标志之一。

(2) 尽量减少装配过程中的修配和机械加工,否则会影响装配工作的连续性,延长装配时间,增加机械加工设备。

(3) 机器结构应便于装配和拆卸。

(4) 结构的继承性好,"三化"程度高。能继承已有结构和"三化"(标准化、通用化、系列化)程度高的结构,可减少装配工艺的准备工作,装配时工人对产品较熟悉,既容易保证质量,又能缩短装配周期。

(5) 各装配单元应有正确的装配基准,以保证它们之间的正确位置。

7.3 装配尺寸链

7.3.1 装配尺寸链的概念

装配尺寸链是以某项装配精度指标(或装配要求)作为封闭环,查找所有与该项精度指标(或装配要求)有关零件的尺寸(或位置要求)作为组成环而形成的尺寸链。

图 7.8 所示为装配尺寸链的例子。图中小齿轮在装配后要求与箱壁之间保证一定的间隙 A_0,与此间隙有关零件的尺寸为箱体内壁尺寸 A_1、齿轮宽度 A_2 及 A_3,这组尺寸 A_0,A_1,A_2,A_3,即组成一装配尺寸链,其中 A_0 为封闭环,其余为组成环。组成环可分为增环与减环,本例中,A_1 为增环,A_2 和 A_3 为减环。

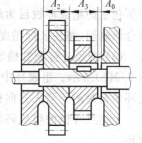

图 7.8 装配尺寸链举例

7.3.2 装配尺寸链的建立

装配尺寸链可以按各环的几何特征和所处空间位置分为长度尺寸链、角度尺寸链、平面尺寸链及空间尺寸链。

1. 长度尺寸链

图 7.8 所示全部环为长度尺寸的尺寸链就是长度尺寸链,像这样的尺寸链一般能方便地从装配图上直接找到。但一些复杂的多环尺寸链就不易迅速找到,下面通过实例说明建立长度尺寸链的方法。

图 7.9 所示为某减速器的齿轮轴组件装配示意图。齿轮轴 1 在左右两个滑动轴承 2 和 5 中转动,两轴承又分别压入左右箱体的孔内,装配精度要求是齿轮轴左台肩和轴承端面间的间隙为 0.2~0.7 mm,试建立以轴向间隙为装配精度的尺寸链。

一般建立尺寸链的步骤如下所述。

(1) 确定封闭环。装配尺寸链的封闭环是装配间隙要求 $A_0 = 0.2 \sim 0.7$ mm。

(2) 查找组成环。装配尺寸链的组成环是相关零件的相关尺寸。所谓相关尺寸,是指

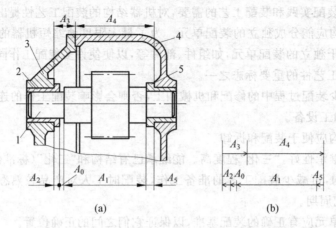

图 7.9 齿轮轴组件的装配示意图及其尺寸链
1—齿轮轴；2,5—滑动轴承；3—左箱体；4—右箱体

相关零件上的相关设计尺寸，它的变化会引起封闭环的变化。本例中的相关零件是齿轮轴 1、左滑动轴承 2、左箱体 3、右箱体 4 和右滑动轴承 5。确定相关零件以后，应遵守"尺寸链环数最少"原则，确定相关尺寸。在本例中的相关尺寸是 A_1、A_2、A_3、A_4 和 A_5，它们是以 A_0 为封闭环的装配尺寸链中的组成环。

这里，"尺寸链数最少"是建立装配尺寸链时应遵循的一个重要原则，它要求装配尺寸链中所包括的组成环数目为最少，即每一个有关零件仅以一个组成环列入。装配尺寸链若不符合该原则，将使装配精度降低或增加装配及零件加工难度。

（3）画尺寸链图并确定组成环的性质。将封闭环和所找到的组成环画出尺寸链图，如图 7.9(b) 所示。组成环中与封闭环箭头方向相同的环是减环，即 A_1，A_2 和 A_5 是减环；组成环中与封闭环箭头方向相反的环是增环，即 A_3 和 A_4 是增环。

上述尺寸链的组成环都是长度尺寸。有时长度尺寸链中还会出现形位公差环和配合间隙环。

此时，对装配尺寸链的简化与细化，是装配尺寸链建立的另一重要原则。即当装配精度要求不高时，忽略组成环中那些本身误差很小，对封闭环影响也很小的环而建立的尺寸链称简化尺寸链（见图 7.9(b)）。当装配精度要求较高，需要进行精确计算时，将影响装配精度的所有组成环都列入的尺寸链称细化尺寸链，如图 7.10 所示。

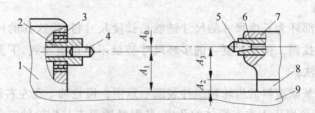

图 7.10 车床两顶尖距床身平导轨面等高要求详细的结构示意图
1—主轴箱体；2—主轴；3—轴承；4—前顶尖；5—后顶尖；6—尾座套筒；7—尾座体；8—尾座底板；9—床身

图 7.2 所示，普通车床床头和尾座两顶尖对床身平导轨面要求等高，按规定：当最大工件回转直径 D_a 为 800 mm $< D_a \leqslant$ 1250 mm 时，等高要求为 0～0.06 mm（只许尾座高）。试

建立其装配尺寸链。

首先,确定封闭环。装配尺寸链的封闭环是装配精度要求 $A_0 = 0 \sim 0.06$ mm。相关零件是底板 3 和床身 4,相关部件为主轴箱 1 和尾座 2。用相关部件或组件代替多个相关零件,有利于减少尺寸链的环数。若要进一步查找相关部件中的相关零件,就需要有完整的部件结构示意图。图 7.10 所示为车床两顶尖等高度要求的详细结构示意图。该图具有主轴箱部件和尾座部件中的各组成零件。从该图中找到相关零件为:前顶尖 4、主轴 2、轴承 3(轴承内环、滚柱、轴承外环)、主轴箱体 1、床身 9、尾座底板 8、尾座体 7、尾座套筒 6 和后顶尖 5 等。

相关零件确定后,进一步确定相关尺寸。本例中各相关零件的装配基准大多是圆柱面(孔和轴)和平面,因而装配基准之间的关系大多是轴线间位置尺寸和形位公差,如同轴度、平行度和平面度等以及轴和孔的配合间隙所引起的轴线偏移量。若轴和孔是过盈配合,则可认为轴线偏移量等于零。

本例中,由于前后顶尖和两锥孔都是过盈配合,故它们的轴线偏移量等于零,因此可以把主轴锥孔的轴线和尾座套筒的轴线作为前后顶尖的轴线。同样主轴轴承的外环和主轴箱体的孔也是过盈配合,故主轴轴承外环的外圆轴线和主轴箱体孔的轴线重合。

同时,考虑到前顶尖中心位置的确定是取其跳动量的平均值,即主轴回转轴线的平均位置,它就是轴承外环内滚道的轴线位置。因此,前顶尖前后锥的同轴度、主轴锥孔对主轴前后轴颈的同轴度、轴承内环孔和内环外滚道的同轴度以及滚柱的不均匀性等都可不计入装配尺寸链中。此时,尺寸链中虽仍有 A_1 和 A_3 尺寸,但它们的含义已不是部件尺寸,而是相应零件的相关尺寸。

最后,画尺寸链图。画出尺寸链如图 7.11,图中的组成环有:A_1 为主轴箱体的轴承孔轴线至底面尺寸;A_2 为尾座底板的厚度;A_3 为尾座体孔轴线至底面尺寸;e_1 为主轴轴承外环内滚道(或主轴前锥孔)轴线与外环外圆(即主轴箱体的轴承孔)轴线的同轴度;e_2 为尾座套筒锥孔轴线与其外圆轴线的同轴度;e_3 为尾座套筒与尾座体孔配合间隙所引起的轴线偏移量;e_4 为床身上安装主轴箱体和安装尾座底板的平导轨面之间的平面度。

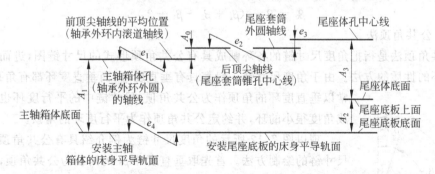

图 7.11　车床两顶尖等高度的装配尺寸链(兼有长度尺寸、形位公差和配合间隙等环)

2. 角度尺寸链

全部环为角度的尺寸链称为角度尺寸链。

1) 建立角度尺寸链的步骤

建立角度尺寸链的步骤和建立长度尺寸链的步骤一样,也是先确定封闭环,再查找组成环,最后画出尺寸链图。

图 7.12 所示是立式铣床主轴回转轴线对工作台面的垂直度在机床的横向垂直平面内为 0.025/300 mm($\beta_0 \leqslant 90°$)的装配尺寸链。图中所示字母的含义为：β_0 为封闭环，主轴回转轴线对工作台面的垂直度(在机床横向垂直平面内)；β_1 为组成环，工作台台面对其导轨面在前后方向的平行度；β_2 为组成环，床鞍上、下导轨面在前后方向上的平行度；β_3 为组成环，立铣头主轴回转轴线对立铣头回转面的垂直度(组件相关尺寸)。

2) 判断角度尺寸链组成环性质的方法

常见的形位公差环有垂直度、平行度、直线度和平面度等，它们都是角度尺寸链中的环。其中，垂直度相当于角度为 90°的环，平行度相当于角度为 0°的环，直线度或平面度相当于角度为 0°或 180°的环。下面介绍几种常用的判别角度尺寸链组成环性质的方法。

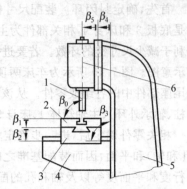

图 7.12 立式铣床主轴回转轴线对工作台面的垂直度的装配尺寸链
1—主轴；2—工作台；3—床鞍；4—升降台；5—床身；6—立铣头

(1) 直观法

直观法是指直接在角度尺寸链的平面图中，根据角度尺寸链组成环的增加或减少，来判别其对封闭环的影响，从而确定其性质的方法。以图 7.12 所示的角度尺寸链为例，具体分析用直观法判别组成环的性质。垂直度环的增加或减少能从尺寸链图中明显看出，所以判别垂直度环的性质比较方便。本例中的垂直度环 β_3 属于增环。由于平行度环的基本角度为 0°，因而该环在任意方向上的变化，都可以看成角度在增加。为了判别平行度环的性质，必须先要有一个统一的准则来规定平行度环的增加或减少。统一的准则是把平行度看成角度很小的环，并约定角度顶点的位置。一般角度顶点取在尺寸链中垂直环角度顶点较多的一边。本例中平行度环 β_1、β_2 的角度顶点取在右边，β_5、β_4 的角度顶点取在下边。根据这一约定，可判别 β_1，β_2，β_5，β_4 是减环，β_3 是增环，得角度尺寸链方程式为

$$\beta_0 = \beta_3 - (\beta_1 + \beta_2 + \beta_4 + \beta_5) \tag{7.1}$$

(2) 公共角顶法

公共角顶法是指把角度尺寸链的各环画成具有公共角顶形式的尺寸链图，进而再判别其组成环的性质的方法。由于角度尺寸链一般都具有垂直度环，而垂直度环都有角顶，所以常以垂直度环的角顶作为公共角顶，尺寸链中的平行度环也可以看成角度很小的环，并约定公共角顶作为平行度环的角顶。

现以图 7.12 所示的角度尺寸链为例介绍具有公共角顶形式的尺寸链的绘制方法。首先取垂直度环 β_0 的角顶为公共角顶，并画出 $\beta_0 \approx 90°$，接着按相对位置依次以小角度画出平行度环 β_1 和 β_2 (往下方向)以及平行度环 β_5 和 β_4 (往右方向)，最后用垂直度环 β_3 封闭整个尺寸链图，从而形成图 7.13 所示的具有公共角顶形式的尺寸链图，用类似长度尺寸链的方法写出角度尺寸链方程式：

$$\beta_4 = \beta_3 - (\beta_1 + \beta_2 + \beta_0 + \beta_5) \tag{7.2}$$

并断定：β_3 是增环，β_1，β_2，β_4 和 β_5 是减环。

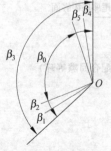

图 7.13 具有公共角顶的尺寸链图

图 7.12 所示的角度尺寸链中的垂直度环都是同一象限(第二象

限),因而具有公共角顶的角度尺寸链图就能封闭。当两个垂直环不在同一象限时,可借助于一个 180°角的理想环。

(3) 角度转化法

直观法和公共角顶法都是把角度尺寸链中的平行度环转化成小角度环,再判别组成环的性质。但是,在实际的工艺测量时,常和上述情况相反,是用直角尺寸把垂直度转化成平行度来测量的。这样,把尺寸链中的垂直度都转化成平行度,就可以画出平行度关系的尺寸链图。

7.3.3 装配尺寸链的计算方法

装配尺寸链的计算方法有极值解法和概率解法两类。

1. 极值法

采用完全互换装配法时,其装配尺寸链通常采用极值法求解。该法的基本计算公式与工艺尺寸链的极值法计算公式相同。

为保证装配精度要求,尺寸链各组成环公差之和应小于或等于封闭环公差(即装配精度),即

$$T_0 \geqslant \sum_{i=1}^{m} |\varepsilon_i| T_i \tag{7.3}$$

对于直线尺寸链,$|\varepsilon_i|=1$,则

$$T_0 \geqslant \sum_{i=1}^{m} T_i = T_1 + T_2 + \cdots + T_m \tag{7.4}$$

式中,T_0 为封闭环公差;T_i 为第 i 个组成环公差;ε_i 为第 i 个组成环传递系数;m 为组成环环数。

当已知封闭环(装配精度)的公差 T_0,分配各有关零件(组成环)公差 T_i 时,可按等公差法或等精度法等多种方法进行,其中常用的是等公差法。

等公差法是按各组成环公差相等的原则分配封闭环公差的方法,即假设各组成环公差相等,求出组成环平均公差 T_{avL}。

$$T_{avL} = \frac{T_0}{\sum_{i=1}^{m} |\varepsilon_i|} \tag{7.5}$$

对于直线尺寸链,$|\varepsilon_i|=1$ 时

$$T_{avL} = \frac{T_0}{m} \tag{7.6}$$

然后根据各组成环尺寸大小和加工难易程度,将其公差适当调整。但调整后的各组成环公差之和仍不得大于封闭环要求的公差。

调整时可参照下列原则:

(1) 当组成环是标准件尺寸(如轴承环或弹性挡圈的厚度等),其公差大小和分布位置在相应标准中已有规定,为已定值。组成环是几个不同尺寸链的公共环时,其公差值和分布位置应由对其环要求较严的那个尺寸链先行确定,对其余尺寸链则也为已定值。

(2) 当分配待定的组成环公差时,一般可按经验根据各环尺寸加工难易程度进行分配。如尺寸相近、加工方法相同的取其公差值相等,难加工或难测量的组成环,其公差可取较大

值等。

(3) 在确定各组成环极限偏差时,一般可按入体原则确定。即对相当于轴的被包容尺寸,按基轴制(h)决定其下偏差;对相当于孔的包容尺寸,按基孔制(H)决定其上偏差;而对孔中心尺寸,按对称偏差即 $\pm(T_i/2)$ 选取。

另外,应使组成环尺寸的公差值和分布位置尽可能符合《公差与配合》国家标准的规定,这样可给生产组织工作带来一定的好处。例如,可以利用标准极限量规(卡规、塞规等)来测量尺寸。

显然,当各组成环都按上述原则确定其公差值和分布位置时,往往不能恰好满足封闭环的要求。因此,就需要选取一个组成环,其公差值和分布位置经过计算确定,以便与其他组成环协调,最后满足封闭环的公差值和公差位置的要求,该组成环称为协调环。协调环应根据具体情况加以确定,一般选用便于制造和测量的零件尺寸。

极值解法的优点是简单可靠,但由于它是根据极大极小的极端情况推导出来的封闭环与组成环的关系式,所以在封闭环为既定值的情况下,计算所得的组成环公差过于严格。特别是当封闭环精度要求高、组成环数目多时,计算出的组成环公差甚至无法用机械加工来保证。

2. 概率解法

在正常生产条件下,零件加工尺寸获得极限尺寸的可能性是较小的,而在装配时,各零部件的误差同时为极大、极小的组合的可能性就更小。因此,在尺寸链环数较多、封闭环精度又要求较高时,就不应该用极值法,而使用概率法计算。这样可扩大零件的制造公差,降低制造成本。

采用大数互换装配法时,装配尺寸链采用概率法计算,现说明如下。

在直线尺寸链中,各组成环是相互独立的随机变量,因此作为组成环合成量的封闭环的数值也是一个随机变量。由概率论知,各独立随机变量(装配尺寸链的组成环)的均方根偏差 σ_i 与这些变量之和(尺寸链的封闭环)的均方根偏差 σ_0 的关系为

$$\sigma_0 = \sqrt{\sum_{i=1}^{m}\sigma_i^2} \tag{7.7}$$

当尺寸链各组成环尺寸均属于正态分布时,其封闭环尺寸也属于正态分布。此时,各组成环的尺寸误差分散范围 ω_i 与其均方根偏差 σ_i 的关系为

$$\omega_i = 6\sigma_i \quad 即 \quad \sigma_i = \frac{1}{6}\omega_i$$

当误差分散范围等于公差值,即当 $\omega_i = T_i$ 时

$$T_0 = \sqrt{\sum_{i=1}^{m}T_i^2} \tag{7.8}$$

按照等公差法分配封闭环公差时,各组成环平均公差为

$$T_{aV} = \frac{T_0}{\sqrt{m}} \tag{7.9}$$

当各组成环的尺寸分布为非正态分布时,需引入一个相对分布系数 K_i,因此封闭环的统计公差 T_{0s} 与各组成环公差的关系为

$$T_{0s} = \frac{1}{K_0}\sqrt{\sum_{i=1}^{m}K_i^2 T_i^2} \tag{7.10}$$

式中,K_0 为封闭环的相对分布系数;K_i 为第 i 个组成环的相对分布系数。

如取各组成环公差相等,则组成环平均统计公差为

$$T_{aVs} = \frac{K_0 T_0}{\sqrt{\sum_{i=1}^{m} K_i^2}} \tag{7.11}$$

大数互换法以一定置信水平为依据。通常,封闭环趋近正态分布,取置信水平 $P=99.73\%$,装配不合格品率为 0.27%,这时相对分布系数 $K_0=1$。在某些生产条件下,要求适当放大组成环公差时,可取较低的 P 值。P 与 K_0 相应数值可查表 7.1。

表 7.1 置信水平 P 与相对分布系数 K_0

$P/\%$	99.73	99.5	99	98	95	90
K_0	1	1.06	1.16	1.29	1.52	1.82

组成环尺寸为不同分布形式时,对应不同的相对分布系数 K 值,可查表 7.2。

表 7.2 不同的相对分布系数 K

分布类型	均匀分布	三角形分布	平顶分布	双峰分布	正峰分布	正态分布
K	1.732	1.22	1.2~1.5	0.96~1.15	1~1.07	1.0

7.4 保证装配精度的装配方法

机械产品的精度要求,最终是靠装配实现的。用合理的装配方法来达到规定的装配精度以实现用较低的零件精度达到较高的装配精度,用最少的装配劳动量来达到较高的装配精度,即合理地选择装配方法,这是装配工艺的核心问题。

根据产品的性能要求、结构特点和生产形式、生产条件等,可采取不同的装配方法。

装配方法与装配尺寸链的解算方法密切相关。同一项装配精度,采用不同的装配方法时,其装配尺寸链的解算方法也不相同。选择装配方法的实质,就是在满足装配精度要求的条件下选择相应的经济合理的解装配尺寸的方法。在生产中常用的保证装配精度的方法有:互换装配法、选择装配法、修配装配法与调整装配法。

7.4.1 互换装配法

互换装配法是指在装配时各配合零件不经修理、选择或调整即可达到装配精度的方法,其实质是用控制零件的加工误差来保证产品的装配精度要求。

根据零件的互换程度不同,可分为完全互换法和大数互换法。

1. 完全互换装配法

在全部产品装配中,各组成零件不需挑选或改变其大小或位置,装入后即能达到装配精度要求,该法称完全互换装配法。其特点是:装配质量稳定可靠,装配过程简单,生产率高,易于实现装配工作机械化、自动化,便于组织流水作业和零部件的协作与专业化生产。但当装配精度要求较高,尤其是组成环较多时,则零件难以按经济精度加工。因此它常用于高精

度的少环尺寸链或低精度的多环尺寸链的大批大量生产装配场合。

【例 7.1】 如图 7.14(a)所示装配关系,轴是固定的,齿轮在轴上回转,要求保证齿轮与挡圈之间的轴向间隙为 0.10~0.35 mm。已知:$L_1=30$ mm,$L_2=5$ mm,$L_3=43$ mm,$L_4=3_{-0.05}^{\ 0}$ mm(标准件),$L_5=5$ mm,现采用完全互换法装配,试确定各组成环公差和极限偏差。

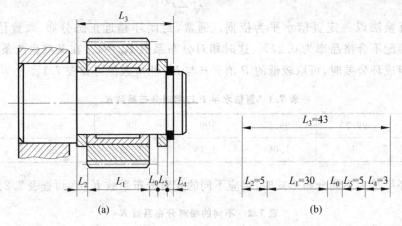

图 7.14 齿轮与轴的装配关系

解:(1) 画出装配尺寸链图,校验各环基本尺寸。

按题意,轴向间隙为 0.10~0.35 mm,则封闭环 $L_0 = 0_{+0.10}^{+0.35}$ mm,封闭环公差 $T_0 = 0.25$ mm,本尺寸链共有 5 个组成环,其中 L_3 为增环,其传递系数 $\varepsilon_3 = +1$,L_1,L_2,L_4,L_5 都是减环,相应传递系数 $\varepsilon_1 = \varepsilon_2 = \varepsilon_4 = \varepsilon_5 = -1$,装配尺寸链如图 7.14(b)所示。封闭环基本尺寸为

$$L_0 = \sum_{i=1}^{m} \varepsilon_i L_i = L_3 - (L_1 + L_2 + L_4 + L_5) = 43 - (30+5+3+5) = 0 \text{ mm}$$

由计算可知,各组成环基本尺寸的已定数值无误。

(2) 确定各组成环和极限偏差。

先决定各组成环平均公差

$$T_{aVL} = \frac{T_0}{\sum_{i=1}^{m}|\varepsilon_i|} = \frac{T_0}{m} = \frac{0.25}{5} = 0.05 \text{ mm}$$

根据各组成环基本尺寸大小与零件加工难易程度,以平均公差为基础,确定各组成环的公差:L_5 为一垫片,易于加工,且其尺寸可用通用量具测量,故选它为协调环;L_4 为标准件,其公差和极限偏差为已定值,即 $L_4 = 3_{-0.05}^{\ 0}$ mm,$T_4 = 0.05$ mm,其余取 $T_1 = 0.06$ mm,$T_2 = 0.04$ mm,$T_3 = 0.07$ mm,各组成环公差等级均为 IT9;L_1,L_2 为外尺寸,按基轴制(h)确定:$L_1 = 30_{-0.06}^{\ 0}$ mm,$L_2 = 5_{-0.04}^{\ 0}$ mm;L_3 为内尺寸,按基孔制(H)确定:$L_3 = 43_{\ 0}^{+0.07}$ mm。

封闭环的平均偏差为

$$\Delta_0 = \frac{ES_0 + EI_0}{2} = \frac{0.35 + 0.10}{2} = 0.225 \text{ mm}$$

各组成环的平均偏差为 $\Delta_1 = -0.03$ mm,$\Delta_2 = -0.02$ mm,$\Delta_3 = 0.035$ mm,$\Delta_4 = -0.025$ mm。

(3) 计算协调环公差和极限偏差。

协调环 L_5 的公差为

$$T_5 = T_0 - (T_1 + T_2 + T_3 + T_4) = 0.25 - (0.06 + 0.04 + 0.07 + 0.05) = 0.03 \text{ mm}$$

协调环 L_5 的平均偏差为

$$\begin{aligned}\Delta_5 &= \Delta_3 - \Delta_0 - \Delta_1 - \Delta_2 - \Delta_4 \\ &= 0.035 - 0.225 - (-0.03) - (-0.02) - (-0.025) = -0.115 \text{ mm}\end{aligned}$$

协调环 L_5 的极限偏差 ES_5,EI_5 为

$$\text{ES}_5 = \Delta_5 + \frac{T_5}{2} = -0.015 + \frac{0.03}{2} = -0.10 \text{ mm}$$

$$\text{EI}_5 = \Delta_5 - \frac{0.03}{2} = -0.13 \text{ mm}$$

于是 $L_5 = 5^{-0.10}_{-0.13}$ mm,最后得各组成环尺寸和极限偏差为:$L_1 = 30^{\ 0}_{-0.06}$ mm, $L_2 = 5^{\ 0}_{-0.04}$ mm, $L_3 = 43^{+0.07}_{\ 0}$ mm, $L_4 = 3^{\ 0}_{-0.05}$ mm, $L_5 = 5^{-0.10}_{-0.13}$ mm。

2. 大数互换装配法

在绝大多数产品中,装配时各组成零件不需挑选,或改变其大小,或改变其位置,装入后即能达到装配精度要求,该法称大数互换装配法。

大数互换装配法的特点与完全互换装配法相同,但由于零件所规定的公差要比完全互换法所规定的大,有利于零件的经济加工,装配过程与完全互换法一样简单、方便,结果使绝大多数产品能保证装配精度要求。对于极少量不合格的予以报废,或采取措施进行修复。

大数互换法是以概率论为理论根据的。在正常生产条件下,零件加工尺寸获得极限尺寸的可能性是较小的,而在装配时,各零部件的误差同时为极大、极小的组合,其可能性就更小。因此,在尺寸链环数较多、封闭环精度又要求较高时,就不应该用极值法,而使用概率法计算。

为了便于比较,仍以图 7.14(a)所示装配关系为例加以说明。

【例 7.2】 齿轮轴向间隙装配尺寸链,装配后齿轮与挡圈间的轴向间隙为 $0.10 \sim 0.35$ mm。已知:$L_1 = 30$ mm,$L_2 = 5$ mm,$L_3 = 43$ mm,$L_4 = 30^{\ 0}_{-0.05}$ mm(标准件),$L_5 = 5$ mm,现采用大数互换法装配,试确定各组成环公差和极限偏差。

解:(1) 画装配尺寸链图、校验各组成环基本尺寸,与例 7.1 过程相同。

(2) 确定各组成环平均平方公差。

先确定置信水平 P 和封闭环相对分布系数 K_0。然后按统计资料确定组成环的相对分布系数 K_i。

当置信水平取 $P = 99.7\%$,$K_0 = 1$ 时,则各组成环平均平方公差为

$$T_{\text{avQ}} = \frac{T_0}{\sqrt{m}} = \frac{0.25}{\sqrt{5}} \approx 0.11 \text{ mm}$$

当置信水平取 $P = 95.44\%$,$K_0 = 1.5$,组成环为正态分布,$K_i = 1$ 时,则各组成环平均统计公差为

$$T_{\text{avS}} = \frac{K_0 \cdot T_0}{\sqrt{m}} = \frac{1.5 \times 0.25}{\sqrt{5}} \approx 0.16 \text{ mm}$$

从以上数据看出,由于组成环公差增大,降低了置信水平,从而增加了废品率,因此应根

据技术经济效果,慎重确定置信水平,故一般取废品率不大于 0.27%,即 $P=99.73\%$ 时计算。

(3) 确定各组成环公差和极限偏差。L_3 为一轴类零件,与其他组成环相比较难以加工,现选择较难加工零件 L_3 为协调环,然后根据各组成环基本尺寸和零件加工难易程度,以平均平方公差为基础,从严选取各组成环公差: $T_1=0.14$ mm, $T_2=T_5=0.08$ mm,其公差等级约为 IT10, $L_4=3_{-0.05}^{0}$ mm(标准件), $T_4=0.05$ mm; L_1, L_2, L_5 皆为外尺寸,其极限偏差按基轴制(h)确定,即 $L_1=30_{-0.14}^{0}$ mm, $L_2=5_{-0.08}^{0}$ mm, $L_5=5_{-0.08}^{0}$ mm。

(4) 计算协调环公差和极限偏差。

$$T_3 = \sqrt{T_0^2 - (T_1^2 + T_2^2 + T_4^2 + T_5^2)} = \sqrt{0.25^2 - (0.14^2 + 0.08^2 + 0.05^2 + 0.08^2)}$$

协调环 L_3 的中间偏差为

$$\Delta_0 = \sum_{i=1}^{m} \varepsilon_i \Delta_i$$

$$\Delta_0 = \Delta_3 - (\Delta_1 + \Delta_2 + \Delta_4 + \Delta_5)$$

$$\Delta_3 = \Delta_0 + (\Delta_1 + \Delta_2 + \Delta_4 + \Delta_5) = 0.225 + (-0.07 - 0.04 - 0.025 - 0.004)$$
$$= 0.05 \text{ mm}$$

协调环 L_3 的上、下偏差为

$$\text{ES}_3 = \Delta_3 + \frac{1}{2}T_3 = 0.05 + \frac{1}{2} \times 0.16 = 0.13 \text{ mm}$$

$$\text{EI}_3 = \Delta_3 - \frac{1}{2}T_3 = 0.05 - \frac{1}{2} \times 0.16 = -0.03 \text{ mm}$$

所以 $L_3 = 43_{-0.03}^{+0.13}$ mm

(5) 最后可得各组成环尺寸分别为

$$L_1 = 30_{-0.14}^{0} \text{ mm}, \quad L_2 = 5_{-0.08}^{0} \text{ mm}, \quad L_3 = 43_{-0.03}^{0.13} \text{ mm},$$
$$L_4 = 3_{-0.05}^{0} \text{ mm}, \quad L_5 = 5_{-0.08}^{0} \text{ mm}。$$

例 7.1 与例 7.2 的计算结果表明,采用大数互换法装配时,其组成环平均公差扩大了 $\sqrt{5}$ 倍,即 $\dfrac{T_{\text{avQ}}}{T_{\text{avL}}} = \dfrac{0.11}{0.05} \approx \sqrt{5}$。各零件加工精度由 IT9 下降为 IT10,加工成本将有所下降,而装配后会出现不合格率仅为 0.27%。

7.4.2 选择装配法

选择装配法是指将尺寸链中组成环的公差放大到经济可行的程度,然后选择合适的零件进行装配,以保证装配精度要求的方法,可分为直接选择装配法、分组装配法和复合选择法等。

1. 直接选择装配法

直接选择装配法是由装配工人凭经验,直接挑选合适的零件进行装配。其优点是能达到很高的装配精度;缺点是装配精度依赖于装配工人的技术水平和经验,装配的时间不易控制,因此不宜用于生产节拍要求较严的大批大量流水作业中。

2. 分组装配法

分组装配法是在成批或大量生产中,将产品各配合副的零件按实测尺寸分组,装配时按组进行互换装配以达到装配精度的方法。

采用分组装配时，为保证分组后各组的配合性质和配合精度与原装配精度要求相同，则配合件的公差范围应相等，其公差增大的方向要相同，增大的倍数应等于以后的分组数，现以任意的轴、孔间隙配合为例说明。

设轴、孔的公差分别为 T_d, T_D，且 $T_d = T_D = T$。如果为间隙配合时，其最大间隙为 X_{max}，最小间隙为 X_{min}。现采用分组装配法，把轴、孔的公差放大 n 倍，则轴、孔的公差为 $T'_d = T'_D = nT = T'$。零件加工后，按轴、孔尺寸大小分为 n 组，则每组内轴、孔的公差为 $\frac{T'}{n} = \frac{nT}{n} = T$。

在确定配合零件的极限偏差时，先确定一基准件，根据基准件选某一基准制——基孔制或基轴制，确定了基准件的公差带位置。再根据要求的极限间隙值和制造公差值，与基准件公差增大的相同方向，确定出相配零件的公差带位置。这样，任一相应组的一对零件配合时，其配合间隙都满足装配精度要求。现任取图 7.15 中第 k 组零件配合间隙值为

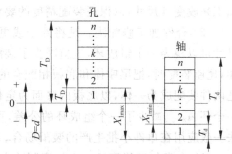

图 7.15 孔轴分组装配图

$$X_{kmin} = X_{1min} + (k-1)T_D - (k-1)T_d$$
$$X_{kmax} = X_{1max} + (k-1)T_D - (k-1)T_d$$

因为 $T_d = T_D$，有

$$X_{kmin} = X_{1min} = X_{min}$$
$$X_{kmax} = X_{1max} = X_{max}$$

由此可见，在配合件公差相等、公差同向扩大倍数等于分组数时，可保证任意组内配合性质与精度不变。若配合件公差不相等时，则配合性质就会改变，如 $T_D > T_d$ 则配合间隙随之增大。

采用分组装配时还应注意：配合件的形状精度和相互位置精度及表面粗糙度，不能随尺寸公差放大而放大，应与分组公差相适应；否则，不能保证配合性质和配合精度要求。分组数不宜过多，否则就会因零件测量、分类、保管工作量的增加而造成生产组织工作复杂化。制造零件时，应尽可能使各对应组零件的数量相等，满足配套要求，否则会出现某些尺寸零件的积压浪费现象。

3. 复合选配法

复合选配法是分组装配法与直接选择法的复合，即零件加工后预先测量分组，装配时再在各对应组内由工人进行直接选配。这种装配法的特点是，配合件公差可以不等，装配速度快，能满足一定的生产节拍要求。

7.4.3 修配装配法

修配装配法是指在装配时修去指定零件上预留修配量以达到装配精度的方法，简称修配法。

采用修配法时，尺寸链中各尺寸均按在该条件下加工经济精度制造。在装配时，累积在封闭环上的总误差必然超出其公差。为了达到规定的装配精度，必须把尺寸链中指定零件加以修配，才能予以补偿。要进行修配的组成环俗称修配环，它是属于补偿环的一种，也称为补偿环。因此修配法的实质是扩大组成环的公差，在装配时通过修配达到装配精度，此修配法是不能互换的。

修配法适用于单件或成批生产中装配那些精度要求高、组成环数目较多的部件。

实际生产中，通过修配来达到装配精度的方法很多，但常见的有以下 3 种。

(1) 单件修配法。是选择某一固定的零件作为修配件（即补偿环），装配时用补充机械加工来改变其尺寸，以保证装配精度的要求。

(2) 合件加工修配法。是将两个或更多的零件合并在一起再进行加工修配，合并后的尺寸可以视为一个组成环，这就减少了装配尺寸链的环数，并可相应减少修配的劳动量。例如，尾座装配时，把尾座体和底板相配合的平面分别加工好，并配刮横向小导轨结合面，然后把两件装配成为一体，以底板的底面为定位基面，铣削加工套筒孔，这就把 A_2、A_3 合并成为一个环 A_{2-3}，减少了一个组成环的公差，可以留给底板底面较小的刮研量（补偿量 F）。该法一般应用在单件小批生产的装配场合。

(3) 自身加工修配法。在机床制造中，有一些装配精度要求，总装时用自己加工自己的方法来满足装配精度比较方便，该法称为自身加工修配法。例如，牛头刨床总装时，自刨工作台面，就比较容易满足滑枕运动方向与工作台面平行度的要求。又如平面磨床用砂轮磨削工作台面，也属于这种修配方法。该法用于成批生产的机床制造业的装配场合。

采用修配法装配时，首先应正确选定补偿环。补偿环一般应满足以下要求：

(1) 易于修配并且装卸方便的零件为补偿环。

(2) 不应为公共环。即只与一项装配精度有关，而与其他装配精度无关。否则修配后，保证了一个尺寸链的装配精度，但又破坏了另一个尺寸链的装配精度。

(3) 不应选要求进行表面处理的零件，以免破坏表面处理层。

当补偿环选定后，解装配尺寸链的主要问题是如何确定补偿环的尺寸和验算补偿量（即修配量）是否合适。其计算方法一般采用极值法计算。

在修配过程中，修配环可以是减环，也可以是增环。被修配后对封闭环尺寸变化的影响有两种情况：一是使封闭环尺寸变大；二是使封闭环尺寸变小。因此，用修配法解装配尺寸链时，可分别根据这两种情况来进行计算。下面针对单件修配法分别对这两种情况进行举例说明。

1. 修配环是增环的情况

【例 7.3】 前述的普通车床前后顶尖与导轨的等高度，是一个多环尺寸链。在生产中都将它简化为一个四环尺寸链，如图 7.2 所示。

$A_0 = 0^{+0.06}_{+0.03}$ mm，$A_1 = 160$ mm，$A_2 = 30$ mm，$A_3 = 130$ mm

现画出尺寸链线图如图 7.16 所示。

此项精度若用完全互换法求解，按等公差法算，则

$$T_1 = T_2 = T_3 = \frac{0.03}{m} = 0.01 \text{ mm}$$

要达到这样的加工精度是比较困难的。

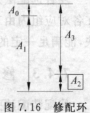

图 7.16 修配环为增环

即使用不完全互换法求解,也按等公差法进行计算,则

$$T_1 = T_2 = T_3 = \frac{0.03}{\sqrt{m}} = 0.017 \text{ mm}$$

零件加工仍然困难,因此用修配法来装配。

(1) 确定各组成环公差。

各组成环按经济公差制造,确定

$$A_1' = 160 \pm 0.1 \text{ mm}, \quad A_2' = 30^{+0.2}_{0} \text{ mm}, \quad A_3' = 130 \pm 0.1 \text{ mm}$$

这时考虑到主轴箱前顶尖至底面的尺寸精度不易控制,故用双向公差。尾架后顶尖至底面的尺寸精度也不易控制,也用双向公差。而尾架底板的厚度容易控制,故用单向公差。由于这项精度要求后顶尖高于前顶尖,故 A_2 取正公差。公差数值按加工的实际可能取就可以了。

(2) 选择修配环。

在这几个零件中,考虑尾架底板加工最为方便,故取 A_2 为修配环,可在尺寸链线图上将 A_2 加一个方框来表示,见图 7.16。A_2 环是一个增环,因此修刮它时会使封闭环的尺寸减小。

(3) 修配环基本尺寸的确定。

按照所确定的各组成环公差,用极值法计算一下封闭环的公差,由竖式法(见表 7.3)得出 $A_0' = 0^{+0.4}_{-0.2}$ mm。

表 7.3 竖式法计算尺寸链　　　　　　　　　　　　　　　　　　　　mm

尺寸链环	A_0 算式	ES_0 算式	EI_0 算式
减环 $\overrightarrow{A_1'}$	−160	+0.1	−0.1
增环 $\overrightarrow{A_2'}$	+30	+0.2	0
增环 $\overrightarrow{A_3'}$	+130	+0.1	−0.1
封闭环 A_0'	0	+0.4	−0.2

与原来的封闭环要求值 $A_0 = 0^{+0.06}_{+0.03}$ mm 进行比较,可知:

① 新封闭环的上偏差 ES_0' 大于原封闭环的上偏差 ES_0,即 $ES_0' > ES_0$。由于是选 A_2 为修配环,它是一个增环,减小其尺寸会使封闭环尺寸减小,所以只要修配 A_2 的尺寸就可以满足封闭环的要求。

② 新封闭环的下偏差 EI_0' 小于原封闭环的下偏差 EI_0,即 $EI_0' < EI_0$。当新封闭环出现下偏差时,尺寸已比原封闭环小,这时由于修配环是增环,减小它的尺寸已无济于事,反而使新封闭环尺寸更小,但又不能使修配环尺寸增大,因为修配法只能将修配环尺寸在装配时现场进行加工来减小。因此这时只能先增大修配环的基本尺寸来满足 $EI_0' > EI_0$,就可以修配 A_2 使其满足 A_0。

修配环基本尺寸的增加值 ΔA_2 为

$$\Delta A_2 = |EI_0' - EI_0| = |-0.2 - 0.03| = 0.23 \text{ mm}$$

$$A_2'' = (30 + 0.23)^{+0.2}_{0} = 30.23^{+0.2}_{0} \text{ mm}$$

也就是在零件加工时,尾架底板的基本尺寸应增大至 30.23 mm。所以,在选增环为修

配环时,当按各组成环所订经济公差用极值法算出新封闭环 A'_0,若 $EI'_0 > EI_0$,则修配环的基本尺寸不必改变(或减小一个数值 $|EI'_0 - EI_0|$),否则要增加一个数值 $|EI'_0 - EI_0|$。

(4) 修配量的计算。

修配量 δ_0,可以直接由 A'_0 和 A_0 算出

$$\delta_0 = T'_0 - T_0 = 0.6 - 0.03 = 0.57 \text{ mm}$$

修配量也可以根据修配环增大尺寸后的数值 A''_2 来计算封闭环 A''_0,再比较后得出

$$A''_2 = 30.23^{+0.2}_{0} = 30^{+0.43}_{+0.23} \text{ mm}$$

有竖式法(见表 7.4)得出 $A''_0 = 0^{+0.63}_{+0.03}$ mm,与 $A_0 = 0^{+0.06}_{+0.03}$ mm 进行比较,可知

最大修配量 $\delta_{0\max} = 0.63 - 0.06 = 0.57$ mm

最小修配量 $\delta_{0\min} = 0$

表 7.4 竖式法计算尺寸链   mm

尺寸链环	A_0 算式	ES_0 算式	EI_0 算式
减环 $\overleftarrow{A'_1}$	-160	$+0.1$	-0.1
增环 $\overrightarrow{A'_2}$	$+30$	$+0.43$	$+0.23$
增环 $\overrightarrow{A'_3}$	$+130$	$+0.1$	-0.1
封闭环 A'_0	0	$+0.63$	$+0.03$

在机床装配中,尾架底板与床身导轨接触面需要刮研以保证接触点,故必须留有一定的刮研量,取刮研量为 0.15 mm。这时修配环的基本尺寸还应增加一个刮研量,故有

$$A'''_2 = (A''_2 + 0.15)^{+0.2}_{0} = (30 + 0.23 + 0.15)^{+0.2}_{0} = 30^{+0.58}_{+0.38} \text{ mm}$$

用竖式法可以算出

$$A'''_0 = 0^{+0.78}_{+0.18} \text{ mm}$$

可得

最大修配量 $\delta'_{0\max} = 0.78 - 0.06 = 0.72$ mm

最小修配量 $\delta'_{0\min} = 0.18 - 0.03 = 0.15$ mm

或直接由上面所得的最大、最小修配量 $\delta_{0\max}$,$\delta_{0\min}$ 加上 0.15 mm,便可得到 $\delta'_{0\max}$ 和 $\delta'_{0\min}$。

2. 修配环是减环的情况。

【例 7.4】 图 7.17 所示的箱体中,为了要保证齿轮回转时和箱壁的间隙,选垫圈为修配环,用修配法进行装配,要求间隙为 0.2~0.1 mm,已知:$A_1 = 50$ mm,$A_2 = 45$ mm,$A_3 = 5$ mm。

(1) 确定各组成环公差。

从各环的加工难易程度和封闭环的要求考虑,取

$A_1 = 50^{+0.38}_{+0.13}$ mm, $A_2 = 45^{0}_{-0.16}$ mm, $A_3 = 5^{0}_{-0.12}$ mm

(2) 选择修配环。

在这几个零件中,考虑垫圈加工最为方便,故取 A_3 为修配环,可在尺寸链线图上将 A_3 加一个方框来表示,见图 7.17。A_3 环是一个减环,因此修刮它时会使封闭环的尺寸增大。

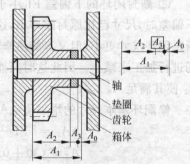

图 7.17 修配环为减环

(3) 修配环基本尺寸的确定。

由竖式法(表 7.5)算出新封闭环 $A'_0 = 0^{+0.66}_{+0.13}$ mm。

表 7.5 竖式法计算尺寸链   mm

尺寸链环	A_0 算式	ES_0 算式	EI_0 算式
增环 $\vec{A'_1}$	50	+0.38	+0.13
减环 $\overleftarrow{A'_2}$	45	+0.16	0
减环 $\overleftarrow{A'_3}$	5	+0.12	0
封闭环 A'_0	0	+0.66	+0.13

而 $A_0 = 0^{+0.2}_{+0.1}$ mm，比较可知

$$ES'_0 > ES_0, \quad EI'_0 > EI_0$$

由于 A_3 为减环，它的尺寸减小会使封闭环尺寸加大。现在新封闭环的上下偏差均比要求的要大，如果减小 A_3 根本无济于事，必须事先增大修配环的基本尺寸。

由于 A_3 是减环，只需比较上偏差 ES 来确定 A_3 应增加的数值：

$$\Delta A_3 = |ES'_0 - ES_0| = |+0.66 - 0.2| = 0.46 \text{ mm}$$

$$A''_3 = (5 + 0.46)^{0}_{-0.12} = 5^{+0.46}_{-0.34} \text{ mm}$$

所以，在选减环为修配环时，若 $ES'_0 < ES_0$，则修配环的尺寸不必变动(或减一个数 $|ES'_0 - ES_0|$)，否则要增加一个数值 $|ES'_0 - ES_0|$。这与选增环为修配环时的情况相反。

(4) 修配量计算。

用加大基本尺寸的修配环 A''_3 算出新封闭环 A''_0(见表 7.6)为

$$A''_0 = 0^{+0.2}_{-0.03} \text{ mm}$$

可知：

最大修配量 $\delta_{0\max} = 0.1 - (-0.33) = 0.43$ mm

最小修配量 $\delta_{0\min} = 0$

由于垫片粗糙度容易保证，不需要刮研量，A''_3 尺寸不必再增加。

表 7.6 竖式法计算尺寸链   mm

尺寸链环	A_0 算式	ES_0 算式	EI_0 算式
增环 $\vec{A'_1}$	+50	+0.38	+0.13
减环 $\overleftarrow{A'_2}$	−45	+0.16	0
减环 $\overleftarrow{A'_3}$	−5	−0.34	−0.46
封闭环 A'_0	0	+0.20	−0.33

3. 总结

根据上述两例可总结如下。

1) 修配环基本尺寸的决定

修配环要能起作用则必须使修配环的尺寸有充分的修配量，以便装配时能在现场加工掉多余部分，保证封闭环的精度要求。

若修配环为增环时,其尺寸变小会使封闭环尺寸变小。按经济公差计算出的新封闭环 A_0',若其下偏差 $EI_0' > EI_0$,修配环的基本尺寸不必改动(或减小 $|EI_0' - EI_0|$),否则要增加数值 $|EI_0' - EI_0|$。

若修配环为减环时,其尺寸变小会使封闭环尺寸加大。按经济公差计算出的新封闭环 A_0',如若其上偏差 $ES_0' < ES_0$,修配环的基本尺寸不必改动(或减小一个数值 $|ES_0' - ES_0|$),否则要增加数值 $|ES_0' - ES_0|$。

2) 修配量的决定

修配量 $\delta_0 = T_0' - T_0$,即按经济公差计算出的新封闭环公差与原来封闭环公差的差值。

对于机床、仪器等,由于精度、配合等要求较高,在装配时要进行刮研,要有刮研量。这时应在修配量中加上刮研量,最小修配量就等于刮研量。

7.4.4 调整装配法

调整装配法是指在装配时用改变产品中可调整零件的相对位置或选用合适的调整件以达到装配精度的方法。

调整装配法与修配装配法的实质相同,即各有关零件仍可按经济加工精度确定其公差,并且仍选定一个组成环为补偿环(也称调整件),但在改变补偿环尺寸的方法上有所不同。修配法采用补充机械加工方法去除补偿件上的金属层,而调整法采用调整方法改变补偿件的实际尺寸和位置,来补偿由于各组成环公差放大后所产生的累积误差,以保证装配精度要求。常见的调整法有以下 3 种。

1. 可动调整法

可动调整法是采用改变调整件的位置来保证装配精度的方法。在机械产品的装配中,可动调整法不但装配方便,并可获得比较高的装配精度,而且也可以通过调整件来补偿由于磨损、热变形而引起的误差,使产品恢复原有的精度,所以在实际生产中应用较广。

2. 固定调整法

固定调整法是在装配尺寸链中,选择某一零件为调整件,根据各组成环所形成的累积误差的大小来更换不同尺寸的调整件,以保证装配精度要求的方法。常用的调整件有轴套、垫片、垫圈等。在采用固定调整法时,需要解决以下几个问题:

(1) 调整件如何选择的问题,一般原则是选择易测量、易加工、易装卸的零件(组成环)为调整件;

(2) 选择调整范围;

(3) 确定调整件的分组数;

(4) 确定每组调整件的尺寸。

固定调整法装配多用于大批大量生产中。在生产量大、装配精度高的装配中,固定调整件可用各种不同厚度的薄金属片(如 0.01,0.02,0.05 mm 等),并加上一定厚度的垫片(如 1,2,3 mm 等),这就可组合成需要的各种不同尺寸,来达到装配精度的要求,从而使调整更为方便,所以它在汽车、拖拉机和自行车等生产中广泛应用。

3. 误差抵消调整法

误差抵消调整法是在产品或部件装配时,通过调整有关零件的相互位置,使其加工误差相互抵消一部分,以提高装配精度要求的方法。它在机床装配中应用较多,如在组装机床主轴时，通过调整前后轴承径向跳动和主轴锥孔径向跳动大小和方位，来控制主轴的径向跳动；又如在滚齿机工作台分度蜗轮装配中，采用调整两者偏心方向来抵消误差，以提高两者的同轴度。

上述各种保证装配精度的装配方法中，应优先选择完全互换法，该法装配工作简单、可靠、经济、生产率高以及零、部件具有互换性，能满足产品（或部件）成批大量生产的要求，并且对零件的加工也无过高的要求。当装配精度要求较高时，采用完全互换法装配将会使零件的加工比较困难或很不经济，就应该采用其他装配方法。在成批大量生产时，环数少的尺寸链，可采用分组装配法；环数多的尺寸链，采用大数互换装配法或调整法。单件成批生产时，可采用修配装配法。若装配精度要求很高，不宜选择其他装配方法时，可采用修配装配法。

7.5 装配工艺规程的制定

装配工艺规程是指导装配工作的主要技术文件之一，也是进行装配生产计划及技术准备的主要依据，还是设计或改建工厂装配车间的基本文件之一。其内容有产品及其部件的装配顺序、装配方法、装配的技术要求和检验方法、装配时所需要的设备和工具以及装配时间定额等。它的制定是生产技术准备工作中的一项主要工作。

7.5.1 制定装配工艺规程应遵循的基本原则和所需的原始资料

1. 应遵循的原则

(1) 保证产品装配质量，力求提高质量，达到延长产品使用寿命的目的。
(2) 合理安排装配工序，尽量减少钳工装配的工作量，以提高装配效率、缩短装配周期。
(3) 尽可能减少车间的生产面积，提高单位面积的生产率。

2. 所需原始资料

(1) 产品的总装配图。为了在装配时对某些零件进行补充机械加工和核算装配尺寸链，还需要有关零件图。
(2) 产品验收的技术条件。
(3) 产品的生产纲领。机械装配的生产类型按产品的生产批量可分为大批大量生产、成批生产及单件小批生产三种，各种生产类型装配的特点见表7.7。

表7.7 各种生产类型装配工作的特点

生产类型	大批大量生产	成批生产	单件小批生产
装配工作特点	产品固定，生产活动长期的重复，生产周期一般较短	产品在系列化范围内变动，分批交替投产或多品种同时投产，生产活动在一定时期内重复	产品经常变换，不定期重复生产，生产周期一般较长
组织形式	多采用流水装配线，有连续移动、间歇移动及可变节奏移动等方式，还可采用自动装配机或自动装配线	体积笨重批量不大的产品多用固定流水装配。批量较大时采用流水装配，多品种平行投产时可采用变节奏流水装配	多采用固定装配或固定式流水装配进行总装，同时对批量较大的部件亦可采用流水装配

续表

生产类型	大批大量生产	成批生产	单件小批生产
装配方法	按互换法装配,允许有少量简单的调整,精密偶件成对供应或分组供应装配,无任何修配工作	主要采用互换法,但灵活用其他保证装配精度的装配工艺方法,如调整法、修配法及合并法,以节约加工费用	以修配法和调整法为主,互换件比例较少
工艺过程	工艺过程划分很细,力求达到高度的均衡性	工艺过程划分须适合于批量的大小,尽量使生产均衡	一般不详细制定工艺文件,工序可适当调度,工艺也可灵活掌握
工艺装备	专业化程度高,宜采用高效工艺装备,易于实现机械化自动化	通用设备较多,但也采用一定数量的专用工、夹、量具,以保证装配质量和提高工效	一般为通用设备及通用工、夹、量具
手工操作要求	手工操作比重小,熟练程度容易提高,便于培养新工人	手工操作比重小,技术水平要求较高	手工操作比重大,要求工人有高的技术水平和多方面的工艺知识
应用实例	汽车、拖拉机、内燃机、滚动轴承、手表、缝纫机、电气开关	机床、机车车辆、中小型锅炉、矿山采掘机械	重型机床、大型内燃机、大型锅炉、汽轮机

(4) 现有生产条件。它包括现有的装配装备、车间的面积、工人的技术水平、时间定额标准等。

7.5.2 制定装配工艺规程的步骤

1. 研究产品装配图和验收技术条件

首先分析研究产品装配图和验收技术条件,然后审查图样的完整性和正确性;明确产品性能、部件的作用、工作原理和具体结构;对产品进行结构工艺性分析,明确各零、部件间装配关系;审查产品装配技术要求和验收技术条件,正确掌握装配中的技术关键问题和制定相应的技术措施;必要时应用装配尺寸链进行分析与计算。如发现存在问题和错误,应及时提出,与设计人员研究后予以解决。

2. 确定装配的组织形式

装配工艺方案的制定与装配组织形式有关。装配组织形式的选择,主要取决于产品结构的特点、生产纲领,以及现有生产技术条件和设备状况。

3. 划分装配单元,确定装配顺序

从装配工艺角度来说,产品是由若干个装配单元组成的,划分装配单元是拟订装配工艺过程中极为重要的一项工作。

除零件外,在确定每一级装配单元的装配顺序时,首先要选择某一个零件(或套件、部件)作为装配基准件,其余零件或套件及组件或部件按一定顺序装配到基准件上,成为下一级的装配单元。装配基准件一般选择产品的基体或主干零、部件,因为它具有较大的体积和质量以及足够的支承面,有利于装配工作和检测的进行。同时应尽量避免装配基准件在后续工序中还有机加工工序。

装配单元划分及确定了装配基准件之后,就可安排装配顺序。一般是按先下后上、先内后外、先难后易、先精密后一般、先重大后轻小的原则来确定其他零件或装配单元的装配顺序。

根据装配顺序,绘制装配系统图。装配系统图是表明产品、部件间相互装配关系及装配流程的示意图。当产品结构复杂时,可分别绘制产品的总装配和各级部件装配系统图。在装配系统图上,可以加注必要的工艺说明,如焊接、配钻、攻螺纹、铰孔及检验等。图7.18是机床床身部件装配系统图。

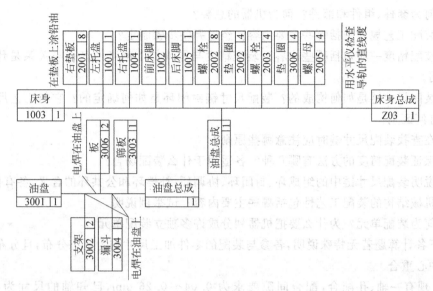

图 7.18　床身部件装配系统图

4. 划分装配工序

装配顺序确定后,还要将装配工艺过程划分成为若干个工序,确定工序的工作内容、所需的设备和工装及工时定额等。装配工序还包括检验和试验工序。

5. 制定装配工艺卡片

单件小批生产时,通常不需制定装配工艺卡,而用装配系统图来代替,装配时,可按产品装配图和装配系统图进行装配。成批生产时,通常制定部件及总装的装配工艺卡。在工艺卡上只写有工序次序、简要工序内容、所需设备、工装名称及编号、工人技术等级及工时定额。但关键工序有时也需要制定装配工序卡。大批大量生产时,应为每一工序单独制定工序卡,详细说明该工序的工艺内容。工序卡能直接指导工人进行装配。

6. 制定产品检验规范

产品装配完毕之后,应按产品图样要求和验收技术条件,制定检测与试验规范,具体内容有:检测和试验的项目及检验质量指标;检验和试验的方法、条件与环境要求;检测和试验所需工装的选择与设计;质量问题的分析方法和处理措施等。

本章基本要求

1. 掌握机械装配、装配组织形式、装配精度、装配单元、装配系统图、装配尺寸链等基本概念。

2. 熟悉装配尺寸链的建立和求解方法。

3. 掌握互换装配法、选择装配法、修配装配法以及调整装配法的特点、原理及应用等。
4. 熟悉装配工艺规程的制定步骤。

思考题与习题

1. 何为套件、组件和部件？何为机器的总装？
2. 装配工艺规程包括哪些主要内容？经过哪些步骤制定？
3. 装配精度一般包括哪些内容？装配精度与零件加工精度的区别与关系是什么？试举例说明。
4. 装配尺寸链是如何构成的？装配尺寸链封闭环是如何确定的？它与工艺尺寸链的封闭环有何区别？
5. 在查找装配尺寸链时应注意哪些原则？
6. 保证装配精度的方法有哪几种？各适用于什么装配场合？
7. 说明装配尺寸链中的组成环、封闭环、协调环、补偿环和公共环的含义，各有何特点？
8. 机械结构的装配工艺性包括哪些主要内容？试举例说明。
9. 何为装配单元？为什么要把机器划分成许多独立装配单元？

以下各计算题若无特殊说明，各参与装配的零件加工尺寸均为正态分布，且分布中心与公差带中心重合。

10. 现有一轴、孔配合，配合间隙要求为 $0.04 \sim 0.26$ mm，已知轴的尺寸为 $\phi 50_{-0.10}^{0}$ mm，孔的尺寸为 $\phi 50_{0}^{+0.20}$ mm。若用完全互换法进行装配，能否保证装配精度要求？用大数互换法装配能否保证装配精度要求？

11. 设有一轴、孔配合，若轴的尺寸为 $\phi 80_{-0.10}^{0}$ mm，孔的尺寸为 $\phi 80_{0}^{+0.20}$ mm，试用完全互换法和大数互换法装配，分别计算其封闭环公称尺寸、公差和分布位置。

12. 在 CA6140 车床尾座套筒装配图中，各组成环零件的尺寸如题 12 图所示，若分别按完全互换法和大数互换法装配，试分别计算装配后螺母在顶尖套筒内的端面圆跳动量。

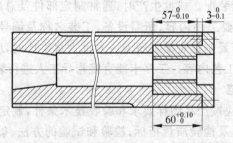

题 12 图

13. 现有一活塞部件，其各组成零件有关尺寸如题 13 图所示，试分别按极值公差公式和统计公差公式计算活塞行程的极限尺寸。

14. 如题 14 图所示轴类部件，为保证弹性挡圈顺利装入，要求保持轴向间隙 $A_0 = 0_{+0.05}^{+0.41}$ mm；已知各组成环的基本尺寸 $A_1 = 32.5$ mm，$A_2 = 35$ mm，$A_3 = 2.5$ mm。试用极值法和统计法分别确定各组成零件的上下偏差。

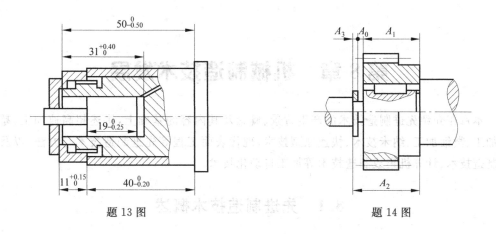

题 13 图 题 14 图

小论文参考题目

1. 选择一典型机械产品，分析其结构特点并制定其装配工艺规程。
2. 论述自动化装配技术的发展现状及发展趋势。

第8章 机械制造技术发展

本章在介绍先进制造技术的产生背景、概念及其内容的基础上,讲述超高速加工、超精密加工、微细加工、纳米技术、快速原型技术、现代表面工程等先进制造技术与方法,以及柔性制造技术、计算机集成制造技术等加工自动化技术。

8.1 先进制造技术概述

8.1.1 先进制造技术的提出

制造技术的水平和制造工业的发达程度反映了一个国家、地区的经济实力,也反映了人民的生活质量、国防能力和社会的发展程度。自从20世纪80年代以来,市场环境和社会经济发展的背景发生了巨大变化,一方面表现为消费需求日趋多样化和个性化,大批量生产已经不能满足消费者对于产品多样性和个性化的要求,产品的生命周期在逐渐缩短,市场需要更多的产品种类、更快的研发速度、更短的产品上市周期。另一方面,全球性产业结构调整步伐加快,为了满足消费者对于产品多样性和快速性的要求,制造商在关注自身关键技术研发的同时,更注重于全球范围内的强强联合,通过互补与协作在短期内完成产品的研发和生产。

与此同时,计算机、微电子、信息、自动化、管理等科技的高速发展,为制造技术的进步提供了前提和条件。为了摆脱传统制造技术对提高生产力的桎梏、适应快速变化的市场环境,计算机技术、信息技术、现代管理技术等逐渐与制造技术相融合、渗透,使得现代制造业的组织方式、管理思想、设计理论、生产工艺、生产流程等发生了根本改变。

1. 美国早期制造业的衰退与先进制造技术的提出

"先进制造技术"这个概念是由美国在20世纪80年代末首先提出的,这一概念的提出缘于忽视制造业在国民经济中的地位而引起的巨大教训。20世纪70年代以前,美国是制造业的头号强国,尤其是轿车工业,是美国的支柱产业,在全球制造业中处于遥遥领先的地位。但是,在20世纪50年代以后,出于军备需要,美国政府将重点放在高新技术和军用技术上,忽视了一般制造业。进入20世纪70年代后期,"第三次浪潮"(即信息革命)论在美国流传开来,一部分美国学者鼓吹美国已经进入后工业社会(即知识经济社会),认为劳动力将从工业转移到信息行业和服务业,传统制造业已经成为走向没落的"夕阳工业",因而制造技术的发展受到极大的冷遇。大学里不再开设制造技术和制造科学课程,也鲜有相关研究课题,基本放弃了关于制造工程和制造科学方面的教育和研究工作。

其实,关于"信息革命"和"知识经济社会"都是正确的论断,劳动力的第二次大转移也是正在发生的事实。但是将制造业视为正在走向没落的"夕阳工业",这一观点过于简单和轻率,不符合其后经济发展的事实。最后导致美国的制造技术恶化、生产设备陈旧、管理方法落后。最终美国在经济上的竞争力下降,其制造业在世界上的领先地位被动摇了。当时除了飞机和化工等少数产品外,汽车、机床、钢材、电子等行业均出现了负增长。

20世纪80年代末,美国政府逐渐意识到面临的危机,针对制造业存在的问题进行了深刻反省。为了增强其在制造业领域中的竞争力,重新夺回制造业领域中的霸主地位,美国政府开始把重点扭转到采用和发展先进制造技术的务实行动中来。从20世纪90年代初开始,美国政府提出了一系列振兴制造业的计划,其中包括著名的先进制造技术计划和制造技术中心计划。

(1) 先进制造技术计划。1993年,美国政府批准将先进制造技术计划列为1994年预算重点扶持领域,并投入13.85亿美元。该计划是美国联邦政府科学、工程和技术协调委员会(U. S. Federal Coordination Committee of Science, Engineering and Technology, FCCSET)制定的6大科学和开发计划之一,其目标为:为美国工人制造更多高技术、高工资就业机会,促进美国经济增长;不断提高能源效益,减少污染,制造更加清洁的环境;使美国的私人制造业在世界市场上更具有竞争力,保持美国的竞争地位;使教育系统对每位学生进行更富有挑战性的教育;鼓励科技界把确保国家安全以及提高全民生活质量作为核心目标。先进制造技术计划围绕三个重点领域展开研究:下一代的"智能"制造系统;为产品、工艺过程和整个企业的设计提供集成的工具;基础设施工作。

(2) 制造技术中心计划。该计划又称为合作伙伴计划,是指政府和企业在发展制造技术上进行密切合作。美国有35万家中小企业面临资金短缺和研发力量不足的问题,需要政府帮助其掌握先进技术,使它们具有识别、选择适用于自己技术的能力。美国国家标准与技术研究院负责执行制造技术中心计划。在一个地区设一个制造技术中心,为中小企业展示新的制造技术和设备,使企业了解最新的或最适合于它们使用的技术和设备,并进行技术培训,帮助中小企业选用。根据该计划,1989年在美国建立了3个制造技术中心,帮助6000多家企业通过技术进步而节约了1.3亿美元的生产成本。1991年春天又成立了两个中心。这5个中心1992年的活动费用是1500万美元,1993年是1800万美元,全部由国会拨款。美国政府提出要在全国建立170家这样的中心。这些中心的作用是在制造技术的拥有者与需要这些技术的中小型企业之间建立合作的桥梁。制造技术的拥有者通常是政府的研究机构、试验室、大学及其他研究机构。

2. 日本的智能制造技术计划

第二次世界大战后,日本已在数控机床、机器人、微电子、精密制造等领域取得了世界领先的地位,在产业政策上也从仅重视应用研究逐渐转向加强基础研究上。从1987年开始,日本多位工业界代表开始着手智能制造技术研究。经过他们的不懈努力,1989年日本通产省正式提出了智能制造技术计划(intelligent manufacturing system, IMS),并得到了美国、欧共体(即现在的欧盟)、加拿大、澳大利亚等国家的响应,形成一个大型国际研究项目,日本政府投资10亿美元以保证计划的实施。

当时各个国家和企业都在极力开发和追求高性能的制造技术和制造装备,但缺乏在整体制造系统的高度上确立各个开发项目的位置的观念。因此,当时已有的柔性制造系统、计算机集成制造系统等先进技术也都有各自的局限性,不能很好地适应和满足现在市场和产业界的需要。日本的智能制造技术计划正是在这个背景下提出的,其研究目的是通过各发达国家之间的国际协作研究,使制造业在接受订货、开发、设计、生产、物流直至经营管理的全过程中,使装备和生产线具有一定的智能性,能够根据周围环境以及生产作业状况进行自主判断并采取适当的行动,由此来适应、迎接当今世界制造活动全球化的发展趋势,减少过于庞大的重复投资,并通过先进、灵活的制造过程的实现来解决制造系统中的人因问题。

3. 其他国家关于先进制造技术的措施

除了美国和日本外,其他发达国家也提出了相应的先进制造技术计划,如欧共体的尤里卡计划(EREKA)、欧洲信息技术研究发展战略计划(ESPRIT)和欧洲工业技术基础研究(BRITE),韩国的高级先进技术国家计划。我国在"七五"、"八五"、"九五"期间,国家科技部的"国家科技攻关计划"、"国家高新技术研究发展计划"、"国家基础研究重大项目计划"、"国家技术创新计划"都将先进制造技术作为重要内容加以实施,其中的"精密成型与加工研究开发和应用示范"、"计算机集成制造系统"以及"智能机器人"等主题经过十多年的研究和发展,取得了令人瞩目的成绩。

8.1.2 先进制造技术的含义

先进制造技术是制造技术不断吸收其他学科先进知识而形成的,是一个不断更新、相对动态的概念。作为一个专有名词,先进制造技术至今没有一个明确的、一致公认的定义。可以将其定义为:先进制造技术是制造业不断吸收信息技术和现代管理技术的成果,并将其综合应用于产品设计、加工装配、检验测试、经营管理乃至报废回收等产品全生命周期过程中,以实现优质、高效、低耗、清洁、灵活生产,提高对动态多变市场的适应能力和竞争能力的制造技术的总称。

此处的制造已不仅仅是传统意义上的机械制造,它的基本特点是"大制造"、"全过程"、"多学科"。"大制造"包括光机电产品的制造、工业流程制造、材料制备等,是广义制造的概念。而制造方法也大大的拓展了,不仅包括机械加工方法,还包括高能束加工、电化学加工等。"全过程"不仅指毛坯到成品,还包括市场信息分析、产品决策、设计、销售、售后服务、报废产品的处理回收,以至产品全生命周期的设计、制造、管理。"多学科"指现代制造技术涉及微电子、计算机、自动化、网络通信等信息科学、管理科学、生命科学、材料科学与工程和制造科学的交叉。

8.1.3 先进制造技术的内容

从其定义上可以看出,先进制造技术涵盖了产品从设计到报废的全过程,不但包含设计、加工方面的理论,还包括组织、管理方面的知识,既有工艺方法,又有工装设备,其内容非常广泛。1994年美国联邦科学、工程和技术协调委员会将先进制造技术分为主体技术群、支撑技术群以及制造基础设施三个技术群,如图 8.1 所示。

其中,主体技术群是制造技术的核心,包含设计技术群和制造工艺技术群两部分内容。设计技术群包括:①产品、工艺过程和工厂设计,主要有计算机辅助设计、计算机辅助工程分析、面向加工和装配的设计、模块化设计、工艺过程建模和仿真、工作环境设计等;②快速原型制造;③并行工程。

制造工艺技术群包括:①材料生产工艺,包括

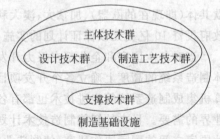

图 8.1 先进制造技术的体系结构

冶炼、轧制、压铸、烧结等新工艺、新方法；②加工工艺，包括切削、磨削、特种加工、铸造、锻造、压力加工、模具成形、材料热处理、表面涂层、表面改性、精密与超精密加工等；③连接与装配工艺；④测试与检验；⑤节能与清洁化生产技术；⑥维修技术；⑦其他技术。

支撑技术是指支持设计和制造工艺的基础性核心技术，是保证和改善主体技术，协调运行所需的技术、工具、手段和系统集成的基础技术。支撑技术群包括信息技术、标准和框架、机床和工具技术、传感和控制技术等。

制造基础设施是指使先进制造技术适用于具体企业应用环境，充分发挥其功能、取得最佳效益的一系列基础措施，主要有新型企业组织形式与科学管理、全面质量管理、用户与供应商交互作用、工作人员培训和教育、全局监督与基准评测、技术获取和利用等。

8.1.4 先进制造技术的分类

根据先进制造技术的功能和研究对象，将目前各国已有的制造技术系统化，可将先进制造技术的研究分为以下5大领域。

1. 现代设计技术

现代设计技术是根据产品功能要求，应用现代技术和科学知识，制定设计方案并使方案付诸实施的技术，主要包含以下内容。

(1) 计算机辅助设计技术，包括计算机辅助设计、计算机辅助工艺设计、有限元分析、优化设计、运动仿真与分析、设计动画、工程数据库技术等。

(2) 各种现代设计方法，包括模块化设计、模糊设计、智能设计、面向对象的设计、反求工程、并行设计、绿色设计等。

(3) 产品可信性设计，主要包括可靠性设计、动态分析与设计、疲劳设计、健壮设计等。

2. 先进制造工艺

先进制造工艺是先进制造技术的核心，是加工原材料与半成品的方法和过程，主要包括以下内容。

(1) 高效精密成形技术，包括精密洁净铸造成形工艺、精确高效塑性成形工艺、优质高效焊接及切割技术、优质低耗洁净热处理技术、快速原型技术。

(2) 高效高精度切削加工工艺，包括精密和超精密加工、高速切削和磨削加工、复杂型面数控加工等。

(3) 现代特种加工工艺，包括高能束(如电子束、离子束、激光束等)加工、电加工(如电解和电火花等)、超声波加工、高压水射流加工、纳米加工及微细加工等。

(4) 表面改性、制膜和涂层加工等。

3. 加工自动化技术

加工自动化技术是使用机电设备取代或放大人的体力，或取代和延伸人的部分智力，自动完成特定作业，如物料的存储、运输、加工、装配和检验等各生产环节的自动化技术。涉及到的技术有数控技术、工业机器人技术、柔性制造技术、传感技术、自动检测技术、信号处理等。

4. 现代生产管理技术

现代生产管理技术是为了使材料、设备、能源、技术、信息及人力等各类制造资源得到总体配置优化和充分利用，使企业综合效益得到提高而采取的各种计划、组织、控制及协调的方法和技术,主要包括现代管理信息系统、物流系统管理、工作流管理、产品数据管理等。

5. 先进制造生产模式及系统

先进制造生产模式及系统是面向企业生产全过程,将先进的信息技术和生产技术相结合的一种哲理,其功能领域覆盖了企业生产计划、产品开发、加工装配、数据管理、资源管理、产品销售、售后服务等各项生产活动,是制造综合自动化的新模式。其主要包括计算机集成制造、并行工程、敏捷制造、智能制造和精益生产等。

8.2 先进制造工艺

先进制造工艺是先进制造技术的核心,具有直接推广价值和广阔的应用前景,也就成为最前沿的研究领域。先进制造工艺的主要内容涉及先进切削加工工艺、成形加工工艺、变形加工工艺、材料性能调整工艺以及特殊加工等。

切削加工包括切削和磨削,是最常见的机械加工技术,具有生产率高、加工成本低、易于形成各种形状、适应性大等优点,所以一直被广泛应用,尤其是在精加工工序中是最重要的加工方法。成形加工主要指将块状、颗粒状或液态原材料转化为所需形状的加工方法,如铸造、塑料成形、粉末冶金等。变形加工是指改变材料形状的一种加工方法,如锻造、钣金、拉拔、挤压、轧制等。材料性能调整是指在不改变材料形状基础上,仅改变材料本身或工件表层材料性能的加工方法,主要指热处理及其他表面处理方法。特殊加工主要是指利用化学、电化学或声、光、热等物理方法对材料进行加工的方法,主要用于各种具有特殊物理机械性能、难以采用传统切削加工工艺的材料,或精密细小、形状复杂工件的加工。

8.2.1 超高速加工

超高速加工技术是指采用超硬材料刃具,以及能可靠实现高速运动的高精度、高自动化、高柔性的制造设备,以极大地提高切削速度和进给速度来提高材料切除率、加工精度和加工质量的现代加工技术。

德国切削物理学家萨洛蒙(Salomon)曾在 1931 年提出了一个著名的切削理论,他认为:工件材料对应有一个临界切削速度 v_c,在切削速度低于 v_c 的条件下,切削温度随切削速度的升高而升高,而当切削速度超过 v_c 时,切削速度增加但切削温度反而降低,切削速度和切削温度的关系曲线如图 8.2 所示,被称为"萨洛蒙曲线"。临界切削速度 v_c 与工件材料有关。对每种材料,均存在一个速度范围(如 8.2 图中的 B 区域),在这个范围内切削温度太高,任何刀具均无法承受,切削加工不能进行,这个区域被称为"死谷";当前的常规加工切削速度均位于 A 范围内,此时切削速度和切削温度均不高;若切削速度能越过"死谷"而进入 C 范围内,则可进行超高速加工,提高切削生产率。

通常认为,高速加工的切削速度是普通切削的 5~10 倍,主轴转速 10 000 r/min,而超高速加工的切削速度在普通切削的 10 倍以上,主轴转速达 20 000 r/min 以上。高速及超高速加工是一个动态的、相对的概念,对于不同的工件材料、不同的切削方式,其切削速度是不同的。目前一般认为,超高速切削各种材料的切速范围为:铝合金 2000~7500 m/min,铜合金 900~5000 m/min,钢 600~3000 m/min,铸铁 800~3000 m/min,耐热合金大于 500 m/min,钛合金 150~1000 m/min,纤维增强塑料 2000~9000 m/min。常用切削工艺的

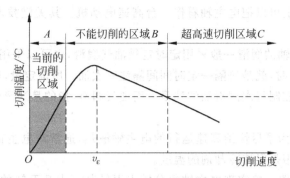

图 8.2　切削速度与切削温度间的关系曲线

切速范围为：车削 700~7000 m/min,铣削 300~6000 m/min,钻削 200~1100 m/min。

超高速加工的关键技术包括超高速切削与磨削机理研究、超高速主轴单元制造技术、超高速进给单元制造技术、超高速加工用刀具与磨具制造技术、超高速加工在线自动检测与控制技术等。本书仅介绍超高速主轴单元制造技术与超高速加工用刀具与磨具制造技术。

1. 超高速主轴单元制造技术

在超高速运转的条件下,传统的带轮传动和齿轮传动已经不能适应传动的要求。随着变频调速技术、电动机矢量控制技术等电气传动技术的迅速发展,高速数控机床主传动系统的机械结构已得到极大的简化。机床主轴由内装式电动机直接驱动,从而把机床主传动链的长度缩短为零,实现了机床的"零传动"。这种主轴电动机与机床主轴合二为一的传动结构形式,使主轴部件从机床的传动系统和整体结构中相对独立出来,作成独立的主轴单元,即电主轴(electric spindle 或 motor spindle)。电主轴具有结构紧凑、质量小、惯性小、振动小、噪声低、响应快等优点,而且转速高、功率大,简化机床设计,易于实现主轴定位,是高速主轴单元中的一种理想结构。图 8.3 所示为瑞士 IBAG 公司的 HF42 型超高速切削用电主轴,其额定功率为 0.2 kW,当采用复合轴承、油/气润滑结构时,其最高转速可达 140 000 r/min。

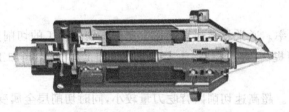

图 8.3　瑞士 IBAG 公司的 HF42 型超高速切削用电主轴

电主轴由转子、轴承、外壳、电机组件和测量装置组成,还必须配备冷却、润滑以及变频驱动等系统。超高速电主轴所融合的技术主要有高速轴承技术、高速电机技术、润滑、冷却装置、高频变频装置等。

(1) 高速轴承技术。电主轴通常采用复合陶瓷轴承,具有耐寒、受力弹性小、抗压力大、导热性小、自重轻、摩擦系数小等优点,寿命是传统轴承的几倍;有时也采用电磁悬浮轴承或静压轴承,内外圈不接触,理论上寿命无限。

(2) 高速电机技术。电主轴是电动机与主轴融合在一起的产物,电动机的转子即为主轴的旋转部分,理论上可以把电主轴看作一台高速电动机。其关键技术主要是高速下的动平衡。

(3) 润滑。电主轴的润滑一般采用定时定量油气润滑,也可以采用脂润滑,但其允许的运动速度低。所谓定时,就是每隔一定时间间隔注一次油。所谓定量,就是通过一个称作定量阀的器件,精确地控制每次润滑油的油量。而油气润滑,指的是润滑油在压缩空气的携带下,被吹入陶瓷轴承。

(4) 冷却装置。为了尽快给高速运行的电主轴散热,通常对电主轴的外壁通以循环冷却剂,冷却装置的作用是保持冷却剂的温度。

(5) 高频变频装置。要实现电主轴每分钟上万转甚至十几万转的转速,必须使用高频变频装置来驱动电主轴的内置高速电动机,变频器的输出频率须达到上千赫兹或几千赫兹。

2. 超高速加工用刀具与磨具制造技术

在超高速加工技术中,超硬材料工具是实现超高速加工的前提和先决条件。

目前,刀具材料已从碳素钢和合金工具钢,经高速钢、硬质合金钢、陶瓷材料,发展到人造金刚石及聚晶金刚石、立方氮化硼及聚晶立方氮化硼。切削速度亦随着刀具材料的创新而从以前的 12 m/min 提高到 1200 m/min 以上。超高速加工刀具材料主要选用超细晶粒硬质合金、聚晶金刚石、立方氮化硼、氮化硅陶瓷、混合陶瓷和碳化钛基硬质合金等。采用气相沉淀法的超硬材料涂层刀具,也是超高速加工常用的一种刀具,其涂层技术也由单一涂层发展为多层、多材料涂层。

砂轮材料过去主要是采用刚玉系、碳化硅系等,美国 GE 公司 20 世纪 50 年代首先在金刚石人工合成方面取得成功,60 年代又首先研制成功立方氮化硼。超高速磨削用砂轮的磨具材料主要有立方氮化硼和聚晶金刚石,结合剂主要有树脂结合剂、陶瓷结合剂和金属结合剂。采用陶瓷或树脂结合剂的立方氮化硼磨料砂轮线速度可达 125 m/s,极硬的立方氮化硼或金刚石砂轮线速度可达 150 m/s,而单层电镀立方氮化硼砂轮线速度可达 250 m/s。

3. 超高速切削加工的优越性

相对于普通切削,超高速切削在生产率、生产成本、被加工零件精度等方面具有明显优势,具体如下所述。

(1) 提高加工效率。通常超高速切削加工比常规切削加工的切削速度高 10 倍以上,单位时间材料切除率可提高 10 倍左右,大大减少零件加工时间、提高加工效率和设备利用率、缩短生产周期。

(2) 减小切削力。超高速切削因背吃刀量较小,同时切削层金属变形不充分,其切削力相比普通切削至少可降低 30%,当加工细长轴、薄壁件等刚性较差的零件时,可大大减少加工变形、提高零件精度。

(3) 减小热变形。因在超高速切削过程中,95% 以上的切削热来不及传递给工件便被切屑带走,零件不会因温升过高而产生过大的热变形。

(4) 提高加工精度、减少后续工序。超高速切削加工的工件表面质量较好,一般情况下可满足零件最终的精度要求。所以可将超高速切削加工作为终加工工序,降低工件加工成本。

但因超高速加工本身的费用较高,目前主要应用于薄壁零件加工、超精密微细切削、困难材料加工等特殊领域。

8.2.2 超精密加工

在当今的技术条件下,精密加工的加工精度为 $0.1\sim1~\mu m$,表面粗糙度值为 $Ra0.1\sim0.01~\mu m$ 之间,主要的加工方法为金刚石车、精镗、精磨、研磨、珩磨等。而超精密加工是指加工精度和表面质量达到极高程度的精密加工工艺。一般而言,超精密加工的精度在 $0.01\sim0.1~\mu m$,表面粗糙度值为 $Ra0.025\sim0.01~\mu m$,目前超精密加工的精度正在向纳米级工艺水平发展。超精密加工的方法主要有金刚石刀具超精密切削、超精密磨削加工、超精密特种加工和复合加工等。

之所以把超精密加工作为热门研究,是因为提高产品的精度和表面粗糙度可大幅度提高产品性能和质量,提高其稳定性和可靠性。如将飞机发动机转子叶片的加工精度由 $60~\mu m$ 提高到 $12~\mu m$,表面粗糙度值 Ra 由 $0.5~\mu m$ 提高到 $0.2~\mu m$,则发动机的压缩效率将从 89% 提高到 94%,传动齿轮的齿形及齿距误差若能从目前的 $3\sim6~\mu m$ 降低至 $1~\mu m$,则单位齿轮箱重量所能传递的扭矩将提高近一倍。

1. 超精密切削加工

超精密切削加工主要是指使用金刚石刀具的超精密车削和铣削,主要用于加工铜、铝等软金属材料及其合金,以及光学玻璃、大理石和碳素纤维等非金属材料,主要加工对象是精度要求很高的镜面零件。

1) 超精密加工的刀具材料

目前,超精密切削刀具用的金刚石主要为大颗粒、无杂质的优质天然单晶金刚石。这种金刚石具有极高的硬度,可达 10 000 HV,且能磨出极其锋锐的刃口,没有缺口、崩刃等现象。同时用这种金刚石磨出的刀具热化学性能好、导热性能好、与有色金属间的摩擦系数小、耐磨性好。虽然天然单晶金刚石价格昂贵,但却被一致公认为理想的、不可替代的超精密切削刀具材料。

2) 超精密机床

超精密机床主要有铣床和金刚石车床。超精密机床应具有高精度、高刚度、高加工稳定性和高自动化的要求,其加工质量主要取决于机床的主轴部件、床身导轨、微量进给装置等关键部件。

早期精密机床的主轴主要采用超精密级滚动轴承,如瑞士 Shaublin 精密车床采用的滚动轴承精度达 $1~\mu m$,表面粗糙度值为 $Ra0.04\sim0.02~\mu m$。由于这类滚动轴承加工困难,且难以继续提高其精度,目前超精密车床主轴广泛采用气体静压轴承和液体静压轴承。

气体静压轴承的优点是回转精度高、工作平稳,缺点是刚度低、承载能力差,但由于超精密切削加工的切削力很小,故在超精密机床中得到广泛应用。而液体静压轴承在回转精度高、工作平稳的同时,还克服了气体静压轴承刚度低、承载能力差的缺点,一般用于大型超精密机床。

超精密加工机床的床身多采用人造花岗岩材料制造,其尺寸稳定性好、热膨胀系数低、硬度高、耐磨且不生锈,同时又可铸造成形,能克服天然花岗岩石有吸湿性的不足,且抗振衰减能力强。

超精密加工机床导轨要求具有极高的直线运动精度,且不能有爬行,导轨耦合面不能有磨损,液体静压导轨和气体静压导轨均具有运动平稳、无爬行以及摩擦系数接近为零的特点,故在超精密加工机床中得到广泛应用。

2. 超精密磨削加工

超精密车削及铣削加工的对象是铜、铝、合金及非金属等软材料,对于黑色金属等硬脆材料的精密加工则需要使用磨削加工。

超精密磨削加工是利用细粒度的磨粒和微粉对材料进行加工,从加工方法上通常分为固结磨料和游离磨料两大类。固结磨料加工主要有超精密砂轮磨削、超精密砂带磨削、双端面精密磨削、电泳磨削。游离磨料加工主要有超精密研磨、电解研磨和抛光等方法。

1) 超精密砂轮磨削

超精密磨削是加工精度高于 $0.1~\mu m$,表面粗糙度值低于 $Ra0.025~\mu m$ 的一种砂轮磨削方法。超精密磨削与普通磨削的不同之处在于其切削深度极小,可得到极小的表面粗糙度,这主要是靠砂轮修整时得到的大量微刃(切削刃),实现了微量切削作用,从而获得高质量表面。因为精密磨削加工其磨粒去除的切削层极薄,砂轮将承受很大压力,其切削刃表面受到高温高压作用,因此需要金刚石、立方氮化硼等超硬砂轮。

2) 超精密砂带磨削

砂带磨削是 20 世纪 60 年代发展起来的机械加工方法,具有加工效率高、速度稳定、磨削精度高、成本低的特点,采用具有一定弹性的接触轮材料,可使砂带具有磨削、研磨和抛光等多重作用。

3) 双端面精密磨削

双端面精密磨削为平面磨削运动,磨粒的粒度很细,磨削过程是微滑擦、微耕犁、微切削和材料微疲劳断裂的同时作用,磨痕交叉且均匀。相比研磨,该磨削方式具有较高的去除率,同时又可获得很高的平面度以及面和面之间的平行度,因此目前已经取代金刚石车削成为磁盘基片等零件的主要超精加工方法。

4) 电泳磨削

电泳是指带电粒子在电场中向与自身带相反电荷的电极移动的现象。电泳磨削正是利用了超细磨粒的电泳特性,在加工过程中使带电磨粒在电场力作用下向带有相反电荷的磨具表面运动,并在磨具表面沉积形成磨粒吸附层,利用此磨粒层对工件进行磨削加工,其原理如图 8.4 所示。参与磨削的部分磨粒脱落,而在磨具旋转过程中,由于电泳的作用新的磨粒又不断补充,这个过程相当于砂轮的自砺作用,使微刃始终保持锋利尖锐,参与磨削的磨粒始终具有良好的磨削性能。同时,由于磨粒层表面凹陷

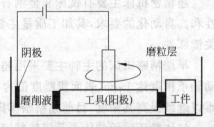

图 8.4 电泳磨削原理

处局部电流大,磨粒更容易在凹陷处沉积,从而使磨粒层表面趋于均匀,保持良好的等高性。

通过对电场强度、液体及磨粒特性等因素加以控制,可以使磨粒层在加工过程中出现两种不同的状态:一种是在加工过程中使磨粒的脱落量与吸附量保持动态平衡,可以稳定吸附层厚度,得到一个表面不断自我修整而尺寸不变的超细砂轮;另一种是在加工过程中,使磨料的吸附量超过脱落量,磨粒层厚度不断增加,可以在机床无切深进给的条件下实现磨削深度的不断增加,即所谓的自进给电泳磨削。

5) 超精密研磨

研磨是在被加工表面和研具间放置游离磨料和研磨液,使被加工表面和研具产生相对运动并加压,磨料产生切削、积压作用,从而去除表面凸处,使被加工表面精度得以提高、表面粗糙度值降低。

超精密研磨是一种加工误差在 $0.1~\mu m$ 以下、表面粗糙度值低于 $Ra0.02~\mu m$ 的研磨方法,是一种原子、分子加工单位的加工方法。超精密研磨主要依靠磨粒的挤压使被加工工件表面产生塑性变形,以及使工件表面生成氧化膜的反复去除,常作为精密块规、球面空气轴承、半导体硅片、石英晶体、高级平晶和光学镜头等零件的最后加工工序。

6) 电解研磨

电解研磨是电解和研磨的复合加工,研具是一个与工作表面接触的研磨头,它既起研磨作用,又是电解加工的阴极。将工件接在阳极上,当电解液通过研磨头的出口流经金属工件表面,工件表面发生溶解并形成一层氧化物,由于研具的研磨作用氧化物被研磨掉。电解作用和研磨头刮除工件表面氧化层交替进行,完成电解研磨。

7) 抛光

抛光是利用柔性抛光工具和磨料颗粒或其他抛光介质对工件表面进行的修饰加工。抛光不能提高工件的尺寸精度或几何形状精度,而是以得到光滑表面或镜面光泽为目的。典型的超精密抛光方法主要有软质磨粒机械抛光、磁流体抛光和超精研抛光。

软质磨粒机械抛光的加工实质是磨粒原子的扩散作用和加速的微小粒子弹射的机械作用的综合结果,其加工精度为 $\pm 0.1~\mu m$,表面粗糙度值小于 $Ra0.0005~\mu m$。软质磨粒机械抛光的最小切除量可达原子级,可小于 $0.001~\mu m$,直至切去一层原子,而且被加工表面的晶格不会变形,能够获得极小表面粗糙度和材质极纯的表面。

3. 超精密特种加工

超精密特种加工的方法很多,一般为分子、原子单位的加工方法,可分为去除、附着、结合以及变形四大类。去除加工是从工件上分离原子和分子,如电子束加工和离子束加工。附着加工是在工件表面上覆盖一层物质,如电子镀、离子镀、分子束外延、离子束外延等。结合加工是在工件表面上渗入或涂入一些物质,如离子注入、氮化、渗碳等。变形加工是指利用高频电流、热射线、电子束、激光、液流、气流和微粒束等使工件被加工部分产生变形,改变尺寸和形状。

下面对电子束光刻技术作简要介绍。电子束光刻技术可以实现精细图形的绘图或复印,是大规模集成电路的掩模或基片图形光刻的重要手段。利用电子束透射掩模,照射到涂有光敏抗蚀剂的半导体基片上。由于化学反应,经显影后,在光敏抗蚀剂涂层上就形成与掩模相同的线路图形。以后可以有两种处理方法,一种处理方法是用离子束溅射去除,或称离子束刻蚀,再在刻蚀出的沟槽内进行离子束沉积,填入所需金属,经过剥离和整理,便可在基片上得到凹形电路。另一种处理方法是金属蒸镀,即在基片上形成凸形电路。电子束光刻加工示意图如图 8.5 所示。

4. 超精密加工的测量

要实现高精度的加工,首先应该能实现更高一级的测量,精密测量是超精密加工的前提。由于激光具有强度大、亮度大、单色性好、方向性好等优点,在精密测量中得到广泛应用。使用激光,不仅可以测量长度、角度、直线度、平面度、垂直度,也可以测量位移、速度、振

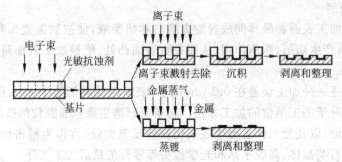

图 8.5 电子束光刻加工示意图

动、微观表面形貌等，还可以实现动态测量和在线测量，并易于实现测量自动化。当前激光测量精度可达 $0.01\ \mu m$。

激光扫描尺寸计量系统示意图如图 8.6 所示，采用平行光管透镜将激光准确地调整到多角形旋转扫描镜上聚焦，通过激光扫描被测工件的两端，根据扫描镜旋转角、扫描镜旋转速度和透镜焦距等数据可计算出被测工件的尺寸。

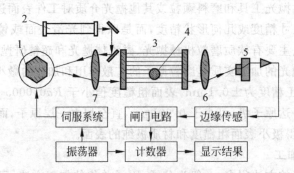

图 8.6 激光扫描尺寸计量系统示意图
1—扫描镜；2—激光发生器；3—测定区；4—工件；5—光检测器；6—受射透镜；7—平行光管透镜

5．超精密加工的支撑环境

超精密加工的工作环境是保证加工质量的必要条件，影响环境的主要因素有温度、空气环境、湿度、振动以及污染等。

(1) 恒定的温度环境。超精密加工所处的温度环境与加工精度有密切的关系，环境温度的改变将影响机床的几何精度和工件的加工精度。超精密加工过程中，机床热变形和工件温升引起的加工误差占总误差的 40%～70%。如磨削直径 100 mm 的钢质零件，磨削液温升 10℃ 将产生 11 μm 的误差；精密加工 100 mm 长的铝合金零件时，温度每变化 1℃ 将产生 2.25 μm 的误差。若要求保证 0.1 μm 的加工精度，环境温度应控制在 ±0.05℃ 范围内。随着超精密加工工艺的不断提高，对恒温精度的要求也越来越高。使用如将设备浸入恒温油槽中或加工区域增加保温罩等措施，当前可控制 ±0.01℃ 的恒温环境。

(2) 净化的空气环境。日常生活环境与普通车间的空气中存在着大量尘埃和微粒等物质，如一般住宅中每立方英尺 (0.028 m^3) 空间中含有约 60 万个尘埃粒子数，医院手术室中的尘埃粒子含量也达到 5 万个/ft^3。为了保证超精密加工产品的质量，必须对周围空气环境进行净化处理，减少空气中的尘埃含量。通常使用空气洁净度来表示空气中含尘埃的数量,如空气洁净度 100 级是指每立方英尺空气中所含有大于 0.5 μm 的尘埃个数不超过 100。通过空气过滤器过滤的方法,可以将超精加工的工作环境控制在 10 000～100 级。

(3) 较好的抗振动干扰环境。超精密加工过程中,振动干扰会使刀具和被加工物体之间产生多余的相对运动,而无法达到预定的加工精度和表面质量。通过合理设计系统内部结构可消除工艺系统自身产生的振动;通过隔振地基、垫层等方法可以消除外界振动。

(4) 恒定湿度要求。一般要使用空气调节系统,将超精密加工环境控制在相对湿度 35%～45%范围内,并且波动不大于±10%～±1%。

8.2.3 微机械与微细加工

随着微米/纳米科技的发展,形状尺寸微小或操作尺度极小的微机械已经成为人们在微观领域内的一项高新技术。例如,为了检查原子能及火力发电站内部各种复杂而细小的管道,日本三菱电机公司、住友电气工业公司和松下公司合作研制出长 5 mm、高 6.5 mm、宽 9 mm 的微型机器人。这种机器人可以推动 2 倍于自重的物体。它可以从保护壁的缝隙中潜入管道内检查。这种机器人投入使用后,可大大减轻电力公司检查细小管道的难度,节约成本,提高效益。

微机械(micro machine,日本惯用词)在美国称为微型机电系统(micro electro-mechanical systems),欧洲称为微系统(micro system),是指可以批量制作,集微型机构、微型传感器、微型执行器以及信号处理和控制电路、外围接口、通信电路和电源等于一体的微型器件或系统。微机械有体积小、性能稳定、可靠性高、能耗低、多功能和智能性、适用于大批量生产等特点。按外形尺寸,微机械可划分为 1～10 mm 的微小型机械、1 μm～1 mm 的微机械、1 nm～1 μm 的纳米机械。

制造微机械一般采用微细加工(micro fabrication),微细加工起源于半导体制造工艺,原指加工尺度在微米级范围的加工方式。在微机械研究领域,微细加工的范围被扩展至微米级加工、亚微米级加工和纳米级微细加工。广义上讲,微细加工的方式十分丰富,涉及各种现代特种加工、高能束等加工方式。从基本类别上,微细加工分为 4 类:分离、结合、变形以及材料处理或改性。

(1) 分离加工是指将材料的某一部分分离出去的加工方法,如分解、蒸发、溅射、破碎等。

(2) 结合加工是同种或不同材料的附和加工或相互结合加工,如蒸镀、淀积、掺入、生长、黏结等。

(3) 变形加工是使材料形状发生改变的加工方法,如塑性变形加工、流体变形加工等。

(4) 材料处理或改性加工是指热处理或表面改性等处理方法,如淬硬、退火、上光、硬化、聚合、表面活性抛光等。

下面讲述几种常用的微细加工方法。

1. 超微机械加工

超微机械加工是用超小型精密金属切削机床和电火花、线切割等方法,制作毫米级尺寸以下的微机械零件,多为单件加工、装配,费用较高。微细切削加工适合所有金属、塑料及工程陶瓷材料,切削方式有车削、铣削、钻削等。由于切削加工尺寸小、主轴转速高,专用机床的设计加工难度大。

图8.7是日本FANUC公司的超小型精密五轴加工中心FANUC ROBONANO α-0iB,其直线运动单元和旋转单元均直接由内置伺服电机驱动,X、Y、Z轴上的直线运动最大分辨率为1 nm,B、C轴上的旋转精度为0.000 001°。滑台、进给丝杠、丝杠螺母以及所有的运动单元等所有的运动部件均采用静态空气轴承结构,因为系统没有任何摩擦,系统没有任何的爬行和侧向间隙。

图8.7 日本FANUC公司的超小型精密五轴加工中心 FANUC ROBONANO α-0iB

超小型精密金属切削机床被广泛应用于光电、半导体、医学以及生物技术等的微米级精度的零件上,图8.8所示为加工完成的衍射光栅,其材料选用镍磷合金板,共有30 000条凹槽,栅格间的距离为1 μm,使用高速划线加工方法经过3 h加工完成。图8.9为带有销钉的微孔,其深度为100 μm,微孔的直径为ϕ60 μm,销钉的直径为ϕ20 μm,采用高速铣削的方法在镍磷合金板上完成。

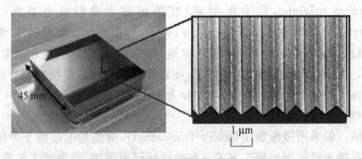

图8.8 衍射光栅零件

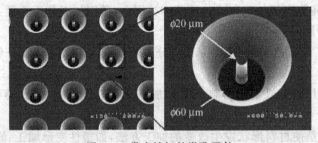

图8.9 带有销钉的微孔零件

2. 光刻加工

光刻加工是用照相复印的方法将光刻掩模上的图形印刷在涂有光致抗蚀剂的薄膜或基材表面,然后进行选择性腐蚀,刻蚀出规定的图形。所用的基材有各种金属、半导体和介质材料。光致抗蚀剂是一种感光剂,经光照能发生交联、分解或聚合等光学反应的高分子溶液。

图8.10为一典型光刻加工示例,其工艺过程为:①氧化:使硅晶片表面形成一层SiO_2氧化层;②涂胶:在SiO_2氧化层表面涂布一层光致抗蚀剂;③曝光:在光致抗蚀剂表面上

加掩模,并用紫外线照射曝光;④显影:曝光部分通过显影而被溶解去除;⑤腐蚀:将加工对象浸入氢氟腐蚀液,使未被光致抗蚀剂覆盖的 SiO_2 部分被腐蚀掉;⑥去胶:腐蚀结束后去除光致抗蚀剂;⑦扩散:向需要杂质的部分扩散杂质,完成光刻加工。

3. LIGA 技术

LIGA 技术是由德国卡尔斯鲁厄核物理所首先提出的,它是德文 Lithographie(制版术)、Galvanoformung(电铸成形)和 Abformung(注塑)三个词的缩写。LIGA 工艺是一种基于 X 射线光刻技术的微细加工技术,它所能制造的几何结构不受材料特性的限制,可以制造由各种金属材料如镍、铜、金及镍钴合金及塑料、玻璃、陶瓷等材料制成的微机械。

LIGA 工艺过程如图 8.11 所示,主要包括 X 光深度同步辐射光刻、电铸制模和注射成形三个工艺步骤。

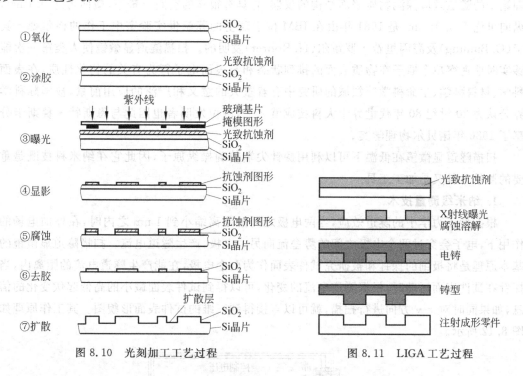

图 8.10　光刻加工工艺过程　　　图 8.11　LIGA 工艺过程

(1) X 光深度同步辐射光刻:把从同步辐射源放射出的具有短波长和高平行度的 X 射线作为曝光光源,可在光致抗蚀剂上生成曝光图形的三维实体;

(2) 电铸制模:用曝光蚀刻的图形实体作为电铸用胎膜,用电沉积方法在胎膜上沉积金属以形成金属微结构零件;

(3) 注射成形:将电铸制成的金属微结构作为注射成形的模具,加工出所需的零件。

由于 X 射线有非常高的平行度、极强的辐射强度、连续的光谱,使 LIGA 技术能够制造出高宽比达到 500、厚度大于 1500 μm、结构侧壁光滑且平行度偏差在亚微米范围内的三维立体结构,LIGA 技术是一种高深宽比的三维加工技术,在微机械加工领域中完全打破了硅平面工艺的框架,成为微纳米制造技术中最有生命力、最有前途的三维构件加工技术。

8.2.4 纳米技术

纳米技术通常指纳米级(0.1~100 nm)的材料、设计、制造、测量和控制技术,它的最终目标是直接以原子或分子来构造具有特定功能的产品。纳米技术是一门交叉性很强的综合学科,研究的内容涉及物理学、化学、材料学、生物学、电子学、加工学、力学等广阔的领域。

目前纳米技术研究的主要内容包括纳米材料、纳米级传感与控制技术、微型与超微型机械、纳米级加工技术、纳米级精度和表面形貌测量等几个方面。此处仅讲述纳米级测量与加工技术。

纳米技术是在扫描隧道显微镜诞生后才出现的学科。扫描隧道显微镜是一种利用量子理论中的隧道效应探测物质表面结构的仪器,它具有很高的空间分辨率,横向可达 0.1 nm,纵向可优于 0.01 nm,是 1981 年由 IBM 位于瑞士的苏黎世实验室中工作的格尔德·宾宁(G. Binning)及海因里希·罗雷尔(H. Rohrer)发明的。扫描隧道显微镜使人类第一次能够实时地观察单个原子在物质表面的排列状态和与表面电子行为有关的物化性质,在表面科学、材料科学、生命科学等领域的研究中有着重大的意义和广泛的应用前景,被国际科学界公认为 20 世纪 80 年代世界十大科技成就之一,两位发明者也因此与恩斯特·鲁斯卡分享了 1986 年诺贝尔物理学奖。

扫描隧道显微镜在低温下可以利用探针尖端精确操纵原子,因此它在纳米科技既是重要的测量工具又是加工工具。

1. 纳米级测量技术

根据量子力学中的隧道效应,当两电极之间的距离缩小到 1 nm 之内时,在外加电场的作用下,电子会穿过两个电极之间的势垒流向另一电极,产生隧道电流。扫描隧道显微镜的基本原理是将极细的探针和被研究试件表面作为两个电极,在能产生隧道电流的距离内,当探针在试件表面运动时,根据隧道电流的变化,可以得到试件表面微小的高低起伏变化的信息,如果同时对 x-y 方向进行扫描,就可以直接得到三维的试件表面形貌图。其工作原理如图 8.12 所示。

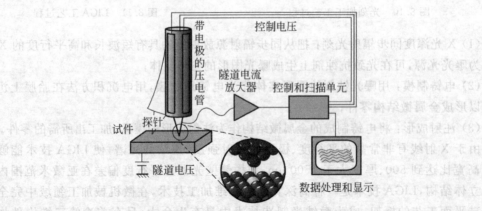

图 8.12 扫描隧道显微镜的基本工作原理

根据以上基本原理，扫描隧道显微镜主要有两种工作模式：恒电流模式和恒高度模式。

1）恒电流模式

探针在试件表面沿 x-y 方向扫描时，在 z 方向使用反馈电路驱动探针，使探针与试件表面的隧道电流为一恒定值，就保证了探针与试件表面之间距离不变。当试件表面凸起时，针尖就向后退；反之，试件表面凹进时，反馈系统就使针尖向前移动，以控制隧道电流的恒定。将针尖在试件表面扫描时的运动轨迹在记录纸或屏幕上显示出来，就得到了试件表面图像。此模式可用来观察表面形貌起伏较大的试件。扫描隧道显微镜的恒电流工作模式原理图如图 8.13 所示。

2）恒高度模式

探针在试件表面扫描过程中保持针尖高度不变，通过记录隧道电流的变化来得到试件的表面形貌信息。这种模式通常用来测量表面形貌起伏不大的试件。扫描隧道显微镜的恒高度工作模式原理图如图 8.14 所示。

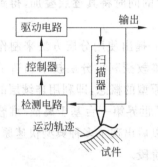
图 8.13 扫描隧道显微镜的恒电流测量模式

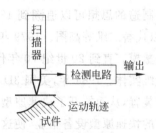
图 8.14 扫描隧道显微镜的恒高度测量模式

2. 纳米级加工技术

扫描隧道显微镜不仅可用于测量，也可用于直接移动原子或分子。当显微镜的探针尖端的原子与工件的某个原子距离极小时，其引力可以克服工件其他原子对该原子的结合力，使被探针吸引的原子随针尖移动而不脱离工件表面，从而实现工件表面原子的搬移。

1990 年 IBM 公司的科学家展示了原子搬移的技术，他们在金属镍表面用 35 个惰性气体氙原子组成"IBM"三个英文字母，如图 8.15 所示。

8.2.5 快速原型技术

快速原型技术（rapid prototyping，RP）是一种利用添加材料的方法来分层制造零件的技术，通过材料的逐层或逐点堆积，快速建立零件模型。它是 CAD 建模技术、数控技术、材料科学、机械工程、电子技术、激光技术等的综合。

使用快速原型技术制造零件的一般过程如图 8.16 所示，主要包括以下几个步骤：①模型设计：在 CAD 软件中设计零件模型；②分层离散：根据成形工艺的要求，将模型分层离散，使其转为一系列二维层片；③工艺规划：根据每个层片的轮廓信息，制定其工艺；④制造层片并堆叠；⑤后处理。

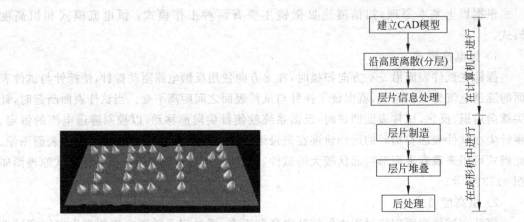

图 8.15　使用扫描隧道显微镜移动氙原子排出的"IBM"图案　　图 8.16　快速原型技术的一般过程

从以上快速原型技术的过程看出,其主要内容为离散与堆叠。首先为离散原型,将原始 CAD 三维模型沿 Z 方向分层离散,然后在分层制造层片的同时将其逐层叠加,得到最后的模型实体。

分层制造的思想可以追溯到 1892 年,当时 Blanthre 提出使用分层方法来制作三维地图模型,以代替二维等高图。1979 年,东京大学中川威雄教授利用分层技术制造了金属冲裁模和注塑模。直到 20 世纪 70 年代末,才提出了快速原型的概念,即利用连续层的选区固化产生三维实体。1984 年,美国 3D Systems 公司设计了世界第一台基于离散/堆叠原理的快速原型装置,从而拉开了快速原型技术发展的序幕。以后出现了多种典型快速原型方法,以及众多的快速原型设备企业,使这项技术进入了实用阶段。

根据成形采用原料的不同,可将快速原型技术分为以下几类:①液体光、热聚合与固化;②固体粉末的烧结与黏结;③固态丝、线材的溶化;④固态膜、片材黏结。

按照制造原理的不同,当前使用较多的快速原型方法有层合实体制造、选择性激光烧结、立体光刻、熔融沉积造型、三维印刷等多种方法,下面具体介绍。

1. 层合实体制造

层合实体制造(laminated object manufacturing,LOM)又称分层实体造型、薄形材料选择性切割,是最成熟的快速原型制造技术之一,最早由美国 Helisys 公司开发。该技术的工艺原理是根据 CAD 模型计算每个截面的轮廓线,使用激光切割薄形材料,得到各层截面;然后将截面黏结在一起。如此反复逐层切割,黏合直至形成所需产品。其原理图如图 8.17 所示。

目前用于 LOM 工艺的材料主要有涂覆纸、金属箔、塑料膜等。对于成形后的原型,一般需要经过翻制才得到金属材质的功能性零件。

2. 选择性激光烧结

选择性激光烧结(selective laser sintering,SLS)又称选区激光烧结,是借助精确引导的激光束使固态粉末烧结或熔融后凝固形成三维模型的一种快速原型技术。其工作原理如图 8.18 所示,首先在工作台上平铺粉末材料,然后按照零件的轮廓引导激光烧结实心部分粉末。重复以上两个步骤,直至完成所有分层。

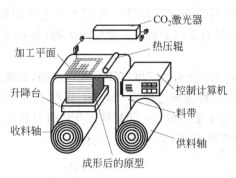

图 8.17 层合实体制造工艺原理图

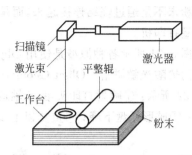

图 8.18 选择性激光烧结工艺原理图

SLS 工艺所用材料为粉末材料,可以使用非金属材料,如蜡、塑料、陶瓷等,也可以使用铁、铬等金属材料。

3. 立体光刻

立体光刻(stereo lithography apparatus,SLA)又称光固化成形法、立体印刷、立体造型等,是基于液态光敏树脂的光聚合原理工作的,这种液态材料在一定波长和强度的紫外光的照射下能迅速发生光聚合反应,分子量急剧增大,材料也就从液态转变成固态。SLA 的工作原理图如图 8.19 所示,首先在工作台铺设液态光敏树脂,然后按零件各分层截面信息使用激光逐点扫描,在被扫描区域树脂薄层将产生光聚合反应而固化,从而得到零件薄层,重复以上两步便可得到零件原型。

4. 熔融沉积造型

熔融沉积造型(fused deposition modeling,FDM)又称熔丝沉积法、丝状材料选择性熔覆。FDM 系统采用专用喷头,成形材料以丝状供料,材料在喷头内被加热熔化,喷头直接由计算机控制沿零件截面轮廓和填充轨迹运动,同时将熔化的材料挤出沉积成实体零件的一超薄层,材料迅速凝固,并与周围的材料凝结。整个模样从基座开始,由下而上逐层堆积生成,其工艺过程如图 8.20 所示。

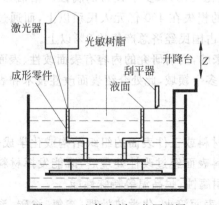

图 8.19 立体光刻工艺原理图

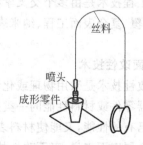

图 8.20 熔融沉积造型工艺原理图

FDM 可采用 ABS、尼龙、聚乙烯、聚丙烯等高分子材料,也可采用蜡、陶瓷等材料。

5. 三维印刷

三维印刷(three dimension printing,3D Printing)又称为三维喷涂黏结、多层打印,其工

艺与 SLS 类似，采用了陶瓷，金属、塑料等粉末材料作为成形材料。与 SLS 工艺不同的是，材料粉末不是通过烧结连接起来，而是通过喷头喷射黏结剂将粉末黏结起来的，其原理类似于喷墨打印机。

图 8.21 所示各种原型是使用 Objet Geometries 公司的三维打印系统建立的，其成形材料为丙烯酸光敏树脂。Objet Geometries 公司称这种成形过程为 PolyJet 工艺，其示意图如图 8.22 所示：①喷射打印头沿 X 轴运动，在托盘上喷射树脂；②紫外固化灯将材料成形和固化；③成形托盘下降；④重复以上步骤，完成零件成形；⑤去除支撑材料。

图 8.21 使用 Objet Geometries 公司生产的三维打印系统建立的零件原型

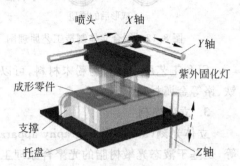

图 8.22 PolyJet 工艺过程

8.2.6 现代表面工程

材料表面工程技术是指通过一些物理、化学工艺方法使材料表面具有与基体材料不同的应力状态、组织结构、化学成分和物理状态，从而使经过处理后的表面具有与基体材料不同的性能。经过表面处理后的材料，其基体材料的化学成分和力学性能并未发生变化（或基本未发生变化），但其表面却具有一些特殊性能，如高的耐磨性、耐蚀性、抗氧化性、耐热性、导电性、电磁特性、光学性能等。

表面工程技术的应用，带来了材料的节约和优化使用，减少了设备的腐蚀。据估算，中国主要支柱产业部门每年因机器磨损失效所造成的损失在 400 亿元人民币以上，而通过表面技术改善润滑，降低磨损可能带来的经济效益约占国民经济总产值的 2% 以上。

表面工程技术是由多个交叉学科综合发展起来的，当前研究的内容有表面改性、表面处理、表面涂覆、复合表面工程、纳米表面工程技术等多个领域，此处介绍表面改性技术和表面涂覆技术。

1. 表面改性技术

表面改性技术是采用物理或化学的方法改变材料或工件表面的组织结构或化学成分，以提高机器零件或材料性能的一类处理技术。材料表面经过改性处理后，既能发挥材料或工件本身已有的性能，又能使材料表面获得耐磨、耐腐蚀、耐高温等特殊性能。

对于金属表面来说，表面改性技术除了传统的表面淬火、化学热处理（渗氮、渗碳、渗金属等）以及喷丸强化之外，近十余年来激光束、电子束、离子束等高性能表面改性处理技术也得到了大量应用。此处重点讲述激光表面改性技术。

激光表面改性是将激光束照到工件的表面，以改变材料表面性能的加工方法。因为激光的功率密度高、激光能量集中，与工件表面作用时间短，适于局部表面处理。经过激光表面处理后,工件整体受热影响小,热变形很小。此处介绍激光淬火和激光表面熔覆两种激光表面处理技术。

1) 激光淬火

激光淬火是以高能量的激光束快速扫描工件,使材料局部小区域内表面极薄一层快速吸收能量而使温度急剧上升,其升温速度可达 $10^4\sim10^6$ ℃/s,此时工件基体仍处于冷态。由于热传导的作用,此局部区域内的热量迅速传递到工件其他部位,其冷却速度可达 10^5 ℃/s 以上,使该局部区域在瞬间进行自冷淬火,因而使材料表面发生相变硬化。激光淬火装置示意图如图 8.23 所示。

2) 激光表面熔覆

激光表面熔覆是指利用激光加热基材表面以形成一个较浅的熔池,同时送入预定成分的合金粉末一起熔化后迅速凝固,或者是将预先涂敷在基材表面的涂层与基材一起熔化后迅速凝固,以得到一层新的熔覆层。激光表面熔覆装置示意图如图 8.24 所示。

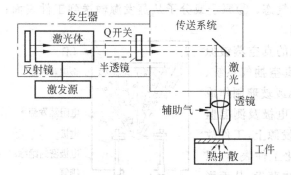

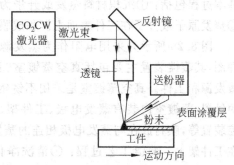

图 8.23　激光淬火装置示意图　　　图 8.24　激光表面熔覆装置示意图

2. 表面涂覆技术

表面涂覆技术是指通过物理、化学、电学、光学、材料学、机械等各种工艺方法,在产品表面制备保护层,达到强化工件表面的目的。表面涂覆技术除了传统的电镀和化学镀外,近些年来还发展了热喷涂、气相沉淀等多种新工艺。此处仅介绍热喷涂和气相沉积两种工艺方法。

1) 热喷涂

热喷涂是将金属或非金属固体材料加热至熔化或半熔软化状态,然后将它们高速喷射到工件表面上,形成牢固涂层的表面加工方法。根据热源不同,可将其分为火焰喷涂、等离子喷涂、电弧喷涂、激光喷涂等多种方法。

热喷涂技术的优点:使用的涂层和基体材料广泛;其工艺灵活,喷涂层、喷焊层的厚度可以在较大范围内变化;热喷涂时基体受热程度低,一般不会影响基体材料的组织和性能。

2) 气相沉积

气相沉积技术是近 30 多年来发展起来的一项新技术,它是运用化学或物理方法,在材料或试件表面沉积单层或多层薄膜,从而使其获得需要的性能。它既适合于制备超硬、耐蚀、耐热、抗氧化的薄膜,又适合于制备磁记录、信息存储、光敏、热敏、超导、光电转换等功能薄膜,还可用于制备装饰性镀膜。

气相沉积技术的本质是使沉积材料的气体原子、离子或分子在工件表面形成固体膜层。

根据成膜过程机理的不同,气相沉积可分为物理气相沉积(physical vapour deposition, PVD)和化学气相沉积(chemical vapour deposition, CVD)。

物理气相沉积是指在真空条件下,利用各种物理方法将镀料汽化为原子、分子或离子化为离子,直接沉积到基体表面的方法。化学气相沉积是反应物质在气态条件下发生化学反应,生成固态物质沉积在加热的固态基体表面,进而制得固体材料的工艺技术。两种气相沉积方法的主要差别在于沉积物粒子(原子、分子或离子)的产生方法和成膜过程上。化学气相沉积主要通过化学反应获得沉积物的粒子并形成膜层,而物理气相沉积主要通过物理方法获得沉积物粒子并形成膜层。

物理气相沉积是利用蒸发或辉光放电、弧光放电等物理过程,在基材表面沉积成膜的技术,又可分为蒸镀、真空溅射和离子镀三种方法。此处仅介绍蒸镀的概念、基本过程和原理。

蒸镀是在真空的环境下,采用电阻加热、激光束加热或电子束加热等方法,使镀膜材料蒸发为具有一定能量的原子、分子或原子团,然后凝聚沉积于工件表面形成膜层的方法。其基本过程包括:①沉积材料蒸发或升华为气态;②原子或分子从蒸发源输送到工件表面;③蒸发原子或分子在工件表面上沉积成膜。

图 8.25 所示为采用电阻作为蒸发源的真空蒸镀原理图,其蒸镀装置主要包括真空蒸镀室、真空抽气系统、蒸发源和工件。真空蒸镀室是采用不锈钢或玻璃制作成的钟罩,蒸镀室内装有蒸发电极、工件架、电极及测温监控装置等,膜材放在与蒸发电极相连的蒸发源上,工件放在工件架上。蒸镀工艺过程:①清洗净化工件表面,以避免工件上的油污、锈迹以及尘埃在真空中蒸发,从而影响了膜层的纯度和结合力;②使用真空抽气系统抽气,使蒸镀室内的压强降至 $10^{-3} \sim 10^{-4}$ Pa;③加热工件并预热镀料;④加热蒸发源和工件,并进行蒸镀;⑤镀层厚度达到要求后,停止加热,并将蒸镀温度冷却至 100℃ 左右;⑥向钟罩内充气至常压,并打开钟罩取出工件。

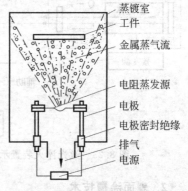

图 8.25 真空蒸镀原理图

化学气相沉积的主要工艺过程是将两种或两种以上的气态原材料导入到一个反应室内,然后它们相互之间发生化学反应,形成一种新的材料,沉积到工件表面上。例如,淀积氮化硅膜(Si_3N_4)就是由硅烷和氮反应形成的。当然,反应室中的反应是很复杂的,有很多必须考虑的因素,如反应室内的压力、晶片的温度、气体的流动速率、气体通过晶片的路程、气体的化学成分、一种气体相对于另一种气体的比率、反应的中间产品起的作用、是否需要其他反应室外的外部能量来源加速或诱发想得到的反应等。

8.3 柔性制造系统

1. FMS 的产生

19 世纪末到 20 世纪上半叶,在美国"科学管理之父"泰勒的"科学管理"思想基础上,使用流水生产线,实现了机械化大工业,大幅度提高了劳动生产率,降低了生产成本。后来随着技术的进步出现了自动化程度较高的刚性自动线,这种生产线的设备利用率和生产率更高,但其物流设备和加工工艺相对固定,只能加工一个或几个类似零件的生产线,其能够加工的产品单一。当需要加工的零件改变时,生产线改动较大,在投资和时间方面的消耗较大,难以满足市场化的需求。图 8.26 所示为某发动机加工车间的箱体加工刚性自动线。

图 8.26　某发动机加工车间的箱体加工刚性自动线

随着计算机数控(NC)、计算机辅助工艺规程(CAPP)、计算机辅助设计(CAD)、计算机辅助制造(CAM)、工业机器人(Robot)等新技术的出现,并结合刚性自动线的优点,20 世纪 60 年代,英国工程师 David Williamson 提出柔性制造系统(flexible manufacturing system,FMS)的概念。

2. FMS 的定义

目前 FMS 还没有统一的定义。我国对其定义为:FMS 是由数控加工设备、物料运储装置和计算机控制系统等组成的自动化制造系统,它包括多个柔性制造单元,能根据制造任务或生产环境的变化迅速调整,应用于多品种、中小批量生产。

美国制造工程师协会的定义:FMS 是使用计算机控制柔性工作站和集成物料运储装置来控制并完成零件族某一工序,或一系列工序的一种集成制造系统。

简单来说,FMS 就是由两台以上数控机床或加工中心、一套物料运输系统和一套控制系统所组成的制造系统,它能够通过简单的改变软件的方法制造出某些部件中的任何零件。

3. FMS 的组成及工作过程

FMS 由硬件和软件组成。

在硬件方面,FMS 应包含加工系统、物流运输系统和计算机系统。FMS 的加工系统至少应包括两台以上的数控机床或加工中心,并配备装卸站、工业机器人、测量机、清洗机等辅助设备。FMS 的物流运输系统应该能够完成零件与刀具的运储功能,其硬件主要包括自动导向小车系统、自动化仓库系统、自动化刀库系统等。为了建立 FMS 的软件系统,计算机控制系统硬件也是不可缺少的,主要包括计算机、通信网络、监控测量设备等。

在软件方面,FMS 至少应具有计划调度、运行控制、物料管理、质量保证、系统监控等方面的功能;同时,为了实现以上功能,还需具备最基本的数据管理和通信网络功能。

一个典型的 FMS 从构成上主要由 3 部分组成:加工系统、物流系统以及控制系统,如图 8.27 所示。

FMS 的组成示意图如图 8.28 所示,其工作过程如下:①在装卸站,将由立体仓库中取出的或人工输送来的工件毛坯安装至夹具中,夹具位于托盘上;②由物料传送系统,将托盘运送至第一道加工工序的加工中心等候;③当加工中心空闲时工件进入并加工,完成后由物料传送系统将工件连同托盘输送至下一道工序加工中心等候;④重复以上步骤,直至加工完成;⑤将托盘连同工件输送至装卸站,卸下加工完的零件,并将其输送至立体仓库存储。

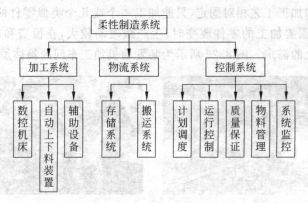

图 8.27　FMS 的构成

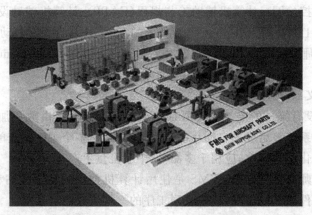

图 8.28　典型 FMS 组成示意图

4. FMS 的特点

FMS 能够兼顾企业生产率与生产计划的灵活性,充分发挥数控机床的效率,具体来说有以下特点:①保证机床的连续运转;②减少直接劳动工人数,降低人工成本;③由计算机进行生产计划,能够保证实施最优计划调度,提高生产率,缩短产品生产周期;④减少在制品库存量;⑤通过编程将 FMS 运用于多品种、中小批量生产,可以提高系统柔性。

8.4　计算机集成制造系统

8.4.1　计算机集成制造技术的提出

在计算机辅助设计(CAD)、计算机辅助分析(CAE)、计算机辅助工艺规程(CAPP)以及计算机辅助制造(CAM)发展的早期,各计算机辅助软件生产厂商各自独立发展,没有考虑其各自软件之间信息共享与交换的问题。这就产生了这些局部发展的自动化单元技术(如 CAD、CAPP、CAM 等)之间信息传递和共享困难的现象,称这种现象为"自动化孤岛"。

"自动化孤岛"使企业各部门之间难以实现信息传递与共享,降低系统运行效率,造成资源浪费。如由于 CAD 软件与 CAE、CAPP 以及 CAM 软件的不兼容,使设计部门的产品模型信息无法传递到产品分析、工艺设计以及产品制造等各部门的软件中去,这就导致产品设计部门与分析、工艺、制造等各部门需要分别建立同一个产品的模型。这种重复建模不但造成大量人力、物力资源的浪费,还会导致各部门产品模型的不一致,使产品生产过程不流畅。

1973年,美国约瑟夫·哈林顿提出了计算机集成制造(computer integrated manufacturing,CIM)的概念,解决了以上信息共享困难的问题。其基本观点为:①企业生产各环节不可分割,要统一考虑;②整个制造过程是数据采集、传递和加工处理的过程,最终得到的产品可看作是数据的物质表现。可以看出,CIM的实质内容为信息(数据)的集成。

在我国,自1986年以来,在国家"863计划"的支持下,对CIM理论与应用进行了深入研究,概括出CIM的定义如下:CIM是一种企业组织、管理与运行的哲理,它将传统的制造技术与现代信息技术、管理技术、自动化技术、系统工程技术等有机结合,借助计算机软、硬件,使企业产品全生命周期——市场需求分析、产品定义、研究开发、设计、制造、支持(包括质量、销售、采购、运输、服务)以至产品最后报废、环境处理等各阶段活动中有关的人/组织、经营管理和技术三要素及其信息流、物流和价值流有机集成并优化运行,实现企业制造活动的计算机化、信息化、智能化、集成优化,以达到产品上市快、高质、低耗、服务好、环境清洁,进而提高企业的柔性、健壮性、敏捷性,使企业赢得竞争。

8.4.2 计算机集成制造系统的含义及发展过程

计算机集成制造系统(computer integrated manufacturing system,CIMS)是基于CIM哲理而组成的制造系统,是企业组织、管理和运行的新的生产模式。CIMS是CIM的具体实现。

具体来说,CIMS就是结合信息、管理两方面的技术,建立的一个计算机系统,用于管理企业所有生产流程的所有资源,它重点实现了对信息的全程管理、对企业生成流程的管理与优化,以及为企业间的合作提供了平台。对CIMS的具体解释如下:

(1) CIMS是一种组织、管理与运行企业生产的现代化制造系统。

(2) CIMS强调企业生产的各环节是一个不可分割的整体,要从系统观点协调。

(3) 企业生产的要素包括人、技术和经营管理,要注重人的因素。

(4) 企业生产活动包括信息流、物流和能量流三部分,要重视信息管理。

(5) CIM综合并发展了各生产环节的计算机应用技术。

CIMS自从产生以来,其发展经历了三个阶段:信息集成、过程集成、企业集成,如图8.29所示。

信息集成　　过程集成　　企业集成

1985年　　　1995年　　　1999年以后

图8.29 CIMS的发展历程

1. 信息集成

信息集成是早期CIMS技术的核心,主要关注企业内部信息的共享与交换问题,即针对在设计、工艺、加工及管理过程中大量存在的"自动化孤岛",解决信息正确、高效地共享与交换问题。信息集成实现了对产品生命周期中各类信息的统一管理。信息集成的主要内容包括以下两点。

(1) 企业建模、系统设计方法、软件工具和规范。这些内容是系统总体设计的基础,没有企业模型就很难科学地分析和综合企业各部分的功能关系、信息关系以至动态关系。企业建模及设计方法解决了一个制造企业的物流、信息流、资金流、决策流的关系。

(2) 异构环境下的信息集成。所谓异构环境是指不同的操作系统、数据库及应用软件。在异构环境中,因为软件的不兼容,信息间的传递难以实现。异构信息集成主要解决以下3个问题:①不同通信协议的共存及向 ISO/OSI 的过渡;②不同数据库的相互访问;③不同商用应用软件之间的接口。

2. 过程集成

为了改善产品生产流程,企业可以对过程进行重构(process reengineering),重建并优化产品设计过程。使用产品设计开发过程的重构和建模,可以将原来的串行作业过程,尽可能地转变为并行作业,在设计时考虑可制造性、可装配性、可加工性,这样可以减少产品设计与生产的反复,缩短产品开发周期。

3. 企业集成

随着人们消费水平的发展,产品的复杂程度日益提高,但其生产周期和生命周期却逐渐缩短。对于飞机、汽车等复杂产品,任何一家企业无法独立完成其设计与生产,这就需要一个地区的多家企业甚至世界范围内的相关企业联合起来,整合其各自的优势学科与资源,共同完成复杂产品的设计与生产。这种企业间的合作与动态联盟就是 CIMS 发展的第三个阶段——企业集成。

两个或两个以上独立经济实体之间,为共同开发新产品而形成的这种暂时的联盟,又称为虚拟企业或虚拟公司。组建虚拟企业的目的是为了集中各企业资金、技术、设备优势,缩短产品开发周期。

8.4.3 CIMS 的系统结构

具体来说,CIMS 就是一个计算机系统,使用信息技术,管理企业所有生产流程的所有资源,重点实现对信息的全程管理、对企业生成流程的管理与优化,以及为企业间的合作提供了平台。从功能上看,CIMS 由以下 7 个部分组成。

(1) 经营管理与决策系统:实现企业领导层的综合信息查询、在线分析和处理、经营决策和计划的制定,以保证决策的正确性、科学性和快捷性。

(2) 销售管理系统:实现销售计划、销售业务、售后服务、市场分析与策划等功能。在本系统的指导下,建立企业完善的销售网络和销售体系。

(3) 生产管理系统:实现生产计划、物资保证、质量管理和制造执行等方面的功能,保证企业生产有序进行。

(4) 财务管理系统:实现账务管理、财务分析、成本管理、资金管理和财务结算等功能,使企业资金流动快速、通畅、安全有效。

(5) 产品开发系统:实现产品 CAD/CAE/CAPP/CAM 以及产品数据管理,实现工作流程管理,使产品开发过程流畅,并有效提高产品开发质量、缩短产品开发周期、提高产品市场竞争力。

(6) 办公自动化系统:实现行政、人力资源等的网上办公和自动化管理,提高企业运行效率。

(7) 计算机网络、数据库等支撑环境以及系统间实现信息集成。本部分是 CIMS 的支撑环境,是建立在系统硬件之上的软件环境,用于实现以上 CIMS 的主要功能。

本章基本要求

1. 了解先进制造技术提出的背景,并掌握先进制造技术的含义及其分类。
2. 了解超高速加工的关键技术。
3. 了解超精密磨削加工的方法、超精密加工的支撑环境。
4. 了解常用的微细加工方法。
5. 了解纳米加工的基本概念,掌握扫描隧道显微镜的基本工作原理及作为纳米级测量技术的两种工作模式。
6. 了解快速原型技术的概念,理解使用快速原型技术制造零件的一般过程,掌握层合实体制造、选择性激光烧结、立体光刻、熔融沉积造型、三维印刷等快速原型制造技术的基本方法。
7. 了解金属表面改性的主要方法和工艺。了解常用的表面改性技术和表面涂覆技术。掌握气相沉积、物理气相沉积和化学气相沉积的概念。
8. 理解柔性制造系统的概念,并了解其提出背景。掌握柔性制造系统的特点。
9. 了解计算机集成制造的概念及其提出背景,理解其三个发展阶段。了解计算机集成制造的组成。

小论文参考题目

1. 先进制造技术可分为哪几个研究领域?分别包含哪些研究内容?
2. 简述超高速加工的应用现状及发展前景。
3. 简述纳米技术的研究内容。
4. 对照比较柔性制造系统和计算机集成制造系统的功能与结构的不同。

参 考 文 献

1. 冯之敬. 机械制造工程原理(第 2 版). 北京:清华大学出版社,2008
2. 于骏一,邹青. 机械制造技术基础. 北京:机械工业出版社,2004
3. 卢波,董星涛. 机械制造技术基础. 北京:中国科学技术出版社,2006
4. 张福润,徐鸿本,刘延林. 机械制造技术基础. 武汉:华中理工大学出版社,1999
5. 袁绩乾,李文贵. 机械制造技术基础. 北京:机械工业出版社,2001
6. 夏广岚,冯凭. 金属切削机床. 北京:北京大学出版社,2008
7. 张树森. 机械制造工程学. 沈阳:东北大学出版社,2001
8. 周泽华. 金属切削原理(第 2 版). 上海:上海科学技术出版社,1993
9. 韩秋实. 机械制造技术基础(第 2 版). 北京:机械工业出版社,2005
10. 范孝良. 机械制造技术基础. 北京:电子工业出版社,2008
11. 卢秉恒. 机械制造技术基础. 北京:机械工业出版社,2005
12. 技工学校机械类通用教材编审委员会. 钳工工艺学(第 4 版). 北京:机械工业出版社,2004
13. 陈日曜. 金属切削原理(第 2 版). 北京:机械工业出版社,1992
14. 艾兴,肖诗纲. 切削用量手册. 北京:机械工业出版社,1984
15. 巩秀长. 机床夹具设计原理. 济南:山东大学出版社,1993
16. 陈立德. 工装设计. 上海:上海交通大学出版社,1999
17. 孙光华. 工装设计. 北京:机械工业出版社,1998
18. 王启平. 机械制造工艺学. 哈尔滨:哈尔滨工业大学出版社,1995
19. 路甬祥. 关于先进制造技术. 自然杂志,1996
20. 王大文,白春礼. STM 在微加工中的应用. 现代物理知识,1992
21. 应小东,李午申,冯灵芝. 激光表面改性技术及国内外发展现状. 焊接,2003
22. 朱张校. 工程材料(第 3 版). 北京:清华大学出版社,2001
23. 张世昌. 先进制造技术. 天津:天津大学出版社,2004
24. 杨继全,朱玉芳. 先进制造技术. 北京:化学工业出版社,2004
25. 徐滨士,朱绍华. 表面工程的理论与技术. 北京:国防工业出版社,1999
26. 孙希泰. 材料表面强化技术. 北京:化学工业出版社,2005
27. 盛晓敏,邓朝晖. 先进制造技术. 北京:机械工业出版社,2000
28. 朱晓春. 先进制造技术. 北京:机械工业出版社,2005
29. 童秉枢. 现代 CAD 技术. 北京:清华大学出版社,2000
30. 王隆太. 先进制造技术. 北京:机械工业出版社,2003
31. 卢小平. 现代制造技术. 北京:清华大学出版社,2003
32. 王润孝. 先进制造技术导论. 北京:科学出版社,2004
33. 苑伟政,马炳和. 微机械与微细加工技术. 西安:西北工业大学出版社,2001